Utilization of Industrial By-product Gases

工业副产气资源化利用

陈 健 王 啸 郑 珩 等编著

化学工业出版社

·北京·

内容简介

《工业副产气资源化利用》系统地介绍了我国工业副产气排放的特点与现状、副产气综合利用需要解决的关键技术问题以及对碳减排的影响。涉及的副产气主要包括焦炉煤气、低阶煤热解气、炼厂气、转炉气、高炉气、电石炉尾气与黄磷尾气、氯碱与氯酸钠副产气、沼气、填埋气与煤层气、化工合成排放气、含硫工业尾气、烟道气与发酵气等，全面阐述了工业副产气资源化利用，如制氢、制甲醇、制天然气、合成氨、制乙醇、制合成气等涉及的净化、分离、提纯、催化转化、合成等相关技术的研究和工程应用最新进展。

本书可供高等院校与科研院所的炼油、化工、冶金、能源、建材、环境保护等专业的教师、学者、学生以及相关领域的科研人员、工程技术人员、项目规划与生产管理人员参考。

图书在版编目（CIP）数据

工业副产气资源化利用/陈健等编著 . —北京：化学工业出版社，2024.4

ISBN 978-7-122-45113-2

Ⅰ.①工… Ⅱ.①陈… Ⅲ.①工业废气-废物综合利用 Ⅳ.①X701

中国国家版本馆 CIP 数据核字（2024）第 041513 号

责任编辑：袁海燕　　　　　　　　　　文字编辑：李晓畅　王云霞
责任校对：王鹏飞　　　　　　　　　　装帧设计：王晓宇

出版发行：化学工业出版社
　　　　　（北京市东城区青年湖南街 13 号　邮政编码 100011）
印　　装：河北鑫兆源印刷有限公司
787mm×1092mm　1/16　印张 21　字数 502 千字
2024 年 6 月北京第 1 版第 1 次印刷

购书咨询：010-64518888　　　　　　售后服务：010-64518899
网　址：http://www.cip.com.cn
凡购买本书，如有缺损质量问题，本社销售中心负责调换。

定　价：168.00 元　　　　　　　　　　　　版权所有　违者必究

序　言

　　能源是人类活动的要素之一。化石能源（煤炭、石油和天然气）是地球上容易获取的能源，也是全球最主要的能源。化石能源的开采与利用推动了工业革命、科技革命的产生与发展。自 19 世纪中叶以来，化石燃料消耗产生了大量的工业副产气（又称工业排放气），大气中温室气体（二氧化碳、甲烷等）含量快速增长，已超过地球自我碳循环所能承受的负荷。近年来，极端天气与次生灾害显著增加，气候变暖已成为全球最关注的话题之一。

　　化石能源为全球发展提供了廉价的动力和原料，但也给人类带来了亟待解决的难题。为应对温室气体引起的全球气候问题，2020 年我国提出了"双碳"目标：二氧化碳排放力争于 2030 年前达到峰值，努力争取 2060 年前实现碳中和。面对我国化石能源消耗总量巨大、能源消费结构受限的现实，加快可再生能源（风能、太阳能等）开发利用，减少对化石能源的依赖已成为共识。同时，持续开展节能减排，深化工业副产气资源化利用，减少温室气体排放也是现实需要。另外，开发可工业化、规模化的"减碳、零碳、负碳"等技术，是实现碳减排乃至碳中和的技术保障。

　　工业副产气的减排及其资源化利用是长期的课题，涉及的关键技术有工业副产气的净化、分离、催化转化、合成等。我国工业副产气主要集中在热电、冶金、建材、炼油、化工、供热等领域。副产气中的二氧化碳、一氧化碳、甲烷等还是重要的碳资源，可用于甲醇等多种有机化学品的生产。西南化工研究设计院从 20 世纪 60 年代开始进行天然气催化转化与碳一化工技术的研究开发，70 年代初将吸附分离技术用于以天然气为原料的合成氨弛放气中分离提纯氢气，并于 80 年代实现工业化应用，同时该技术也满足了化肥生产中变换气脱碳与合成氨弛放气提氢、焦炉煤气提氢等需要。从 20 世纪 90 年代至今，西南化工研究设计院依托工业排放气综合利用国家重点实验室、国家碳一化学工程技术研究中心等国家级研究平台，对不同种类工业副产气资源化利用开展了研究和工程开发，主要包括焦炉煤气、炼厂气、转炉煤气、兰炭尾气、电石炉尾气、黄磷尾气、甲醇弛放气、合成氨弛放气、氯碱尾气、垃圾填埋气、沼气、煤层气、烟道气、发酵气、含硫工业尾气等，在主要副产气的污染物控制、有效组分回收与资源化利用、温室气体减排等方面开发出有自主知识产权的技术，并实现了工业化应用，产生了显著的经济效益与社会效益。

　　另外，国内还有众多企业、研究机构也在从事工业副产气的治理、利用方面的研究。特别是在努力实现"双碳"目标的大背景下，对二氧化碳捕集和利用的研究得到了广泛的重视。低能耗、低成本的二氧化碳捕集技术，二氧化碳地质封存和驱油技术，二氧化碳转化制化学品等碳资源高值化利用技术已成为研究开发的热点。西南化工研究设计院开发的二氧化碳加氢制甲醇工艺技术已于 2023 年在鲁西化工集团完成 5000 吨/年规模的中试，相信今后相关突破性的技术将会不断涌现。

该书系统介绍了主要工业副产气的资源化利用工艺技术与工程应用，是国内目前工业副产气分离净化、催化转化、合成技术及其工程应用成果的集中展现，可读性、实用性强。该书由西南化工研究设计院陈健团队组织撰写，历时三年完成。期待该书能为从事低碳技术研究、分离净化技术研究的学者和工程开发技术人员提供帮助和参考。

中国工程院院士

浙江大学教授

任其龙

2023 年 10 月

前　言

工业副产气（也称工业尾气、工业排放气）是工业生产过程中产生的各类气体的总称。我国工业门类齐全、产能巨大，其中炼油、化工、焦化、冶炼、建材、电力等行业的产能均居世界第一。这些行业在生产过程中产生大量的副产气，不同的副产气除含有对环境有害的组分外，也含有不同量的氢气、一氧化碳、二氧化碳、烃类（甲烷、乙烯）等宝贵资源。副产气如不能得到有效的回收利用，将会对环境造成污染，增加碳排放，同时也会造成资源的巨大浪费。以我国焦炭行业为例，每年副产约 2100 亿立方米焦炉煤气，其中含氢约 1155 亿立方米、甲烷约 525 亿立方米、一氧化碳约 168 亿立方米，将焦炉煤气中有用资源有效回收利用，不仅可以节约大量化石能源，同时可以减少二氧化碳排放。

目前，国内对富含氢气的工业副产气利用较为成熟，如将焦炉煤气、炼厂气、甲醇弛放气、氯碱生产尾气等用于制氢和提氢，已形成近 700 万吨/年的氢产能；富含一氧化碳的工业副产气利用近十多年也得到较快发展，用于生产乙醇、乙酸、乙二醇等化工产品；富含烃类、硫等物质的工业副产气得到了一定范围的应用；含二氧化碳的工业副产气的利用程度较低，一般化工企业（如合成氨、煤制氢、煤制甲醇、煤制天然气等）中含较高浓度二氧化碳的副产气，有较成熟且经济的捕集和利用技术，而煤电、锅炉、冶金、建材等含低浓度二氧化碳副产气的利用率很低，是二氧化碳排放的主要来源。总体而言，目前仍有相当数量的工业副产气直接排放，对环境造成了一定程度的污染，也有一定比例的副产气直接燃烧，未得到高附加值利用。工业副产气资源化利用技术主要包含净化、分离纯化、转化、合成等。工业副产气中含有粉尘、焦油、萘、苯、氨、氰化物、硫化物、磷化物、砷化物、氟化物、氯化物、氮氧化物等诸多杂质组分，组分复杂，含量较高且波动大，各组分之间干扰性强，开发有针对性的净化剂及净化技术与工艺是解决工业副产气净化难题的关键。净化后的工业副产气需要经过净化分离得到氢气、甲烷、一氧化碳、乙烯等高价值资源，如果后续产品需要，还可经过催化转化合成甲醇、甲烷等。因此，研究开发高效且成本低廉的净化和分离提纯技术是工业副产气资源化利用过程中最关键的环节。分离技术可根据副产气的组成和分子特性，采用吸附、吸收、膜分离、低温精馏等技术以及多种技术的耦合工艺来实现。对于氢气、甲烷、一氧化碳、乙烯等资源的回收，目前应用最多的是变压吸附分离技术，可以根据需要将目标组分分离提纯至 90.0%～99.999%。变压吸附技术具有工艺流程简捷高效，装置自动化程度高且运行稳定、开停车方便，产品气纯度高且成本较低，过程低碳节能、适用气源广等特点。

数十年来，以西南化工研究设计院为代表的研究机构深耕于工业副产气资源化技术的研究开发与工业化应用，形成了以吸附-分离-转化-合成为核心的工业副产气资源化利用系列技术，包括工业副产气高效制氢（含燃料电池用氢）、电石炉尾气等提纯一氧化碳、焦炉煤气（补二氧化碳）制甲醇、转炉煤气制甲醇、焦炉煤气（补二氧化碳）制天然气、炼厂气回收低碳烃、烟道气变压吸附捕集二氧化碳、垃圾填埋气提纯甲烷等多项成套技术，推广建成各类工业副产气资源化利用装置 1000 余套，为我国工业副产气的资源化利用与碳减排作出了积极的贡献。

本书系统介绍了我国在工业副产气资源化利用的研究开发和工程应用方面取得的技术进步和主要成果。全书共 11 章，第 1 章介绍了工业副产气排放及利用情况，对其资源化利用的碳减排效应进行了分析和计算，指出工业副产气资源化利用具有较大的碳减排效应和经济价值。第 2 章介绍了焦炉煤气资源化利用的技术及工业应用，较全面地阐述了焦炉煤气制氢、制甲醇、制天然气等技术特点和主要工业应用。第 3 章介绍了低阶煤热解气的利用，主要是兰炭尾气的资源化利用，给出了翔实的计算与应用数据。第 4 章介绍了炼厂气的利用技术，重点描述了炼厂重整气等副产气提氢和催化裂化干气、焦化干气等回收低碳烃的技术及工业应用。第 5 章介绍了转炉气和高炉气的利用技术，主要是转炉气和高炉气中一氧化碳的高值利用，配合焦炉煤气调节氢碳比，生产甲醇、天然气等化学品。第 6 章介绍了电石炉尾气和黄磷尾气的利用技术，重点介绍了这类气体的净化技术，以及分离提纯一氧化碳技术及工业应用。第 7 章介绍了氯碱与氯酸钠副产气的利用技术，主要是氯碱与氯酸钠副产氢气提纯工艺技术与氢能应用、氯乙烯尾气中回收氢气与氯乙烯技术特点及其较好的经济效益。第 8 章介绍了沼气、填埋气以及煤层气的利用技术，着重介绍了从这类含甲烷气体中分离提纯甲烷的工艺以及工业应用。第 9 章介绍了甲醇弛放气、合成氨弛放气、丙烷脱氢尾气的高价值利用技术，以分离制氢为主，同时也介绍了甲醇弛放气制甲醇的独特工艺及工业应用。第 10 章介绍了各类含硫工业尾气的利用技术，主要有尾气净化、硫回收及硫的下游利用等技术。第 11 章介绍了烟道气、发酵气等富二氧化碳气体的捕集、利用技术，较系统地阐述了各类副产气二氧化碳分离、提纯等捕集技术以及二氧化碳转化利用技术，为碳减排提供了技术支持。

书中列举了大量工业副产气资源化利用的工程实例，可供教学、科研、工程设计、项目规划、生产管理人员参考。

本书由陈健负责全书内容策划、设计、组织、审稿和定稿，并参与第 1 章、第 2 章、第 4 章、第 5 章、第 6 章、第 8 章等部分章节的撰写。本书撰写人员还有王啸（第 7 章及全书校审）、郑珩（第 2 章）、王良辉（第 3 章及第 2 章部分章节的编写和校审）、李克兵（第 4 章、第 8 章）、张新波（第 10 章、第 11 章）、林必华（第 9 章）、张剑锋（第 6 章）、姬存民

（第 1 章）、蹇守华（第 5 章）。

孙炳、王键、张崇海、杨云、王大军、乔莎、郑建川、李扬、郭继奎、陶涛、卜令兵、苏敏、李旭、张俊、熊波、陶宇鹏、吴魏、张明胜、金显杭、吴路平、马磊、杨先忠、龙雨谦、杨宽辉、张俊杰、赵明正、张树杨、刘艳艳、刘永、胡志彪、葛德翠、周君等参与了资料收集、部分撰稿、校审和图表绘制等工作，在此表示感谢！

最后，还要特别感谢为工业副产气资源化利用技术研究和工程开发作出贡献的西南化工研究设计院老一辈技术专家和工程技术人员以及相关合作单位的专家！

由于知识面和水平有限，书中难免有不足和疏漏之处，敬请读者批评指正。

陈健

2023 年 10 月

目　录

第 7 章　氯碱副产气、氯酸钠副产气 ·············· 221

第1章
绪　论

工业副产气（也称工业尾气、工业排放气）是工业生产过程中产生的各种气体的总称。我国工业门类齐全，各类工业产品产能大，在煤炭、焦炭、钢铁、甲醇、合成氨、氯碱、电石、黄磷、电力、水泥等行业，产能排世界第一。这些行业同时产生大量的工业副产气，如果副产气不能得到很好的治理和回收利用，在对环境造成污染的同时，副产气中 H_2、CO、CH_4 等有效组分也会因排放而造成资源的巨大浪费[1]。

1.1　工业副产气的来源与种类

1.1.1　工业副产气的来源

工业副产气来源一般按行业分类，主要有炼油、化工过程气与尾气，冶金、焦化行业过程气与尾气，水泥行业尾气，以及火电厂烟气，等等。

炼油和石油化工行业通常有常减压尾气、催化裂化干气、加氢裂化干气、催化重整干气、石脑油重整尾气、甲苯加氢脱烷基化尾气、乙烯脱甲烷塔尾气、焦化干气、加氢混合干气、催化与焦化混合干气、丙烯聚合尾气、低碳烷烃加工尾气（丙烷脱氢尾气、乙烷蒸汽裂解尾气、异丁烷脱氢尾气、丙烷/异丁烷混合脱氢尾气、轻烃脱氢芳构化尾气等）等。

化工行业有合成氨弛放气、甲醇弛放气、氯碱尾气、氯酸钠尾气、电石炉尾气、黄磷尾气、碳化硅尾气、煤化工脱碳气、多晶硅尾气、炭黑尾气、甲醇储罐闪蒸气、聚氯乙烯（PVC）树脂尾气、草甘膦氯甲烷尾气、环己醇装置尾气等。

冶金与焦化行业有焦炉煤气、高炉煤气、转炉煤气、铁合金矿热炉气、兰炭尾气等。

建材行业有水泥窑/石灰窑尾气、玻璃尾气等。

能源行业有煤层气/煤矿瓦斯、烟道气等。

1.1.2　工业副产气的种类

按所含组分划分，可分为富含氢气、一氧化碳、甲烷、二氧化碳、硫化物等类型的副产气。

富含 H_2 的副产气特指有较高 H_2 含量、较大排放量且有 H_2 回收利用价值的工业副产气，主要有焦炉煤气、炼厂气、合成氨弛放气、甲醇弛放气、氯碱尾气、氯酸钠尾气、丙烷脱氢尾气、乙烷蒸汽裂解尾气、兰炭尾气、甲醛（银法）尾气、炭黑尾气等。

富含 CO 的副产气特指有较高 CO 含量、较大排放量且有 CO 回收利用价值的工业副产气，包括转炉煤气、高炉煤气、铁合金矿热炉气、电石炉尾气、黄磷尾气、碳化硅尾气等。

富含 CH_4 的副产气特指有较高 CH_4 含量、较大排放量且有 CH_4 回收利用价值的工业副产气，包括焦炉煤气、油田伴生气、煤层气/煤矿瓦斯、垃圾填埋气、沼气、费-托合成尾气、炼厂气、低阶煤分级利用中低温热解气、兰炭尾气等。

富含 CO_2 的副产气特指有较高 CO_2 含量、较大排放量且有 CO_2 回收利用价值的工业副产气，包括脱碳副产气（制氨、制氢、煤制甲醇、合成天然气等过程），天然气、垃圾填埋气、沼气等的净化酸气，发酵工业副产气，水泥窑尾气，石灰窑尾气，烟道气，炼钢副产气，等等。

富含硫的副产气特指有较高硫（SO_2、H_2S、CS_2 等）含量、较大排放量且有硫资源回收利用价值的工业副产气，包括油气加工副产酸气、煤化工副产酸气、有色金属冶炼排放气、高 SO_2 含量的烟道气等。

1.2　工业副产气的排放与利用状况

1.2.1　国内工业副产气的排放与利用状况

1.2.1.1　富含氢气的副产气

富含氢的副产气主要有焦炉煤气，炼厂气，低碳烷烃加工副产气，合成氨、甲醇弛放气等化工副产气，氯碱尾气，等等，其产量及组分详见表 1-1。

表 1-1　主要含氢工业副产气产量及组分表[2]

序号	排放气类别	产量 /($\times10^8$m³/a)	典型组成(体积分数)/%	氢气量 /($\times10^8$m³/a)
1	焦炉煤气	1114	H_2:57;CH_4:25.5;CO:6.5;C_mH_n:2.5;CO_2:2;N_2:4	635
2	炼厂气	1193	H_2:14~90;CH_4:3~25;C_{2+}:15~30	520
3	合成氨尾气	124	H_2:20~70;CH_4:7~18;Ar:3~8;N_2:7~25	86
4	甲醇弛放气	239	H_2:60~75;CH_4:5~11;CO:5~7;CO_2:2~13;N_2:0.5~20	161
5	兰炭尾气	290	H_2:26~30;CO:12~16;CH_4:7~8.5;CO_2:6~9;N_2:35~39	81.2
6	氯碱尾气	99.17	H_2:98.5;O_2:1;N_2:0.5;其他	97.7
7	氯酸钠副产气	5.7	H_2:约95;O_2:2.5;其他	5
8	聚氯乙烯尾气	12.86	H_2:50~70;C_2H_2:5~15;C_2H_3Cl:8~25;N_2:10~15	6
9	丙烷脱氢(PDH)尾气	3.8	H_2:80~92;C_2H_6:1~2;C_3H_8:0.5~1;N_2:1~2	3.1

注："m³"，除特别注明外，表示气体标准状态下的体积，全书同。

富含氢的副产气主要资源化利用途径为制氢。由表 1-1 可知，我国工业副产气制氢具备很好的产业规模优势，仅焦炉煤气制氢每年产能就可达 635×10^8m³。2020 年我国氢气产量为 3310×10^4t，其中工业副产气产量约 700×10^4t，占比达 21.1%[3]。典型工业副产气制氢工艺有焦炉煤气制氢、炼厂副产气制氢、氯碱尾气制氢，其中炼厂副产气制氢规模较大，如 1000×10^4t 炼油仅重整气制氢规模就可达 220000m³/h，焦炉煤气制氢的总产能较大，占工业副产气制氢产能的 50% 以上。

焦炉煤气制氢工艺成熟，工业上主要采用的是吸附分离技术，直接提氢工艺装置投资低、能耗低，氢气成本主要在于压缩电耗和焦炉煤气的价格，制取 1m³ 氢气净消耗焦炉煤气 1m³（提氢后解吸气全部返回燃料管网作为燃料），电耗约为 0.3kW·h，焦炉煤气价格一般按照 0.6 元/m³ 计算，也即焦炉煤气制氢成本约为 0.94 元/m³（考虑公辅及其他费用）。

炼厂副产气因种类较多，制氢流程复杂，所以需要根据不同的原料气设置不同的分离提纯工艺。氢气成本主要在于净化及原料气消耗，以重油加氢尾气为例，1m³ 氢气需要原料气 1.955m³ 左右，提氢后解吸气可返回作为燃料气，也可作为化工原料气。该工艺氢气成本主要在于净化费用和电耗，氢气总成本约为 0.81 元/m³。

以氯酸钠尾气制氢为例，尾气中氢气纯度已达 95%，制氢成本主要在于尾气本身价值和净化材料的消耗，因氯酸钠尾气热值较低且含有不利于燃烧的杂质，尾气量少，一般以排放为主，尾气量多时用于制氢，折算氢气总成本在 0.57 元/m³ 左右。各类制氢方式的氢气成本汇总比较见表 1-2。

表 1-2　不同制氢方式生产氢气成本表

制氢方式	原料计价基础	制氢单位成本/(元/m³)
煤制氢	煤 500 元/t	0.90
天然气制氢	天然气 2.5 元/m³	1.48
甲醇制氢	甲醇 2600 元/t	1.94
电解水制氢	电 0.6 元/(kW·h)	3.43
焦炉煤气制氢	焦炉煤气 0.6 元/m³	0.94
炼厂气制氢	炼厂气 0.35 元/m³	0.81
氯碱尾气制氢	氯碱尾气 0.4 元/m³	0.57

由表 1-2 可知，工业副产气制氢在氢气成本上具有明显的优势，加之其巨大的排放量，工业副产气制氢是现阶段规模化生产氢气的有效途径之一。

氢气既是重要的化工原料，也是无碳、高效的能源载体，发展氢能产业是实现碳达峰、碳中和的重要途径之一。有预测指出工业副产氢占比将从目前的 20% 左右增加到 2030 年的 23%[4]。

国内工业副产氢呈现向下游利用发展的趋势，逐步实现下游产品多元化。富含氢气的工业副产气的资源化利用目前有多种途径，利用方式常与企业自身具体的情况以及周边环境和市场情况密切相关。这些途径按利用方式划分，可分为提氢利用和直接利用两大类；按应用领域划分，可分为燃料用途、炼油和化工用途，以及冶金还原保护气、浮法玻璃保护气等其他用途。通常情况下，炼油和化工用途比燃料用途具有更高的效益。

在炼油和化工方面，氢气用途非常广泛。各种富含氢气的工业副产气已被用作化工原料来生产众多产品，如甲醇/二甲醚/乙醇、氨、环己酮、己二酸、己二胺、乙二醇、合成天然气（SNG）、芳香胺（如苯胺）系列等。

随着炼油原料重质化和硫含量增加及对油品需求量和质量要求的提高导致炼厂用氢增加，以及近年氢能源的发展，越来越多的炼厂气通过直接提氢或重整制氢进行氢资源利用，并对各种炼厂气资源利用进行整体优化[5]。

煤焦油加氢年消耗兰炭尾气约 $80 \times 10^8 \, m^3$，约占全国兰炭尾气总产量的 17.7%，煤焦油加氢整个行业仍然不太景气，只有在原油价格较高时才能盈利。目前，兰炭尾气已经开始从传统的制氢原料气、发电燃料气向化工原料气方向发展。2019 年 9 月新疆广汇集团启动总投资 35.6×10^8 元的淖毛湖 $1000 \times 10^4 \, t/a$ 煤分质利用（兰炭）所副产的荒煤气通过草酸酯法制 $40 \times 10^4 \, t/a$ 乙二醇项目，2022 年 6 月已投产。

我国工业副产氢大多数已有下游应用，但有相当数量利用效率不高，部分行业和企业也仍有较大数量的放空，主要原因是副产氢气纯度不高、提纯工艺对设备与资金要求高以及下游市场对氢气的需求量目前还较少。由于工业副产氢原料来源广、数量大、成本低，无论作为炼油、化工原料还是用作氢能源，在未来相当一段时期都是工业上不可或缺的宝贵氢资源。

　　工业副产气用于制氢相较于煤、天然气等传统制氢工艺途径碳排放大大降低，不同原料制氢的碳排放如图 1-1 所示。

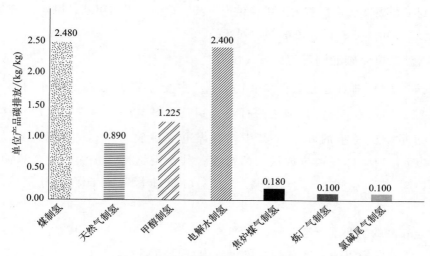

图 1-1　不同原料制氢的碳排放对比图

　　由图 1-1 可知，传统的煤制氢、天然气制氢、甲醇制氢、电解水制氢等工艺的碳排放均高于工业副产气制氢工艺，工业副产气制氢的低碳排放使得其发展和应用具有较强竞争力。

1.2.1.2　富含一氧化碳的副产气

　　我国富含 CO 的副产气数量巨大，包括转炉煤气、高炉煤气、铁合金矿热炉气、电石炉气、黄磷尾气、碳化硅尾气、天然气乙炔尾气、甲醇弛放气等。表 1-3 为我国各种富含 CO 的矿热炉气的资源量。我国钢铁、冶金、化工等工业副产气中每年排出的 CO（折纯）超过 $4000 \times 10^8 \, m^3$，主要被用作燃料或直接燃烧排放，产生大量的二氧化碳（约 $8 \times 10^8 \, t$）排放于大气中。如能将其分离、净化、回收，并作为碳资源转化为化工产品，对实现"双碳"目标具有重要意义。

表 1-3　各种富含 CO 的矿热炉气的资源量表

项目	铁合金炉	碳化硅炉（碳化硅）	电石炉（电石）	黄磷炉（黄磷）	高炉（生铁）	转炉（粗钢）
产品产量/($\times 10^4$t)	约 3300	101	3450（2019 年）	77.75（2020 年）	86856.8（2021 年）	103278.8（2021 年）
单位产品产气量/(m^3/t)	约 1000	1750	400～530	2500～3000	1500～1600	100～120
产气总量/($\times 10^8$ m^3/a)	约 330	17.7	138～183	19.4～23.3	约 13028.5	约 1239.3
炉气 CO 体积分数/%	60～80	73～92	75～85	80～90	22～27	45～65
折 100%CO/($\times 10^8$ m^3/a)	约 231	约 15	约 128	约 19	约 3191	约 682
炉气热值/(MJ/m^3)	10	12.5	10.1	9.7～10.4	2.85～3.22	6.5～8.4

注：铁合金炉包括生产硅铁、锰硅、高碳锰铁和高碳铬铁的总和。

长期以来，富含 CO 的工业副产气主要用作工业燃料和发电燃料，不仅价值低，碳排放也高，CO 作为化工原料进行高值化利用并减少碳排放和其他污染物排放是其发展方向。在政策、企业利益最大化和技术进步的多重因素驱动下，富含 CO 的工业副产气作为化工原料综合利用得到了积极发展，目前主要用于生产甲酸、草酸、甲酸甲酯、甲醇、二甲醚、合成氨、氢、乙二醇、1,4-丁二醇、乙醇等系列产品。

1.2.1.3　富含二氧化碳的副产气

目前我国年 CO_2 排放量超过 100×10^8 t，约占全球 CO_2 总排放量的 31%。从细分行业来看，2020 年 CO_2 排放量前三的行业分别是燃煤电厂、钢铁和水泥，这三个行业的排放量超过了全国总量的 60%。其中，燃煤电厂排放量高达 35.39×10^8 t，超过总量的 1/3，为 34.11%，是碳排放最大的行业；其次是钢铁、水泥行业，这两个行业分别排放了 15.98×10^8 t 和 11.12×10^8 t CO_2，均超过总量的 10%，分别为 15.4% 和 10.71%[6]。

CO_2 含量较高的工业副产气有脱碳副产气（制氨、制氢、煤制甲醇、合成天然气等）、石油炼制副产气、发酵工业副产气、整体煤气化联合循环发电（IGCC）副产气、天然气、垃圾填埋气、沼气净化酸气等。高浓度源 CO_2 捕集成本明显低于低浓度源。

国际能源署（IEA）在《通过碳捕获、利用与封存（CCUS）实现工业变革》中提出，在清洁技术情景（与《巴黎协定》路径一致）下，2060 年工业部门的 CCUS 累计量将达到 280×10^8 t，能源加工和转换部门 CCUS 累计量为 310×10^8 t，电力部门 CCUS 累计量为 560×10^8 t。CCUS 将实现 38% 的化工行业减排，15% 的水泥和钢业行业减排。

2020 年起，全球 CCUS 项目爆发式增长，截至 2021 年 9 月 5 日，全球 CCUS 项目已有 170 个，其中，已完成使命的有 49 个，剩下的 121 个还在开发、建设或者运营中。国际能源署预计，全球利用碳捕集技术捕集的 CO_2 总量将从 2020 年的约 4000×10^4 t 增至 2050 年的约 56.35×10^8 t，增幅超过百倍。

根据《中国二氧化碳捕集利用与封存（CCUS）年度报告（2021）》，截至 2020 年，我国已投运或建设中的碳捕集利用与封存（CCUS）示范项目约为 40 个，捕集能力 300×10^4 t/a，多以石油、煤化工、电力行业小规模的捕集驱油示范为主，缺乏大规模的多种技术组合的全流程工业化示范。

引入碳捕集后，每吨 CO_2 将额外增加 140～600 元的运行成本。如华能集团上海石洞口捕集示范项目的发电成本就从约 0.26 元/(kW·h) 提高到 0.5 元/(kW·h)。在现有 CCUS 技术条件下，企业实施 CCUS 将使一次能耗增加 10%～20%，效率损失大，整体的 CCUS 应用成本还处于较高水平。2030～2060 年我国 CCUS 减排贡献需求见图 1-2[6]。

净零排放的目标将促进未来 CCUS 快速发展，全球 CCUS 关键里程碑数据见表 1-4[7]。

CO_2 高效转化利用是实现"碳达峰""碳中和"的重要一环。如何高效转化利用 CO_2，将其变废为宝，是能源化工领域的研究热点和难点。

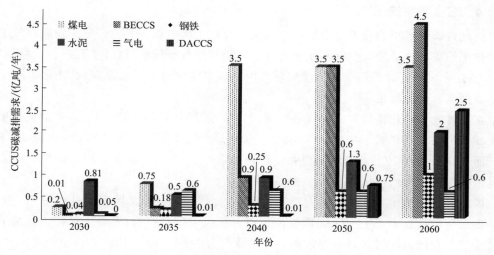

图 1-2　2030～2060 年我国 CCUS 减排贡献需求[6]

BECCS—生物质能和碳捕集与封存；DACCS—直接空气碳捕获和储存

表 1-4　全球 CCUS 关键里程碑数据表[7]

项目	二氧化碳捕集量/($\times 10^6$t)		
	2020 年	2030 年	2050 年
二氧化碳捕集总量	40	1670	1600
从化石燃料和工业过程中捕集二氧化碳	39	1325	5245
电力	3	340	860
工业	3	360	2620
商品氢生产	3	455	1355
非生物燃料生产	30	170	410
从生物能源中捕集的二氧化碳	1	255	1375
电力	0	90	570
工业	0	15	180
生物燃料生产	1	150	625
直接空气捕集的二氧化碳	0	90	985
移除	0	70	630

　　CO_2 是一种多用途原料，可以通过热化学、电化学或生物化学的方法转化为很多产品（包括燃料、化学品、建筑材料和聚合物），也可以利用 CO_2 提高生物过程产量。其中一些产品（如燃料），几乎会立即释放其中储存的碳，因此只能是碳中和产品，而另一些产品（如建筑材料），则可以将碳封存数千年。数十年来，在多种转化利用工业过程中使用了 CO_2 利用的成熟技术，如尿素、甲醇、合成气/一氧化碳、各种碳酸盐和碳酸酯的生产，还有许多新的 CO_2 转化利用技术仍处在开发和商业化的不同阶段。这些技术有可能通过部分替代化石燃料原材料、提高使用效率和加强使用可再生能源以及通过生产适销对路的产品创造收入，为电力和其他工业部门提供减排机会。

1.2.1.4 富含甲烷的副产气

甲烷是含碳量最小的烃类化合物。甲烷主要存在于天然气中，但许多工业副产气也富含甲烷，如焦炉煤气、低阶煤分级利用热解气、油田伴生气、煤层气/煤矿瓦斯、垃圾填埋气、沼气、费-托合成尾气、炼厂气等。甲烷所产生的温室效应约为二氧化碳的 21 倍，甲烷还是形成地表面臭氧的原因之一。

甲烷的排放有自然排放和人为排放。自然排放有湿地和野生动物等。人类造成的甲烷排放绝大部分来自化石燃料、农业和废弃物。石油天然气开采、加工和输运占到甲烷排放的 23%，而煤炭开采占 12%，垃圾填埋和废水合计占 20% 左右。农业方面，动物粪便及其肠内发酵造成的排放大约占 32%，谷物种植占 8%。

我国的甲烷排放中，人为排放占比高达 90% 以上，其中，煤炭开采过程中产生的甲烷排放和农业生产过程中产生的甲烷排放，分别占我国甲烷总排放的 40% 左右。煤炭是我国的主体能源，我国每年煤炭开采导致的甲烷排放约为 2100×10^4 t（约 300×10^8 m³），目前仅有约三分之一得到利用。

我国人口数量多，垃圾产生量大。近年来，垃圾填埋量稳定在 $2.0 \times 10^8 \sim 2.2 \times 10^8$ t/a，估计每年可产生垃圾填埋气量 $200 \times 10^8 \sim 300 \times 10^8$ m³，折算甲烷量 $100 \times 10^8 \sim 150 \times 10^8$ m³。

低阶煤热解副产气中甲烷含量可高达 37%～40%，此外还含有 H_2、CO、CO_2 以及 15%～16% 的 C_{2+} 烃，热值可达 24～30MJ/m³，净化后可用作燃料，也是很好的制取合成天然气（SNG）和化工产品（如制合成气、氢气、合成氨、甲醇、乙二醇等）的原料。热解气的利用应根据其组分特点，重点研究热解气与煤化工合成气、焦炉煤气等的耦合应用技术，探索制备高热值气体燃料、高纯氢气、天然气等产品的路径。

表 1-5 为主要的富含甲烷的副产气资源量和利用状况。

表 1-5　富含甲烷的副产气资源量及利用状况表

副产气种类	中国产量	全球产量	利用状况
油田伴生气 /($\times 10^8$ m³)	200	5000	较大部分回收 C_{2+} 烃[天然气加工厂液体（NGPL）]，脱酸净化后，干气进管网；部分作为燃料发电或回注自用；部分以液化天然气（LNG）、压缩天然气（CNG）、吸附天然气（ANG）的形式外输；部分直接转化为化工产品
煤层气（煤矿瓦斯）/t	2100		
沼气 /($\times 10^8$ m³)	140 （60%～70% CH_4）		当前主要用途，一是用作燃料，二是发电，三是提质成生物天然气。2020 年中国累计装机达到 89×10^4 kW，沼气发电项目数量为 266 个，2021 年沼气发电 37×10^8 kW·h
垃圾填埋气 /($\times 10^8$ m³)	300 （35%～65% CH_4）		当前主要用途，一是发电，二是用作燃料，三是提质成生物天然气
炼厂气/($\times 10^8$ t）	0.35 （1%～20% CH_4）	1.9	炼厂气中的甲烷部分用于重整制氢或合成气，部分用作燃料
焦炉煤气 /($\times 10^8$ m³)	2000	3000	约一半回炉，剩余用于合成甲醇（产能 1222×10^4 t/a、开工率约 60%）、氨等化工产品，制 SNG、CNG、LNG、混氢天然气（HCNG），制（提）氢，直接用作燃料或用于发电

1.2.1.5 富含烃类等组分的副产气

较高 C_{2+} 烃类含量、较大排放量且有烃类回收利用价值的工业副产气，包括炼厂气、油田伴生气、天然气加工回收的低碳烷烃、甲醇制烯烃（MTO）副产气等。回收的非甲烷烃类副产气主要有乙烷、丙烷、丁烷、液化石油气（LPG）等。国产 LPG 成分主要是 C_3 和 C_4 混气（C_3 组分在 20%～60%），进口 LPG 成分则大部分是 C_3 或者是 C_4 的纯气。LPG 的来源主要有炼厂气和伴生气，国内产量主要来自炼厂气，进口主要来自美国和中东的伴生气。

我国催化裂化（FCC）干气年产量约达 $1000×10^4$ t，其中含乙烯约 $176×10^4$ t，乙烷约 $174×10^4$ t，丙烯约 $27×10^4$ t，丁烯约 $10×10^4$ t，丙烷和丁烷等其他烷烃组分约 $27×10^4$ t。如果把这些烃类全部回收回来生产乙烯，每年可产乙烯约 $353×10^4$ t，节约用于生产乙烯的石脑油约 $1000×10^4$ t。

天然气（含油田伴生气、页岩气）加工会副产大量的低碳烷烃，液化天然气除可用作燃料外，也是宝贵的化工原料。其中，乙烷、丙烷已分别广泛用于生产乙烯、丙烯；丁烷用于生产顺酐、丁二酸、1,4-丁二醇（BDO）、N-甲基吡咯烷酮（NMP）等，也可异构化制异丁烷，进而制异丁烯、甲基叔丁基醚（MTBE）、异辛烷等。我国生产的天然气主要为干气，天然气加工虽有部分低碳烷烃副产，但数量较小，我国 2020 年乙烷产量为 $160×10^4$ t/a 左右。目前我国大量进口乙烷、丙烷、丁烷。2021 年，我国丙烷、丁烷进口量分别达 $1914×10^4$ t、$535×10^4$ t，出口量分别为 $40×10^4$ t、$59×10^4$ t。

对富含非甲烷烃类的副产气的资源化利用已越来越受到重视，重点是烯烃的回收利用以及乙烷、丙烷、丁烷等轻烷烃的回收利用。

1.2.1.6 富含硫的副产气

富含硫（SO_2、H_2S）的工业副产气主要来源于金属冶炼、油气生产、化工生产和采矿等，包括油气加工副产酸气、煤化工副产酸气、有色金属冶炼排放气、高 SO_2 含量的烟道气等。

SO_2 是最常见、最简单、有刺激性的硫氧化物，是大气主要污染物之一。中国 SO_2 排放量在 2007 年达到峰值 $3660×10^4$ t，随后总体呈下降趋势；2020 年，全国 SO_2 排放量为 $318.2×10^4$ t，其中，工业源 SO_2 排放量为 $253.2×10^4$ t。虽然由于采取了有效的减排措施，每年已减少了数千万吨 SO_2 排放，但目前采用的减排大多是非资源回收利用方式，造成了一定的资源浪费。

回收的 SO_2、H_2S 直接作为产品销售的数量并不大，大多被加工成了下游产品，如硫黄、硫酸等。2021 年，全球 H_2S 产品市场规模约为 $10.2×10^8$ 元；预计 2021～2027 年，全球 H_2S 市场将以 4.5%左右的年均复合增速增长，到 2027 年市场规模将达到 $13.9×10^8$ 元以上。液态 SO_2 产品也有一定的市场需求。

2020 年全球硫黄产量约 $6900×10^4$ t，其中美国、中国、阿联酋、俄罗斯、沙特阿拉伯为前五大生产国。2021 年我国硫黄产量为 $849×10^4$ t，表观需求量达 $1700×10^4$ t，一半的需求需要进口。

我国工业副产气排放的 SO_2、H_2S 数量巨大，减排投资大、成本高，但我国硫黄供应又严重依赖进口。采取有效的方法回收利用各种废气中的硫资源,不仅可以降低减排成本,也可减少硫黄进口需求,还有较好的经济效益。例如,南京杰科丰环保技术装备研究院联合多家单位成功研发了工业烟气脱硫副产焦亚硫酸钠关键技术及成套装备,并成功实现工程示范应用;依托本技术制备的目标产品焦亚硫酸钠含量可达 99%,可实现 SO_2 污染物的高效资源化利用。

1.2.2　国外工业副产气的排放与利用状况

国外工业副产气利用的报道较少,主要集中在垃圾填埋气和沼气。美国填埋气的利用以发电为主(约占 68%),其次是直接用作中热值燃气以及提质为可再生天然气(RNG,约占 15%)。欧洲沼气生产处于领先地位,目前约有 $2×10^4$ 个正在运行的工厂,同时沼气提纯生物甲烷发展迅速。欧洲沼气协会(EBA)/欧洲天然气基础设施(GIE)2021 年生物甲烷图报告显示,欧洲目前共有 1023 家生物甲烷工厂。可持续的生物甲烷有可能将占到 2050 年欧盟天然气消费量的 30%~40%,预计发电量有可能超过 10000TW·h。俄乌冲突刺激了欧洲生物甲烷高速发展,2030 年欧盟生物甲烷产量将扩大到 $350×10^8 m^3$。

2021 年 11 月的联合国气候大会期间,推出了"全球甲烷承诺"(Global Methane Pledge,以下简称承诺)。目前已有超过 120 个国家签署承诺,覆盖全球人类活动甲烷排放总量的一半以上。承诺要求这些国家在 2030 年前减少 30% 的甲烷排放量,并同意实施更高的报告标准。尽管承诺国可以选择减少任何渠道的甲烷排放,但该承诺优先关注的是化石能源行业。IEA 的全球甲烷追踪器(global methane tracker)显示,全球能源行业的甲烷排放比各国政府官方数据高出大约 70%。2022 年 6 月,欧盟和美国与另外九个创始成员国共同宣布了甲烷减排承诺的"能源路径",要求各国到 2030 年底之前停止"常规燃除"(routine flaring),即停止在化石燃料开采过程中烧掉废气的做法。2018 年,包括 BP、雪佛龙、埃克森美孚、巴西石油公司、沙特阿美、壳牌、道达尔等成员在内的油气行业气候倡议组织(OGCI)表示,全球石油巨头已承诺到 2025 年将甲烷排放量减少五分之一。

欧盟委员会在 2020 年发布了甲烷战略,覆盖了能源、农业和废弃物领域的行动。2021 年,欧盟委员会进一步宣布了化石燃料和生物甲烷方面的新提案,包括全欧盟适用的甲烷排放监测、报告和核证(MRV)与泄漏检测和修复的强制标准,以及排气和常规燃除禁令。2022 年 10 月,欧盟与相关行业代表共同启动生物甲烷工业伙伴关系(BIP),目标是到 2030 年将生物甲烷年产量提升至 $350×10^8 m^3$。作为"REPowerEU"计划的一部分,欧盟委员会曾于 2021 年 5 月提出实施生物甲烷行动计划,其中包括建立生物甲烷工业伙伴关系。2020 年,欧盟进口油气的甲烷排放量为 $1000×10^4 t$。国际能源署的全球甲烷追踪器显示,加上同年欧盟境内的甲烷排放量,欧盟石油天然气领域涉及的甲烷排放总量高达 $1400×10^4 t$。

美国新宣布的计划,主要通过制定行业新规等方式大幅削减石油天然气开采以及天然气输运基础设施的甲烷排放。2022 年 8 月通过的《通胀削减法案》(*Inflation Reduction Act*)对以燃除等浪费的方式进入大气的甲烷收费,激励运营商在环境保护署(Environmental Protection Agency,EPA)即将颁布的新规生效前降低甲烷排放。

1.3 工业副产气利用的相关产业政策

为了促进资源利用和减少污染物的排放，相关部门针对各种工业副产气的排放和开发利用出台了大量的产业政策、法规和标准。例如，国家能源局制定实施了《煤层气产业政策》、4个煤层气开发利用五年规划，会同有关部门不断完善投入保障、科技创新、资源协调开发等扶持政策，在谋划"十四五"能源发展中，国家能源局统筹煤层气开发和煤矿瓦斯综合治理，在组织有关地区和重点企业深入研究基础上，制定印发了"十四五"煤炭规划《煤层气（煤矿瓦斯）开发利用方案》。国内工业副产气利用的相关产业政策见表1-6。

表1-6 国内工业副产气利用的主要相关产业政策汇总表

类别	序号	产业政策	主要内容
国家	1	《关于"十四五"推动石化化工行业高质量发展的指导意见》（工信部联原〔2022〕34号）	适度增加富氢原料比重，鼓励石化化工企业因地制宜、合理有序开发利用"绿氢"，推进炼化、煤化工与"绿电""绿氢"等产业耦合示范，利用炼化、煤化工装置所排二氧化碳纯度高、捕集成本低等特点，开展二氧化碳规模化捕集、封存、驱油和制化学品等示范；促进行业间耦合发展，提高资源循环利用效率，推动石化化工与建材、冶金、节能环保等行业耦合发展，鼓励企业加强黄磷尾气、电石炉气、炼厂平衡尾气等资源化利用和无害化处置
	2	《"十四五"全国清洁生产推行方案》（国家发展改革委等10部门，2021年）	石化化工行业要开展高效催化、过程强化和高效精馏等工艺技术改造，实施绿氢炼化、二氧化碳耦合制甲醇等降碳工程等
	3	《氢能产业发展中长期规划（2021—2035年）》（2022-03-23）	优先利用工业副产氢，适合风光水电应用可再生能源电解水制氢；到2025年，初步建立以工业副产氢和可再生能源制氢就近利用为主的氢能供应体系；要求在焦化、氯碱、丙烷脱氢等行业集聚地区，优先利用工业副产氢，鼓励就近消纳
地方政府	1	《山西省人民政府办公厅关于推动焦化行业高质量发展的意见》（2022年）	加大科技攻关力度，推动焦炉煤气、煤焦油、粗苯等焦化副产品延伸产业链条，提升焦化产加工利用水平。鼓励焦炉煤气制氢，打造全国氢能高地。鼓励焦炉煤气制甲醇、乙二醇、LNG、合成氨，延伸发展高端聚酯新材料等产业链
	2	《榆林市推动兰炭行业升级改造绿色安全发展三年行动方案（2019—2021年）》	明确要求兰炭尾气要用于生产化工产品，杜绝燃烧，明确指出，兰炭尾气重点向化工产品延伸
	3	《贵州省人民政府办公厅关于加快推进煤层气（煤矿瓦斯）产业发展的指导意见（2019—2025年）》（黔府办发〔2019〕33号）	加快推进煤层气（煤矿瓦斯）勘探开发利用，构建能源供应新格局，为全省经济社会发展提供有力支撑。加大勘探力度，加快资源开发，加强综合利用，加强煤矿瓦斯抽采，强化煤矿瓦斯综合利用

1.4 工业副产气利用与碳减排

人类社会的快速发展伴随着大量 CO_2 排放，会导致温室效应，从而影响人类的生存环境。碳中和目标是人类面对气候变化危机的主动作为和共同追求，碳中和对能源体系、科技创新体系具有深远影响。

1997 年 12 月《联合国气候变化框架公约京都议定书》在日本京都通过，简称《京都议定书》。我国于 1998 年 5 月签署并于 2002 年 8 月核准了该议定书。议定书已于 2005 年 2 月 16 日生效。《京都议定书》要求各国采取缓解政策和措施限制和减少温室气体的排放。

2015 年 11～12 月，第 21 届联合国气候变化大会达成抑制全球气候变暖的《巴黎协定》，该协定指出，各方将加强对气候变化威胁的全球应对，确保全球升温不超过工业革命前的 2℃，并为把升温控制在 1.5℃ 之内而努力。全球将尽快实现温室气体排放达峰，21 世纪下半叶实现温室气体净零排放（碳中和）。

2020 年 9 月，我国提出了"二氧化碳排放力争于 2030 年前达到峰值，努力争取 2060 年前实现碳中和"的"双碳"目标。实现碳中和，一方面可通过可再生能源的大量替代以及煤等化石能源的清洁高效利用，减少排放；另一方面，结合负碳排放（吸收碳排放）的技术，如碳捕集利用与封存技术，使得整体的排放量正负抵消，达到净零排放。除生物固碳及封存等途径外，化工利用是最大的突破口之一。

化工行业既是重要的碳排放源，同时也是重要的二氧化碳资源化利用渠道。通过化学技术将二氧化碳转化为化工产品被认为是实现二氧化碳资源化利用、减少碳排放、实现碳中和目标的终极解决方案之一，也是化工行业的最大特色。

1.4.1　工业副产气碳排放概况

2021 年，我国一次能源消费总量为 49.8×10^8 t 标准煤，占世界能源消费总量的 26.1%，年 CO_2 排放量为 98.99×10^8 t，占世界排放总量的 30.7%，能源消费量和 CO_2 排放量都位居世界第一。巨大的能源消费背后是我国门类齐全工业的发展，工业副产气是工业生产过程中的副产物和排放物，具有排放总量大、对环境污染重、CO_2 排放分散等特点[2]。

我国炼油、化工、焦化、火电等行业的主要工业副产气中大多含有 CO_2，且部分副产气 CO_2 含量较高。表 1-7 为主要含 CO_2 工业副产气组分表。

表 1-7　主要含 CO_2 工业副产气组分表[8-10]

序号	排放气类别	典型组成(体积分数)/%
1	燃煤电厂尾气	CO_2:12.56；N_2:73.96；O_2:5.6；H_2O:7.85
2	脱碳副产气	CO_2:75.33；N_2:22.79；H_2O:1.86
3	水泥窑尾气	CO_2:11～29；N_2:75～80；O_2:约 5.6；H_2O:约 5
4	甲醇弛放气	H_2:60～75；CH_4:5～11；CO:5～7；CO_2:2～13；N_2:0.5～20
5	兰炭尾气	H_2:26～30；CO:12～16；CH_4:7～8.5；CO_2:6～9；N_2:35～39

按行业来分，工业生产过程中二氧化碳排放的主要来源为发电厂，其次为水泥生产（生产 1t 水泥排放二氧化碳 0.65～0.95t）、炼油厂、钢铁工业、石化工业、油气加工和其他来源。一些大型的固定二氧化碳排放源见表 1-8。

表 1-8 中煤化工行业的 CO_2 排放量是 2019 年数据，石油化工为 2021 年数据。本书主要针对化工工业过程中的工业排放气资源化利用对 CO_2 减排的影响进行分析。

表 1-8　相关行业固定二氧化碳排放源数据表

生产过程	CO_2 排放量/($\times 10^4$ t/a)
电力行业[11]	458000
水泥生产[12]	137000
钢铁工业[13]	181000
煤化工[14]	54000
石油化工[15-16]	44500
其他化工[17]	41500
道路交通[18]	95200

1.4.2　工业副产气资源化利用与碳减排分析

目前的工业实践中，焦炉煤气的资源化利用是典型的工业副产气资源化利用途径，焦炉煤气资源化利用主要可分为 3 种，即用作燃料、用作化工原料、直接还原铁，其中化工原料方面又可分为制氢、制甲醇、制 LNG、制合成氨及制合成气生产其他化学品。

作为燃料用的焦炉煤气主要用作发电燃料和民用燃料。焦炉煤气发电有 3 种方式，分别为蒸汽发电（热电联产）、燃气轮机发电和内燃机发电，目前这几种发电方式在国内均有应用，技术成熟。如果焦化企业与高电耗生产匹配或与发供电企业联营，且上网电价合适，那么焦炉煤气用于发电可作为优先选择的技术路线之一。其运行与管理简便，生产作业时间长，可采取多种方式，企业收益稳定。

发电是最直接的利用方式，将焦炉煤气内的 H_2、CH_4、CO 等高价值组分作为燃料燃烧，但 CO_2 排放较大。如能将 H_2、CH_4、CO 等高价值组分进行化学利用，则可替代用化石能源直接制氢或者生产化学品，也会影响 CO_2 的排放，本节对焦炉煤气制氢的碳排放进行了详细分析。

1.4.2.1　焦炉煤气制氢与碳减排

焦炉煤气制氢是成熟的制氢方式，焦炉煤气中的氢含量达 55%～60%，是重要的氢来源。目前，焦炉煤气制氢的主要方法是采用变压吸附技术（PSA）从冷焦炉煤气中分离氢气，该工艺生产的氢气纯度可达 99.999%。从 20 世纪 80 年代开始，我国宝钢、鞍钢、武钢、本钢、包钢等钢铁企业先后建设了多套处理能力为 $100 \sim 5000 \, m^3/h$、制氢纯度为 99.999% 的焦炉煤气变压吸附制氢装置，其中投产运行时间最长的一套已达 20 多年。我国有多家钢铁企业采用 PSA 从焦炉煤气中分离氢气，用作轧钢厂保护性气体。

日本钢铁行业每年提供约 $40 \times 10^8 \, m^3$ 氢气供应给燃料电池行业使用，通过改进工艺，未来其供应量将进一步增加。另外，由于大多数日本钢厂位于城市中心附近，所以未来城市所需的大部分清洁氢能源可由钢厂负责供应。在我国，随着氢电池开发、应用成本的降低，利用炼焦煤气提氢将成为焦炉煤气资源化利用的新亮点。采用炼焦煤气生产氢气将是未来炼焦煤气资源化利用的新途径。

1.4.2.2　焦炉煤气制氢碳排放计算

焦炉煤气提氢体系衡算，碳排放计算边界见图 1-3。

整个制氢装置输入有焦炉煤气和公用工程（电、空气、水等），公用工程消耗引起的 CO_2 排放是间接排放，可根据相关文献折算。

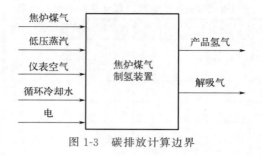

图 1-3　碳排放计算边界

（1）直接排放计算

直接消耗即为焦炉煤气，下面对焦炉煤气进行多层次分析。

前面讲到了焦炉煤气的三种主要用途，目前仍有较多的焦炉煤气用作燃料，故这里对焦炉煤气分析对比的基准是焦炉煤气燃烧发电。焦炉煤气用作燃料发电主要利用的是其热量。对上述计算边界进行对比可发现焦炉煤气经过制氢装置后发生的变化主要有气量减少和组分变化。制氢前后的气体都可以用作燃料，故可以用热值这个参数对前后进行衡算。

上面已经假定了焦炉煤气用作燃料，由表 1-9 可知解吸气的热值是高于焦炉煤气的，不考虑燃烧效率的变化，此处因制取氢气引起的总变化即为燃料热值的减少。故可将制氢的消耗看作是燃料热量的减少，而该部分热量的减少需要补充燃料，以补充同状态的天然气（组成见表 1-10）燃料为准，可计算得到补充天然气的量。

表 1-9　焦炉煤气及解吸气热值表

项目	焦炉煤气	解吸气	氢气
气量/m³	1986.6	986.6	1000.0
热值/(kcal/m³)	4413.2	6275.6	2575.8

注：1cal=4.1868J。

表 1-10　天然气组成表

组分	CO_2	CH_4	C_2H_6	C_3H_8	N_2
体积分数/%	1.2	93.30	1.20	2.10	2.20

对热量衡算有：提取 $1m^3$ 氢气带走的热量 $Q_1=2575.8kcal$，天然气量需补充的热量为 Q_2，天然气热值 $q=8639.88kcal/m^3$，需补天然气量 $V=Q_2/q=Q_1/q=2575.8/8639.88=0.2981m^3$，也即焦炉煤气制氢每生产 $1m^3$ 氢气的原料消耗可折算成消耗 $0.2981m^3$ 天然气。

$1m^3$ 天然气燃烧的 CO_2 排放为 $1.032m^3$，即上述条件下的焦炉煤气制氢每 $1m^3$ 氢气的直接排放为 $0.308m^3$ CO_2，折算成质量排放量为 $0.604kg$ CO_2/m^3 H_2，也即 $6.765kg$ CO_2/kg H_2（采用综合能耗法可以验算，数值为 $6.33kg$ CO_2/kg H_2，说明此处计算可靠）。

（2）间接排放计算

根据相关报道[19]，每消耗 $1kW\cdot h$ 电的 CO_2 排放量为 $0.5839kg$，每消耗 1t 循环冷却

水的 CO_2 排放量为 0.0642kg，每消耗 $1m^3$ 仪表空气的 CO_2 排放量为 0.0817kg，每消耗 1t 低压蒸汽的 CO_2 排放量为 2.7268kg。

根据上述数据可得，焦炉煤气每制 $1m^3$ 氢气的间接排放量为 0.1786kg CO_2。

综上，焦炉煤气每制 $1m^3$ 氢气的 CO_2 排放量为 0.783kg，也即制 1kg 氢气的 CO_2 排放量为 8.765kg。

由上计算过程可知，在考虑氢气热值的情景下，典型的焦炉煤气制氢的氢气碳排放为 8.765kg CO_2/kg H_2，小于现在主流的天然气蒸汽转化制氢的排放[19]（10.11kg CO_2/kg H_2），减少碳排放 13%；而相对焦炉煤气未做利用的情景，焦炉煤气制氢的氢气碳排放为 2kg CO_2/kg H_2，减少碳排放 80% 以上。

1.4.3　工业副产气资源化利用与碳减排展望

我国工业副产气排放量大，在对环境造成污染的同时，副产气中氢气、一氧化碳、甲烷等有效成分也因排放而造成了资源浪费。根据工业副产气的组分，资源化利用的方向有氢能、化工原料、氢冶金还原剂等。氢气既是重要的化工原料，也是无碳、高效的能源载体。

已经成熟的工业副产气资源化利用有制氢、制甲醇、制 LNG 等大宗化学品，大部分工业副产气可以通过净化、分离、转化成为合成气（CO+H_2），从合成气出发可以构建整个化工产业链体系。工业副产气资源化利用的技术路径如图 1-4 所示。

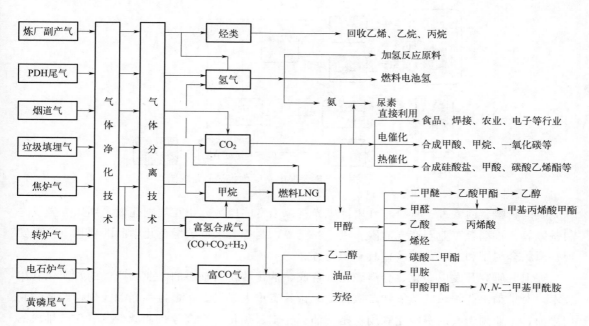

图 1-4　工业副产气资源化利用技术路径图

PDH—丙烷脱氢

上图给出了副产气制氢及作为化工原料的利用技术路径，工业副产气还可以极大地为钢铁工业提供还原原料，能大幅降低传统转炉的二氧化碳排放。

　　传统的高炉炼铁通过焦炭燃烧提供还原反应所需要的热量并产生还原剂一氧化碳,将铁矿石还原得到铁,并产生大量的二氧化碳。根据相关统计[20],每生产 1t 钢,采用高炉工艺将排放出 2.5t 二氧化碳,电炉工艺也要排放 0.5t 的二氧化碳。Tang 等[21] 指出氢冶金是用氢代替碳作为还原剂来减少碳排放的技术。对由 57% 的氢气和 38% 的一氧化碳组成的还原气体在竖炉-电炉短流程进行计算,总能耗为 263.67kgce/t (1kgce=29.27MJ),二氧化碳排放量为 829.89kg/t,优于传统高炉-转炉长流程工艺。如果采用纯氢冶金,吨钢二氧化碳排放会低于 0.8t (零碳氢气)。

　　解决氢冶金问题的关键是廉价低碳的氢气来源以及氢气竖炉技术的优化发展,工业副产气制氢是现阶段可行的制氢方法之一[22]。目前国内已进行了高炉富氢冶炼,而高炉富氢冶炼以喷吹焦炉煤气较为典型,与未喷吹焦炉煤气相比,喷吹 50m³/t 焦炉煤气,炉内还原气浓度增加,炉料还原速度加快,焦比降低 14.43%,碳排放减少 8.61%[23],这也是工业副产气资源化利用的典范之一。

　　同时,工业副产气耦合绿电可制备大宗化学品。随着光伏、风电行业的技术进步,光伏发电和风力发电的电价逐渐下降,光伏和风力发电制氢已初步显现出经济性,因此,绿电制氢耦合工业副产气中的碳、氮等资源,可以构建出零碳(负碳)的化学品生产路线。如图 1-5 所示,工业副产气中分离得到的氮、二氧化碳、碳氢资源可以与绿电制氢耦合,生产绿氨、绿醇及其他绿色化学品。合成氨和甲醇产业链在化工行业中占比较大,构建工业副产气和绿电制氢为基础的化工品生产路线能够促进化工行业的低碳发展。

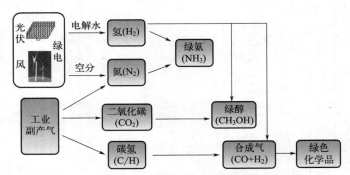

图 1-5　工业副产气耦合绿电制绿色化学品路线图

　　我国新疆、内蒙古、青海、甘肃等风光资源丰富的地区,正在规划建设采用风、光发电制备绿氢,再耦合工业副产气的碳、氢、氮资源,制备大宗低碳绿色化学品的项目,这对实现资源综合利用和二氧化碳减排具有积极意义。

　　综上,研究开发以净化、分离纯化、合成、催化转化为核心的工业副产气的资源化利用技术,对推动工业领域的节能和二氧化碳减排具有重大意义。在可再生能源大规模经济性利用之前,工业副产气的资源化利用将是石油、化工、焦化、冶金等行业减少二氧化碳排放的有效途径。

参 考 文 献

[1]　陈健,王啸.工业排放气资源化利用研究及工程开发 [J].天然气化工 (C1 化学与化工),2020,45 (2):121-128.

［2］ 陈健，姬存民，卜令兵．碳中和背景下工业副产气制氢技术研究与应用［J］．化工进展，2022，41（3）：1479-1486．

［3］ 陈若石．氢能产业发展现状及建议［J］．化学工业，2022，40（1）：62-65．

［4］ 电力规划总院有限公司．氢能在我国双碳战略中的作用［R/OL］．［2022-09-19］．

［5］ 王阳峰，张英，陈春凤，等．炼油厂氢气网络集成优化研究［J］．炼油技术与工程，2020，50（3）：30-35．

［6］ 蔡博峰，李琦，张贤，等．中国二氧化碳捕集利用与封存（CCUS）年度报告（2021）——中国 CCUS 路径研究［R］．生态环境部环境规划院，中国科学院武汉岩土力学研究所，中国 21 世纪议程管理中心，2021．

［7］ IEA．NetZero by 2050，A roadmap for the global energy sector［R］．2021．

［8］ 毛松柏，叶宁，朱道平．低分压 CO_2 回收新技术捕集燃煤电厂烟气 CO_2［J］．化学工程，2010，38（5）：95-97．

［9］ 常亮，梁慧．低温甲醇洗净化装置尾气 CO_2 排放流程优化改造［J］．氮肥与合成气，2020，48（5）：9-11．

［10］ 刘含笑，吴黎明，胡运进，等．水泥行业 CO_2 排放特征及治理技术研究［J］．水泥，2023，（2）：10-15．

［11］ 王丽娟，张剑，王雪松，等．中国电力行业二氧化碳排放达峰路径研究［J］．环境科学研究，2022，35（2）：329-338．

［12］ 贺晋瑜，何捷，王郁涛，等．中国水泥行业二氧化碳排放达峰路径研究［J］．环境科学研究，2022，35（2）：347-355．

［13］ 汪旭颖，李冰，吕晨，等．中国钢铁行业二氧化碳排放达峰路径研究［J］．环境科学研究，2022，35（2）：339-346．

［14］ 金玲，郝成亮，吴立新，等．中国煤化工行业二氧化碳排放达峰路径研究［J］．环境科学研究，2022，35（2）：368-376．

［15］ 北京大学能源研究院．中国石化行业碳达峰碳减排路径研究报告［R］．2022．

［16］ 庞凌云，翁慧，常靖，等．中国石化化工行业二氧化碳排放达峰路径研究［J］．环境科学研究，2022，35（2）：356-367．

［17］ 如何实现石化化工行业高质量发展？这个意见指明了方向［EB/OL］．［2022-04-19］．

［18］ 黄志辉，纪亮，尹洁，等．中国道路交通二氧化碳排放达峰路径研究［J］．环境科学研究，2022，35（2）：385-393．

［19］ 姬存民，陈健，周强，等．天然气蒸汽转化制氢工艺二氧化碳排放计算与分析［J］．天然气化工（C1 化学与化工），2022，47（2）：103-108．

［20］ 柴锡翠，岳强，张钰洁，等．氢冶金的研究现状及其能耗状况分析［C］//第十一届全国能源与热工学术年会论文集，2021：117-125．DOI：10.26914/c.cnkihy.2021.011660．

［21］ Tang J，Chu M S，Li F，et al．Development and progress on hydrogen metallurgy［J］．International Journal of Minerals Metallurgy and Materials，2020，27（3）：713-723．

［22］ 陈健，苏敏，张新波，等．氢冶金还原性气体的制备研究进展［J］．中国冶金，2023，33（1）：24-33．

［23］ 唐珏，储满生，李峰，等．我国氢冶金发展现状及未来趋势［J］．河北冶金，2020（8）：1-6，51．

第 2 章
焦炉煤气

　　焦炉煤气，又称焦炉气（coke oven gas，COG），是煤在 900～1100℃高温下隔绝空气干馏时产生的气态副产物，含有较多可燃组分，属于高热值煤气。

　　目前焦炉煤气未完全实现高值利用，每年仍有部分焦炉煤气被用作燃料或被直接排放到大气中，造成了环境污染和资源浪费。2022 年我国焦炉煤气产量约 $2\times10^{11}\text{m}^3$，若不进行回收利用，相当于每年向大气中排放 $24\times10^8\sim50\times10^8\text{m}^3$ 二氧化碳和 $460\times10^8\sim560\times10^8\text{m}^3$ 甲烷。焦炉煤气是宝贵的二次能源，焦炉煤气的高效资源化利用有利于发挥能源优势，打造绿色工业。目前，钢铁和焦化行业对焦炉煤气主要有燃料化利用和资源化利用两种方式。燃料化利用主要是将焦炉煤气用于生活燃气、工业加热及发电；资源化利用是利用焦炉煤气制氢、制化工产品、生产直接还原铁还原气等。随着我国环保要求和资源化利用能力的提高，焦炉煤气资源化利用将得到越来越多的关注。

2.1　焦炉煤气的性质特点与现状

2.1.1　焦炉煤气的性质特点

　　焦炉煤气是煤在炼焦过程中高温干馏时产生的气态产物，炼焦的同时产出焦炭和焦油产品。由于煤炭是以碳和氢元素为主的多环聚合物，其中还含有氮、氧、硫元素，在炼焦过程中除生成煤气、焦油、苯、萘之外，还生成了氮、氧、硫的化合物和大量的水汽。含有干煤气、水汽以及各种杂质的混合气，被称为粗煤气或荒煤气。为了满足用户对煤气质量的要求以及环保标准的要求，需要将粗煤气净化，净化装置流程如图 2-1 所示。粗煤气通过净化工艺后获得的煤气一般称为焦炉煤气，常见焦炉煤气的主要组成见表 2-1。

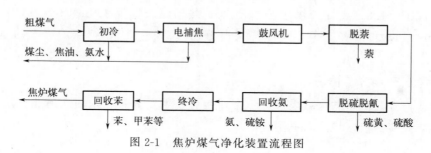

图 2-1　焦炉煤气净化装置流程图

表 2-1　焦炉煤气主要组成表

组分	H$_2$	CO	CO$_2$	N$_2$	CH$_4$	O$_2$	C$_2\sim$C$_5$
φ/%	54.0～59.0	5.5～7.0	1.2～2.5	3.0～5.0	23.0～28.0	0.3～0.7	1.5～3.0

　　焦炉煤气中杂质含量见表 2-2。

表 2-2　焦炉煤气中杂质含量表

组分	焦油	萘	苯	硫化氢	二硫化碳	羰基硫	噻吩	硫醇	氨	氰化氢	氯	水分
含量/(mg/m^3)	≤50	≤200	≤4000	≤50	≤150	≤100	≤20	≤20	≤100	≤100	≤1	饱和

2.1.2 我国焦炉煤气现状

焦炉煤气是炼焦过程的产物，同时还产出焦炭，焦炭的产能分布也代表了焦炉煤气的产能分布。

2.1.2.1 近年焦炭产量情况

在煤的非燃料利用中，炼焦用煤占 70% 以上，数量最大。国家统计局数据显示，2012～2022 年我国焦炭产量稳定在 $4.4 \times 10^8 \sim 4.8 \times 10^8$ t 之间，近四年来产量趋势较为平稳，维持在 4.7×10^8 t 左右。2012 年以来我国焦炭产量见图 2-2。

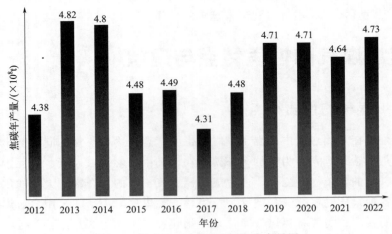

图 2-2　国内 2012～2022 年焦炭产量图

一般情况下，1.3～1.4t 干煤生产 1t 焦炭，按干煤产气量 $320m^3$/t 计算，1t 焦的产气量约为 $430m^3$。以 2022 年为例，全国焦炭产量达 4.73×10^8 t，则焦炉煤气的总产量约为 $2.0 \times 10^{11} m^3$。

2.1.2.2 焦炭产能分布情况

我国焦炭产地辽阔，与区域煤炭资源密切相关，主要分布在山西、河北、陕西、山东、内蒙古等地，焦炭产能区域分布见图 2-3。

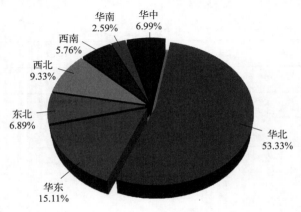

图 2-3　我国焦炭产能区域分布图

2.1.2.3　焦炉煤气利用现状

焦炉煤气是非常重要的二次能源,具有较高的再利用价值。目前焦炉煤气的利用方式主要有用作加热燃料、生产直接还原铁、发电、制氢、制天然气、制甲醇等。

(1) 焦炉煤气用作加热燃料

焦炉煤气的传统利用方式是用作燃料,可作为工业燃料供焦炉、轧钢加热炉、高炉热风炉等使用,同时也可以作为民用燃气。虽然作为加热燃料是焦炉煤气的主要利用途径之一,但随着天然气及其他替代燃料的使用不断增多,作为燃料使用的焦炉煤气的需求量在逐渐减少。

(2) 焦炉煤气生产直接还原铁

直接还原铁(也称海绵铁)是电炉短流程炼钢必不可少的杂质稀释剂及冶炼优特钢不可缺少的原料,也是转炉炼钢最好的冷却剂和铁质原料。利用焦炉煤气生产直接还原铁是一种较好的焦炉煤气利用途径,由于焦炉煤气中富含还原性气体氢气和一氧化碳,可直接用于直接还原铁的生产,也可经过热裂解后得到更多的还原性气体用于直接还原铁的生产,这样可以大大减少焦炭和焦煤的消耗。在焦炉煤气转化过程中,煤气中甲烷(CH_4)转化成氢气(H_2)和一氧化碳(CO),产品气是以 H_2 和 CO 为主要成分的还原性气体,这种还原性气体可以直接还原含杂质较少的高品位铁矿以生产海绵铁[1]。目前从山西中晋太行矿业有限公司 $30×10^4t/a$ 焦炉煤气生产气基还原铁工业装置运行数据看,原料气加燃料气生产 1t 直接还原铁所耗焦炉煤气约 $840m^3$,我国焦炉煤气生产直接还原铁潜能约为 $2.18×10^8t$[1]。

(3) 焦炉煤气发电

焦炉煤气用于发电是其主要利用途径之一。焦炉煤气发电方式主要有三种:蒸汽发电、燃气轮机发电和内燃机发电。蒸汽发电是将焦炉煤气作为燃料加热蒸汽锅炉,产生的高压蒸汽驱动汽轮机带动发电机发电,可以同时发电和供热。燃气轮机发电是将焦炉煤气直接燃烧作为热源,驱动燃气轮机带动发电机进行发电。内燃机发电是运用煤气内燃机带动发电机来发电。这三种发电方式在国内应用广泛且技术成熟。

(4) 焦炉煤气制氢

焦炉煤气中氢气含量较高,体积分数超过 50%。氢气不但是无毒无害、热值高、清洁无污染的气体燃料,还广泛应用于工业、医学、生物学等领域,同时也是很好的储能介质。

焦炉煤气制氢主要有焦炉煤气净化串联变压吸附分离提纯氢气和焦炉煤气蒸汽转化后变压吸附分离提纯氢气两种工艺[2]。该技术已广泛应用,成熟度较高、操作简便、氢气纯度高。在对焦炉煤气进行资源化利用时,提纯制取氢气是其重要用途之一。

(5) 焦炉煤气制天然气

天然气是一种广泛应用的清洁燃料,其主要成分是甲烷。焦炉煤气中富含甲烷和制备甲烷所需的氢气、一氧化碳、二氧化碳。目前,国内焦炉煤气制天然气工艺技术主要有以"焦炉煤气甲烷化制备天然气"为代表的"甲烷化工艺"和以"焦炉煤气联合净化分离制备天然气"为代表的"分离工艺",其中,甲烷化工艺又可进一步分为"不补碳甲烷化工艺"和"补碳甲烷化工艺"两种类型[3]。

(6) 焦炉煤气制甲醇

合成甲醇的主要原料是氢气、一氧化碳和二氧化碳,而焦炉煤气中富含氢气、甲烷、一氧化碳和二氧化碳，将焦炉煤气中的甲烷转化成一定比例的氢气和一氧化碳，可得到更多生产甲醇的合成气，这些合成气通过甲醇合成、甲醇精馏等工艺过程后即可得到精甲醇产品。该技术已广泛应用，成熟度高，焦炉煤气利用率高。

2.2　焦炉煤气利用关键技术

焦炉煤气的资源化利用主要包括提取氢气、制天然气或液化天然气（LNG）及生产化工产品，一般需要经过焦炉煤气净化、压缩、转化、分离等处理过程才能实现。焦炉煤气产生、净化技术与利用全流程如图 2-4 所示。

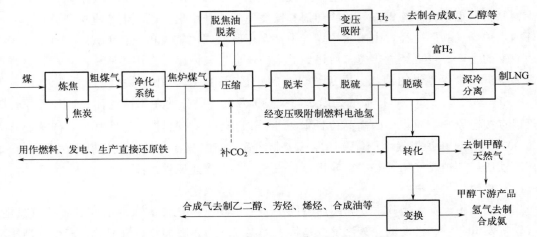

图 2-4　焦炉煤气产生、净化技术与利用全流程图

2.2.1　净化技术

焦炉煤气中的微量杂质会对后续工艺的管道、设备、催化剂、吸附剂等有一定的有害影响。因此无论是用作城市燃气、发电，还是生产化工产品，焦炉煤气都需要进一步净化，才能满足后续工序的需要。焦炉煤气后续用途不同，对净化的要求也不尽相同，但大致都有脱焦油脱萘、脱苯、脱硫等步骤，某些情况还需要脱除二氧化碳。

2.2.1.1　脱焦油脱萘

焦炉煤气中的萘含量由其蒸气分压决定，而萘的蒸气压遵循 Antoine 蒸气压方程[4]：

$$p_v = \exp\{[16.1426 - 3992.01/(t + 273.15) - 71.29] \times 133.32\} \tag{2-1}$$

式中　t——系统温度，℃；

　　　p_v——蒸气压，Pa（A），A 表示绝对压力。

焦炉煤气中萘的实际蒸气压及含量则遵循拉乌尔定律。

粗焦炉煤气经焦油回收及油洗等过程处理后，残留的萘含量将随液相中萘含量、处理温度和压力的变化而变化。用式（2-1）计算的焦炉煤气中萘含量与温度的关系见表 2-3。

表 2-3　焦炉煤气中萘含量与温度的关系表

焦炉煤气温度/℃	焦炉煤气中萘的饱和蒸气压/Pa(A)	焦炉煤气中饱和萘含量/(mg/m³)
0	3.52	18.32
10	8.96	46.61
20	20.95	108.96
30	45.51	236.76
40	92.75	482.48
50	178.62	929.16

在 40℃温度条件下，焦炉煤气中萘含量与压力的关系见表 2-4。

表 2-4　焦炉煤气中萘含量与压力的关系表

焦炉煤气压力/MPa	焦炉煤气中萘的饱和蒸气压/Pa(A)	焦炉煤气中饱和萘含量/(mg/m³)
0.2	92.75	176.91
0.5	92.75	88.45
1.0	92.75	48.25
1.5	92.75	33.17
2.0	92.75	25.27
2.5	92.75	20.41
3.0	92.75	17.12
3.5	92.75	14.74
4.0	92.75	12.94

从表 2-3 和表 2-4 可以看出，如果焦炉煤气不进行预处理，其中的萘将在加压过程中结晶，煤焦油也会冷凝，冷凝的煤焦油与结晶的萘混合在一起形成黏稠状物质，将严重影响压缩机、换热器、催化剂等的性能发挥，难以保证后续工艺系统安全长周期运行，故焦炉煤气必须进行脱萘及脱焦油处理，脱除精度则根据后续工序要求来定。目前，工业上焦炉煤气中脱除焦油和萘主要采用吸附分离法、轻油洗涤法、疏松纤维床分离法及这几个方法的组合，这些方法均为物理处理方法。

(1) 吸附分离法

脱焦油脱萘常采用吸附分离法，包括变温吸附（TSA）和一次性吸附。TSA 是利用介质在吸附剂表面常温吸附、高温解吸的特点，即吸附剂在常温下吸附焦油和萘，再加热使其再生，常用的 TSA 吸附剂包括活性炭、氧化铝、硅胶等。一次性吸附主要包括焦炭吸附等方法。脱焦油脱萘吸附剂一般使用焦炭和活性炭的组合。由于部分焦油难以解吸，加热至高温甚至会生成碳，故需要考虑提供足够的焦炭对焦油进行一次性吸附并定期更换焦炭；而针对萘，则可以通过加热使其从吸附剂表面解吸出来。

设计脱焦油脱萘装置时，需要综合考虑原料气处理量、萘及焦油的含量、压力等，例如低压下，需要增大脱焦油脱萘塔的体积，甚至需要多塔同时吸附以降低床层阻力，经济性较差。

典型的两塔脱焦油脱萘流程见图 2-5。焦炉煤气在常温下从塔底进入脱焦油脱萘塔，焦油和萘被塔中的脱焦油脱萘吸附剂吸附，从塔顶获得脱除焦油和萘的净化气。吸附剂吸附饱和后通入加热的再生气，从而将萘从吸附剂表面再生出来。

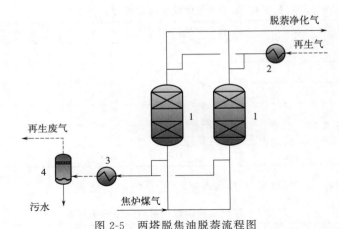

图 2-5　两塔脱焦油脱萘流程图

1—脱焦油脱萘塔；2—再生气加热器；3—再生气冷却器；4—再生气气液分离器

再生气可采用脱萘后的净化气，或者后续工序中不含萘的工艺气，再生后送回焦炉作为燃料气；也有些装置使用蒸汽直接对吸附剂进行加热，但由于含萘水蒸气无法燃烧，排放又会造成环境污染，故近年新建的装置已少用此方法。

脱萘再生气的处理一般有两种工艺：一种是再生气经冷却、气液分离后，以低萘含量的状态送出界外，界外管道不易堵塞，但再生气冷却器和气液分离器易堵塞，并且产生含萘的污水需处理；另一种工艺是再生气不冷却，以热的状态送出界外，但若装置与焦炉距离较远，则管道伴热量大，且长期使用后管道内壁会结垢。

（2）轻油洗涤法

轻油洗涤法利用轻油（对焦化企业而言，可就地取轻质焦油）对萘的吸收性能，将萘从焦炉煤气中清除，达到焦炉煤气除萘的目的。焦炉煤气自下而上通过脱萘塔，喷淋的洗油吸收焦炉煤气中的萘，从而达到焦炉煤气脱萘的目的。洗油通过循环泵从塔底抽出返回塔顶循环使用，在一定操作温度和压力下，根据需要控制的脱萘精度控制塔底洗油中的萘含量，当达到控制的萘含量时，将部分洗油外排送回焦化装置的焦油回收系统集中处理。

在常温及微正压条件下，当洗油中萘的质量分数控制在 4% 时，如果焦炉煤气中萘含量高于 $200mg/m^3$，则萘的脱除效率约为 75%；如果焦炉煤气中萘含量低于 $200mg/m^3$，则出口萘含量小于 $50mg/m^3$。轻油洗涤法脱萘基本工艺流程见图 2-6。

（3）疏松纤维床分离法

疏松纤维床分离法利用疏松纤维床对焦油液滴的捕捉性能，达到焦炉煤气脱除焦油的目的。疏松纤维床比表面积大，对细小的含尘雾滴具有凝并效应，从而带来极高的分离效率，且具有易清洗、耐腐蚀和抗高温等特点。疏松纤维床法脱油基本工艺流程见图 2-7。

在脱油塔系统内，焦炉煤气首先进入雾化喷淋层，通过循环喷淋水洗涤以降低焦炉煤气中硫、氨、焦油、粉尘等杂质浓度，同时对残余萘和苯也有一定的协同处理作用；洗涤后的焦炉煤气进入特殊板组段，除去焦炉煤气中包裹有杂质的大液滴；最后焦炉煤气进入疏松纤维床精处理，包裹有焦油、粉尘的小液滴与焦炉煤气在疏松纤维床内高精度分离，达到焦炉煤气脱除焦油的目的。

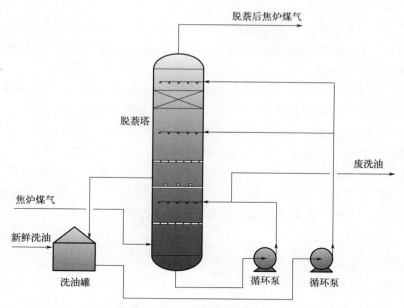

图 2-6 轻油洗涤法脱萘基本工艺流程图

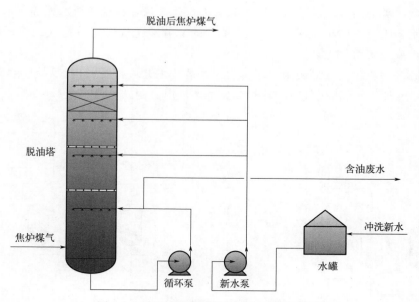

图 2-7 疏松纤维床法脱油基本工艺流程图

焦炉煤气中焦油含量高于 20mg/m³ 时，焦油的脱除率约 80%；焦炉煤气中焦油含量低于 20mg/m³ 时，出口焦油含量小于 5mg/m³。

(4) 焦炉煤气脱除焦油、萘的方法综合分析

① 轻油洗涤法 可以利用焦化装置自产的轻油作为洗涤溶剂，洗涤后的废轻油又可以返回焦化装置回收利用，不需要消耗外购材料，也没有废液、废渣外排，净化措施经济实惠。但该方法只能脱除焦炉煤气中的萘，不能脱除焦油，必须再配套脱油措施，且脱萘精度非常有限。

② 疏松纤维床法　不消耗外购材料，净化过程产生的含油废水可以返回焦化装置回收利用，没有废液、废渣外排，净化措施经济实惠。该方法主要脱除焦炉煤气中的焦油和粉尘，脱油效果比较好。虽然脱除的焦油液滴可以吸收脱除一定的萘、苯，但脱萘效果不佳，一般只能脱除 20% 左右的萘。

③ 吸附法　需要消耗大量的固体吸附剂，会产生大量固体废渣，更换吸附剂所需的劳动强度较大，尤其是一次性吸附剂更换。该法可以同时脱除焦油和萘，虽然一次通过的净化度只能达到 80%～90%，但根据需要进行多级串联吸附处理后，脱油、脱萘效果都非常好。

综上所述，焦炉煤气的脱油、脱萘处理更合理的办法是组合式净化法。在焦炉煤气中萘、焦油含量不是太高的情况下，可以采用疏松纤维床法＋TSA 法，既能保证净化精度，又能减少固体吸附剂的消耗及固体废渣的产生；如果焦炉煤气中萘、焦油含量比较高，则可以进一步采用轻油洗涤法＋疏松纤维床法＋TSA 法，既能保证净化精度，又能减少固体吸附剂的消耗及固体废渣的产生。

2.2.1.2　脱苯

焦炉煤气中所含的微量苯仍然会对后续某些工序产生一定影响，比如在深冷液化制LNG 的冷箱中凝固导致管道堵塞，故很多工艺也配套了脱苯装置。

脱苯装置采用变温吸附法，一般置于脱焦油脱萘装置之后，脱苯吸附剂一般为氧化铝、硅胶类、活性炭类的组合。脱苯装置需要较大的再生气量，再生气要求无醇无水，一般采用后续变压吸附解吸气、LNG 冷箱尾气或脱苯后的部分净化气作为再生气。根据后续装置不同，采用一塔或两塔再生工艺。

两塔吸附一塔再生与一塔吸附两塔再生脱苯装置工艺流程见图 2-8。装置由 3 台吸附塔、1 台再生气加热器、1 台再生气冷却器组成。两塔同时吸附，一塔再生。

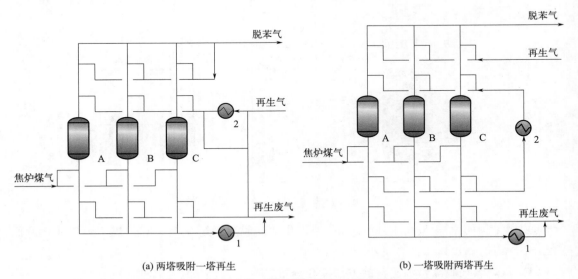

(a) 两塔吸附一塔再生　　　　　　　　(b) 一塔吸附两塔再生

图 2-8　两塔吸附一塔再生与一塔吸附两塔再生脱苯装置的工艺流程图

A/B/C—吸附塔；1—再生气冷却器；2—再生气加热器

一塔再生的装置中 ［图 2-8(a)］ A、B 两塔处于吸附状态，再生气经再生气加热器加热后，对 C 塔逆着吸附的方向进行热吹，之后经再生气加热器的旁路管线对 C 塔逆着吸附的方向进行冷吹，含苯再生气再经再生气冷却器冷却到常温后，送出界外。

两塔再生装置 ［图 2-8(b)］ 中焦炉煤气从吸附塔 A 底部进入，从塔顶获得脱苯气送出界外。再生气从塔顶进入，先对热吹结束时的吸附塔 C 进行冷吹，冷吹出口气经再生气加热器加热后，对吸附塔 B 进行热吹，热吹后经再生气冷却器冷却后送出界外。

脱焦油脱萘与脱苯都采用 TSA 工艺，但两者的吸附剂和操作参数都有一定差异，如表 2-5 所示。

表 2-5　脱焦油脱萘工艺与脱苯工艺的差异比较表

净化工艺	吸附剂	吸附与再生时间	再生气量	对再生气的要求
脱焦油脱萘	焦炭和活性炭的组合	长	小	萘含量低
脱苯	氧化铝、活性炭、硅胶	短	大	含苯含水量低

脱苯装置前一般都需要设置脱焦油脱萘装置，也可以用脱苯装置的再生气对脱焦油脱萘装置进行串再生。脱焦油脱萘与脱苯装置常见流程见图 2-9。

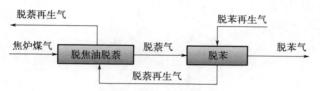

图 2-9　脱焦油脱萘与脱苯装置的流程

2.2.1.3 脱硫

焦炉煤气中同时含有无机硫和有机硫，一般硫化氢 $\leqslant 30\mathrm{mg/m^3}$、二硫化碳 $\leqslant 150\mathrm{mg/m^3}$、羰基硫 $\leqslant 100\mathrm{mg/m^3}$、噻吩 $\leqslant 20\mathrm{mg/m^3}$、硫醇 $\leqslant 20\mathrm{mg/m^3}$。

针对不同的需求，可采用不同的脱硫方法。若原料气中硫含量低或流量小，则可采用干法脱硫，工艺较为简单；若硫含量高或流量大，则首先采用湿法脱硫比较合理；若后续为催化转化或甲烷化等对硫含量要求特别严格的工序，则需要采用加氢精脱硫。

各种脱硫方法的适用情况及精度有所区别，不同脱硫方法的比较见表 2-6。

表 2-6　不同脱硫方法比较表

脱硫方法	工艺难度	脱除硫形态	适用工况	三废情况
干法脱硫	简单	H_2S	处理量小，硫含量低	废脱硫剂
湿法脱硫	较复杂	H_2S	处理量大，硫含量高	废液、硫黄
加氢精脱硫	较复杂	有机硫	对总硫含量要求高	废催化剂、废脱硫剂

以下对上述几种脱硫方法做简要介绍。

(1) 干法脱硫

干法脱硫是指用固态脱硫剂脱除介质中的硫，焦炉煤气常用的脱硫剂有氧化铁类、活性炭类、氧化锌类等。

① 氧化铁脱硫剂　氧化铁脱硫剂的主要成分是氧化铁水合物（$Fe_2O_3 \cdot H_2O$），其操作的温度范围非常宽泛，可以从常温到 500℃，而且在不同的温度下，脱硫剂的反应机理不同，可脱除的硫形态也不同。在焦炉煤气领域，一般是在常温下使用，与焦炉煤气中的

H_2S 反应生成硫化铁。而焦炉煤气里含有的少量氧气，可以在一定程度上对脱硫剂进行再生，使脱硫剂得到部分还原，从而延长氧化铁脱硫剂的使用寿命，其反应为：

$$Fe_2O_3 \cdot H_2O + 3H_2S = Fe_2S_3 \cdot H_2O + 3H_2O$$
$$2Fe_2S_3 \cdot H_2O + 3O_2 = 2Fe_2O_3 \cdot H_2O + 6S$$

氧化铁法脱硫可以将 H_2S 的体积分数脱除到 1×10^{-6}，在焦炉煤气净化工艺上一般称为粗脱硫。而且在工程实践上，若置于脱萘前，则脱硫剂在脱除焦炉煤气中的 H_2S 时，还脱除了部分萘、焦油等。

氧化铁脱硫一般采用固定床装填脱硫剂的形式，脱硫工艺见图 2-10。通常采用两塔串并联运行。焦炉煤气从塔底进入，脱除 H_2S 后从塔顶排出。根据上述反应，脱硫反应会生成水，故需要定时从塔底排出水分。

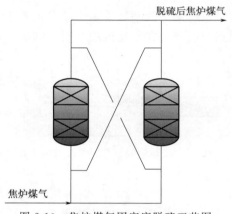

图 2-10　焦炉煤气固定床脱硫工艺图

氧化铁脱硫剂到期后需要更换，由于近些年环保要求提高，废脱硫剂不能作为固废填埋处理，故废脱硫剂的处置较为麻烦，处理费用甚至超过采购价格，这也导致氧化铁脱硫剂的使用逐渐受限，渐渐被活性炭脱硫剂取代。

② 活性炭脱硫剂　含 H_2S 和 O_2 的气体和活性炭接触时，首先被吸附到活性炭的微孔内，此时被吸附的 H_2S 和气体中的 O_2 发生反应，生成单质硫和水，反应式如下：

$$2H_2S + O_2 = 2S + 2H_2O$$

由于焦炉煤气中除了有 H_2S、O_2 之外，NH_3 的存在也会加速这个反应，故该种脱硫剂比较适合焦炉煤气。

同氧化铁类似，活性炭脱硫剂采用固定床装填，多塔串并联运行，需到期更换。

③ 氧化锌脱硫剂　氧化锌也是常用的脱硫剂，其脱硫精度高，可以将 H_2S 的体积分数脱除到 $<0.1 \times 10^{-6}$，一般用于精脱硫。其主要脱硫原理的反应式如下：

$$ZnO + H_2S = ZnS + H_2O$$

氧化锌脱硫剂的特点除脱硫精度高外，使用温度范围也很宽，可从常温到 $400℃$。但是不同的温度下硫容差异较大，在高温下氧化锌脱硫剂的硫容大、精度高，超过氧化铁脱硫剂和活性炭脱硫剂，故氧化锌脱硫剂在焦炉煤气净化工艺上，常用于加氢精脱硫后或耐硫变换后，此时工艺气温度较高，能最大限度发挥氧化锌脱硫剂的优势。

（2）湿法脱硫

通常，煤化工项目中对含有机硫和复杂无机硫的气体采用湿法脱硫与干法精脱硫的耦合工艺路线，采用湿法脱硫主要是为了降低干法精脱硫的成本（操作费用和脱硫剂本身成本）。

湿法脱硫一般分为物理吸收法脱硫和化学氧化法脱硫两种。物理吸收法脱硫一般是采用有机溶剂作吸收剂，化学氧化法脱硫是用碱性吸收液吸收硫化氢，生成氢硫化物、硫化物，在催化剂作用下，进一步氧化成硫黄。

焦炉煤气湿法脱硫一般采用常压或低压下的化学氧化法脱硫，碱液采用碳酸钠、碳酸氢钠溶液或者稀氨水，因加入溶液中的催化剂不同，湿式氧化法脱除焦炉煤气中硫化氢可分为3 种典型工艺——砷基工艺、钒基工艺、铁基工艺[5]，主要有 PDS 法、ADA 法、栲胶法、KCA 法、络合铁法等，工艺流程大同小异，其中 PDS 法目前应用比较广泛。

PDS 脱硫的基本原理是利用碱性水溶液中的碱性化合物 Na_2CO_3 与硫化物 H_2S、COS等进行反应，生成不稳定的中间硫化物，再利用空气和生成的中间硫化物反应生成单质硫和碱性物质，再分离出单质硫，使脱硫液再生，从而达到脱除 H_2S 等硫化物并使脱硫液再生循环使用的目的。

主要吸收反应：

$$Na_2CO_3 + H_2S = NaHCO_3 + NaHS$$
$$COS + 2NaOH = Na_2CO_2S + H_2O$$
$$CS_2 + 2NaOH = Na_2COS_2 + H_2O$$
$$NaHS + NaHCO_3 + (x-1)S = Na_2S_x + CO_2 + H_2O$$
$$RSH + Na_2CO_3 = RSNa + NaHCO_3$$

副反应：

$$2NaHS + 2O_2 = Na_2S_2O_3 + H_2O$$
$$Na_2CO_3 + CO_2 + H_2O = 2NaHCO_3$$

再生反应：

$$2NaHS + O_2 = 2S\downarrow + 2NaOH$$
$$2Na_2S_x + O_2 + 2H_2O = 4NaOH + 2S_x$$
$$NaOH + NaHCO_3 = Na_2CO_3 + H_2O$$
$$4RSNa + O_2 + 2H_2O = 2RSSR + 4NaOH$$
$$2Na_2CO_2S + O_2 = 2Na_2CO_3 + 2S\downarrow$$
$$Na_2COS_2 + O_2 = Na_2CO_3 + 2S\downarrow$$

PDS 法脱硫工艺流程如图 2-11 所示。焦炉煤气从下部进入吸收塔，与塔顶流下的 PDS脱硫液逆流接触，吸收掉焦炉煤气中的 H_2S 及部分有机硫，经湿法脱硫后的焦炉煤气进入净化气气液分离器分离掉其中的游离水送下一步处理。

脱硫贫液从贫液槽由贫液泵抽出升压后从吸收塔上部进入，吸收 H_2S 后的吸收富液经吸收塔底部流入富液槽，再由富液泵升压后打入再生槽，与喷射器引入的空气混合、再生；再生后进入贫液槽循环使用。再生产生的硫泡沫流入硫泡沫槽，再用硫泡沫泵加压送入离心沉降机分离出硫膏及脱硫清液，硫膏进入硫膏贮槽，之后进入熔硫釜熔硫；硫黄从熔硫釜下部排出；脱硫清液由离心沉降机返回富液槽回收，循环使用。

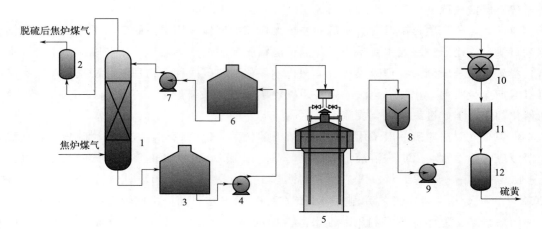

图 2-11　PDS法脱硫工艺流程图

1—吸收塔；2—净化气气液分离器；3—富液槽；4—富液泵；5—再生槽；6—贫液槽；7—贫液泵；

8—硫泡沫槽；9—硫泡沫泵；10—离心沉降机；11—硫膏贮槽；12—熔硫釜

(3) 加氢精脱硫

焦炉煤气制甲醇、LNG工艺中，由于转化催化剂、合成催化剂和甲烷化催化剂对总硫含量要求特别严格，一般体积分数都在 0.5×10^{-6} 以下，这时普通干法脱硫已经不能满足精度要求，需要在 $250 \sim 400℃$ 下采用加氢精脱硫才能满足要求。

有些有机硫的热稳定性较差，焦炉煤气在加热过程中可分解为烃类和 H_2S，如 CS_2、硫醇等，而硫醚、噻吩等则较难热分解，必须通过催化加氢才能转化为易于脱除的 H_2S。表 2-7 列出了部分有机硫化物的热解温度[6]。

表 2-7　部分有机硫化物的热解温度表

硫化物名称	分子式	热解温度/℃	硫化物名称	分子式	热解温度/℃
正丁硫醇	$n\text{-}C_4H_9SH$	150	二苯硫醚	$(C_6H_5)_2S$	450
己硫醇	$C_6H_{14}S$	200	己苯硫醚	$C_6H_5SC_6H_{11}$	450
苯硫醇	C_6H_5SH	200	2,5-二甲基噻吩	$(CH_3)_2C_4H_2S$	475
异丁硫醇	$i\text{-}C_4H_9SH$	$225 \sim 250$	噻吩	C_4H_4S	$\geqslant 500$
乙硫醚	$(C_2H_5)_2S$	400			

对于未热解的有机硫化物，则通过催化加氢的方法转化为 H_2S。加氢转化过程中，焦炉煤气中的不饱和烃同时得以加氢饱和生成烷烃，而 O_2 则与 H_2 反应生成 H_2O，这些化学反应一般都伴随着放热，但由于这些组分在焦炉煤气中的含量都比较低，反应放热导致的温升一般都能维持在催化剂允许的温度范围内。

目前，焦炉煤气加氢普遍采用铁钼系或镍钼系催化剂。由于焦炉煤气中含有较多的 H_2、CO、CO_2，故不宜采用钴钼系催化剂，以避免催化加氢过程中产生强烈的甲烷化反应而大量放热，导致催化加氢过程失控。

铁钼（或镍钼）催化剂正式投用前，必须用高硫含量的焦炉煤气或添加了硫化物的硫化气进行硫化，将催化剂中氧化态的活性金属转化为具有加氢活性的硫化态金属化合物。

① 加氢精脱硫原理　加氢精脱硫是一种有机硫加氢反应和氧化锌干法脱硫的组合工艺，

其主要反应式如下：

$$COS + H_2 = H_2S + CO$$
$$CS_2 + 4H_2 = 2H_2S + CH_4$$
$$RSH + H_2 = RH + H_2S$$
$$C_4H_4S + 4H_2 = C_4H_{10} + H_2S$$

硫转化的副反应有：

$$O_2 + 2H_2 = 2H_2O$$
$$CO + 3H_2 = CH_4 + H_2O$$
$$C_2H_4 + H_2 = C_2H_6$$
$$C_2H_4 = CH_4 + C$$
$$2CO = CO_2 + C$$

生成的 H_2S 通过氧化锌干法脱硫脱除，其主要反应式如下：

$$ZnO + H_2S = ZnS + H_2O$$
$$ZnO + COS = ZnS + CO_2$$
$$2ZnO + CS_2 = 2ZnS + CO_2$$
$$ZnO + C_2H_5SH = ZnS + C_2H_4 + H_2O$$

② 加氢精脱硫工艺流程　虽然各加氢反应的平衡常数都很大，但由于有机硫各组分在焦炉煤气中的绝对含量都比较少，分压很低，加氢反应一次转化率都不是很高，一般只有 $90\% \sim 95\%$，很难满足一次性将总硫脱除到体积分数 $\leqslant 0.1 \times 10^{-6}$ 的要求，故设计上一般都采用多级加氢、多级氧化锌吸收的办法。具体加氢、吸收级数根据焦炉煤气中有机硫含量而定，针对绝大部分焦炉煤气而言，通常采用一级预加氢＋两级主加氢＋两级氧化锌吸收的工艺流程，其中精脱硫罐均按可串可并设置，以充分发挥氧化锌吸收 H_2S 的性能。

加氢精脱硫典型工艺流程如图 2-12 所示，焦炉煤气升温至约 250℃后进入硫预转化器，在此将焦炉煤气中 70% 以上的有机硫转化成硫化氢，大部分的氧和烯烃也会被转化掉。从硫预转化器出来的焦炉煤气进入硫转化器 I，对焦炉煤气中的有机硫再进行转化。经两级加氢转化后的焦炉煤气进入两台精脱硫罐 I，脱除焦炉煤气中加氢转化生成的 H_2S，从精脱硫罐 I 出来的焦炉煤气经过换热器后进入硫转化器 II，进一步将焦炉煤气中的有机硫进行转

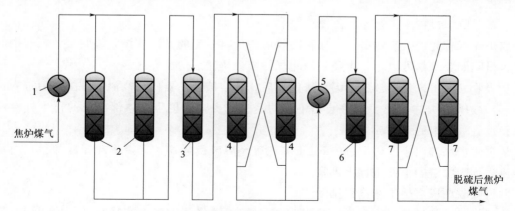

图 2-12　焦炉煤气加氢精脱硫典型工艺流程图

1—加热器；2—硫预转化器；3—硫转化器 I；4—精脱硫罐 I；5—换热器；6—硫转化器 II；7—精脱硫罐 II

化，最后进入两台精脱硫罐Ⅱ中的一台，脱除焦炉煤气中加氢转化生成的 H_2S，将焦炉煤气中的总硫脱除至要求精度后送出界外。

2.2.1.4　酸性气脱除

CO_2、H_2S 及其他硫化物等酸性气组分的脱除一般有干法（PSA 法）或液相吸收法 [如低温甲醇洗、甲基二乙醇胺（MDEA）吸收、热钾碱吸收、乙醇胺（MEA）吸收等]。

变压吸附（PSA）法是利用干式吸附剂对不同物质的吸附性能不同对气体物质进行分离，为常温、变压的分离过程，不需要再生热源，但需要一定的电力驱动再生用真空泵。PSA 脱除酸性气过程中有部分 CO、H_2、CH_4 等有用组分随 CO_2 解吸而损失（尤其是 CO、CH_4 的损失率达 10% 左右），造成原料利用率下降，且混杂在解吸 CO_2 中的这些有用组分也可能导致解吸气直接排放不达标，因此，此法有些场合需慎用。

液相吸收法则是利用不同吸收溶剂对不同物质的溶解吸收性能不同对气体物质进行分离，生产过程一般伴随变压、变温，除溶液的循环需要一定电力驱动循环设备（泵）外，溶液的再生一般还需要提供大量的外热。液相脱除酸性气过程中，CO、H_2、CH_4 等有用组分的损失要比 PSA 法小得多，缺点是溶液的再生需要消耗大量热源并需消耗与输入热量相对应的冷却水。

综合以上分析，采用液相吸收法脱除酸性气是更合理的技术选择，而低温甲醇洗、MDEA 法是目前应用最普遍的两种液相吸收法脱除酸性气工艺。

低温甲醇洗法是在低温（−50～−60℃）下用甲醇吸收酸性气，其吸收能力大、气体净化度高、溶剂循环量小、再生能耗低，能综合脱除气体中的 H_2S、COS、CO_2 等组分，溶液不起泡、不腐蚀，溶剂价格便宜，消耗指标和能耗均比较低，大量应用于大型合成氨装置、甲醇装置及大型煤制氢装置，但此法的部分设备和管道需要采用低温钢材制造，而且还需配套建设制冷设施，总投资高。

MDEA 法是一种以甲基二乙醇胺（MDEA）水溶液为基础的脱除酸性气工艺，由于 MDEA 对酸性气有特殊的溶解性，因而具有许多优点，工艺过程能耗低，已被成功地应用于许多工业装置。

MDEA 脱酸性气流程根据酸性气含量不同分为一段吸收一段再生流程和两段吸收两段再生流程。

一段吸收一段再生工艺流程见图 2-13。

焦炉煤气首先进入吸收塔，气体在吸收塔中用再生后的贫液洗涤，将脱酸原料气中的酸性气含量降到要求精度以下，再经过净化气气液分离器后送出界区。

从吸收塔底出来的富液进入闪蒸罐闪蒸后，在溶液换热器中与高温贫液换热后进入再生塔顶部，减压到 0.10MPa 后被来自塔下部的蒸汽汽提。从再生塔顶部出来的再生气冷却到 40℃ 经过气液分离后送出界区。

从再生塔底部出来的再生过的 MDEA 贫液经溶液换热器、贫液冷却器冷却后，由贫液泵加压送到吸收塔的上部进行再吸收。

两段吸收两段再生工艺流程见图 2-14。

焦炉煤气首先进入吸收塔，在此用 MDEA 溶液洗涤，气体先在吸收塔下段用半贫液洗涤，大部分酸性气被吸收，然后在吸收塔上段用再生后的贫液洗涤，将脱酸原料气中的酸性

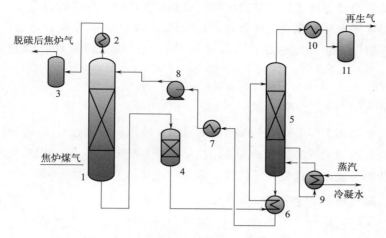

图 2-13　一段吸收一段再生工艺流程图

1—吸收塔；2—净化气冷却器；3—净化气气液分离器；4—闪蒸罐；5—再生塔；6—溶液换热器；

7—贫液冷却器；8—贫液泵；9—再沸器；10—再生气冷却器；11—再生气气液分离器

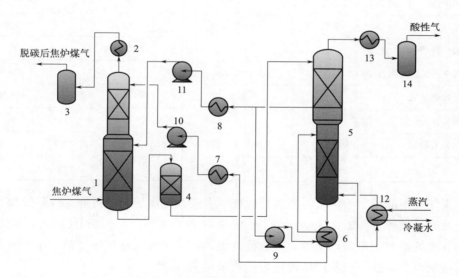

图 2-14　两段吸收两段再生工艺流程图

1—吸收塔；2—净化气冷却器；3—净化气气液分离器；4—闪蒸罐；5—再生塔；6—溶液换热器；

7—贫液冷却器；8—半贫液冷却器；9—常压泵；10—贫液泵；11—半贫液泵；

12—再沸器；13—再生气冷却器；14—再生气气液分离器

气含量降到要求精度以下，再经过净化气气液分离器后送出界区。

　　从吸收塔底出来的富液进入闪蒸罐闪蒸后，进入再生塔顶部，减压到 0.10MPa 后被来自塔下部的蒸汽汽提。从再生塔顶部出来的再生气冷却到 40℃ 经过气液分离后送出界区。

　　从再生塔上段底部出来的 MDEA 溶液分成两股：大部分的 MDEA 半贫液经过半贫液冷却器、半贫液泵加压后循环到吸收塔中部；剩余的 MDEA 半贫液在溶液换热器中预热后送到再生塔下段顶部再生。再沸器的热量由蒸汽或其他低位热提供，再生过的 MDEA 贫液经溶液换热器、贫液冷却器冷却后由贫液泵加压送到吸收塔的上部进行再吸收。

一般当焦炉煤气里二氧化碳浓度高时，采用两段吸收两段再生流程，通常半贫液循环量占系统溶液总循环量的 60%～75%，与一段吸收一段再生流程相比蒸汽消耗量可下降约 25%。

2.2.2　压缩技术

焦炉煤气气柜的压力一般在 3～6kPa，压力非常低，利用时需要增压，但针对不同的压力，不同的气量，不同的下游工艺，所选用的增压设备类型也是不一样的，而且经常将不同类型的增压设备组合使用，以发挥不同增压设备的优势。

2.2.2.1　焦炉煤气增压设备简介

各类增压设备在焦炉煤气中均有应用，其主要类型及优缺点见表 2-8。

表 2-8　焦炉煤气常用的增压设备类型及优缺点表

项目	罗茨鼓风机	往复式压缩机	螺杆式压缩机	离心式压缩机
打气量	大小均可	中小	大	最大
出口压力	最低	高	较低	较高
输出波动	小	大	小	小
对焦炉煤气杂质的忍受能力	强	弱	强	弱
是否需要备机	需要	需要	不需要	不需要
操作弹性	大	大	大	大
常用调节措施	旁路调节	旁路调节或气阀控制	旁路调节或变频调节	变频调节、旁路调节等
成本	低	低	高	高

焦炉煤气气柜的压力低，若需要进行脱硫或者脱萘，床层阻力可能导致焦炉煤气无法通过床层，此时可设置罗茨鼓风机进行初步加压，一般压缩到 20～50kPa 即可。罗茨鼓风机对焦炉煤气中的萘有一定的忍受能力，故可以设置在脱焦油脱萘工序之前。由于罗茨鼓风机是容积式增压设备，故一般使用回流阀进行流量调节。

离心式压缩机打气量大，单台的适宜处理量在 30000～100000m³/h 之间，可通过多级压缩将焦炉煤气从常压压缩到约 4.0MPa。但是离心式压缩机要求介质组成稳定，对介质的清洁度要求也比较高。焦炉煤气中的萘、焦油、粉尘等杂质会黏附在离心式压缩机的叶轮上，造成压缩机效率下降，严重时甚至因喘振而不得不停机清理，装置无法稳定长周期运行。目前更新的解决措施是在各级间增加脱油脱萘装置。

往复式压缩机在焦炉煤气压缩领域，一般在打气量较小或者居中时使用，通常与净化工序配套。由于焦炉煤气中的焦油、萘、粉尘等易在气缸、气阀等处形成结晶，故需在压缩机前先用粗脱焦油脱萘的方法脱除部分萘，但仍然有部分萘无法被脱除，会进入压缩机，而这部分萘会在压缩到更高压力时饱和结晶，故一般在压缩到一级出口时再进入精脱焦油脱萘脱除剩下的萘，之后再返回压缩机二级入口继续压缩至指定压力。

近些年随着螺杆式压缩机制造技术的成熟，在大流量低压力时，使用螺杆式压缩机替代往复式压缩机已是大势所趋。喷水螺杆式压缩机在焦炉煤气压缩上有几个优点：

① 打气量大，目前单台最大打气量已经达到 48000m³/h；

② 无气阀和活塞环等易损件；

③ 外形尺寸小，占地小，可不设置备机；

④ 因为喷液，温升较小，单级压比较大，而且能够忍受焦炉煤气所含的焦油、萘、粉尘等。

这些优势使螺杆式压缩机在焦炉煤气压缩中的应用越来越广泛。例如，某焦炉煤气压缩脱硫后作为管网煤气，将焦炉煤气压缩到 0.4MPa 后，再经脱硫塔脱除部分 H_2S，之后送入煤气管网。

工业上更常见的是螺杆式压缩机与其他类型压缩机组合使用，以克服螺杆式压缩机压力较低和效率略低的问题。

2.2.2.2　螺杆式压缩机＋往复式压缩机组合

此种组合在焦炉煤气提氢装置中较为常见，较好地解决了往复式压缩机打气量相对较小和螺杆式压缩机出口压力低的缺点，先用螺杆式压缩机将焦炉煤气压缩到 0.6～0.7MPa，再进入脱焦油脱萘塔，因为此时压力已经较高，脱焦油脱萘塔直径和体积都可以设计得更小，而且脱萘后，往复式压缩机只经过一级压缩即可压缩到后续提氢工序所需的 1.6～1.7MPa，操作简单，可靠度也较高。一般工艺流程见图 2-15。

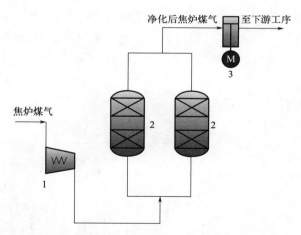

图 2-15　螺杆式压缩机＋往复式压缩机工艺流程示意图

1—螺杆式压缩机；2—脱焦油脱萘塔；3—往复式压缩机

2.2.2.3　螺杆式压缩机＋离心式压缩机组合

使用螺杆式压缩机＋离心式压缩机组合，也是比较常见的配置方式，这种方式既发挥了离心式压缩机打气量大、压力高的优点，也发挥了螺杆式压缩机耐焦油、耐粉尘、耐萘的优点。

这种组合方式是先用螺杆式压缩机压缩后，经脱油脱萘及脱苯再进入离心式压缩机，进一步压缩至指定压力。这种组合方式的工艺流程见图 2-16。

这种组合方式可确保进入离心式压缩机的焦炉煤气无油无尘无萘，离心式压缩机可以长

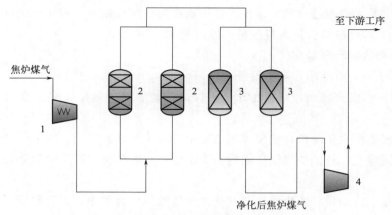

图 2-16　螺杆式压缩机＋离心式压缩机工艺流程图

1—螺杆式压缩机；2—脱油脱萘器；3—脱苯器；4—离心式压缩机

期稳定运行。由于螺杆式压缩机的打气量小于离心式压缩机，故一般是多台螺杆式压缩机＋一台离心式压缩机的组合形式。

2.2.3　转化及变换工艺

2.2.3.1　焦炉煤气转化工艺

焦炉煤气含有体积分数为 24％～26％的甲烷和 2％～4％的低碳烃。焦炉煤气转化技术主要是将这些烃类转化成 CO 和 H_2，包括蒸汽转化、催化纯氧转化和非催化纯氧转化等工艺，其中主要应用的是催化纯氧转化和非催化纯氧转化。

（1）蒸汽转化工艺

蒸汽转化工艺典型的工艺流程见图 2-17。

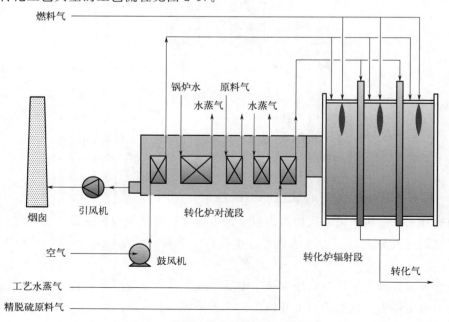

图 2-17　蒸汽转化工艺典型工艺流程图

蒸汽转化工艺的核心是蒸汽转化炉，分为辐射段和对流段两部分。

① 辐射段 目前，蒸汽转化炉主要采用顶烧式方箱形结构，转化管在辐射段方箱内成排直立布置，每根转化管内装填转化催化剂，每排转化管之间设顶部烧嘴，通过燃料气的燃烧以辐射传热方式为主为转化管内的反应物料提供烃类转化所需的热量。

主要反应如下：

$$2C_nH_{2n+2}+nH_2O =\!=\!= nCH_4+nCO+(n+2)H_2$$
$$C_nH_{2n+2}+nH_2O =\!=\!= nCO+(2n+1)H_2$$
$$CH_4+H_2O =\!=\!= CO+3H_2$$
$$CO+H_2O =\!=\!= H_2+CO_2$$

② 对流段 转化炉的对流段是余热回收段，辐射段烟道气从辐射段下部侧面出来后即进入对流段。在对流段中，烟道气沿水平方向流动，换热盘管根据加热要求和传热特性按混合气预热器、蒸汽过热器、原料气预热器、烟气蒸汽发生器、预热器顺序合理排列，以使烟道气热量得到充分的回收利用，烟道气最终经引风机送入烟囱放空。

烃类物质转化过程需要在催化剂作用下进行，常用的国产蒸汽转化催化剂主要有西南化工研究设计院（简称"西南院"）和山东齐鲁科力化工研究院研制生产的 CN-16、CN-16YA、CN-16YQ、Z111、Z111B、Z110Y、Z111-4YA、Z111-6YA、Z111-6YQ、Z417、Z418、Z412Q、Z413Q 等型号，其性能均达到国际一流水平，根据温度、压力、水碳比等转化条件的不同，烃类转化率可达 75% 以上，得到的转化气中残存的甲烷干基体积分数一般小于 5%，催化剂使用寿命均可达 2 年以上。

（2）催化转化

焦炉煤气的催化（纯氧）转化是向转化炉中加入焦炉煤气、纯氧和水蒸气，使其在转化炉中发生一系列化学反应，不需外来热量即可实现连续生产的自热转化过程，典型工艺流程见图 2-18。

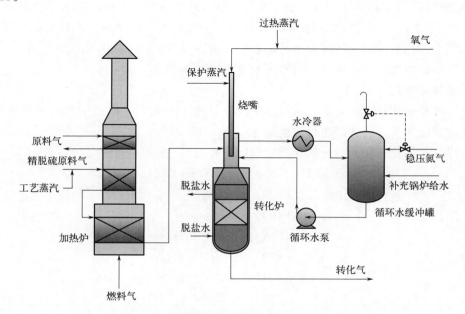

图 2-18 催化（纯氧）转化典型工艺流程图

整个反应过程分成两个阶段。

第一阶段在转化炉内催化剂床层的上部空间完成，焦炉煤气中的氢气、一氧化碳、甲烷与氧发生燃烧反应而大量放热，以氢与氧的反应速度最快，在燃烧产生的高温环境下，伴随着 CH_4 与 H_2O 的非催化蒸汽转化反应而吸收部分热量，反应式如下：

$$2H_2 + O_2 = 2H_2O$$
$$2CO + O_2 = 2CO_2$$
$$CH_4 + 2O_2 = CO_2 + 2H_2O$$
$$CH_4 + 2H_2O = CO_2 + 4H_2$$

第一阶段的反应放出大量的热，炉内反应介质最终以 $1200\sim1300℃$ 的温度进入催化剂层进行第二阶段的反应，第一阶段反应介质中残余的甲烷与其中的水蒸气、二氧化碳进行进一步的蒸汽转化反应，反应式如下：

$$CH_4 + H_2O = CO + 3H_2$$
$$CH_4 + 2H_2O = CO_2 + 4H_2$$
$$CH_4 + CO_2 = 2CO + 2H_2$$
$$CO + H_2O = CO_2 + H_2$$

过程中也可能发生甲烷裂解和炭气化的副反应：

$$CH_4 = C + 2H_2$$
$$C + O_2 = CO_2$$
$$C + H_2O = CO + H_2$$

通过上述两个阶段的反应后，从转化炉出口得到温度为 $950\sim1000℃$ 的转化气，焦炉煤气中的甲烷等烃类物质已基本转化为氢气、一氧化碳和二氧化碳，它们仍存在于转化气中，转化气中残余甲烷干基体积分数一般 $\leqslant1.0\%$。

催化纯氧转化过程需要在催化剂作用下进行，常用的国产催化纯氧转化催化剂主要有西南院研制生产的 Z204 和 CN-20（均需在其顶部装填一定量热保护催化剂 Z205）及齐鲁科力研制生产的 KLZ-202，其性能指标均达到了国际一流水平，抗高温、抗硫和抗析碳性能良好，可在低水碳比下长时间运行而不析碳，催化剂使用寿命均可达 2 年以上。另外，国外供应商庄信万丰研制生产的 KATALCO28-4Q 催化剂也有使用。

(3) 非催化转化

焦炉煤气非催化转化工艺的反应原理与催化转化工艺类似，但由于没有催化剂的作用，要求的反应温度更高，转化炉出口温度高达 $1200\sim1300℃$。

焦炉煤气非催化转化时进行的主要化学反应有：

$$CH_4 + 2O_2 = CO_2 + 2H_2O$$
$$2H_2 + O_2 = 2H_2O$$
$$2CO + O_2 = 2CO_2$$
$$CH_4 + H_2O = CO + 3H_2$$
$$CH_4 + CO_2 = 2CO + 2H_2$$
$$CO_2 + H_2 = CO + H_2O$$
$$2CO = C + CO_2$$
$$CH_4 = C + 2H_2$$

焦炉煤气非催化（纯氧）转化工艺流程如图 2-19 所示。焦炉煤气经适当预热后送入转化炉的烧嘴，在转化炉顶部与氧气及少量的蒸汽直接混合，并在炉内发生"部分氧化"反应，生成主要成分为 H_2+CO 的粗合成气。氧气与焦炉煤气的流量调节设置了比值调节系统，以防止转化炉过氧超温。高温余热回收利用后，工艺气被送入洗涤冷却系统，确保原料气中炭黑含量$\leqslant 1mg/m^3$。气体最终冷却到 40℃，经过脱硫之后送出界区。

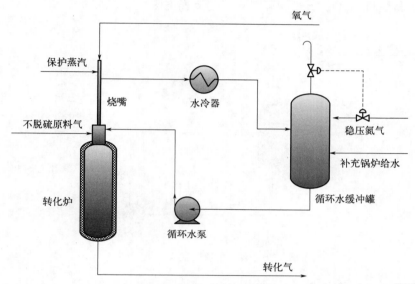

图 2-19　焦炉煤气非催化（纯氧）转化工艺流程图

焦炉煤气非催化（纯氧）转化工艺的转化炉内不装转化催化剂。焦炉煤气中的烃类、有机硫等在高温下发生裂解反应，生成 H_2、CO、CO_2、H_2S、COS 等，基本上不生成炭黑。转化炉出口温度为 1200~1300℃，残余甲烷体积分数同样$\leqslant 1.0\%$。

入炉焦炉煤气和氧气中不配水蒸气（只需通过烧嘴环隙加少量烧嘴保护用水蒸气），可以不加热，因此可不配置入炉气体加热炉。转化过程中可能有少量炭黑生成，可通过水洗的方法脱除，洗涤废水单独设冷却塔冷却循环使用。

由于不使用催化剂，无须考虑硫中毒问题，转化之前不需要将硫脱干净，甚至焦炉煤气压缩前可以不设湿法脱硫，焦炉煤气经非催化转化系统高温转化后，其中的有机硫绝大部分已转化为易于脱除的无机硫，仅含有极少量的 COS 有机硫组分需在后续的常温水解精脱硫系统中脱除，极大地简化了气体脱硫工艺。

不过，由于非催化（纯氧）转化工艺要求更高的操作温度，转化过程中也没有加入大量能起到蓄热降温作用的水蒸气，转化炉烧嘴及转化炉内衬将因长期处于严苛的温度环境之下而易于损坏，从而导致烧嘴检修周期很难超过一年。

2.2.3.2　焦炉煤气变换工艺

焦炉煤气或转化气中都含有大量的 CO。CO 也是生产 H_2 的有效成分，在变换催化剂作用下可以使 CO 与水蒸气反应生成 H_2 和 CO_2，可以有效地提高氢气产量，更充分地发挥焦炉煤气的制氢效能。

根据变换原料气中硫化物含量的高低合理地选择变换催化剂类型，分别采用耐硫变换工艺或不耐硫中温变换工艺。

（1）耐硫变换工艺

由于焦炉煤气中含有大量硫化物，故焦炉煤气的变换应选用耐硫变换催化剂及耐硫变换工艺。耐硫变换催化剂一般为 Co-Mo 系，除具有 CO 变换催化作用外，还有加氢催化作用。焦炉煤气中的有机硫、不饱和烃、O_2 在耐硫变换催化剂作用下将会进行加氢反应，分别生成无机硫、饱和烃和 H_2O。典型耐硫变换工艺流程见图 2-20。

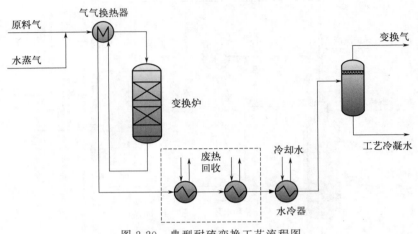

图 2-20　典型耐硫变换工艺流程图

（2）不耐硫中温变换工艺

由于转化气已不含硫，故一般选用 Fe-Cr 系中温变换催化剂，在此场合不能选用对硫含量有最低要求的 Co-Mo 系耐硫变换催化剂。由于转化气温度高达 800～1000℃ 且富含未反应掉的水蒸气，转化气经转化废锅副产蒸汽回收高品位热量后，温度降至 280～340℃，一次性通过中温变换炉后，转化气中绝大部分 CO 得以变换为 H_2 和 CO_2。CO 与水蒸气的变换过程是强放热的化学反应，根据转化气中 CO 含量情况，中温变换炉出口变换气的温度将达 350～400℃，经充分回收变换气热量并冷却分离冷凝水后即得到提氢需要的变换气。典型不耐硫中温变换工艺流程见图 2-21。

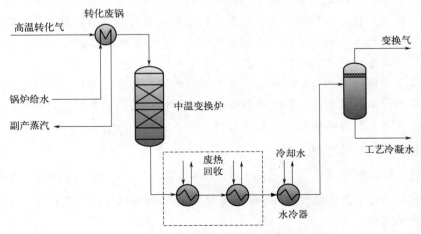

图 2-21　典型不耐硫中温变换工艺流程图

2.2.4　分离技术

焦炉煤气下游产品的生产过程中，也需要使用各种气体分离方法，常见的气体分离方法有深冷分离法、变压吸附法、膜分离法等。针对不同的组分，不同的分离要求，可以采用合理的分离方法或各种方法的组合。

2.2.4.1　深冷分离法

深冷分离一般用于处理量较大的场合，且常常用于获取某些特定的产品，先将混合气体液化，再用精馏或部分冷凝的方法分离出产品，比如 LNG、一氧化碳等。

焦炉煤气中主要组分的特性见表 2-9。

表 2-9　焦炉煤气主要组分特性数据表[7]

气体	沸点/℃	熔点/℃	临界温度/℃	分子量	分子直径/nm	极性与否
CO_2	−78.5	−56.56	31.0	44	0.28	非极性
CH_4	−161.5	−182.47	−82.1	16	0.40(0.42)	非极性
CO	−192.0	−205.02	−140.0	28	0.28	极性
O_2	−183.0	−218.79	−118.4	32	0.28	非极性
N_2	−195.8	−210.00	−147.0	28	0.40(0.30)	非极性
H_2	−252.8	−259.20	−239.9	2	0.24	非极性

沸点差异越大的组分，越容易用深冷分离法将其分离出来，比如甲烷和其他组分的沸点差异较大，就可以用深冷分离法将其液化分离，获得 LNG 产品；而一氧化碳和氮气沸点差异较小，故通过深冷分离法难以获得高纯度的一氧化碳产品；另外由于二氧化碳的凝固点较高，故进入冷箱前，需要将其脱除，避免冷箱因二氧化碳凝固而被堵塞。

在焦炉煤气的利用上，深冷分离法最常用于从甲烷、氮气、氢气的混合气中获取 LNG。还可以在焦炉煤气转化为合成气并脱除二氧化碳后，将其中的一氧化碳液化提纯。

2.2.4.2　变压吸附法

某些不适宜用深冷分离法的组分，可以用变压吸附法实现分离。根据变压吸附的基本原理，其适用于低沸点、分子直径相对较小、易于在低压下解吸再生的混合气体的分离。焦炉煤气主要组分在某活性炭和某分子筛吸附剂表面的平衡吸附量见表 2-10。

表 2-10　焦炉煤气主要组分在某活性炭和某分子筛吸附剂表面的平衡吸附量数据表[8]

气体	某活性炭上的吸附量(15℃)/(mL/g)	某分子筛上的吸附量(40℃)/(mL/g)
CO_2	48	
CH_4	10	10
CO	9	18
O_2	8	2
N_2	8	7
H_2	5	0.4

从表 2-10 可以看出，氢气的吸附量明显低于氮气、甲烷、一氧化碳、二氧化碳等其他组分，故可以用变压吸附法实现氢气的提纯。

另外，不同组分的吸附量虽然大致与该组分的沸点呈正相关关系，但并不完全一致，比如一氧化碳的沸点低于甲烷，在活性炭吸附剂上，甲烷的吸附量比一氧化碳高，但在某分子筛上，一氧化碳的吸附量却比甲烷高；吸附量和分子量也并不一致，氧气的分子量大于氮气，但吸附量却小于氮气。这是因为吸附机理非常复杂，与吸附剂本身的物理化学性质（孔大小及分布、比表面积、化学成分、表面性质）和吸附质的性质（极性、沸点、分子量等）都有关系[8]。故应选择合适的吸附剂，比如一氧化碳和氮气的分离，就可以使用对一氧化碳有络合作用的载铜吸附剂，而且可以获取高纯度的一氧化碳。

2.2.4.3　膜分离法

膜分离法主要应用于气体分离。由于混合气中不同气体分子透过膜的速率不同，渗透速率快的气体在渗透侧富集，渗透速率慢的气体则在原料侧（又称渗余侧）富集，从而可以使两种组分得到分离。

渗透速率快的气体，被称为"快气"，渗透速率相对慢的气体，被称为"慢气"。焦炉煤气主要成分中的"快气"和"慢气"见图 2-22。

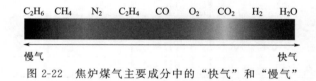

图 2-22　焦炉煤气主要成分中的"快气"和"慢气"

从图 2-22 可以看出，相对于甲烷，氢气是"快气"，故可以使用膜分离，将甲烷和氢气的混合气分离开。该技术在焦炉煤气利用中的应用场景有：焦炉煤气制 LNG 中在深冷液化前脱除部分氢气，以降低深冷的能耗；焦炉煤气制 SNG 中用于脱除氢气提高 SNG 的热值。其特点是占地小、投资少等，但是对两侧压差要求较大，且难以得到纯氢气。

几种常用分离方法的比较和适用工况见表 2-11。

表 2-11　深冷分离法、变压吸附法、膜分离法技术特点比较表

项目	深冷分离法	变压吸附法	膜分离法
原理	不同组分的沸点差异	吸附剂对不同组分吸附选择性的差异	膜对不同组分的渗透速率差异
工艺复杂度	复杂	简单	简单
能耗	高	低	低
适用规模	大	较大,中,小	中,小
工作压力	中	中,低	高
占地面积	中	大	小
常规预处理措施	$\varphi(H_2O) < 1 \times 10^{-6}$；$\varphi(CO_2) < 50 \times 10^{-6}$	无	过滤、加热
焦炉煤气常用工况	从 CH_4 和 H_2 的混合气中分离得到 LNG；从 CO 和 H_2 的混合气中分离得到液体 CO	从各种富氢混合气中分离得到纯氢气；从富 CO 气中分离得到 CO	从富甲烷气中脱除部分 H_2 制取 SNG 或 LNG；甲醇弛放气回收氢气；合成氨弛放气回收氢气
产品纯度	$\varphi(CH_4) > 99\%$；$\varphi(CO) > 99\%$	$\varphi(H_2)$ 为 $99.5\% \sim 99.999\%$；$\varphi(CO) > 99\%$	$\varphi(H_2) > 90\%$；$\varphi(CH_4) > 90\%$

2.3　焦炉煤气制氢

焦炉煤气中氢气的体积分数为 $50\%\sim60\%$，是提纯氢气的优质气源。早期从焦炉煤气中提纯的氢气，主要是作为钢厂冷轧保护气，要求达到高纯氢标准，规模也相对较小，产品流量一般在 $1000m^3/h$ 左右。随着焦炉煤气的综合利用逐渐受到重视，氢气的应用领域不断扩大，焦炉煤气制氢的规模越来越大，单套装置的产品规模已达 $70000m^3/h$ 以上，用途也开始多样化，常用于生产液氨、甲醇，各种化学品加氢及氢能源等。

变压吸附技术适用于低沸点、分子直径相对较小、易于在低压下解吸再生的混合气体的分离，非常适用于从焦炉煤气中分离提纯氢气。

2.3.1　氢气提纯与标准要求

氢气的来源较广，工业上主要有两大类获取氢气的方式：一是以制氢为直接目的，例如煤和天然气等化石燃料制氢、甲醇转化制氢、氨分解制氢、电解水制氢等；二是从工业副产气如焦炉煤气、炼厂气、甲醇弛放气、合成氨弛放气、氯碱尾气、丙烷脱氢（PDH）尾气等富氢尾气中提取氢气，这些氢气体积分数一般在 $30\%\sim99\%$ 范围内。

在各种加氢、合成等用氢场合，一方面对氢气的纯度要求较高，氢气体积分数普遍大于 99.9%，这主要应用于大规模工业用氢场合，有些高纯场合甚至要求达到 99.999% 以上；另一方面用氢反应大多是在催化剂的作用下进行，为了保证催化剂寿命不受影响，一般要求氢气中杂质组分的体积分数要达到 10^{-6} 数量级，甚至达到 10^{-9} 数量级。从混合气体中提取氢气主要有深冷分离法、膜分离法和变压吸附法，前文已对三种方法的原理和特点做了介绍；同时，要获得一些领域需要的高纯氢，一些杂质组分还需要进行催化转化脱除。

我国在 1985 年发布了《氢气使用安全技术规程》（GB 4962—1985），开始了氢气及氢能标准体系建设，该标准已于 2008 年进行更新，即 GB 4962—2008。21 世纪以来，国内颁布了氢气品质相关系列标准：《氢气　第 1 部分：工业氢》（GB/T 3634.1—2006）、《氢气　第 2 部分：纯氢、高纯氢和超纯氢》（GB/T 3634.2—2011）和《电子工业用气体　氢》（GB/T 16942—2009）。同时，2009 年底发布了第一批燃料电池汽车国家标准：《燃料电池电动汽车　术语》（GB/T 24548—2009）、《燃料电池电动汽车　安全要求》（GB/T 24549—2009）。其中，GB/T 24549—2009 已于 2020 年进行更新，即 GB/T 24549—2020。2021 年《氢能汽车用燃料　液氢》（GB/T 40045—2021）、《液氢贮存和运输技术要求》（GB/T 40060—2021）和《液氢生产系统技术规范》（GB/T 40061—2021）3 项标准正式发布并实施。

氢气提纯在燃料电池的应用中有着更严格的要求。质子交换膜燃料电池（PEMFC）电极采用特制多孔性材料制成，其不仅要为气体和电解质提供较大的接触面，还要对电池的化学反应起催化作用。含 C 和 S 等的化合物对电极有不可逆的毒化作用，尤其是一氧化碳和硫化氢。一氧化碳能占据氢气氧化反应所需的催化剂中的 Pt 活性位，从而导致电池性能显著降低，硫化氢不仅能对电池阳极性能造成严重的影响，也可能对电池阴极性能造成明显的破坏。另外，氨和卤化物也会引起燃料电池性能不可逆的衰减。因此，需要对氢气产品中的杂质含量严格控制，以保证燃料电池的效率[2]。

我国在 2018 年发布了《质子交换膜燃料电池汽车用燃料 氢气》（GB/T 37244—2018），该标准规定了质子交换膜燃料电池汽车用燃料氢气的氢气纯度、氢气中杂质含量要求，如表 2-12 所示。

表 2-12 燃料电池用氢气质量指标表 (GB/T 37244—2018)

项目名称	指标
氢气纯度(摩尔分数)	99.97%
非氢气体总量	300μmol/mol
单类杂质的最大浓度	
水(H_2O)	5μmol/mol
总烃(按甲烷计)①	2μmol/mol
氧(O_2)	5μmol/mol
氦(He)	300μmol/mol
总氮(N_2)和氩(Ar)	100μmol/mol
二氧化碳(CO_2)	2μmol/mol
一氧化碳(CO)	0.2μmol/mol
总硫(按 H_2S 计)	0.004μmol/mol
甲醛(HCHO)	0.01μmol/mol
甲酸(HCOOH)	0.2μmol/mol
氨(NH_3)	0.1μmol/mol
总卤化合物(按卤离子计)	0.05μmol/mol
最大颗粒物浓度	1mg/kg

① 当甲烷浓度超过 2μmol/mol 时，甲烷、氮气和氩气的总浓度不准许超过 100μmol/mol。

由表 2-12 可以看出，燃料电池用氢气要求很高，焦炉煤气制备燃料电池氢的关键在于杂质的净化和产品氢气中微量杂质的控制。目前采用焦炉煤气净化和变压吸附纯化相结合生产燃料电池氢的工艺已比较成熟，氢气体积分数可达 99.99% 以上，除氦、氩以外的杂质组分的体积分数可控制在 1.00×10^{-6} 水平甚至更低，满足氢燃料电池的使用要求。

2.3.2 焦炉煤气变压吸附制氢工艺

2.3.2.1 常用提氢工艺

(1) 工艺流程

变压吸附提纯氢气工序设置在粗净化和预处理工序之后，以避免焦炉煤气中的硫化物、烃类等杂质组分进入变压吸附工序吸附床，对吸附剂的性能和寿命造成影响。另外，常用吸附剂对氧气的物理吸附作用力弱，经过变压吸附提纯工序后，通常还含有体积分数约 0.05%（由实际工艺决定）的氧气，还需配置脱氧工序除去氧气，再通过干燥工序除去脱氧工序产生的水，得到合格的产品氢气。

因此，焦炉煤气提氢由多种吸附工艺组合而成，是最复杂的工艺流程[8]。根据前文所述，工艺流程包括粗净化、压缩、预处理、变压吸附提氢、脱氧和干燥等工序。焦炉煤气压力为微正压，压缩工序是将焦炉煤气从约 5kPa 加压至 0.7～3.0MPa，以满足变压吸附分离和后续用氢的压力要求。由于是以提氢为目的，变温吸附工序配置的吸附剂对杂质有一定的承受能力，不用刻意考虑脱氨、脱苯等工序；净化后的焦炉煤气再经过变压吸附工序获得体积分数约 99.9% 的氢气；氢气的终端净化是由催化脱氧和干燥两部分组成的，催化脱氧是指在催化剂的作用下氧气和氢气反应生成水，以达到脱氧的目的，再经过等压变温吸附干燥工艺，得到高纯度的氢气。

变压吸附工序的解吸气常用作预处理工序和粗净化工序的再生气，最后返回到焦炉煤气系统作为燃料。变压吸附工序可以采用冲洗再生流程，也可以采用抽真空再生流程来增加氢气回收率。典型焦炉煤气提氢的工艺流程见图 2-23。

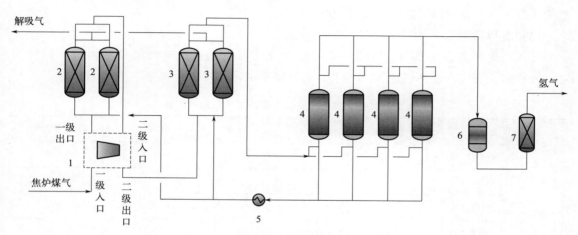

图 2-23　典型焦炉煤气提氢工艺流程图

1—煤气压缩机；2—预净化器；3—预处理器；4—吸附器；5—加热器；6—脱氧器；7—干燥器

（2）吸附剂

由于焦炉煤气提氢的工艺流程复杂，工序较多，在不同工序采用的吸附剂和催化剂也会有所不同，共分为六大类：焦炭、活性氧化铝类、活性炭类、硅胶类、分子筛类和脱氧催化剂。

预净化工序的主要目的是脱除焦炉煤气中含有的焦油和萘，一般选用特殊处理过的焦炭与大孔径活性炭组成的复合吸附床层。由于本工序采用变温吸附工艺，焦油和萘等大分子、高沸点组分易堵塞吸附剂孔道，导致其性能下降并逐渐失活，吸附剂寿命较短，正常为 1～2 年，使用后的焦炭和活性炭可以掺烧，节约吸附剂使用后处理固废的费用。

预处理工序是变压吸附工序之前的最后一道关卡，采用变温吸附工艺脱除对变压吸附工序的吸附剂寿命有影响的高沸点组分，一般选用活性氧化铝和硅胶的复合吸附剂床层或者活性氧化铝、硅胶和活性炭的复合吸附剂床层。

变压吸附工序脱除和分离氮气、甲烷、一氧化碳、二氧化碳、其他低碳烃类、水分和部分氧气，一般选用活性氧化铝（脱水）、活性炭（脱除部分甲烷、二氧化碳和其他低碳烃类）、5A 分子筛（脱除氮气、一氧化碳、剩余的甲烷和部分氧气）的复合吸附剂床层，可得到体积分数为 99.9% 以上的氢气。

在一些应用场合对氢气品质要求较高，特别是氢气中的含氧组分，如钢厂冷轧保护气需要用到体积分数为 99.999% 的氢气；用于合成氨的氢气要求总氧原子体积分数 $\leqslant 10 \times 10^{-6}$。

由于常规吸附剂对氧气的吸附量较小，直接通过变压吸附工序对焦炉煤气提纯较难得到符合要求的高纯氢，变压吸附工序后氢气中还含有体积分数约为 0.05％ 的氧气，一般采用催化脱氧的方法除去氧气，氧气和氢气在催化剂作用下生成水。因为变压吸附工序得到的氢气较为纯净，不会影响催化剂使用寿命，所以选用载有金属钯的贵金属催化剂即可满足脱氧需求，催化剂中钯的质量分数在 0.1％ 左右，使用寿命为 2～4 年（与钯含量和操作条件相关）。

由于脱氧工序产生了水，还需要对氢气进行干燥，选用活性氧化铝和硅胶的复合吸附剂床层，干燥深度可达露点 −70℃，吸附剂再生温度约 150℃；若要得到更低的露点，可将硅胶换为分子筛，再生温度需要提高到 200℃ 以上。

(3) 典型案例

变压吸附操作压力为 1.7MPa，采用常压冲洗再生工艺，得到的氢气体积分数约为 99.999％ 时，氢气回收率可达 80％ 左右，物料平衡见表 2-13。

表 2-13　焦炉煤气提氢变压吸附工序物料平衡表

项目		原料气	半产品气	解吸气	除氧气	干燥产品气
组分及含量	$\varphi(H_2)/\%$	58.5	99.9868	21.9950	99.9752	99.9990
	$\varphi(O_2)/\%$	0.5	0.0118	0.9296	0.0001	0.0001
	$\varphi(N_2)/\%$	5.5	0.0003	10.3393	0.0003	0.0003
	$\varphi(CH_4)/\%$	25.5	0.0001	47.9378	0.0001	0.0001
	$\varphi(CO)/\%$	5.5	0.0001	10.3394	0.0001	0.0001
	$\varphi(CO_2)/\%$	2.0	0.0001	3.7598	0.0001	0.0001
	$\varphi(C_mH_n)/\%$	2.1	0.0000	3.9478	0.0000	0.0000
	$\varphi(H_2O)/\%$	0.4	0.0009	0.7512	0.0241	0.0003
	合计	100	100	100	100	100
温度/℃		20～40	20～40	20～40	20～40	20～40
压力/MPa		1.7	1.6	0.12	1.55	1.5
流量/(m³/h)		3000	1404	1596	1404	1404

2.3.2.2　焦炉煤气制燃料电池氢

以某钢厂焦炉煤气制备 6000m³/h 燃料电池氢气装置为例，来自界外的焦炉煤气在压力 10kPa、温度 20～40℃ 下，进入粗脱油脱萘系统脱除大部分的焦油、萘等物质，经压缩机增压至 1.9MPa，在温度 20～40℃ 条件下，再经精脱油脱萘、脱硫等系统脱除萘、焦油、硫等杂质组分后，进入预处理系统脱除大部分高烃类杂质，使焦炉煤气达到变压吸附原料气的要求，净化气进入 PSA 系统提纯得到半产品氢气，经脱氧、干燥后得到满足标准要求的燃料电池氢气，压缩至 22MPa 后装车或充瓶。工艺流程见图 2-24。

装置主要设备配置见表 2-14。提纯工序物料平衡见表 2-15。

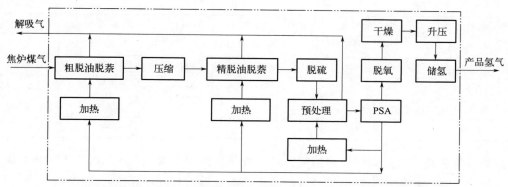

图 2-24　某钢厂焦炉煤气制备 6000m³/h 燃料电池氢气装置工艺流程图

表 2-14　某钢厂焦炉煤气制备 6000m³/h 燃料电池氢气装置主要设备配置一览表

设备名称	设备规格	数量/台
粗脱油脱萘器	DN3800	3
原料压缩机	活塞压缩机，单台打气量 6871m³/h	3(2 开 1 备)
精脱油脱萘器	DN3800	2
脱硫器	DN3800	2
预处理器	DN2000	2
吸附器	DN2000	6
顺放气缓冲罐	DN2200	2
逆放气缓冲罐	DN3000	1
解吸气混合罐	DN3000	1
脱氧器	DN1000	1
预水分离器	DN800	1
干燥器	DN1400	2
预干燥器	DN1000	1
水分离器	DN800	1
产品气缓冲罐	DN2000	1
产品压缩机	隔膜压缩机，单台打气量 1000m³/h	6(6 开无备)
合计		35

表 2-15　某钢厂焦炉煤气制备 6000m³/h 燃料电池氢气装置提纯工序物料平衡表

	项目	原料气	PSA 半产品气	脱氧半产品气	产品气	解吸气
	$\varphi(H_2)/\%$	56.00	99.9794	99.9594	99.9991	21.88
	$\varphi(O_2)/\%$	0.50	0.0200	0.0001	0.0001	0.87
	$\varphi(N_2)/\%$	12.00	0.0004	0.0004	0.0004	21.31
组分 及含量	$\varphi(CO)/\%$	7.50	0.0001	0.0001	0.0000	13.32
	$\varphi(CO_2)/\%$	2.00	0.0000	0.0000	0.0000	3.55
	$\varphi(CH_4)/\%$	20.00	0.0001	0.0001	0.0001	35.52
	$\varphi(C_mH_n)/\%$	2.00	0.0000	0.0000	0.0000	3.55

续表

项目		原料气	PSA 半产品气	脱氧半产品气	产品气	解吸气
组分及含量	$\varphi(H_2O)/\%$	0.00	0.0000	0.0399	0.0003	0.00
	合计	100	100	100	100	100
温度/℃		20～40	20～40	20～40	20～40	20～40
压力/MPa		0.01	1.75	1.70	1.60	0.02
流量/(m³/h)		13742.00	6003.74	6002.55	6000.17	7738.26

焦炉煤气提纯氢气后解吸气热值提升，可按热值抵扣原料成本；同时，由于焦炉煤气价格低，从焦炉煤气中提纯燃料电池氢气的整体成本较低，具有较好的应用前景。

2.4　焦炉煤气制甲醇

焦炉煤气制甲醇装置应用较为广泛，目前国内焦炉煤气制甲醇装置有 60 余套，总产能超过 1200×10^4 t/a，约占我国甲醇总产能的 12.4%。其中山西省以焦炉煤气为原料制甲醇的产能占一半以上，且生产成本低廉，但产能普遍较小，企业产能集中在 $10 \times 10^4 \sim 30 \times 10^4$ t/a。

2.4.1　甲醇制备技术

2.4.1.1　合成气制甲醇技术

甲醇合成气（主要成分是 H_2、CO 和 CO_2）在催化剂的作用下，反应生成甲醇，其反应式如下：

$$CO + 2H_2 \rightleftharpoons CH_3OH \qquad \Delta H^{\ominus}_{298K} = -90.73 \text{kJ/mol}$$

$$CO_2 + 3H_2 \rightleftharpoons CH_3OH + H_2O \qquad \Delta H^{\ominus}_{298K} = -48.02 \text{kJ/mol}$$

反应是放热而且是可逆的。

合成气制甲醇技术因合成反应压力不同而分为低压、中压和高压技术，其流程基本一致，见图 2-25。

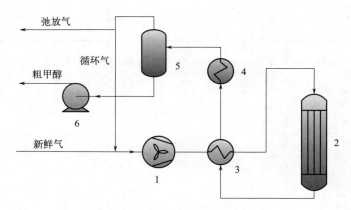

图 2-25　合成气制甲醇工艺图

1—循环气压缩机；2—合成塔；3—入塔预热器；4—甲醇冷却器；5—甲醇分离器；6—粗甲醇泵

甲醇合成的反应压力不同，所选用的催化剂及其能耗就会有所差别，不同方法各有优劣，如表 2-16 所示。

表 2-16　不同反应压力合成气制甲醇的比较表

项目	低压法	中压法	高压法
反应压力/MPa	5.0～8.0	9.8～13.0	19.6～29.4
催化剂种类	铜基催化剂	铜基催化剂	锌铬催化剂
催化剂优点	活性温度低,选择性高	活性温度低,选择性高	耐热性好,耐毒性好
催化剂缺点	耐热性和耐毒性差	耐热性和耐毒性差	活性温度高
催化剂活性	高	高	低
反应温度/℃	240～270	240～270	360～400
公用工程消耗	低	中	高
装置投资	适中	适中	高
适用规模	中小型	大型	大型

目前，世界上新建或扩建的甲醇装置几乎都采用低压法或中压法，其中以低压法为最多。英国帝国化学工业（ICI）公司和德国鲁奇（Lurgi）公司是低压甲醇合成技术的代表，两公司低压法的差别主要在于甲醇合成反应器及反应热回收的形式有所不同。甲醇合成技术的关键为甲醇合成反应器和甲醇合成催化剂。世界上各种型式的甲醇合成反应器因结构设计、甲醇的单程收率、反应条件的控制措施、操作单元的组合、反应热的移除与回收设施等方面的不同而各具特色。

（1）甲醇合成反应器

① 戴维（Davy）公司的甲醇合成技术　Davy 公司在过去 30 年中一直致力于从事英国 ICI 甲醇合成技术的转让与工程设计工作。Davy 公司针对大型甲醇装置开发出了管壳式径向反应器。该反应器根据入塔气在催化剂床层反应速度的变化，设置列管的疏密程度，使反应速度沿最大速度曲线进行，使高活性甲醇合成催化剂的性能得到了有效发挥，反应器结构见图 2-26。

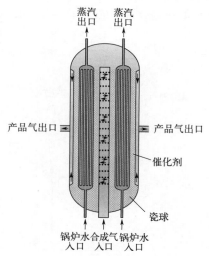

图 2-26　Davy 径向流甲醇合成反应器结构简图[9]

　　甲醇合成在 7.6～8.1MPa 的低压下进行，合成塔采用带膨胀圈的浮头式结构，解决了列管的热膨胀问题，为甲醇合成过程的长周期平稳运行提供了设备保障。

　　采用该甲醇合成反应器的合成装置，单系统甲醇产量最大可达 2500t/d。

　　② 英国帝国化学（ICI）公司的甲醇合成技术　ICI 公司最初开发了单段轴向合成塔，随后开发了 ICI 空筒型三段轴向冷激式合成塔，三段轴向冷激式合成塔虽然结构简单，单位体积合成塔的催化剂装填量大，但是碳转化率低、合成塔出口的甲醇浓度低、循环量大（循环气与新鲜合成气的体积比达 10∶1）、能耗高、不能副产蒸汽，现阶段新建装置基本不再选择该项技术，反应器结构见图 2-27。

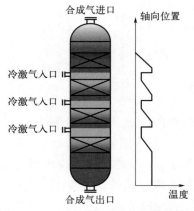

图 2-27　ICI 甲醇合成反应器结构简图

　　1984 年，ICI 公司又开发出管壳式冷管合成塔和副产蒸汽合成塔，解决了轴向反应器催化剂床层阻力大、温度不易控制、循环量大和催化剂寿命短的问题。

　　③ 鲁奇（Lurgi）公司的甲醇合成技术　20 世纪 70 年代，Lurgi 公司开发了具有自身特色的甲醇合成技术，合成塔结构为列管式，管内装填催化剂，壳程的沸腾水吸收管内的反应热副产蒸汽，副产的 4MPa 蒸汽可用于驱动离心式压缩机或作为甲醇精馏的热源，使甲醇的产品能耗降低。反应温度用蒸汽压力来控制，很简单地实现了催化剂床层温度呈大致的等温曲线，从而有利于甲醇生产过程的平稳运行，反应器结构见图 2-28。

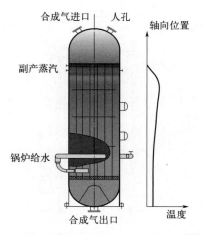

图 2-28　Lurgi 甲醇合成反应器结构简图

　　Lurgi 公司在大甲醇装置的设计理念上还采取了管壳式合成塔串联的组合型甲醇合成装置（Lurgi 大甲醇工艺），见图 2-29。

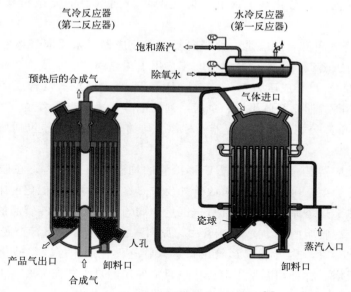

图 2-29　Lurgi 大甲醇工艺流程简图[9]

　　该工艺由两台管壳式甲醇合成塔组成，第一合成塔采用副产中压蒸汽的方式移出反应热，第二台反应器产生的反应热则通过与新鲜合成气逆流换热方式移出。在第二台反应器中，入塔合成气在管内通过，反应气走壳层。与单个管壳式合成塔工艺相比，两段等温甲醇合成工艺有以下特点：与单台反应塔相比，第一反应器尺寸减小了约 50%；减少了约 50% 的合成气循环比；热量回收效率高，降低了冷却成本；单系列甲醇生产能力可以达到 5000t/d。

　　④ 瑞士卡萨利（Casale）公司的甲醇合成技术　Casale 公司开发的是立式绝热轴径向反应器，其特点是：环形的催化剂床顶端不封闭，侧壁不开孔，造成催化剂床层上部气流的轴向流动；床层主体部分的气流为径向流动；催化剂容器的外壁开有不同分布的孔，以保证气流分布均匀；各段床层底部封闭，反应后气体经中心管流入合成塔外的换热器回收热量。

　　由于不采用直接冷激，而采用塔外热交换，各床层出口甲醇浓度较高，所需的床层段数较少。由于床层阻力降低明显减少（比 ICI 轴向型塔减少 24%），所以可增加合成塔高度和减少壁厚，也即选用高径比较大的塔，以降低造价。与冷激式绝热塔相比，轴径向混合流塔可节省投资，简化控制流程，减少控制仪表。轴径向合成塔的缺点是催化剂容器需要更换，催化剂装卸复杂；优点是大型化的潜力大。轴径向合成塔的生产能力取决于塔的高度，合成塔过高会造成催化剂装卸困难，一般塔高为 16m，相应装置的生产能力可达 5000t/d。

　　⑤ 丹麦托普索（Topsøe）公司的甲醇合成技术　丹麦 Topsøe 公司开发的甲醇合成技术特点主要有采用多床绝热式甲醇合成塔和列管式副产蒸汽合成塔（BWR 合成塔）。多床绝热式甲醇合成塔的流程特点为：甲醇合成由 3 个并排的径向冷激式绝热合成塔及其间的热交换冷却系统组成。与 ICI 轴向冷激式合成塔不同的是：在 Topsøe 的径向冷激式合成塔

中装填活性高、粒度小的催化剂，合成气沿径向由周边向合成塔的中心流动，塔的床层变薄，故阻力降明显降低，合成塔的直径大大减小，该塔型已在多套大型甲醇生产装置中得到了应用。径向塔在催化剂上部装有防止产生轴向气流的复杂机械装置，所以该塔设计加工复杂。

Topsøe 的管壳式甲醇合成塔是一种径向复合式反应器，未反应气体沿轴向通过催化剂床层，壳程副产中压蒸汽，塔间设换热器，废热用于预热锅炉给水或饱和系统循环热水。合成气进塔温度为 220℃，合成压力 5.0～10.0MPa。列管式副产蒸汽合成塔的结构简单、合成气的单程转化率高、催化剂体积小、单塔系列的甲醇装置生产能力强。

⑥ 林德（Linde）公司的等温反应器　林德公司的等温型反应器包括均温型和卧式水冷反应器两种。

林德均温型反应器是一种采用内置 U 形冷管的均温甲醇合成塔，在催化剂床层装配可自由伸缩活动的冷管束，用管内冷气吸收管外反应热，管内冷气与催化剂床层反应气并流换热和逆流间接换热。进塔原料气经上部分气区后，均匀地分布到各冷管胆的进气管，再经各环管分流到每一个冷管胆的各个 U 形冷管中。原料气在 U 形管中下行至底部后随 U 形管改变方向，上行流出冷管，热气由 U 形管出口进入管外催化剂床层，与催化剂充分接触，经多孔板后排出合成塔。林德均温型甲醇合成塔目前使用的最大产能为 30×10^4 t/a，使用厂家为 12 家，总产能约为 117×10^4 t/a，反应器结构见图 2-30。

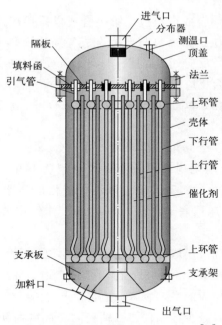

图 2-30　林德均温型反应器结构简图[10]

林德卧式水冷甲醇合成塔采用卧式结构，换热水管横向排列，不仅增加了气体流通截面，而且合成塔阻力为原轴向塔的 10%～20%。该合成塔的醇净值高、压差小、温差小、结构合理，由于该设备的低阻力和低循环比而大幅度降低了循环机的电耗。装置产能可达 60×10^4 t/a。

此外，该反应器还兼具内件可单独更换、外壳使用寿命延长、列管排列布置紧凑、设备投资少等优点，换热面积可按反应过程放热大小设计，移热能力强，单个合成塔生产能力有放大的潜力。但林德卧式水冷甲醇合成塔在更换催化剂时，经常出现催化剂大量卡在管间卸不出的情况，使更换的催化剂装填量减少。

⑦ 西南院绝热-等温复合型管壳式反应器　西南院在其研发的甲醇合成催化剂基础之上开发了结合 ICI 和 Lurgi 反应器特点的绝热-等温复合型管壳式反应器，不仅保持了 ICI 反应器催化剂装填系数大、Lurgi 反应器床层温差小的优点，而且拥有自主知识产权，国内已建成投产和在建的绝大部分甲醇合成装置均采用该甲醇合成反应器，技术成熟可靠。该反应器可有效地利用甲醇合成反应热所副产的中压蒸汽，温度控制简单灵活，催化剂生产强度大。

绝热-等温复合型管壳式反应器由绝热段与管壳段两部分组成。合成塔的上管板上装一层催化剂，为绝热反应段；上下管板用装满催化剂的列管连接，为等温段，反应热传给管外的沸水，以副产蒸汽的形式回收热量，通过调节蒸汽压力来实现催化床的等温分布。该反应器是基于 Lurgi 列管式反应器的改进型并有一定的创新，产能相同，反应器体积较小，可节约设备投资，反应器结构见图 2-31。

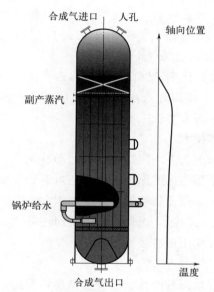

图 2-31　西南院甲醇合成反应器结构简图

(2) 甲醇合成催化剂

甲醇合成催化剂主要采用铜基催化剂。研究认为铜基甲醇合成催化剂的活性组分是一价铜与氧化锌形成的固溶体[11]。甲醇合成过程中，催化剂最重要的指标为选择性，若选择性不佳，则催化剂使用后期可能出现不同程度的结蜡现象，造成装置内换热设备堵塞，影响装置的正常运行[12]。甲醇合成中，铜基催化剂遇硫化物、碱金属、铁、镍等会出现中毒失活的情况，遇高温情况会遭遇氧化铜晶粒长大导致热失活。为延长催化剂使用寿命，需严格净化原料气并控制反应条件[13]。

世界上主流甲醇合成催化剂主要有英国 Davy 公司的 ICI51 系列催化剂、丹麦 Topsøe 公司的 MK 系列催化剂、我国西南院的 XNC-98 系列催化剂和我国南化集团研究院的 C306 催化剂等，其中 ICI51 系列催化剂、MK 系列催化剂和 XNC-98 系列催化剂是目前全球性能最好的甲醇合成催化剂，应用范围最广。

2.4.1.2　其他甲醇制备技术

从"碳减排，碳达峰"角度考虑，以可再生资源为原料的甲醇制备技术，如二氧化碳加氢、甲烷直接氧化以及生物质制甲醇等工艺符合绿色化工、环境友好的大趋势，具有很大的发展潜力。

（1）二氧化碳加氢制甲醇技术

二氧化碳加氢制甲醇的研究可以追溯到 20 世纪 40 年代，但到 20 世纪 80 年代中期才开始引起人们的广泛关注。目前该技术已取得相当进展，其受关注的程度正随环境保护受重视的程度日益增加。

二氧化碳加氢合成甲醇的工艺为一步法直接加氢制甲醇，直接以 CO_2 和 H_2 为原料，通过压缩、净化、合成、精馏制成甲醇。催化剂是 CO_2 加氢制甲醇的关键，催化剂的活性、稳定性以及成本很大程度上决定了甲醇的产率、纯度以及 CO_2 加氢制甲醇技术的经济性。

2023 年西南院与鲁西化工集团股份有限公司合作开发并建设的 5000t/a 两段式低能耗二氧化碳加氢制甲醇中试装置验证成功，已连续稳定运行超过 1000h，装置运行负荷维持在 112%，精甲醇产量平均达到 700kg/h。采用西南院自主研发的 Cu/ZnO 系专用催化剂（XNC-316）在相对较低压力及温度条件下，各项技术指标全面优于设计指标，二氧化碳单程转化率＞70%，二氧化碳总转化率＞98%，甲醇总选择性＞98%，粗醇中乙醇体积分数＜200×10^{-6}，各项技术指标处于国内先进水平。西南院将进一步开展 10 万吨级二氧化碳加氢制甲醇工艺软件包开发，并逐步实现工业化。

（2）甲烷直接氧化制甲醇技术

目前甲烷转化合成甲醇的工艺多为间接转化法，即首先采用蒸汽裂解制成一定碳氢比的合成气，然后经合成气生成甲醇等化工原料。该工艺虽然较为成熟，但反应条件苛刻，且能耗很高；直接氧化法能够大大降低投资和操作费用，因此备受关注，但由于甲烷分子极其稳定，而产物甲醇则相对来说更加活泼，因此该方法目前还处于实验室研究阶段，并且催化剂的甲醇产率都比较低，与实际应用还有较大距离。

（3）生物质制甲醇技术

生物质制甲醇技术主要包括两种路线：一种是微生物发酵法制甲醇；另一种是生物质首先气化得到合成气，然后再经合成气制甲醇。后一种甲醇合成技术已日趋成熟，并有工业中试装置在世界各地成功运营。国内研究单位有中国科学院广州能源研究所、北京化工大学等。

2.4.2　焦炉煤气制甲醇工艺

2.4.2.1　焦炉煤气制甲醇典型工艺流程

焦炉煤气制甲醇流程因副产品不同而略有差异，具体体现在甲醇合成弛放气的用途不同，有的用于再次合成甲醇提高甲醇产量，也有的可用于 PSA 提氢或者提氢后合成氨。

焦炉煤气制甲醇工艺流程图见图 2-32。焦炉煤气经预处理、压缩、脱油脱萘、脱硫等工序后，经过纯氧转化过程转变为适合甲醇合成的合成气，转化气精脱硫后去合成甲醇，甲醇精馏得到精甲醇产品，甲醇弛放气用于再次合成甲醇（小合成）、提氢或联产合成氨。

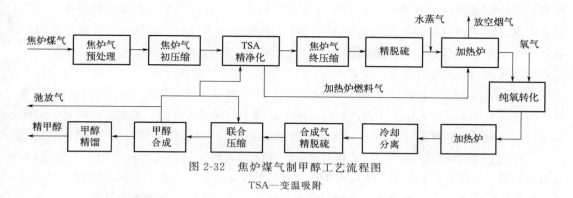

图 2-32　焦炉煤气制甲醇工艺流程图

TSA—变温吸附

（1）焦炉煤气净化及压缩

从焦化装置送来的焦炉煤气首先经过预处理，采用焦炭作为吸附剂，主要对焦油、萘、粉尘进行粗脱；经预处理的焦炉煤气经气柜缓冲后进入焦炉煤气压缩系统，首先经过螺杆式压缩机增压到 0.65MPa 后进行脱油、脱萘。净化后的焦炉煤气再次进入压缩机进行升压，焦炉煤气经两段压缩后压力升至 2.5MPa；压缩后的原料焦炉煤气经加氢精脱硫将焦炉煤气中的总硫脱除至体积分数$\leqslant 0.1\times 10^{-6}$，同时加氢脱除焦炉煤气中的氧，并将不饱和烃加氢生成饱和烷烃。

（2）焦炉煤气转化

经精脱硫后的焦炉煤气与一定比例的蒸汽混合后进入加热炉加热至 600℃ 左右，进入纯氧转化工序，得到 CH_4 体积分数小于 1.0% 的转化气。

从纯氧转化炉出来的 980℃ 左右的高温转化气经过废热回收后，通过气液分离器分离掉转化气中的游离水，最后转化气利用氧化锌脱硫罐中的脱氯剂和脱硫剂再彻底脱除转化气中的硫和氯。

（3）合成气联合压缩及甲醇合成

来自转化工序的转化气（即新鲜合成气）经合成气联合压缩机加压到 5.4～8.0MPa 后送入甲醇合成系统，该压缩机一般采用离心联合式，同时为新鲜合成气和从甲醇合成系统返回的循环气加压；甲醇合成反应温度为 200～270℃，反应生成的甲醇等产物经冷凝分离后即得到粗甲醇，大部分的未反应气体作为循环气返回联合压缩机升压后循环使用，其余部分作为弛放气送下游提取氢气或用作燃料。

（4）甲醇精馏

甲醇精馏一般采用三塔精馏，即以预蒸馏塔、加压蒸馏塔、常压蒸馏塔为主体设备的工艺系统，也有少量采用投资更省但能耗更高的两塔精馏或投资更高、操作更复杂但能耗更低的四塔精馏甚至五塔精馏，甲醇合成生产的粗甲醇经精馏后即得到目标产品精甲醇。

2.4.2.2　焦炉煤气制甲醇典型工业案例

云维集团有限公司 10 万吨焦炉煤气制甲醇装置是我国第一套焦炉煤气制取甲醇生产装置，由原化学工业第二设计院设计，装置在 2005 年初投产。这一装置当时被国家清洁能源行动办公室确定为重点跟踪示范项目，该装置的投产标志着我国利用自主知识产权和国产化技术，专为炼焦项目综合利用开发的先进工艺取得成功。这套甲醇生产装置利用焦炉产生的剩余煤气，采用纯氧部分氧化转化工艺将气体中的甲烷及少量多碳烃转化为合成甲醇的有用成分一氧化碳和氢气，低压合成甲醇。

徐州龙兴泰能源科技有限公司 $30 \times 10^4 t/a$ 焦炉煤气制甲醇及 $10 \times 10^4 t/a$ 液氨项目投产时是国内单套最大规模的焦炉煤气制甲醇项目，位于徐州市邳州经济开发区，采用西南院的焦炉煤气净化技术和甲醇合成技术，由西南院总承包，目前已经建成投运。龙兴泰能源科技有限公司焦炉煤气制甲醇装置设计的最大甲醇产能为 $40 \times 10^4 t/a$，项目以焦炉煤气为原料，经压缩、净化、转化，合成甲醇。同时对焦炉煤气净化、压缩等关键工段的技术方案进行了优化创新，针对焦炉煤气杂质复杂的情况，采用更可靠、经济的净化工艺，并且采用两段压缩流程，进一步解决压缩机堵塞问题。针对日益严峻的环保问题，在"三废"排放方面，该项目提出废气油洗、废气水洗、废液汽提等方案，解决了以往项目中遇到的废气、废液排放处理困难的问题。

焦炉煤气制甲醇典型物料平衡见表 2-17。

表 2-17　某厂 $30 \times 10^4 t/a$ 焦炉煤气制甲醇典型物料平衡表

项目		原料气（干基）	转化气	循环气	弛放气	精甲醇产品
组分及含量	$\varphi(H_2)/\%$	58.0	71.23	79.34	79.34	—
	$\varphi(O_2)/\%$	0.6				
	$\varphi(N_2)/\%$	4.5	2.92	11.67	11.67	
	$\varphi(CH_4)/\%$	26.0	1.06	4.06	4.06	
	$\varphi(CO)/\%$	6.2	18.21	1.73	1.73	
	$\varphi(CO_2)/\%$	2.2	6.18	2.62	2.62	
	$\varphi(C_mH_n)/\%$	2.5				
	H_2O 含量/%	—	0.39(φ)	0.04(φ)	0.04(φ)	0.01(ω)
	CH_3OH 含量/%	—	0	0.54(φ)	0.54(φ)	99.99(ω)
	合计	100	100	100	100	100
温度/℃		$20 \sim 40$	40	45	40	40
压力/MPa		0.005	1.9	7.1	7.1	0.02
流量		85000m³/h	131293m³/h	523904m³/h	32564m³/h	42t/h

注：—表示该组分未能检出。

2.5　焦炉煤气制天然气

我国首套焦炉煤气制天然气项目于 2012 年底投产，是全球最早以焦炉煤气为原料制取天然气的国家。目前我国焦炉煤气已成为国内天然气生产行业的第二大气源，年产能已接近 $90 \times 10^8 m^3$，全国投产装置初具规模，主要分布在内蒙古、山西、河北、黑龙江等地区，同时也有多个在建和拟建项目。

2.5.1　焦炉煤气制天然气工艺

天然气是以 CH_4 为主要组分的气态烃混合气体，而焦炉煤气中 CH_4、C_{2+}、CO 和 CO_2 的体积分数近 40%，H_2 体积分数为 $54\%\sim59\%$，非常适合用作天然气生产的原料。根据产品的压力和状态不同，产品天然气主要分为合成天然气（SNG）、压缩天然气（CNG）、液化天然气（LNG）三种形态。

焦炉煤气制天然气主要分为两种工艺路线：第一种是无甲烷化工艺，采用物理分离的方法，分离焦炉煤气中的 CH_4，进而得到天然气（CNG、SNG 或 LNG），此工艺流程简单，投资较小，但天然气产量较小；第二种是甲烷化工艺，充分利用焦炉煤气中的氢气、一氧化碳和二氧化碳，通过甲烷化反应生成更多的 CH_4，再利用物理分离的方法得到 CH_4，进而得到天然气，此工艺流程相对第一种工艺较为复杂，投资较大，但更充分地利用了焦炉煤气中的有效组分，提高了天然气的产量，产量较前者可提高约 62%。

2.5.1.1　焦炉煤气无甲烷化制天然气工艺

（1）工艺介绍

焦炉煤气经过粗脱焦油脱萘、净化煤气压缩工序后，进入精脱苯和精脱硫、脱二氧化碳和脱水工序，最后经过深冷分离液化工序得到液化天然气，具体流程如图 2-33 所示。

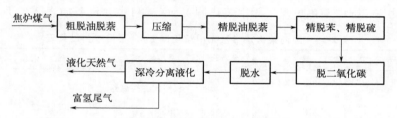

图 2-33　焦炉煤气制天然气工艺流程图

焦炉煤气含有体积分数为 $19\%\sim28\%$ 的 CH_4，H_2 体积分数也高达 $50\%\sim60\%$，原料气精脱硫及脱碳后，直接经深冷分离，就可达到 CH_4 与其他气体分离的目的。剩余其他气体可用于生产 H_2 或作为燃料使用。此流程具有相对投资少、工艺流程短、操作简单的特点，适用于中小型焦化企业进行综合利用。

（2）焦炉煤气无甲烷化制液化天然气典型案例

① 工艺流程　国内某焦炉煤气无甲烷化制液化天然气典型工艺流程如图 2-34 所示。该装置包括粗脱油脱萘、压缩、精脱油脱萘、精脱苯脱硫、脱二氧化碳、脱水、深冷分离液化及氨合成等工序。

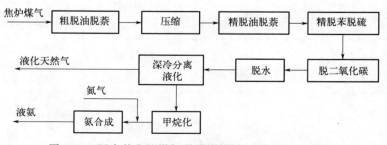

图 2-34　国内某焦炉煤气无甲烷化制 LNG 工艺流程图

② 物料平衡　焦炉煤气无甲烷化制 LNG 脱碳脱水工序的物料平衡如表 2-18 所示。

表 2-18　30000m³/h 焦炉煤气无甲烷化制 LNG 脱碳脱水工序的物料平衡表

项目		原料气	产品气
组分及含量	$\varphi(H_2)/\%$	56.78	58.97
	$\varphi(CO)/\%$	6.80	7.06
	$\varphi(CO_2)/\%$	3.40	$\leqslant 50 \times 10^{-4}$
	$\varphi(CH_4)/\%$	25.50	26.49
	$\varphi(N_2)/\%$	5.00	5.19
	$\varphi(C_2H_6)/\%$	1.40	1.45
	$\varphi(C_3H_8)/\%$	0.80	0.83
	$\varphi(H_2O)/\%$	0.32	$\leqslant 1 \times 10^{-4}$
	苯/(mg/m³)	$\leqslant 10$	$\leqslant 10$
	总硫含量	$\leqslant 0.1 \times 10^{-6}$	$\leqslant 0.1 \times 10^{-6}$
温度/℃		40	40
压力/MPa		2.10	2.06
流量/(m³/h)		33810	32552

③ 主要设备　国内某焦炉煤气无甲烷化制 LNG 项目主要设备如表 2-19 所示。

表 2-19　国内某焦炉煤气无甲烷化制 LNG 项目主要设备表

设备名称	规格	数量/台	设备名称	规格	数量/台
焦炉煤气压缩机	正常排气量为 19250m²/(h·台)，进口 0.15MPa，出口 2.5MPa	3	板翅式主换热器热段		1
氮气循环压缩机	进口 0.35MPa，出口 4.0MPa	2	板翅式主换热器冷段		1
混合制冷剂压缩机	进口 0.42MPa，出口 3.6MPa	1	板翅式预冷换热器		1
气柜	公称容积 30000m³	1	MRC 分离罐 I		1
预加氢器	立式椭圆封头 $\phi1700$	2	MRC 分离罐 II		1
粗脱萘器	立式椭圆封头 $\phi4200$	3	精馏塔		1
精脱萘器	立式椭圆封头 $\phi3200$	2	再沸器		1
粗脱硫罐	立式椭圆封头 $\phi4200$	2	冷凝器		1
脱苯器	立式椭圆封头 $\phi2600$	3	LNG 过冷器		1
除油器	立式椭圆封头 $\phi2200$	2	制冷剂干燥器	立式椭圆封头 $\phi2400$	1
精脱硫罐 I	立式椭圆封头 $\phi2100$	2	LNG 停车排放汽化器	形式:空气加热式；介质:低温 LNG；流量:500m³/h	1
精脱硫罐 II	立式椭圆封头 $\phi2100$	2	LMR 停车排放汽化器	形式:空气加热式；介质:低温 LNG；流量:200m³/h	1

续表

设备名称	规格	数量/台	设备名称	规格	数量/台
加氢器Ⅰ	立式椭圆封头 $\phi 2000$	1	冷箱停车加热器	形式:卧式管壳式	1
加氢器Ⅱ	立式椭圆封头 $\phi 2000$	1	LNG 贮罐	有效容积:8000m³; 工作压力:常压; 设计温度:－196℃	1
脱水吸附塔		4	BOG 汽化器	形式:空气加热式; 介质:低温 LNG; 流量:800m³/h	1
脱碳吸附塔		2	自增压汽化器	形式:空气加热式; 介质:低温 LNG; 流量:800m³/h	1
水分离器		1	LNG 液体泵		2
电加热器		2	装车臂		8
蒸汽加热器		2	装车软管		8
气液分离器		2	制冷剂缓冲罐	形式:立式; 介质:混合制冷剂; 设计压力:2.5MPa; 工作温度:8.5℃; 容积:10m³	1
液化冷箱		1	氮气进气缓冲罐	形式:立式; 介质:混合制冷剂; 设计压力:1.0MPa; 工作温度:8.5℃; 容积:10m³	1

2.5.1.2　焦炉煤气甲烷化制天然气工艺

将焦炉煤气经过除萘、焦油、苯、硫化物工序净化后，在甲烷化催化剂的作用下进行反应，可转化成主要含甲烷、氢气、氮气的富甲烷气，主要反应如下：

$$CO + 3H_2 \Longrightarrow CH_4 + H_2O \qquad \Delta H_{298K}^{\ominus} = -206.16kJ/mol$$

$$CO_2 + 4H_2 \Longrightarrow CH_4 + 2H_2O \qquad \Delta H_{298K}^{\ominus} = -165.08kJ/mol$$

甲烷化之后采用膜分离技术，可将富甲烷气中的氢气和氮气分离制得合成天然气（SNG）；若进一步处理后经压缩可以得到压缩天然气（CNG）；若采用低温分离技术将富甲烷气中的氢气和氮气分离可制得液化天然气（LNG）。这样的工艺称为焦炉煤气甲烷化制合成天然气工艺，工艺流程见图 2-35。

焦炉煤气在组成上不同于煤基合成气，其模数 M 值远大于 3。典型模数 M 定义式如式(2-2) 所示：

$$M = \frac{n(H_2) - n(CO_2)}{n(CO) + n(CO_2)} \qquad (2-2)$$

甲烷化反应放热效应相对煤制天然气温和，但放热量依然可使催化剂床层升温至 700℃以上，同时焦炉煤气中复杂的有害成分对催化剂的要求更加苛刻。

焦炉煤气甲烷化制天然气工艺与煤制天然气工艺的参数对比如表 2-20 所示。

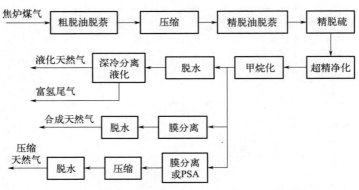

图 2-35　焦炉煤气甲烷化制合成天然气工艺流程图

表 2-20　焦炉煤气甲烷化制天然气工艺与煤制天然气工艺参数对比表

项目	焦炉煤气甲烷化制天然气	煤制天然气
原料氢碳比	>5	约 3
反应器入口 $CO+CO_2$ 浓度/%	4～6	12～15
净化流程	脱焦油、苯、萘,加氢脱硫,精脱硫,超精脱硫	低温甲醇洗,精脱硫,超精脱硫
反应温度/℃	500～580	620～675
空速/h^{-1}	4000～10000	15000～20000
循环气温度/℃	40～120	150～190
能量利用率/%	>93	>93

　　焦炉煤气甲烷化制合成天然气工艺的顺利实现需克服以下技术难点。

　　① 及时移走反应热　在焦炉煤气甲烷化反应的操作条件下,湿基气氛中每 1% 的 CO 转化为甲烷,气体的绝热温升约 65℃,每 1% 的 CO_2 转化为甲烷,气体的绝热温升约 55℃,且甲烷化反应速率极快、放热量大,热量很容易在床层积聚。根据反应平衡,反应温度越高,CO 转化率越低,所以在工艺上应采用多级固定床绝热反应器串联流程,各级反应器设置冷却、除水等步骤,及时把反应热移走,使反应温度逐步降低,保证甲烷化反应能够进行彻底(甲烷合成与温度的平衡曲线[14]见图 2-36)。同时还要保证催化剂不发生积碳和烧结[15]。

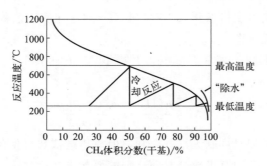

图 2-36　甲烷合成与温度的平衡曲线[14]

② 技术集成性　焦炉煤气具有成分复杂、杂质含量高、波动大等特性，甲烷化废热能占比高，生产 LNG 时要求甲烷化出口气体中 CO_2 体积分数≤$50×10^{-6}$，因此，高效稳定甲烷化催化剂、节能型甲烷化工艺流程、系统技术集成开发是需要攻克的技术难点。

随着 2012 年底国内首家焦炉煤气制 LNG 装置——内蒙古恒坤化工有限公司焦炉煤气制 LNG 项目的顺利投产，国内焦炉煤气制天然气行业开始进入快速发展期。利用焦炉煤气甲烷化制合成天然气，不仅能使焦炉煤气中的有效组分都得到充分利用，也开辟了新的清洁能源来源，这对促进焦化与能源行业产业结构调整与技术进步、改善生态环境有重要的意义，同时也会给企业带来显著的经济效益[16]。

(1) 焦炉煤气甲烷化工艺

焦炉煤气甲烷化制合成天然气技术由国内研究机构西南院率先提出并进行了工业化示范，同时也引进了丹麦 Topsøe 和英国 Davy 等国外专利商的煤制天然气甲烷化技术。2013年，国内西南院开发出具有自主知识产权的焦炉煤气甲烷化催化剂和甲烷化工艺，成功实现了工业化示范，将国内的甲烷化技术推向了工业应用的建设高潮。

焦炉煤气甲烷化工艺开发的核心在于如何移走反应热。根据其移热方式的不同，目前已工业化的甲烷化工艺流程大体可分为带循环绝热甲烷化工艺和等温甲烷化工艺。

① 带循环绝热甲烷化工艺　带循环绝热甲烷化工艺是将甲烷化后的部分富甲烷气体循环，以稀释原料焦炉煤气，从而降低进口 CO 和 CO_2 的浓度，并通过气体循环比控制床层温升。该工艺的优点是反应温升不剧烈，流程相对简单，控制相对平稳，可以高效回收甲烷化反应放热，反应器结构简单、无须采用特殊材质、投资相对节省、易于放大。但由于反应器进料流量增大，催化剂装填量在一定程度上明显增加，此外该工艺反应推动力较小，必须设置循环气压缩机。

该工艺是目前焦炉煤气甲烷化工业应用最为成熟的工艺技术，我国已有 50 多套工业应用装置，按国内市场占有份额主要有西南院、新地能源工程技术有限公司、丹麦 Topsøe 公司、英国 Davy 公司等，其中工艺的主要不同之处在于催化剂用量和换热网络的设计。

Topsøe 公司的 TREMP™ 工艺（Topsøe's recycle energy-efficient methanation process，托普索循环节能甲烷化工艺）在循环设置上有一定的独特之处，如图 2-37 所示。

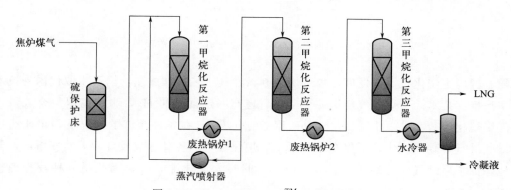

图 2-37　Topsøe TREMP™ 工艺流程图

据 Topsøe 公司介绍，其 TREMP™ 焦炉煤气甲烷化工艺首要目的是降低能耗。该工艺优化了催化剂装填量，并用喷射器代替压缩机，通过静设备的高在线率及高稳定性保证装置整体长周期稳定运行，设备成本及运营成本方面也会远低于压缩机。此外，该工艺采用的甲烷化催化剂具有独特的高温稳定性，可使循环量最小化。

英国 Davy 公司采用的 HICOM 甲烷化工艺流程，适用于高一氧化碳含量的焦炉煤气，其在循环设置上也采用了首段循环工艺，采用高温甲烷化催化剂、高循环比，其工艺流程类似 TREMP™ 工艺，个别项目只设置了两段反应器，具体工艺流程见图 2-38。

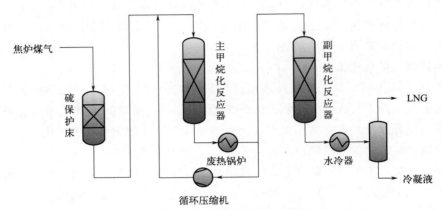

图 2-38　Davy HICOM 工艺流程图

国内工艺包提供商的主甲烷化反应器有 2 个，循环比更小，西南化工研究设计院甲烷化典型工艺流程见图 2-39。

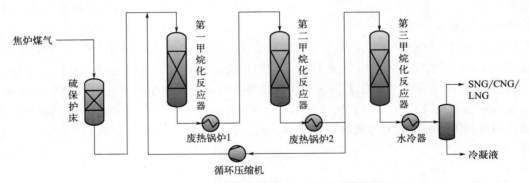

图 2-39　国内带循环绝热甲烷化典型工艺流程图

随着国内甲烷化技术的发展，焦炉煤气制天然气工艺更加成熟，已逐步取代国外技术而成为主流推广技术。焦炉煤气经甲烷化反应后还有一定富余的 H_2，为提高甲烷合成量，焦炉煤气甲烷化工艺又进一步开发出"补碳甲烷化工艺"，在条件允许的情况下，企业通过对焦炉煤气进行补碳甲烷化，不仅充分利用了焦炉煤气中的各种有效成分使天然气增产，而且极大地降低了后续气体分离和低温液化成本，同时大量减排 CO_2，因此是一种较为理想的焦炉煤气制合成天然气途径[6]。

此外，在我国新疆、内蒙古等西北地区，因焦炭供应品种随着生产周期发生改变，焦炉煤气的成分也在不断地发生变化，主要包括典型焦炉煤气（也称冶金焦焦炉煤气，即常规焦炉煤气）和高碳焦炉煤气（也称气化焦焦炉煤气），新疆某厂、内蒙古某厂气化焦焦炉煤气干基组成分别见表 2-21 和表 2-22。面对这种碳含量高低切换的工况，Topsøe 公司、Davy 公司、西南院都开发了相对应的脱碳甲烷化工艺，Davy 公司在内蒙古恒坤项目上采用前脱碳法，Topsøe 公司在内蒙古三聚家景项目上采用后脱碳法，西南院在新疆晋源项目上采用变换＋脱碳法，工艺流程见图 2-40[17]。

表 2-21　新疆某厂气化焦焦炉煤气干基组成表

组分	H_2	CO	CO_2	N_2	CH_4	C_mH_n	O_2
$\varphi/\%$	54.20	15.31	5.13	2.88	19.80	2.36	0.30

表 2-22　内蒙古某厂气化焦焦炉煤气干基组成表

组分	H_2	CO	CO_2	N_2	CH_4	C_mH_n	O_2
$\varphi/\%$	54.38	12.24	3.69	6.42	20.61	2.62	0.40

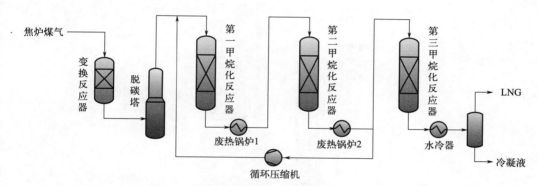

图 2-40　西南院脱碳焦炉煤气甲烷化工艺流程图

② 等温甲烷化工艺　甲烷化反应直接在等温反应器（典型的为列管式）中进行，反应产生的热量由冷媒及时移走。等温甲烷化工艺反应床层的温度梯度小，且催化剂装填量较小。其缺点是反应器结构较为复杂，造价较高，反应管上下温差较大，设备风险系数大；并且在反应器移走热量的冷媒循环系统之外，还需要另外设置一个回收反应热的热回收系统，且回收热品质较差。

20 世纪 70 年代，德国 Linde 公司开发了一种固定床间接换热等温甲烷化反应器，并以此为基础开发出了等温固定床甲烷化工艺，其反应器及典型的工艺流程如图 2-41 所示[18]。在等温反应器中，移热冷管被嵌入催化剂床层，借助甲烷化反应放出的热量副产蒸汽。该工艺同时采用等温反应器和绝热反应器，合成气经预热后与蒸汽混合，分成两股，分别进入两个反应器中，两股产品气混合后冷却并进行气液分离，得到合成天然气。向合成气中加入少量蒸汽，可减少催化剂表面的积碳，使催化剂能够稳定发挥作用。

国内上海华西化工科技有限公司开发了焦炉煤气等温甲烷化技术，其基本流程如图 2-42 所示。净化后的焦炉煤气升温脱硫后在 250～300℃下进入等温甲烷化反应器进行反应，产品气经后续处理后得到合成天然气。该工艺目前主要应用于内蒙古建元煤焦化有限公司和云南曲靖市麒麟气体能源有限公司的焦炉煤气制 LNG 装置。

国内西南院和山西高碳能源低碳化利用研究设计院有限公司针对等温甲烷化技术，共同

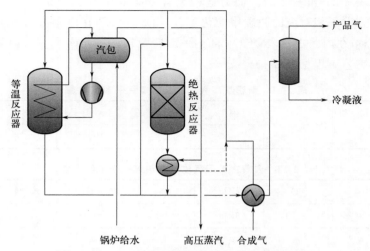

图 2-41   Linde 等温固定床甲烷化反应工艺流程图

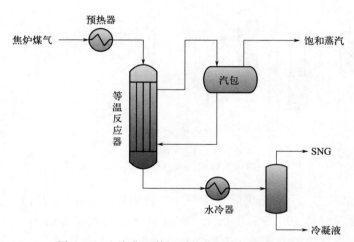

图 2-42   上海华西等温甲烷化反应工艺流程图

研发了焦炉煤气低温换热式合成天然气工艺以及冷激内移热甲烷化反应器,并于 2016 年 8 月在山西国新正泰新能源有限公司实现 $2000m^3/h$ 焦炉煤气甲烷化制合成天然气工程示范研发项目开车及 1000h 稳定运行。运行结果表明,采用绝热反应段、冷激室和换热反应段相结合的甲烷化新工艺,出口气中一氧化碳和二氧化碳转化率分别达到 99.9% 和 97.0%,充分验证了工艺的可行性。工艺流程见图 2-43。

综合目前已经工业化的焦炉煤气甲烷化制天然气技术,可以发现带循环绝热甲烷化工艺仍是该领域最为成熟的甲烷化工艺,国内外工艺包提供商也基本采取该工艺路线,该工艺在煤制天然气领域得到了大力推广。此外,和固定床甲烷化工艺相比,流化床甲烷化工艺因其更适合大规模、强放热的多相催化反应,传质传热相对较高,反应器内整体等温,操作和温度控制都相对较为简单,另外可在线更新和装卸催化剂等特点,逐步成为国内外科研工作者的重点研究对象。但目前国内外对流化床反应器的研究还停留在实验和中试阶段,未实现工业应用。

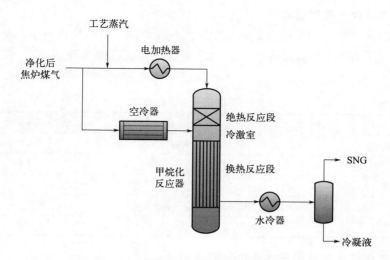

图 2-43　低温换热式合成天然气工艺流程图

（2）焦炉煤气甲烷化催化剂

目前在国内焦炉煤气甲烷化制 SNG/CNG/LNG 装置上广泛应用的甲烷化催化剂有丹麦 Topsøe 公司的 AR-411 系列，英国 Davy 公司的 CRG-S2 系列，西南院的 CNJ-5a、CNJ-6a 系列，新地能源工程技术有限公司的 XDJ 系列，大连凯特利催化工程技术公司的 M-849H 以及大唐国际化工技术研究院有限公司的 DTC 系列，等等。这些催化剂都已得到工业装置验证，不过在使用性能方面还有一定的差异[19]。国内外焦炉煤气甲烷化催化剂指标见表 2-23。

表 2-23　国内外焦炉煤气甲烷化催化剂指标数据表

项目	Topsøe	Davy	西南院
型号	AR-411	CRG-S2SR/CRG-S2CR	CNJ-5a-3/CNJ-6a-1
外形	7 孔圆柱状	柱状/四叶草状	柱状
尺寸	$\phi 9.0mm \times 4.5mm$	$\phi 5mm \times 3.5mm / \phi 9.0mm \times 5.8mm$[内孔 $\phi(2.0\sim4.0)mm$]	$\phi 6.0mm \times 6.0mm$
出厂状态	预还原态	预还原态	预还原态
堆密度/(kg/L)	未知	$(1.2\sim1.5)/(0.85\sim0.9)$	$1.1\sim1.3$
径向破碎强度/(N/cm)	未知	未知	≥120
其他成分	Al_2O_3 及助剂	Al_2O_3 及助剂	MgO-Al_2O_3 及助剂
适用温度/℃	$230\sim750$	$230\sim700$	$220\sim700$
适用空速/h^{-1}	$10000\sim15000$	$4000\sim6000$	$5000\sim15000$
预期寿命/年	2	$2\sim3$	$2\sim3$
应用业绩/套	5	约 4	约 20

西南院目前已推广应用了国内 20 多套焦炉煤气甲烷化制合成天然气工业装置，其中河北中翔能源有限公司 120000m³/h、河北迁安九江煤炭储运有限公司 100000m³/h、河北安丰钢铁有限公司 110000m³/h 焦炉煤气甲烷化制 LNG 装置是业内最大规模的三套装置，催化剂市场占有率接近 40%。

（3）焦炉煤气甲烷化关键设备

焦炉煤气甲烷化工艺中的关键设备就是甲烷化反应器。反应器按传热模式又分为绝热反应器、列管式等温反应器；按温度高低又分为高温反应器、低温反应器[20]。各种甲烷化反应器的比较见表 2-24。

表 2-24　甲烷化反应器比较表

项目	绝热反应器	列管式等温反应器
工程应用业绩	95%以上的工厂采用	少数公司采用
装置规模适应性	大、中和小型	小型
制造难度	小	大
占地面积	小，但需与废热锅炉配套回收热量	小
副产蒸汽品质	灵活调节，可产生高压蒸汽	中压蒸汽

（4）焦炉煤气甲烷化制液化天然气典型案例

国内某焦炉煤气甲烷化制 LNG 工艺流程如图 2-44 所示，除得到最终主产品 LNG 外，还有部分富氢尾气可以用来生产 H_2 副产品出售。与用作燃料相比，用富氢尾气制纯氢气明显有更高的附加值，然而也受 H_2 储存、运输条件限制，这种工艺流程只适合用于装置附近有氢气需求的地区。

图 2-44　焦炉煤气甲烷化制 LNG 工艺流程图

1）工艺技术说明

① 压缩工序　采用往复式压缩机将预处理后的焦炉煤气压缩至 2.4MPa，焦炉煤气压缩机按四级压缩设置，至少末级应采用无油润滑。

② 焦炉煤气净化工序　从界外送来的焦炉煤气首先经过预处理以脱除焦炉煤气中绝大部分的萘和焦油，使焦炉煤气中的萘含量≤10mg/m^3，焦油含量≤4mg/m^3。如果焦炉煤气中的 H_2S 含量比较高，焦炉煤气预处理后应紧接着再采用 PDS 法将焦炉煤气中的 H_2S 脱除至≤20mg/m^3。

焦炉煤气再经压缩后进入粗脱硫、变温吸附、精脱萘、脱焦油和脱苯单元，保证净化焦炉煤气中体积分数萘≤10×10^{-6}、焦油≤1×10^{-6}、苯含量≤1mg/m^3、H_2S 含量≤1mg/m^3。精脱除苯、萘和焦油的焦炉煤气进入粗脱硫罐，使焦炉煤气中的 H_2S 含量≤1mg/m^3。然后加热到 250℃后进行预加氢和一级加氢、二级加氢和氧化锌精脱硫，使焦炉煤气中的总硫体积分数≤0.1×10^{-6}。

③ 甲烷化工序　进入甲烷化反应器之前，首先进入超精脱硫器，把焦炉煤气中的总硫体积分数脱除到 20×10^{-9} 以下，以满足甲烷化催化剂的要求。如果生产的最终产品是液化天然气，要求进入深冷分离装置的合成天然气中 CO_2 体积分数必须降到 50×10^{-6} 以

下，但因为反应平衡的限制，一级甲烷化很难达到要求。采用西南院开发的带循环绝热甲烷化工艺可以有效地解决这个问题。一级甲烷化反应器和二级甲烷化反应器之间利用废锅炉产生蒸汽，二级和三级之间的热物流产生蒸汽后预热进入加氢反应器的焦炉煤气，最后利用三级甲烷化后产生的热物流预热进入甲烷化工序的焦炉煤气。CO 和 CO_2 甲烷化的总转化率和选择性分别大于等于 99% 和 99.9%。甲烷化操作温度 300~650℃、压力 1.5~2.5MPa、空速 3000~15000h^{-1}，采用西南院研制生产的 CNJ-6a 焦炉煤气甲烷化专用催化剂。

④ 脱水干燥工序 采用变温吸附脱水，使富甲烷气中水的体积分数 $\leqslant 1 \times 10^{-6}$，满足深冷分离工序对原料气中水含量的要求。该工序流程简单，能耗低，分离彻底。

⑤ 深冷分离液化流程 本项目选择"混合冷剂＋氮循环"工艺流程。

⑥ 变压吸附提氢 富氢尾气采用变压吸附提氢得到纯氢副产品，投资较低，操作简单，氢气纯度高，操作费用低，节约能源。

2) 物料平衡

某厂 30000m^3/h 焦炉煤气制 LNG 物料平衡见表 2-25。

表 2-25 某厂 30000m^3/h 焦炉煤气制 LNG 物料平衡表

项目		原料气	产品气
组分及含量	$\varphi(H_2)$/%	56.50	25.97
	$\varphi(CO)$/%	6.80	$\leqslant 30 \times 10^{-4}$
	$\varphi(CO_2)$/%	3.40	$\leqslant 50 \times 10^{-4}$
	$\varphi(CH_4)$/%	25.50	65.97
	$\varphi(N_2)$/%	5.00	8.06
	$\varphi(C_2H_6)$/%	1.40	$\leqslant 0.01$
	$\varphi(C_3H_8)$/%	0.80	$\leqslant 0.01$
	$\varphi(O_2)$/%	0.60	—
	NH_3/(mg/m^3) $\leqslant$	50	10
	高碳烃/(mg/m^3) $\leqslant$	100	10
	苯/(mg/m^3) $\leqslant$	4000	10
	总硫/(mg/m^3) $\leqslant$	350	0.01
温度/℃		40	40
压力/kPa		7~8	2100
流量/(m^3/h)		30912	19165

3) 主要设备

焦炉煤气甲烷化制 LNG 项目主要设备见表 2-26。

表 2-26 焦炉煤气甲烷化制 LNG 项目主要设备表

设备名称	规格	数量/台	设备名称	规格	数量/台
焦炉煤气压缩机	正常排气量 19250m^3/(h·台)，进口 7kPa，出口 2.5MPa	3	冷凝液汽提塔	立式椭圆封头 ϕ750	1

续表

设备名称	规格	数量/台	设备名称	规格	数量/台
循环气压缩机	进口 1.7MPa,出口 2.2MPa	2	一级废热锅炉	卧式 U 形管	1
氮气循环压缩机	进口 0.35MPa,出口 4.0MPa	2	二级废热锅炉	卧式 U 形管	1
混合制冷剂压缩机	进口 0.42MPa,出口 3.6MPa	1	原料气预热器	立式固定管板	1
气柜	公称容积 30000m³	1	脱盐水预热器	立式固定管板	1
预加氢器	立式椭圆封头 φ1700	2	甲烷化气水冷器	立式固定管板	1
粗脱萘器	立式椭圆封头 φ4200	3	加氢加热器	立式固定管板	1
精脱萘器	立式椭圆封头 φ3200	2	废锅汽包	卧式椭圆封头	1
粗脱硫罐	立式椭圆封头 φ4200	2	气液分离器	立式椭圆封头	1
脱苯器	立式椭圆封头 φ2600	3	气体混合器	立式椭圆封头	1
除油器	立式椭圆封头 φ2200	2	锅炉给水泵		2
精脱硫罐 I	立式椭圆封头 φ2100	2	冷凝水输送泵		2
精脱硫罐 II	立式椭圆封头 φ2100	2	开工电炉		2
加氢器 I	立式椭圆封头 φ2000	1	吸附器	φ2000	6
加氢器 II	立式椭圆封头 φ2000	1	解吸气缓冲罐	φ2400	1
甲烷化反应器	立式椭圆封头 φ1400～2200	3	产品气缓冲罐	φ1900	1

2.5.2　焦炉煤气制天然气路线优势与产业展望

焦炉煤气经催化纯氧转化得到的合成气模数 $M=2.67$,用于生产甲醇则氢气过剩[21]。焦炉煤气制天然气的同时还可得到清洁能源氢气,焦炉煤气中的有效组分都可以得到有效利用。两种工艺路线都可以利用充足的氢气联产液氨。

焦炉煤气制甲醇的工艺流程要比焦炉煤气甲烷化制 CNG 或 LNG 复杂,焦炉煤气甲烷化制 CNG 或 LNG 与焦炉煤气制甲醇的固定资产投资比约为 0.6∶1[22]。以 100×10^4 t/a 焦化装置的焦炉煤气资源利用为例,可年产 10×10^4 t 甲醇或 8723×10^4 m³ CNG,其产量与消耗的对比见表 2-27。

表 2-27　100×10^4 t/a 焦化装置焦炉煤气制甲醇和 CNG 的产量与消耗对比表 (以 25000m³/h 焦炉煤气量为基准)

主产品名称	产量	消耗							副产品
		焦炉煤气/(m³/h)	氧气/(m³/h)	电/(kW·h)	蒸汽/(t/h)	脱盐水/(t/h)	新鲜水/(t/h)	仪表风/(m³/h)	
甲醇	12.5t/h	25000	5045	7750		31.88	162.5	200	弛放气 2625m³/h
CNG	10904 m³/h	25000		5663	−7.23	7.87	45.8	200	氢气 5210m³/h;蒸汽 7.225t/h
备注			折电耗					折电耗	

焦炉煤气制 CNG 的能量消耗见表 2-28。根据天然气的标准热值（35.588MJ/m³）折算压缩天然气（以甲烷约 90% 计）的热值为 32.03MJ/km³，则利用焦炉煤气制天然气的能量利用率为 86.57%。焦炉煤气制甲醇的能量消耗见表 2-29。焦炉煤气制甲醇能耗为 38.986GJ/t。1t 甲醇的高位热值为 22.70GJ，低位热值为 19.93GJ，故焦炉煤气制甲醇的能量利用率为 51.1%～58.2%。由此可见，利用焦炉煤气制天然气，可以显著提高能量利用率。

表 2-28　焦炉煤气制 CNG 能量消耗数据表（以 1000m³ CNG 计）

名称		消耗定额	单位等价热值	热值/GJ
焦炉煤气		2292.7m³	16.746MJ/m³	38.392
新鲜水		5t	7.524MJ/t	0.038
脱盐水		0.78t	14.235MJ/t	0.011
仪表风		20m³	1.172MJ/m³	0.023
电		519kW·h	11.84MJ/(kW·h)	6.145
副产品	氢气	−478m³	10.7MJ/m³	−5.114
	蒸汽	−0.66t	3.781MJ/m³	−2.495
合计				37.0
能量利用率				86.57%

表 2-29　焦炉煤气制甲醇能量消耗数据表（以 1t 甲醇计）

名称	消耗定额	单位等价热值	热值/GJ
焦炉煤气	2000m³	16.746MJ/m³	33.492
新鲜水	13t	7.524MJ/t	0.098
脱盐水	2.55t	14.235MJ/t	0.036
仪表风	16m³	1.172MJ/m³	0.019
电	620kW·h	11.84MJ/(kW·h)	7.341
副产品（弛放气）	−210m³	9.52MJ/m³	−2
合计			38.986
能量利用率			51.1%～58.2%

从减排方面，焦炉煤气制甲醇和制 LNG 与直接作为燃料发电相比，均实现了碳的转移，焦炉煤气制甲醇过程中，原料带入的碳约有 9% 作为燃烧产物后排放掉，但制 LNG 过程中，原料带入的碳理论上全部进入产品中。

焦炉煤气制甲醇需要配套空分装置，粗甲醇需进行精馏分离，工艺流程较长，投资较大，能量利用率仅为 51.1%～58.2%，且受下游市场影响，甲醇价格波动较大，导致装置盈利能力波动较大。与生产甲醇相比，焦炉煤气经甲烷化生产合成天然气工艺具有流程简单、投资小、能量利用率高（约 86%）等优点，且从消费市场来看，作为清洁能源的天然气将长期处于短缺的状态，装置盈利能力优于制甲醇。

焦炉煤气制天然气对节能减排、提高焦炉煤气利用率、缓解能源危机等具有重大意义。经过多年积累与发展，我国在焦炉煤气制天然气方面已经形成一系列的专利技术、工程施工、装置运维以及天然气包销等全产业链的服务。整体来看，我国已完全具备大力发展焦炉煤气制天然气的能力。随着国家对其重视度提升，未来几年我国焦炉煤气制天然气将迎来项目密集投产期。

2.6 焦炉煤气制合成氨

氨是一种重要的含氮化合物，在一定压力下为无色液体，别名为液体无水氨（液氨），具有腐蚀且容易挥发的特性。把大气中的游离氮固定下来并转变为可被植物吸收的含量化合物的过程，称为固定氮。目前，固定氮利用最方便、最普通的方法就是合成氨，也就是直接由氮和氢合成为氨。

氨是基本化工产品之一，主要用于化肥生产，主要化肥产品有氨水、尿素、硝酸铵、硫铵、氯化铵和碳酸氢铵以及磷酸铵、氮磷钾混合肥等。氨也是非常重要的工业原料，在化学纤维、塑料工业中，通常以氨、硝酸和尿素作为氮元素的来源生产己内酰胺、尼龙-66、丙烯腈等单体和尿醛树脂等产品。氨在其他工业中的应用也非常广泛。在国防工业中，用于制造火箭、导弹的推进剂和氧化剂；在石油炼制、橡胶工业、冶金工业和机械加工等部门以及轻工、食品、医药工业部门中，用作制冷、空调、食品冷藏系统的制冷剂。

合成氨主要原料有天然气、石脑油、重质油和煤等，因以天然气为原料的合成氨装置投资低、能耗低、成本低，所以世界上大多数合成氨装置都以天然气为原料。

目前，我国已掌握了以焦炭、无烟煤、焦炉煤气、天然气及油田伴生气和液态烃等气固液多种原料生产合成氨的技术，形成了我国特有的煤、石油、天然气原料并存和大、中、小规模并存的合成氨生产格局[23]，而利用焦炉煤气生产液氨则是我国独创并已实现工业化应用的技术。

2.6.1 合成氨生产技术

2.6.1.1 氨的合成原理与反应条件

氨的合成是一个放热和体积缩小的可逆反应，其反应式为：

$$N_2 + 3H_2 \Longleftrightarrow 2NH_3(g) \qquad \Delta H_{298K}^{\ominus} = -91.38kJ/mol$$

氨合成反应在常压下的平衡常数仅为温度的函数，而加压下的化学平衡常数不仅与温度有关，还和压力、气体组成有关。氨合成的重要工艺操作条件，包括温度、压力、空速、氢氮比、惰气含量以及入塔气氨含量等，这些工艺条件直接影响工艺生产过程的经济性和安全性。

目前国产低温氨合成催化剂，起活温度可低至350℃左右，而耐热温度不超过500℃。操作压力一般为10～22MPa，压力为10～15MPa时能使总能耗维持在较低的水平。工业装置主要采用10000～30000h^{-1}的空速范围，最佳的循环氢氮比在2.5～2.9之间。近年来，含钴催化剂得到广泛的推广应用，其最佳的氢氮比在2.2左右[24]。

在目前工业生产过程中，循环气中惰性气体的体积分数一般控制在10%～20%。入塔气氨含量对氨冷凝的冷冻功耗和循环机压缩功耗有直接的影响。通常在25～30MPa下合成采用一级氨冷时，入塔气氨体积分数控制在3%～4%；在20MPa下合成二级氨冷和15MPa下合成三级氨冷时，入塔气氨体积分数可能降至1.5%～2%。

2.6.1.2　合成氨工艺与设备

目前大型合成氨装置普遍采用中、低压合成工艺，合成回路操作压力通常在 8～22MPa 之间。国际上常用的大型氨合成工艺主要有美国的 Kellogg 工艺（现为 KBR 工艺）、瑞士的 Casale 工艺、丹麦的 Topsøe 工艺等。这几种氨合成工艺流程类似，主要差别在于合成塔的内件结构不同，但其设计理念都是为了提高氨净值和节能。

氨合成塔是合成氨流程的核心设备。由于合成塔内件的迅速发展，各种型式的内件均已得到广泛应用。塔内件也是型式多样，按反应床的移热方式，可分为绝热冷激式、层间换热式、内冷管式、冷激间换热复合式等；按反应气的流动方式，可分为轴向型、径向型以及轴-径向混流型。国外主要工艺的氨合成塔内件型式比较如表 2-30 所示。

表 2-30　国外不同工艺氨合成塔内件型式比较表

工艺名称	内件型式	优点
Kellogg 工艺	卧式径向流内件	氨转化率高,循环气量小,氨合成塔结构简单
Casale 工艺	轴-径向混流内件, 三床层一冷激一换热	气流分布合理,消除了反应床层死区,催化剂利用率提高
Topsøe 工艺	径向流内件	降低阻力基础上进一步提高了氨净值,降低系统循环量,使合成能耗下降

目前国内氨合成技术大多也采用低压合成技术，合成压力控制在 15MPa 左右，塔内件为三床层两中间换热器结构型式，内件型式和 Casale 的内件型式类似。

以典型的 Topsøe 氨合成工艺为例，其工艺流程如图 2-45 所示。新鲜气经过离心压缩机升压以及多级冷却后分离出冷凝水，与循环气混合，再冷却至 0℃ 左右分离出液氨，此时气体中氨的体积分数约为 3.6%，升温加压进入氨合成塔。经过锅炉给水和各种换热器降温至 10℃ 左右与新鲜气混合，完成循环。

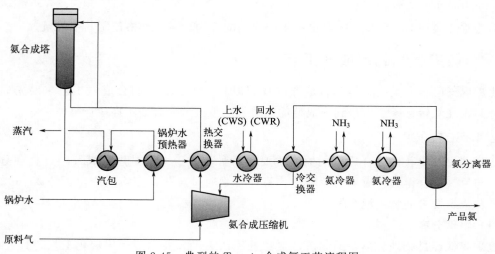

图 2-45　典型的 Topsøe 合成氨工艺流程图

目前工业装置上应用较多的三段全径向催化剂床层，不仅可降低合成塔阻力，还有条件装填小颗粒、高活性催化剂，该类型的反应器有 Topsøe S-300、Casale 300B 以及国产 GC-R023Y 反应器。

2.6.1.3　氨合成催化剂

目前工业装置上广泛应用的氨合成催化剂仍然以铁系催化剂为主，合成氨工业的发展与催化剂的性能提高紧密相关。由于催化剂性能的不断提高，合成氨的操作条件在下列方面已取得了长足的进步。

操作压力：由 30MPa 降低至 10～15MPa，近年有向 8MPa 等级发展的趋势。

操作温度：由 500～600℃ 降低到 350～500℃。

催化剂使用：由于改进了催化剂制备工艺，提高了铁比例，活性得到了大大改善，同时提高了催化剂的耐热和抗毒性能，还原的过程也更容易操作。

催化剂活性：国内 A 系催化剂的反应速率常数提高了 6 倍，大大提高了催化剂的活性，使得氨合成反应效率更高[6,25]，我国自主研发的氨合成催化剂，目前已达到国际先进水平，不仅能满足国内市场需求，还有部分产品销往国外市场。

氨合成催化剂对原料气杂质要求严格。硫、磷、砷、卤素等有毒物质会造成氨合成催化剂永久性中毒，含氧化合物则会造成催化剂暂时性中毒[26]。

催化剂中含有 0.1% 以下的硫就会导致催化剂严重中毒，此时催化剂活性下降，热点迅速下移，严重时需要更换催化剂；卤素及其化合物也是催化剂永久中毒的原因之一，其质量分数要求控制在 $5×10^{-6}$ 以下。

氧和水蒸气是通过吸附在催化剂活性中心上，使催化剂的 α-Fe 氧化变成氧化态，然后在还原气氛中再被还原成单质 Fe，这个反复进行的氧化-还原过程，导致催化剂出现了暂时性的中毒状态。

当气体中含有 CO_2 时，CO_2 将与催化剂中的 K_2O 发生反应，并与氨反应生成碳酸氢铵和氨基甲酸铵，导致设备和管道堵塞。CO 可能发生甲烷化反应，引起催化剂局部高温从而导致催化剂烧结，所以其体积分数应严格控制在 $10×10^{-6}$ 以下。乙炔和其他不饱和烃类有着和 CO 相同的中毒效应。

某些重金属如 Cu、Pb、Sn 等也属于催化剂的毒物，需要严格控制其带入量。

2.6.2　焦炉煤气制合成氨工艺

焦炉煤气的氢含量高，是制合成氨的理想原料。焦炉煤气制合成氨工艺主要先通过净化、分离、纯氧转化等工序得到合成氨的原料气，再进入氨合成工序生产液氨。

2.6.2.1　工艺介绍

从焦炉煤气中获得制合成氨的原料主要有两种方式：一种是焦炉煤气经过物理分离提氢，再与氮气混合得到合成氨的原料气；另一种是通过转化、变换反应，再分离 CO_2 后得到符合合成氨要求的氢氮混合气。

（1）物理分离

焦炉煤气经过物理分离提纯制氢，主要通过 PSA 直接提氢或无甲烷化工艺制 LNG 后回收剩余的富氢气。氢气与空分装置中的氮气混合，得到组分符合氨合成要求的氢氮混合气；也可通过液氮洗涤富氢气，除去部分杂质气体，得到氢和氮的混合气。

（2）纯氧/富氧转化工艺

净化后的焦炉煤气，按比例配入适量的富氧，通过催化/非催化转化反应，将其中含有的甲烷等烃类组分，充分转化为 CO、CO_2 和 H_2 等有效成分，然后通过变换将 CO 变为 CO_2 和 H_2，脱除 CO_2 后，即可得到组分符合氨合成要求的氢氮混合气。

如果在上述转化过程中配入纯氧，经上述转化、变换工艺过程后得到变换气，再经 PSA 装置分离提纯得到氢气，再按比例补充原料氮气，即可得到组分符合氨合成要求的氢氮混合气。原料氮气可由深冷空分装置或 PSA 制氮装置制取。

焦炉煤气制备合成气通常工艺路线都需要经过预净化、压缩、精脱硫、转化、变换和脱碳等操作过程，然后才能得到合格的合成气用于生产合成氨。焦炉煤气制液氨的工艺流程如图 2-46 所示。

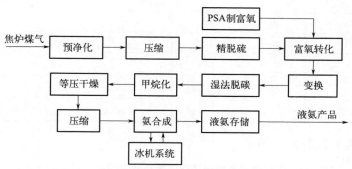

图 2-46　焦炉煤气制液氨工艺流程图

2.6.2.2　焦炉煤气制合成氨典型工艺案例

某焦炉煤气制液氨装置，按年操作时间 8000h 计，设计焦炉煤气处理气量 $42000\text{m}^3/\text{h}$，液氨小时产量为 25t，日产量为 600t，全年产量为 20×10^4 t。装置采取了以下工艺技术路线：焦炉煤气经脱除焦油、萘等杂质后增压到 2.5MPa，经换热升温后进行精脱硫；净化合格的原料气与蒸汽混合后进入转化炉，与加入的富氧混合燃烧并发生烃类转化反应，再经变换炉转化为氢气。变换气经 MDEA 湿法脱碳，脱除其中的 CO_2；脱碳后的气体中主要成分是 H_2、N_2 及微量的 CO 及 Ar。微量的 CO 和 CO_2 经甲烷化反应生成对合成氨催化剂无害的 CH_4 后，再经等压干燥得到合格的合成氨原料气。合成氨原料气中的 H_2、N_2 比例通过富氧空气中的 O_2 含量来调节。

氨合成采用低压法，操作压力为 15MPa，操作温度为 450～500℃。氨合成塔采用三段全径向催化剂床层，不仅可降低合成塔阻力，还有条件装填小颗粒、高活性催化剂。合成塔选用国产 GC-R023Y 反应器。

装置总体的物料平衡见表 2-31。

表 2-31　焦炉煤气富氧转化制液氨物料平衡表

项目		焦炉煤气（干基）	富氧	转化气	变换脱碳气	合成氨原料气	液氨产品
组分及含量	H_2 含量/%	56.79(φ)	0	39.14(φ)	72.66(φ)	72.36(φ)	0.01(ω)
	$\varphi(O_2)$/%	0.80	31.93	—	—	—	—
	N_2 含量/%	3.30(φ)	66.09(φ)	17.19(φ)	25.42(φ)	25.92(φ)	0.03(ω)
	CH_4 含量/%	25.80(φ)	0	0.42(φ)	0.62(φ)	1.21(φ)	0.12(ω)

续表

项目		焦炉煤气（干基）	富氧	转化气	变换脱碳气	合成氨原料气	液氨产品
组分及含量	$\varphi(CO)/\%$	8.00	0	10.38	0.56	—	—
	$\varphi(CO_2)/\%$	3.20	0	4.45	—	—	—
	$\varphi(C_2H_4)/\%$	1.00	0	—	—	—	—
	$\varphi(C_2H_6)/\%$	1.11	0	—	—	—	—
	Ar含量/%	0	1.42(φ)	0.34(φ)	0.51(φ)	0.52(φ)	0.01(ω)
	$\varphi(H_2O)/\%$	0	0.55	28.07	0.22	—	—
	$\omega(NH_3)/\%$	0	0	0	0	0	99.83
	合计	100	100	100	100	100	100
温度/℃		30.0	40.0	946.0	40.0	40.0	14.0
压力/MPa		0.005	2.5	2.30	1.96	1.94	2.25
流量		38978.29m³/h	25470.92m³/h	105389.80m³/h	70918.94m³/h	69559.28m³/h	25t/h

装置的消耗定额如表 2-32 所示。

表 2-32　焦炉煤气富氧转化制液氨消耗定额表（以吨液氨计）

	名称	规格	消耗量	备注
原材料	原料焦炉煤气/m³		1680	低位热值17713.1kJ/m³
	粗脱萘剂/kg		0.7000	1年更换一次
	脱油及精脱萘剂/kg		1.400	1年更换一次
	甲烷化催化剂/kg		0.0117	3年更换一次
	干燥剂/kg		0.0933	3年更换一次
	加氢催化剂/kg		0.0283	3年更换一次
	脱硫剂/kg		0.6750	1年更换一次
	转化催化剂/kg		0.0867	3年更换一次
	中变催化剂/kg		0.1000	3年更换一次
	合成氨催化剂/kg		0.0875	8年更换一次
	压缩润滑油/kg		0.0750	
公用工程	电/(kW·h)	10kV/50Hz	953.6	
	新鲜水/t		1.62	
	循环冷却水/t	32℃	167.2	
	脱盐水/t	1.6MPa	2.89	
	仪表空气/m³		32	
	氮气/m³		32	
副产品	副产蒸汽/t	4.0MPa	−0.612	
	副产蒸汽/t	1.1MPa	−1.132	

2.6.3　焦炉煤气制合成氨路线优势与展望

根据焦炉煤气制液氨的消耗计算其综合能耗约为 27.37GJ/t，优于以煤或天然气为原料制液氨的综合能耗。当焦炉煤气按 0.53 元/m³ 计价时，液氨单位生产成本约为 1802.52 元/t，远远低于以煤或天然气为原料制液氨的生产成本。由此可以看出，以焦炉煤气为原料生产液氨具有明显的经济优势，减排效果也非常明显。

焦炉煤气替代天然气和煤作为原料制取液氨，既符合国家的能源政策，充分、合理利用了工业排放气资源，减少了温室气体的排放，同时又为企业带来了巨大的经济效益。但我们也应该看到，目前我国焦炉煤气制备液氨工艺还有待进一步发展，特别是在焦炉煤气的净化、合成气的制备等方面均需进一步提高。未来我们应重点研发性能稳定、高效的净化剂和催化剂，并努力完善焦炉煤气制液氨工艺过程，提高工艺水平，把运行成本降下来，力争焦炉煤气生产液氨效益最大化。

2.7　焦炉煤气制乙醇

乙醇，俗称酒精，是一种重要的化工原料和能源化学品，可用来制取乙醛、乙醚、乙酸乙酯、乙胺等化工原料，也是制取染料、涂料、洗涤剂等产品的原料。作为能源化学品，乙醇最主要的用途是作为汽油的添加剂，用以代替甲基叔丁基醚或乙基叔丁基醚。

据统计，全球乙醇主要的生产和消费地区集中在美国、巴西、中国和西欧，产量占全球的 90%。2022 年我国的乙醇产量约 1800×10^4 t，仅次于美国和巴西，居世界第三位。2015 年后我国乙醇产能和产量增长明显，主要原因是乙醇汽油推广政策出台，刺激了以玉米为原料的燃料乙醇大量投产，燃料乙醇也是近 10 年我国乙醇消费增长最快的领域，目前占乙醇消费的 37%。同时，国内煤制乙醇工艺获得突破，与发酵法相比，我国煤制乙醇的生产成本较低，使得我国煤基乙醇项目陆续投产[27]。

2.7.1　乙醇合成技术

目前工业生产乙醇主要有两种途径（如图 2-47 所示）：一种是利用碳水化合物，如淀粉、纤维素等，通过微生物发酵生产乙醇的生物发酵法；另一种是化学合成法，即利用乙

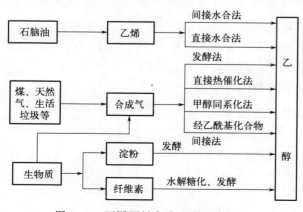

图 2-47　不同原料合成乙醇的路径图

烯、合成气（$CO+H_2$）在不同催化剂作用下，直接或间接地合成乙醇。

2.7.1.1 常用合成乙醇技术

(1) 生物发酵法

发酵法是利用农作物等生物质原料，如玉米、马铃薯、木薯类等，通过酵母菌发酵作用制备乙醇。酵母菌中与乙醇发酵有关的酶主要有两类：一类是水解酶，另一类是糖-乙醇转化酶[28]。发酵过程是一个复杂的生物化学反应过程，乙醇发酵的总反应式为：

$$C_6H_{12}O_6+ADP+H_3PO_4 \longrightarrow 2C_2H_5OH+2CO_2+ATP$$
$$（ADP—腺苷二磷酸；ATP—腺苷三磷酸）$$

按发酵原料主要可分为3类：以玉米、小麦为原料的淀粉类技术，以甘蔗、甜菜等为原料的糖蜜类技术，以农业、林业的废弃物为原料的纤维素类技术。由于不同原料的成分和结构不同，因此乙醇发酵的生产工艺也有差异。其中淀粉类和糖蜜类技术已广泛用于乙醇的生产，在相当长的一段时期内曾是乙醇生产唯一的工业方法，也是目前我国最主要的生产乙醇的方法。而纤维素类技术还存在原料来源、发酵技术和经济性的问题，目前尚处于中试阶段。

(2) 乙烯间接水合法

乙烯间接水合法制乙醇又称硫酸法，采用硫酸作催化剂，经过两步反应合成乙醇。

第一步，乙烯与硫酸作用生成硫酸氢乙酯或硫酸二乙酯，反应式如下：

$$CH_2 \!=\! CH_2+H_2SO_4 \!=\!=\! C_2H_5OSO_2OH$$

或

$$2CH_2 \!=\! CH_2+H_2SO_4 \!=\!=\! (CH_3CH_2O)_2SO_2$$

第二步，硫酸氢乙酯或硫酸二乙酯水解，生成乙醇，释放出硫酸，水解过程中会伴随着副产物乙醚的生成，反应式如下：

$$C_2H_5OSO_2OH+H_2O \!=\!=\! C_2H_5OH+H_2SO_4$$

或

$$(CH_3CH_2O)_2SO_2+2H_2O \!=\!=\! 2C_2H_5OH+H_2SO_4$$

1930年美国 Union Carbide 公司首次采用了乙烯间接水合法生产乙醇，其工艺流程如图2-48所示，包括乙烯气体的吸收、硫酸吸收液的水解、粗乙醇精馏和稀硫酸处理四个工序。该方法可以使用较低浓度的乙烯作为原料，每生产1kg乙醇，消耗2.0～2.5kg 96%浓硫酸，以乙烯计乙醇的收率为90%。

(3) 乙烯直接水合法

乙烯直接水合法是在高温、加压、催化剂作用下，乙烯和水直接反应得到乙醇的方法。主要的主反应和副反应如下，当原料中有氧气或乙炔存在时，还会发生乙烯氧化生成乙醛，以及乙炔与水加成生成乙醛的副反应。

主反应：

$$C_2H_4+H_2O \!=\!=\! C_2H_5OH$$

副反应：

$$2C_2H_5OH \!=\!=\! C_2H_5OC_2H_5+H_2O$$
$$C_2H_5OH \!=\!=\! CH_3CHO+H_2$$
$$2C_2H_4 \!=\!=\! C_4H_8$$

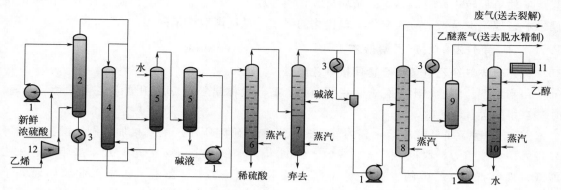

图 2-48　乙烯间接水合法合成乙醇的工艺流程图

1—泵；2—吸收塔；3—冷却器；4—水解塔；5—洗涤塔；6—蒸出塔；7—中和蒸出塔；

8—乙醚塔；9—萃取塔；10—精馏塔；11—冷凝器；12—乙烯压缩机

$$nC_2H_4 \Longrightarrow (C_2H_4)_n$$
$$2C_2H_4 + O_2 \Longrightarrow 2CH_3CHO$$
$$C_2H_2 + H_2O \Longrightarrow CH_3CHO$$

乙烯直接水合法制乙醇最具代表性的是壳牌公司开发的工艺（图 2-49）。水合反应器内装有磷酸-硅藻土催化剂，在催化剂作用下反应生成乙醇，乙烯单程转化率为 $4\%\sim5\%$，选择性为 $95\%\sim97\%$，主要副产物为乙醚，此外还有少量乙醛、丁烯、丁醇和乙烯聚合物等。

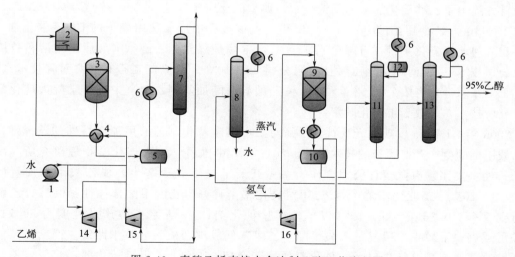

图 2-49　壳牌乙烯直接水合法制乙醇工艺流程图

1—补水泵；2—加热炉；3—水合反应器；4—换热器；5—高压分离器；6—冷却器；7—洗涤塔；

8—粗蒸馏塔；9—加氢反应器；10—中间产品储罐；11—轻组分蒸馏塔；12—轻馏分储槽；

13—精馏塔；14—乙烯压缩机；15—循环压缩机；16—氢气循环压缩机

和直接水合法相比，乙烯间接水合法的优点是原料乙烯浓度适应范围宽，乙烯分压低，电耗低，乙烯单程转化率高，但采用硫酸作为催化剂，腐蚀性强，在水解过程和稀硫酸提浓过程中尤为突出，限制了该方法的发展。乙烯直接水合法要求原料乙烯纯度在 96% 以上，且反应的单程转化率较低，气体循环量大，能耗较大，产品成本高。但是直接水合法对设备腐蚀小，规模上易于适应大型化、现代化的要求，已逐渐取代了间接水合法。

2.7.1.2 新开发的合成乙醇技术

(1) 合成气经乙酰基化合物间接制乙醇

用来制备乙醇的乙酰基化合物主要包括乙酸（也称醋酸）、乙酸甲酯、乙酸乙酯、乙醛、草酸二甲酯等。

① 乙酸直接加氢制乙醇　国内外众多企业和科研院所对乙酸直接加氢制乙醇技术的开发投入了大量精力，取得了显著的成效。2006 年，美国 Celanese 公司开发了多相固定床乙酸气相直接加氢制乙醇的专有技术（TCX 技术），于 2013 年在南京化学工业园内建立了 27.5×10^4 t/a 规模的乙酸加氢制乙醇装置，并稳定运行了 2 年以上。2012 年，上海浦景 600t/a 乙酸直接加氢中试项目在河南顺达开车成功，在贵金属催化作用下，乙酸转化率和乙醇选择性分别超过了 99% 和 92%，乙醇时空收率达到 850g/(kg·h)（以单位质量催化剂计），显示出该技术具有一定的发展潜力。中国科学院山西煤炭化学研究所于 2012 年成功开发了高活性高选择性的非贵金属乙酸直接加氢催化剂以及相应的合成、分离工艺，并建成了 50t/a 规模的乙酸加氢中试项目，乙酸单程转化率 ≥93.7%，乙醇、乙醛和乙酸乙酯三者选择性之和 ≥96.9%[29]。

② 乙酸酯化加氢制乙醇　由于乙酸直接加氢采用贵金属催化剂，且乙酸腐蚀的问题造成了设备和管道选材困难，提高乙酸转化率将导致加氢产物中乙酸乙酯的选择性提高，因而还需增加反应工序，将乙酸乙酯进一步加氢生成乙醇。西南院针对以上乙酸直接加氢存在的问题首先提出了乙酸酯化加氢的工艺技术，典型的反应条件是：220～280℃，3～5MPa，氢酯比 10～100，乙酸甲酯液空速 0.5～1.0h^{-1}。该过程中加氢选用廉价的 Cu 基催化剂[30]。现已建成河北迁安化工科技有限公司 13×10^4 t/a 焦炉煤气制乙醇（河北唐山中溶科技股份有限公司技术）、河南顺达化工科技有限公司 20×10^4 t/a 合成气制乙醇（西南院技术）、凯凌化工（张家港）有限公司 13.5×10^4 t/a 乙酸异丙酯加氢制乙醇（中国科学院大连化学物理研究所技术）等数套工业化装置。

2006 年，Iglesia 发现丝光沸石分子筛对二甲醚羰基化制乙酸甲酯有特殊的选择性，这为乙酸甲酯的生产开辟了新的技术路线。2017 年，中国科学院大连化学物理研究所与陕西延长石油（集团）有限责任公司合作，率先开展了二甲醚羰基化合成乙酸甲酯加氢制乙醇的 10×10^4 t/a 工业化示范[31]，二甲醚转化率 ≥40%，乙酸甲酯选择性 ≥98%，乙酸甲酯时空收率 ≥0.35kg/(kg·h)（以单位质量催化剂计），无水乙醇产品纯度为 99.71%，开辟了"煤—甲醇—二甲醚—乙酸甲酯—乙醇"低成本合成乙醇技术路线。西南院[32] 最新开发的催化剂测试显示，催化剂使用寿命超 6500h，二甲醚转化率 ≥45%，乙酸甲酯选择性 ≥99%，乙酸甲酯时空收率 ≥0.40kg/(kg·h)（以单位质量催化剂计）。2021 年西南院与陕西渭河煤化工集团有限责任公司合作开发了万吨级二甲醚羰基化合成乙酸甲酯中试装置。

③ 草酸酯加氢制乙醇　近年来，天津大学马新宾课题组[33] 提出了将 CO 氧化偶联合成草酸二甲酯（DMO），然后草酸二甲酯再深度加氢生产乙醇的工艺路线。草酸二甲酯加氢为连续反应，第一步加氢得到乙醇酸甲酯（MG），第二步加氢得到乙二醇（EG）或乙酸甲酯（MA），第三步加氢得到乙醇（EtOH）。采用不同的催化剂，第二步加氢经历的反应途

径也不同，这一过程的关键在于氢气和 C＝O 及 C—O 的吸附和活化。在 Cu 基催化剂上草酸二甲酯加氢主要经历的是"DMO—MG—EG—EtOH"路径。在 Cu 基催化剂上需要较高的反应温度才能促进 EG 的深度加氢，但在较高反应温度下又会引发 $C_3 \sim C_4$ 醇类的生成，因而乙醇选择性的提高受到了极大的限制，同时高温下 Cu 基催化剂的稳定性也是限制其进一步应用的关键因素。因此对 Cu 基催化剂的研究重点集中在催化剂中添加助剂以及更换载体，以提高催化剂活性及稳定性[34]。

陈建刚等[35]制备了 Mo_2C/SiO_2 催化剂，发现与典型的"DMO—MG—EG—EtOH"路径不同，Mo_2C/SiO_2 催化剂上经历的反应路径为"DMO—MG—MA—EtOH"。但是 Mo_2C/SiO_2 会使 DMO 上 C—C 断裂导致生成大量甲酸甲酯而降低乙醇的选择性，并且反应过程中二氧化硅的流失也会降低催化剂的机械强度。马新宾等[36]制备的 Fe_5C_2 催化剂，乙醇的选择性为 89.6%，草酸二甲酯转化率为 100%，反应路径与 Mo_2C 相似。随后其将 Fe_5C_2 与 CuZnO-SiO$_2$ 结合在一起，使用双床法，原料先经过 Fe_5C_2 后经过 CuZnO-SiO$_2$，Fe_5C_2 与 Cu 基催化剂协同作用，乙醇的选择性为 98%，草酸二甲酯转化率为 100%，稳定运行 120h 催化剂活性不变[37]。

(2) 合成气发酵法制乙醇

合成气发酵法是指厌氧微生物在酶的辅助下，以合成气为原料，经发酵、细菌分离和回收、精馏、脱水等工序生成乙醇的过程。与化学转化法相比，合成气发酵法生产条件温和，生物酶回收和再生难度低。

目前成熟的合成气发酵法制乙醇技术主要由新西兰郎泽公司、巨鹏生物科技有限公司和美国塞纳达生物公司 3 家拥有，技术路线大体相同，均为气化＋发酵＋精馏工艺流程。2011 年，由宝钢集团投资的 300t/a 合成气生物发酵制乙醇示范项目在上海建成投产，该项目以冶金工业尾气（含 65% CO）为原料，采用新西兰郎泽公司专有的发酵技术和中国科学院的膜分离技术，在生产燃料乙醇的同时副产蛋白粉及沼气。2019 年，河北首朗新能源科技有限公司 4.5×10^4 t/a 钢铁工业煤气生物发酵法制燃料乙醇项目通过了竣工验收，以转炉煤气（40%～60% CO，其余为 N_2、CO_2）为原料，并副产蛋白饲料 7650t/a，压缩天然气 $330 \times 10^4 m^3$/a，装置总投资 3.5×10^8 元，共 3 条生产线，每条生产线的产能为 1.5×10^4 t/a，装置的 CO 转化率及乙醇选择性均大于 85%，乙醇生产成本比粮食路线低 20%～30%。采用相同技术的宁夏吉元冶金集团有限公司年产 4.5×10^4 t/a 燃料乙醇项目，于当年获得了宁夏回族自治区发展和改革委员会的批准。

适合工业化生产的高效菌株以及与之匹配的发酵反应器和工艺开发是合成气生物发酵法面临的主要技术问题[38]。

2.7.1.3　正在研发的合成乙醇技术

(1) 合成气直接热催化制乙醇

合成气制乙醇首先要进行原料气的制备，然后对原料气实施净化操作，再进行压缩、合成与精馏，最后得到乙醇，合成路径如图 2-50 所示。

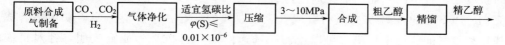

图 2-50　合成气制乙醇的路径图

合成气直接制乙醇的反应过程复杂，产物较多，包括烃类、醚类、醇类、酸类、水以及二氧化碳等。目前工业中经常提到的合成气制备乙醇主要是指合成低碳混合醇，代表性的工艺主要有法国的基于 Cu-Co 基催化剂的 IFP 工艺，意大利的基于 Zn-Zr 基催化剂的 Snam 工艺，德国的基于 Cu-Zn-Al 基催化剂的 Lurgi 工艺和美国的基于 MoS_2 基催化剂的 Dow 工艺。合成气直接制备乙醇的反应式如下：

主反应：

$$nCO + 2nH_2 =\!=\!= C_nH_{2n+1}OH + (n-1)H_2O$$

副反应：

$$nCO + (2n+1)H_2 =\!=\!= C_nH_{2n+2} + nH_2O$$

$$nCO + 2nH_2 =\!=\!= C_nH_{2n} + nH_2O$$

$$CO + H_2O =\!=\!= CO_2 + H_2$$

该反应实际上是个链增长的过程，乙醇只是其中的一种中间产物，要使反应只停留在生成乙醇这一步上，无论从热力学还是动力学上来说都是非常困难的，与此同时尾气中还含有大量的 CO_2 和烷烃，乙醇的收率实际上难以达到 20%。根据催化反应体系，合成气（CO+H_2）直接合成乙醇分为均相体系和多相体系。

① 均相体系　日本碳一工程研究组通过对一系列过渡金属络合物的考察，发现均相金属络合物的活性顺序为：Ru＞Rh≫Co＞Os、Re、Ir≫Fe。通过筛选，催化性能最佳的是 Ru-PPNCl-PPNI-Me$_3$PO$_4$（Ph$_2$O 为溶剂），260℃ 时生成乙醇的 TOF（转换频率）为 200mol/(g·h)（以单位质量 Ru 计），但乙醇的选择性仅为 47%[39]。

② 多相体系　合成气直接制乙醇多相催化体系可以分为：Rh 基催化剂、Mo 基催化剂、改性 F-T 合成催化剂、改性甲醇催化剂。其中 Rh 基催化剂对催化 CO 加氢初始 C—C 键的形成有着独特的特性，因此有利于生成乙醇及其他 C_2 含氧化合物。日本产业技术综合研究所（AIST）和中国科学院大连化学物理研究所都针对 Rh 基催化剂开展了工艺放大研究。AIST 开展了 200mL 催化剂装填量的固定床单管放大试验，采用两个反应器串联，合成气首先进入 Rh-Mn-Li/SiO$_2$ 催化剂床层，生成乙醇、乙醛、乙酸等混合物，再在第二反应器中采用 Cu-Zn/SiO$_2$ 催化剂加氢，将乙醛、乙酸等转化成乙醇，以提高乙醇的选择性。试验过程还对反应工艺、反应动力学进行了研究，进行了 800h 的稳定性试验。中国科学院大连化学物理研究所也在 1992 年开展了 200mL 装填量的单管模式试验，并在单管模式试验的基础上，与重庆市垫江天然气化工总厂、中国成达化学工程公司合作，开展了 30t/a 的中试试验。中试采用列管式固定床反应器（列管 ϕ25mm×3000mm，28 根），催化剂装填量 30L，反应器采用导热油移热。在反应压力 8.0～8.2MPa，床层出口温度 310～312℃，空速 16000h^{-1}，新鲜原料气 50～60m^3/h，$n(H_2)/n(CO)$ 为 2.0～2.4 的条件下，连续运转 1026h，C_2 含氧化合物时空收率为 310g/(kg·h)，C_2 含氧化合物选择性为 73.5%（质量分数），C_2 含氧化合物中乙醇占 36%、乙酸占 33%、乙醛占 20%，碳平衡为 102%。

③ 接力催化　厦门大学王野课题组[40] 提出了一种将合成气选择性转化为 C_{2+} 含氧化合物的新策略，将不同功能的催化剂进行组合，采用三段式催化剂 K$^+$-ZnO-ZrO$_2$ | H-MOR-DA-12MR | Pt-Sn/SiC 装填方式进行合成气直接制乙醇，在一个反应器中串联甲醇合成、甲醇羰基化和乙酸加氢三个反应，可以使乙醇选择性提升到 90%。研究表明，针对每一段反应各自的目标产物精心设计催化体系，通过选取不同的催化组分将其分层装填反应时充分利

用每一种组分各自的特性，合理调控三个步骤之间的相互作用以及每种催化剂之间的相容性对乙醇 C—C 键的高效合成至关重要。

（2）合成气甲醇同系化制乙醇

甲醇同系化又称为甲醇还原羰基化，是甲醇和合成气在一定的反应条件下进行反应，向甲醇分子中引入亚甲基（—CH_2—）产生乙醇、正丙醇、正丁醇等一系列正醇同系物的过程。Wender 等[41]在 1949 年首次报道了烷基醇同系化反应制备更高级烷基醇的技术路线，此后虽然研究者做了大量的工作，但是在催化剂固定化、非卤素助剂等方面并没有取得突破性进展，在可接受的催化剂浓度以及反应条件下，乙醇的产率低于 40%，至今尚未实现工业化。该反应主要使用含 Rh、Mn、Fe、Co 等金属的均相催化剂，助催化剂为碘化物，有时也直接采用金属碘化物作为催化剂[42]。

2.7.2　焦炉煤气制乙醇工艺

根据上述乙醇的合成工艺技术，结合焦炉煤气中含有 CO、CH_4、H_2 的特点，工业上可采用的焦炉煤气合成乙醇的技术路线有两种：一种是利用焦炉煤气中的氢气，外购乙酸乙酯，通过乙酸乙酯加氢生产乙醇；另一种是利用焦炉煤气生产甲醇，再通过甲醇脱水生产二甲醚，二甲醚羰基化合成乙酸甲酯，乙酸甲酯再加氢生产乙醇。

2.7.2.1　乙酸乙酯加氢制乙醇

乙酸乙酯加氢制乙醇主要是利用焦炉煤气中的 H_2，原料乙酸乙酯外购。乙酸乙酯加氢原理如下：

主反应：

$$CH_3COOC_2H_5 + 2H_2 = 2C_2H_5OH$$

副反应：

$$C_2H_5OH + H_2 = C_2H_6 + H_2O$$
$$C_2H_5OH = C_2H_4 + H_2O$$
$$C_2H_5OH = CH_3CHO + H_2$$
$$2C_2H_5OH = C_2H_5OC_2H_5 + H_2O$$
$$2C_2H_5OH = C_4H_9OH + H_2O$$

西南院是国内最早从事乙酸乙酯加氢制乙醇技术开发的研究机构，在 2010 年就申请了乙酸乙酯加氢制乙醇的专利[43-44]，并在 2013 年与河南顺达化工科技有限公司签订了 20×10^4 t/a 乙酸乙酯加氢制乙醇的技术许可合同。乙酸乙酯加氢制乙醇的工艺流程如图 2-51 所示。

新鲜乙酸乙酯与未反应完回收的乙酸乙酯经乙酸乙酯进料泵增压至 3.8MPa 后，经乙酸乙酯预热器加热进入汽化塔。来自焦炉煤气提氢工序提纯的氢气通过氢气增压机增压至 3.8MPa 后，与循环氢混合后，与加氢反应的尾气换热进入汽化塔。乙酸乙酯在汽化塔内充分汽化并与氢气混合，经氢气预热器预热到 210℃进入加氢反应器，在加氢反应器中发生乙酸乙酯加氢生成乙醇的反应，反应温度控制在 210～240℃。反应后的物料经换热回收热量后，在气液分离器中实现气液分离，未反应氢气经循环气压缩机增压后循环使用，生成的液相产物送入精馏工序。由于原料氢气中含有少量惰性气（如 N_2、CH_4 等）以及反应会生成少量 C_2H_6、C_2H_4 等不凝气，需要定期排放以维持循环气中 H_2 的浓度。

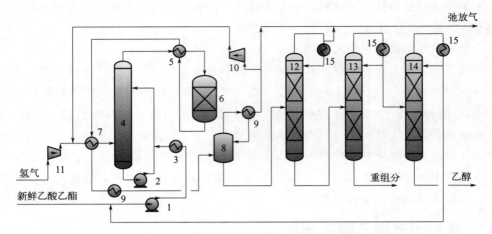

图 2-51　乙酸乙酯加氢制乙醇工艺流程图

1—乙酸乙酯进料泵；2—汽化塔循环泵；3—乙酸乙酯预热器；4—汽化塔；5—预热器；6—加氢反应器；
7—氢气预热器；8—气液分离器；9—气体冷却器；10—循环气压缩机；11—氢气增压机；
12—脱轻塔；13—脱重塔；14—产品塔；15—冷凝器

　　精馏工序由脱轻塔、脱重塔和产品塔三个精馏塔组成，气液分离后的液相物料首先进入脱轻塔，脱除反应生成的沸点较低的轻组分，如乙醛、乙醚等，以及溶解在液相中的少量惰性气体。脱除的轻组分与加氢弛放气汇合后一起送入弛放气处理系统。脱轻塔塔釜物料进入脱重塔，脱除反应生成的丁醇等重组分。脱重塔塔顶物料进入产品塔，产品塔用于分离乙醇以及未反应完的乙酸乙酯，产品塔塔顶得到的乙酸乙酯-乙醇共沸物返回加氢反应继续反应，塔釜得到乙醇产品。

　　20×10^4 t/a 乙酸乙酯加氢制乙醇的反应物料平衡见表 2-33，公用工程消耗见表 2-34。

表 2-33　20×10^4 t/a 乙酸乙酯加氢制乙醇反应物料平衡表

项目		氢气	乙酸乙酯	弛放气	重组分	乙醇
组分及含量	$\omega(H_2)/\%$	99.93	0	29.48	—	—
	$\omega(N_2)/\%$	0.05	0	0.86	—	—
	$\omega(C_2H_6)/\%$	0	0	45.39	—	—
	$\omega(CO_2)/\%$	0.03	0	0.43	—	—
	$\omega(乙酸乙酯)/\%$	0	99.85	7.24	0.21	0.01
	$\omega(乙醇)/\%$	0	0.10	2.42	69.78	99.83
	$\omega(H_2O)/\%$	—	0.05	0.34	0.02	0.15
	$\omega(乙酸)/\%$	0	40.00×10^{-4}	—	1.27	
	$\omega(乙醛)/\%$			11.14		
	$\omega(乙醚)/\%$	0		2.59		
	$\omega(丁醇)/\%$	0	—	—	28.72	39.24×10^{-4}
	合计/%	100	100	100	100	100
温度/℃		40.0	30.0	17.4	136.3	78.0

续表

项目	氢气	乙酸乙酯	弛放气	重组分	乙醇
压力/MPa	0.7	0.1	3.6	0.6	0.1
流量/(kg/h)	1140.55	24500.00	64.82	90.10	25485.58

表 2-34　20×10^4 t/a 乙酸乙酯加氢制乙醇公用工程消耗数据表

项目	规格	吨耗
蒸汽	0.9MPa	0.88t/t
	0.2MPa	0.055t/t
循环水	$T_{in}=32℃$，$T_{out}=40℃$	67.91t/t
循环冷冻水	$T_{in}=5℃$，$T_{out}=15℃$	6.83t/t
电	10kV、380V/220V	77.08kW·h/t

2.7.2.2　甲醇经二甲醚制乙醇

焦炉煤气合成乙醇另一技术路线是首先利用焦炉煤气纯氧转化将焦炉煤气中烃类及 CO_2 转化为合成气，然后将一部分合成气用于合成甲醇，另一部分合成气经深冷分离和变压吸附工艺分别分离提纯 CO 和 H_2；生产的甲醇脱水制二甲醚，二甲醚再与 CO 羰基化合成乙酸甲酯，乙酸甲酯再加氢合成乙醇，工艺流程见图 2-52。该工艺中 C 原子利用效率高，与国内发酵法工艺和乙酸直接加氢工艺相比，反应生成的水在合成二甲醚工序脱除，避免了分离乙醇-水共沸体系所需的大量能耗。

合成 1t 无水乙醇需要 0.73t 甲醇、$1520 m^3$ 合成气（CO+H_2），其中 $n(H_2)/n(CO) \approx 2$。

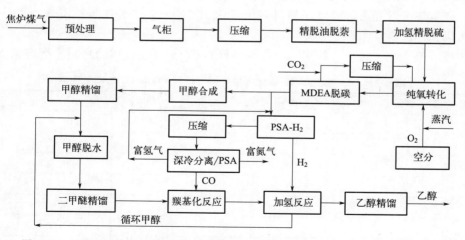

图 2-52　以焦炉煤气为原料合成甲醇再经二甲醚羰基化-加氢制乙醇工艺流程图

（1）焦炉煤气预处理

从焦化装置来的焦炉煤气首先进入由粗脱油脱萘器组成的吸附装置进行粗脱萘和焦油，焦油从脱萘器底部进入隔油池。经过粗脱萘和焦油后，将焦炉煤气中的萘含量降低到 $<4 mg/m^3$，焦油含量降低到约 $1 mg/m^3$。粗脱油脱萘后，焦炉煤气经过气柜缓冲后进入压缩工序。

（2）焦炉煤气压缩

来自气柜的焦炉煤气（压力约 3kPa、温度 40℃），经压缩机四级压缩后，压力升至 2.4MPa，经脱油器吸附焦炉煤气中可能夹带的油雾后，送入加氢脱硫工序。

（3）焦炉煤气精脱硫

经增压后的焦炉煤气在加热炉中预热至 250～300℃，经铁钼催化剂催化，气体中绝大部分的有机硫与 H_2 反应转化为 H_2S，再用 ZnO 脱硫剂吸收，焦炉煤气中的总硫脱除到体积分数 1×10^{-6} 以下。

（4）焦炉煤气纯氧转化

采用纯氧转化工艺将焦炉煤气中的 CH_4 等烃类物质转化为 CO、CO_2 和 H_2 的混合物，同时将转化气脱除出来的 CO_2 返回参与转化过程，可以提高脱碳转化气中的 CO 含量。

精脱硫后的焦炉煤气与部分转化用中压蒸汽混合进入综合加热炉加热到约 650℃后进入纯氧转化炉顶部，来自空分的氧气与部分 3.82MPa、450℃的中压过热蒸汽混合后，从转化炉烧嘴进入转化炉，在转化炉烧嘴出口处与进入转化炉的蒸焦混合气混合燃烧，然后在转化炉中下部转化催化剂作用下发生 CH_4 等烃类物质的转化反应。反应后的转化气由下部进入转化气热回收系统。

（5）转化气脱碳

来自纯氧转化工序的转化气经回收热量并冷却分离水分后进入 MDEA 脱碳系统，将脱碳转化气中的 CO_2 体积分数降到 1×10^{-6} 以下。

（6）CO 和 H_2 分离提纯

H_2 分离提纯采用变压吸附（PSA）工艺，脱碳后的转化气与通过冷箱的富氢气混合后作为 PSA-H_2 的原料气，共同参与 H_2 的提取，提取的氢气增压至 5.0MPa 后去乙酸甲酯加氢工序，提氢解吸气经过解吸气压缩机增压至约 1.9MPa 后去分离提纯 CO，CO 的分离提纯技术可以采用深冷技术和 PSA 技术。

焦炉煤气经净化、转化、脱碳、分离工序得到 CO 和 H_2 过程的物料平衡表见表 2-35。

表 2-35　焦炉煤气净化-转化合成甲醇及提纯 CO 和 H_2 物料平衡表

	项目	焦炉煤气	氧气	蒸汽	产品甲醇	产品 CO	产品 H_2
组分及含量	$\varphi(N_2)/\%$	5.00	0.32	0	—	0.10	0.08
	$\varphi(CO)/\%$	7.50	0	0	—	98.85	0.02
	$\varphi(H_2)/\%$	59.70	0	0	—	1.00	99.90
	$\omega(H_2O)/\%$	—	0	100	0.50	—	—
	$\varphi(CH_4)/\%$	21.90	0	0	—	0.05	—
	$\varphi(CO_2)/\%$	2.80	0	0	—	1.39×10^{-4}	—
	$\varphi(O_2)/\%$	0.80	99.68	0	—	—	—
	$\varphi(C_mH_n)/\%$	2.30	0	0	—	—	—
	$\omega(甲醇)/\%$	0	0	0	99.50	—	—
	合计/%	100	100	100	100	100	100
温度/℃		35.0	40.0	222.8	40.1	13.7	40.0
压力/MPa		0.06	2.5	2.4	0.1	0.15	1.55
流量		36777.01m³/h	7177.54m³/h	18.75t/h	9294.16t/h	7188.81m³/h	13232.37m³/h

（7）甲醇制二甲醚

甲醇制二甲醚主要由甲醇汽化、二甲醚合成、二甲醚精馏三个工序组成。其主要原理是甲醇在催化作用下发生如下反应：

主反应：

$$2CH_3OH \Longrightarrow CH_3OCH_3 + H_2O$$

副反应：

$$CH_3OH \Longrightarrow CO + 2H_2$$
$$2CH_3OH \Longrightarrow C_2H_4 + 2H_2O$$
$$3CH_3OH \Longrightarrow C_3H_6 + 3H_2O$$
$$CH_3OCH_3 \Longrightarrow CH_4 + H_2 + CO$$
$$CO + H_2O \Longrightarrow CO_2 + H_2$$

原料甲醇经汽化形成气相甲醇送入二甲醚合成反应器中，反应器为绝热式反应器。气相甲醇在催化剂的作用下脱水生成二甲醚，反应热使反应气体自身温度升高，通过甲醇冷激来控制反应温度。反应生成的二甲醚、水及未反应的甲醇冷却后送入精馏工序。焦炉煤气制乙醇工艺中对二甲醚要求较高，二甲醚质量分数要求达 99.99% 以上，且烯烃质量分数需 $\leqslant$ 100×10^{-6}，通常采用两台精馏塔提纯二甲醚。其工艺流程如图 2-53 所示。

主要设备操作指标：二甲醚反应器入口压力 1.2~2.0MPa；催化剂床层阻力 50kPa；入口温度 180~250℃；出口温度 320~380℃。

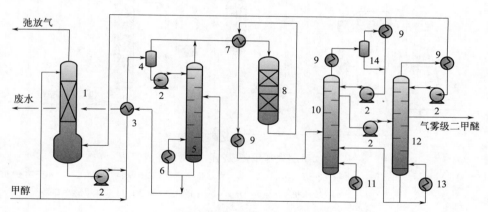

图 2-53　甲醇制二甲醚工艺流程图

1—洗涤塔；2—泵；3—甲醇预热器；4—甲醇分离罐；5—汽化塔；6—汽化塔再沸器；
7—气体换热器；8—二甲醚反应器；9—冷却器；10—粗馏塔；11—粗馏塔再沸器；
12—精馏塔；13—精馏塔再沸器；14—回流罐

甲醇脱水制二甲醚过程的物料平衡表见表 2-36。

表 2-36　甲醇脱水制二甲醚过程的物料平衡表

项目		甲醇	产品二甲醚	废水	弛放气
组分及含量	$\varphi(CO)/\%$	—	—	—	22.50
	$\varphi(CO_2)/\%$	—	9.60×10^{-6}	—	5.91
	$\varphi(H_2)/\%$	—	—	—	38.18

续表

	项目	甲醇	产品二甲醚	废水	弛放气
组分及含量	$\varphi(CH_4)/\%$	—	—	—	24.54
	甲醇含量/%	99.50(ω)	$6.40\times10^{-4}(\varphi)$	0.50(ω)	2.50(φ)
	H_2O 含量/%	0.50(ω)	$3.20\times10^{-6}(\varphi)$	99.50(ω)	0.68(φ)
	二甲醚含量/%	—	>99.99(ω)	—	5.68(φ)
	合计/%	100		100	100
温度/℃		30	40	40	38
压力/MPa		0.1	1.4	0.2	1.4
流量		17695.32kg/h	12500.00kg/h	5044.90kg/h	197.12m³/h

(8) 二甲醚羰基化制乙酸甲酯

该反应以二甲醚和一氧化碳为原料，在分子筛催化剂作用下反应合成乙酸甲酯，反应过程中未反应一氧化碳和二甲醚回收循环利用。其工艺流程如图 2-54 所示。

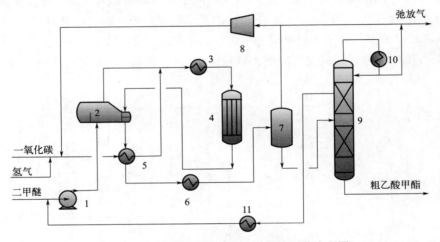

图 2-54　二甲醚羰基化合成乙酸甲酯工艺流程图

1—二甲醚进料泵；2—二甲醚汽化器；3—反应预热器；4—羰基化反应器；5—原料气预热器；6—产物冷却器；
7—气液分离罐；8—循环气增压机；9—回收塔；10—回收塔冷凝器；11—二甲醚冷却器

二甲醚羰基化合成乙酸甲酯主要由二甲醚羰基化反应和精馏两个工序组成。其主要原理是二甲醚和一氧化碳在催化作用下发生如下反应：

主反应：

$$CO+CH_3OCH_3 \Longrightarrow CH_3COOCH_3$$

副反应：

$$CO+3H_2 \Longrightarrow H_2O+CH_4$$
$$CH_3OCH_3+H_2O \Longrightarrow 2CH_3OH$$
$$3CH_3OCH_3+2CO \Longrightarrow 2CH_2{=}CHCOOCH_3+2H_2+H_2O$$
$$CH_3OCH_3+CO+H_2 \Longrightarrow HCOOCH_3+CH_4$$
$$CH_3OCH_3+2CO+2H_2 \Longrightarrow 2CH_3CHO+H_2O$$

$$CH_3OCH_3 + H_2O + 2CO === 2CH_3COOH$$
$$3CH_3OCH_3 + 2CO === 2C_2H_5COOCH_3 + H_2O$$
$$3CH_3OCH_3 + 2CO === 2CH_3COOC_2H_5 + H_2O$$
$$CH_3OCH_3 === C_2H_4 + H_2O$$
$$3CH_3OCH_3 + 2H_2 === 2C_3H_8 + 3H_2O$$
$$CH_3OCH_3 + 2CO === CO_2 + CH_3COCH_3$$
$$3CH_3OCH_3 === 2C_3H_6 + 3H_2O$$

二甲醚经进料泵增压后至汽化器中汽化, 经预热器预热后一氧化碳和氢气混合气与汽化后的二甲醚混合, 再经过反应预热器加热到 180℃后进入羰基化反应器, 羰基化反应的压力为 5MPa, 温度为 180~230℃, 反应后的物料经热量回收后, 送入气液分离罐, 未反应完的一氧化碳和氢气经循环气增压机返回, 反应的液相产物送入精馏工序。反应过程中, 加入适量的氢气可抑制催化剂表面的积碳, 增强催化剂的稳定性。

精馏工序只有一个精馏塔, 其主要用途是回收未反应完的二甲醚。来自气液分离罐中的反应液相产物减压后送入回收塔, 通过精馏分离在塔的侧线回收二甲醚, 同时将反应生成的烯烃等轻组分由塔顶排出, 塔釜得到主要含乙酸甲酯的液相产物, 该液相产物可送入加氢反应工序用于生产乙醇。

主要设备操作指标: 羰基化反应器入口压力 5MPa、入口温度 180~230℃。

二甲醚羰基化合成乙酸甲酯过程的物料平衡见表 2-37。

表 2-37 二甲醚羰基化合成乙酸甲酯过程的物料平衡表

	项目	氢气	一氧化碳	二甲醚	弛放气	乙酸甲酯
组分及含量	$\varphi(N_2)/\%$	0.08	0.20	—	3.64	—
	二甲醚含量/%	—	—	$99.99(\omega)$	$4.28(\varphi)$	$1.99 \times 10^{-4}(\varphi)$
	乙酸甲酯含量/%	—	—	—	$0.28(\varphi)$	$99.54(\omega)$
	$\varphi(CO)/\%$	0.03	98.80	—	73.74	—
	$\varphi(H_2)/\%$	99.89	1.00	—	12.36	—
	N_2 含量/%	—	—	$29.60 \times 10^{-4}(\varphi)$	—	$0.01(\omega)$
	$\varphi(CH_4)/\%$	—	—	—	5.18	—
	$\varphi(CO_2)/\%$	—	1.56×10^{-4}	9.60×10^{-4}	0.20	—
	$\varphi(乙烯)/\%$	—	—	—	0.04	—
	$\varphi(丙烯)/\%$	—	—	—	0.03	—
	甲醇含量/%	—	—	$9.60 \times 10^{-4}(\varphi)$	—	$0.10(\omega)$
	$\omega(乙酸)/\%$	—	—	—	—	0.30
	$\varphi(丙酮)/\%$	—	—	—	—	86.74×10^{-4}
	$\omega(丙酸甲酯)/\%$	—	—	—	—	0.04
	$\varphi(丙烯酸甲酯)/\%$	—	—	—	—	14.95×10^{-4}
	$\varphi(甲酸甲酯)/\%$	—	—	—	—	1.99×10^{-4}
	$\varphi(丙烷)/\%$	—	—	—	0.24	—
	$\varphi(乙酸乙酯)/\%$	—	—	—	—	10.47×10^{-4}
	合计/%	100	100	—	—	—

项目	氢气	一氧化碳	二甲醚	弛放气	乙酸甲酯
温度/℃	30	30	40	25	90
压力/MPa	5.1	5.1	1.0	4.8	1.4
流量	36.54m³/h	6424.20m³/h	12500.00kg/h	353.42m³/h	20060.77kg/h

(9) 乙酸甲酯加氢制乙醇

乙酸甲酯和氢气在催化剂的作用下发生加氢反应合成乙醇并副产甲醇,未反应完的氢气和乙酸甲酯回收循环利用。乙酸甲酯加氢反应还可能发生副反应:不完全加氢反应生成乙醛,催化醇分子之间脱水反应生成相应的醚,如二甲醚、二乙醚或甲乙醚;醇分子内发生脱水反应生成乙烯,并在金属活性位上进一步加氢生成乙烷或甲烷和CO等;发生醇醛缩合反应生成2-丁酮、丁醛、丁醇和乙酸丁酯等;发生酯交换反应生成乙酸乙酯。随着催化反应产物中烃类的生成,体系中不可避免会产生水,使得产品精馏必须考虑脱水过程,因此应尽量降低催化剂的酸性,以此提高主产物选择性,同时需要优化反应条件,降低副产物的产生,降低分离能耗。发生的反应如下:

加氢主反应:

$$CH_3COOCH_3 + 2H_2 \Longrightarrow CH_3CH_2OH + CH_3OH$$

副反应:

$$CH_3COOCH_3 + CH_3CH_2OH \Longrightarrow CH_3OH + CH_3COOCH_2CH_3$$
$$2H_2 + CH_3COOCH_2CH_3 \Longrightarrow 2CH_3CH_2OH$$
$$H_2 + CH_2\!=\!CHCOOCH_3 \Longrightarrow C_2H_5COOCH_3$$
$$2H_2 + C_2H_5COOCH_3 \Longrightarrow CH_3OH + C_3H_7OH$$
$$2H_2 + HCOOCH_3 \Longrightarrow 2CH_3OH$$
$$H_2 + CH_3CHO \Longrightarrow CH_3CH_2OH$$
$$H_2 + CH_3CH_2OH \Longrightarrow C_2H_6 + H_2O$$
$$H_2 + CH_3OH \Longrightarrow CH_4 + H_2O$$
$$CH_3OH \Longrightarrow 2H_2 + CO$$
$$H_2 + CH_3COCH_3 \Longrightarrow (CH_3)_2CHOH$$
$$2H_2 + CH_3COOH \Longrightarrow CH_3CH_2OH + H_2O$$
$$CO + H_2O \Longrightarrow CO_2 + H_2$$

新鲜乙酸甲酯与循环的乙酸甲酯混合、预热、汽化后进入加氢反应器,氢气与循环气体混合、预热后进入加氢反应器,乙酸甲酯与氢气在加氢反应器中反应,反应产物通过与乙酸甲酯、氢气的两级换热后,气相再经冷凝,不凝气部分弛放,部分经压缩后作为循环气回用,液相(粗乙醇)依次进入脱轻塔、甲醇塔、乙醇塔、甲醇精制塔,在乙醇塔塔顶得到乙醇产品。甲醇塔塔顶得到含酯甲醇进入甲醇精制塔,塔顶得到回收酯并返回加氢反应器中循环使用,塔釜得到回收甲醇返回甲醇制二甲醚工序。其工艺流程图如图2-55所示。

主要设备操作指标:加氢反应器入口压力4.9MPa、入口温度200~250℃。

乙酸甲酯加氢制乙醇过程的物料平衡见表2-38。

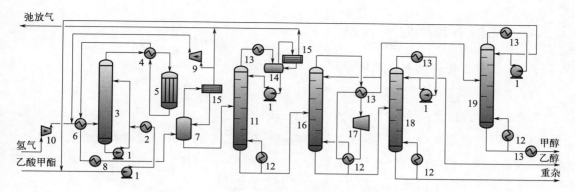

图 2-55　乙酸甲酯加氢制乙醇工艺流程图

1—泵；2—乙酸甲酯预热器；3—汽化塔；4—预热器；5—反应器；6—氢气预热器；7—气液分离罐；
8—产物冷却器；9—循环气压缩机；10—氢气增压机；11—脱轻塔；12—再沸器；13—冷却器；
14—回流罐；15—深冷器；16—甲醇塔；17—甲醇增压机；18—乙醇塔；19—甲醇精制塔

表 2-38　乙酸甲酯加氢制乙醇过程的物料平衡表

项目		乙酸甲酯	氢气	产品乙醇	甲醇	废液	弛放气
组分及含量	$\varphi(H_2)$/%	—	99.90	—	—	—	86.94
	$\varphi(N_2)$/%	—	0.08	—	—	—	1.03
	$\varphi(CO)$/%	—	0.02	—	—	—	5.64
	$\varphi(CH_4)$/%	—	—	—	—	—	3.59
	$\varphi(乙烷)$/%	—	—	—	—	—	0.04
	$\varphi(CO_2)$/%	—	—	—	—	—	9.95×10^{-4}
	乙酸甲酯含量/%	99.54(ω)	—	—	—	—	1.89(φ)
	甲醇含量/%	0.10(ω)	—	0.01(ω)	99.98(ω)	—	0.85(φ)
	$\omega(乙酸乙酯)$/%	10.47×10^{-4}	—	—	49.46×10^{-4}	—	—
	乙醇含量/%	—	—	99.58(ω)	0.01(ω)	60.5(ω)	0.01(φ)
	$\omega(H_2O)$/%	0.01	—	0.40	—	—	—
	$\omega(乙醛)$/%	—	—	—	1.18×10^{-4}	—	—
	丙酮含量/%	0.01(ω)	—	—	—	—	9.95×10^{-4}(φ)
	$\omega(异丙醇)$/%	—	—	0.01	—	5.19	—
	二甲醚含量/%	1.99×10^{-4}(ω)	—	—	—	—	9.95×10^{-4}(φ)
	$\omega(甲酸甲酯)$/%	1.99×10^{-4}	—	—	—	—	—
	$\omega(丙烯酸甲酯)$/%	14.96×10^{-4}	—	—	—	—	—
	$\omega(丙酸甲酯)$/%	0.04	—	—	—	—	—
	$\omega(乙酸)$/%	0.30	—	—	—	2.60	—
	$\omega(丙醇)$/%	—	—	49.73×10^{-4}	—	31.5	—
	合计/%	100	100	100	100	100	100
温度/℃		90.0	40.0	18.3	57.0	33.7	−1.7
压力/MPa		1.4	2.6	0.005	0.075	0.01	0.2
流量		20060.77kg/h	12909.83m³/h	12467.26kg/h	8491.79kg/h	13.87kg/h	1004.66m³/h

2.7.3　乙醇下游产业链展望

2.7.3.1　乙醇催化转化为含氧化学品

(1) 乙醛

工业上 85% 的乙醛是通过乙烯氧化法（Wacker 工艺）生产的，即以乙烯和 O_2 为原料，经过络合和氧化反应生成乙醛。该工艺使用的强酸性 $PdCl_2$ 和 $CuCl_2$ 溶液双组分催化剂[45]，会造成设备腐蚀，同时还会生成大量含氯化合物，增加分离难度。乙醇制备乙醛具有工艺简单、气液产物易于分离的优点，有望替代乙烯生产工艺。

乙醇转化为乙醛主要有两种方法：

① 乙醇部分氧化法

$$2CH_3CH_2OH + O_2 \Longrightarrow 2CH_3CHO + 2H_2O \qquad \Delta H_{298K}^{\ominus} = -204.8 \text{kJ/mol}$$

② 乙醇直接脱氢法

$$CH_3CH_2OH \Longrightarrow CH_3CHO + H_2 \qquad \Delta H_{298K}^{\ominus} = +81.0 \text{kJ/mol}$$

乙醇部分氧化法通常采用 Pt[46]、Pd[47]、Au[48] 贵金属作为催化剂，然而，由于积碳和烧结等问题，催化剂寿命较短，需要频繁再生[49]；贵金属与氧气混合有产生爆炸的可能，限制了该工艺的进一步发展，并且需要将反应生成的水从乙醛产品和未转化的乙醇中分离，分离能耗高。

与乙醇部分氧化法相比，乙醇直接脱氢法属于原子经济性高的反应过程，生成的 H_2 属于绿色能源，也可减少对蒸汽重整和水煤气变换反应制氢的依赖，使得乙醇直接脱氢工艺优于乙醇部分氧化的工艺[50]。为了寻找乙醇脱氢的最佳催化剂，研究者对不同的多相催化体系进行了深入研究，如 Pd[51]、Ag[52]、Cd-Cr[53]、Ni[54]、Co[55]、Cu[56] 等催化剂，其中，Cu 基催化剂催化乙醇脱氢时具有较高的活性，且不发生 C—C 键断裂，表现出优异的活性和选择性，被认为是乙醇脱氢的最佳金属催化剂之一。

(2) 乙酸乙酯

乙醇脱氢法生产乙酸乙酯与乙醛生产工艺相似，铜基催化剂催化性能较好、成本低廉，是主要使用的催化剂。由于受化学平衡控制，乙醇单程转化率一般不超过 70%，较低的转化率也增加了分离费用。

西南院在 20 世纪 90 年代就开展了乙醇脱氢制乙酸乙酯技术开发。开发的 CNY-101 型 Cu-Zn-Al 体系催化剂，较适宜的反应温度为 230~270℃，反应压力为 0.6~1.0MPa，乙醇单程转化率 >60%，选择性 >90%。原料乙醇中水会促进乙酸的生成，并缩短催化寿命[57]。随后又对催化剂制备工艺进行了改进，开发的 CNY-102 型催化剂比 CNY-101 型催化剂乙酸乙酯单程收率高 10%，更适于以工业乙醇为原料一步合成乙酸乙酯[58]。

用乙醇脱氢法生产乙酸乙酯，每吨乙酸乙酯可副产氢气 509m³，副产物可用于生产无苯天那水溶剂。目前该技术已实现工业化，主要的国内技术提供商有西南院、清华大学，国外技术提供商主要为英国 Davy 公司和 Chiba 大学。

乙醇脱氢生产乙酸乙酯情况统计见表 2-39。

表 2-39　乙醇脱氢生产乙酸乙酯情况统计表

企业	技术提供商	催化剂	产量/($\times 10^4$ t/a)	投产时间
山东临沭县化肥厂	清华大学	Cu-Zn-Al-Zr	0.5	1996 年
河南新野化工(集团)股份有限公司	西南院	Cu-Zn-Al	0.3	1997 年
南非 Sasol 公司	Davy 与南非合作	Cu-Cr	5	1999 年
日本窒素(Chisso)公司	Chiba 大学	Cu-Zn-Zr-Al	—	2001 年
吉林燃料乙醇有限公司	Davy	Cu-Cr	5	2007 年
山东海化集团有限公司	Davy	Cu-Cr	10	2007 年

（3）正丁醇

近年来，乙醇催化转化制取高附加值的化学品正丁醇受到了学术和工业界的广泛关注。正丁醇具有与汽油相似的燃料特性，可以与汽油高比例（20％）混合且对发动机无腐蚀，因此，可以作为理想的燃料添加剂[59]。

乙醇催化转化合成正丁醇可分为均相催化体系和多相催化体系，均相催化剂具有活性位可控、无传质限制等特点，可在温和条件下催化乙醇转化正丁醇。Dowson 等[60] 采用 Ru 基配合物作为催化剂，Ru 基配合物能够促进乙醛的羟醛缩合并能抑制 C_4 以上醇的缩合反应，可获得较高的丁醇选择性，在 150℃下反应 4h，得到 20.4％的乙醇转化率和 90.0％的丁醇选择性。鉴于均相催化剂的一些缺陷，如均相催化剂回收困难，且多采用贵金属，因此非贵金属多相固体催化剂在近年来是研究热点之一。Ogo 等[61] 报道了改性的羟基磷灰石（HAP）催化剂，制备 Sr-HAP 和 Ca-HAP 催化剂用于乙醇制备正丁醇，在反应温度 300℃、0.1MPa 反应条件下，分别获得了 81.2％和 74.5％的正丁醇选择性。

2.7.3.2　乙醇催化转化为烯烃

（1）乙烯

乙烯是石油化学工业重要的基础原料，乙烯工业是衡量一个国家石油化工水平的主要标志。相比于石油路线的催化裂解工艺，乙醇脱水制乙烯具有装置启停灵活、投资小的特点，生产的乙烯可达到聚合级乙烯要求。

乙醇在催化剂作用下发生脱水反应生成乙烯，该技术于 1913 年首次在德国实现工业化。磷酸催化剂是工业上最早使用的催化剂[62]，但磷酸催化剂腐蚀性强、寿命短、杂质难以分离，对于生产工艺和装置的要求高，生产成本高。目前工业上主要采用 Al_2O_3 和分子筛作为催化剂[63-66]，Al_2O_3 催化剂抗积碳性能好，但是需要较高的反应温度；分子筛催化剂活性高，可显著降低反应温度，能在高空速下获得较高的乙醇转化率和乙烯选择性。

目前针对乙醇脱水制乙烯工艺的改进集中于反应器形式方面，相比于现有的固定床反应器，流化床工艺能得到更高的单程转化率和乙烯收率，可使后续处理设备费用降低。流化床工艺通过反应器内构件的设计，强化换热，可适用于煤基高浓度乙醇直接反应，而无须加入水或惰性稀释剂[67]。

（2）丁二烯

乙醇可以在酸碱催化剂的作用下反应生成目标产物丁二烯。按催化反应历程的不同，可以分为一步法工艺和两步法工艺。

一步法：　　　　　　　$2\diagup\!\!\!\diagdown\!OH \longrightarrow \diagdown\!\!\!\diagup\!\!\!\diagdown +2H_2O + H_2$

两步法：

$$\wedge OH \longrightarrow \wedge_O + H_2$$

$$\wedge OH + \wedge_O \longrightarrow \diagdown\diagup + 2H_2O$$

早期在美国工业化生产中[68]，采用 Ta_2O_5/SiO_2 催化剂，以乙醇和乙醛同时作为反应原料合成 1,3-丁二烯，该反应中丁二烯选择性为 63%，催化剂寿命为 120h，然而催化剂再生条件苛刻，需要硝酸协助氧化积碳。为改善乙醇制 1,3-丁二烯催化剂的催化性能，Chae 等[69]采用 2%Ta_2O_5/SBA-15 催化剂，在反应温度 350℃、空速 $1h^{-1}$、乙醇与乙醛混合进料时，丁二烯选择性达 80%、丁二烯收率为 37%，该催化剂具有较好的稳定性以及抗积碳性能。

乙醇相对容易获得，但其功能相对单一，这使其作为平台分子对下游产品进行延伸具有较大吸引力。乙醇分子中含有 C—C、C—H、C—O 和 O—H 键，通过催化转化可合成氢气、烯烃、醛、醇和芳香化学品。乙醇本身是一种相当稳定的分子，但其中许多产物（如乙烯）或反应中间体（如乙醛）都具有很高的反应活性，容易发生二次反应，使得在许多反应过程中，在高乙醇转化率下保持高选择性成为研究者们需攻破的难题。在转化过程中精准地实现 C—C、C—H、C—O 和 O—H 键的选择性活化、断裂或重组，对催化技术提出了新的挑战，其中对新型催化材料的可控合成提出了更高的要求。同时，对不同路径乙醇催化转化过程的反应机理仍不明确，明确反应机理对催化剂的制备及目标产品的调控有着重要的指导作用，并能够带动新的催化理论和技术的发展。

2.8　焦炉煤气综合利用

我国焦炉煤气资源较为丰富，有效提高资源和能源整体利用率，实现焦炉煤气合理高效利用，对于建设节约型社会以及发展循环经济起着十分重要的作用。

随着我国焦化产业不断地发展，焦炉煤气综合利用向清洁化和产品多联产方向不断地延伸。通过多联产充分发挥焦炉煤气潜能，因地制宜实现产品多样性，根据市场波动灵活调节生产，有效抵抗单一产品价格波动风险，实现企业利润最大化，增强企业抗风险能力[70]。

利用焦炉煤气生产高附加值产品，可以使焦化企业获得较好的经济效益。对于钢铁企业而言，实现焦炉煤气整体利用是主要发展趋势，也是坚持可持续发展的重要选择。目前焦炉煤气生产甲醇、合成氨、LNG 等技术已经非常成熟，但是利用焦炉煤气制乙二醇、二甲醚、燃料油、芳烃、烯烃等化工原料及高附加值化工产品仍需进一步加大研究和开发力度，以便更好地发挥焦炉煤气的价值，进一步促进我国焦化产业的高质量可持续发展。

2.8.1　焦炉煤气多联产利用技术

多联产系统更加科学地实现了焦炉煤气综合利用，在产出低成本高附加值产品甲醇、合成氨、液化天然气（LNG）或者氢气的同时，也助推了我国焦化产业的可持续发展。目前焦炉煤气多联产技术主要应用在制氢-发电联产、制甲醇联产液氨、制 LNG 联产氢气等领域[71]。

焦炉煤气通过 PSA 提氢后，解吸气中还有 CH_4、CO、少量低碳烃等可燃气体，可用于发电[72]。焦炉煤气制氢-发电多联产工艺流程如图 2-56 所示。

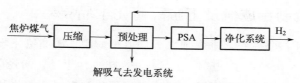

图 2-56　焦炉煤气制氢-发电多联产工艺流程图

由于焦炉煤气含氢量高，生产 LNG 后还有部分氢气剩余，一般可通过补碳提高 LNG 产量，或通过 PSA 提取剩余的氢气作为副产品[72]。焦炉煤气制 LNG 联产氢气的工艺流程如图 2-57 所示。同样地，焦炉煤气制甲醇的弛放气，也可通过 PSA 提取氢气，可用作燃料电池氢[73]（图 2-58）。

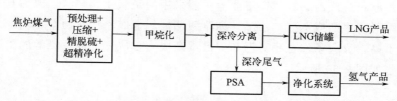

图 2-57　焦炉煤气制 LNG 联产氢气工艺流程图

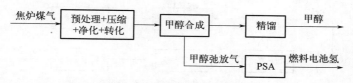

图 2-58　焦炉煤气制甲醇联产燃料电池氢工艺流程图

焦炉煤气制甲醇、LNG 联产合成氨也是常见的多联产项目。将焦炉煤气转化工序中的空分系统释放的纯净氮气与甲醇弛放气中的氢气或 LNG 装置剩余氢气回收利用，生产合成氨，可显著降低生产成本[72]。焦炉煤气制甲醇联产合成氨的工艺流程如图 2-59 所示。2023 年徐州龙兴泰能源科技有限公司焦炉煤气制 $30×10^4$ t 甲醇联产液氨项目，以焦炉煤气为原料合成甲醇，甲醇合成弛放气生产合成氨，实际规模为 $34.6×10^4$ t/a 精甲醇，2500t/a 杂醇，$8.96×10^4$ t/a 合成氨。

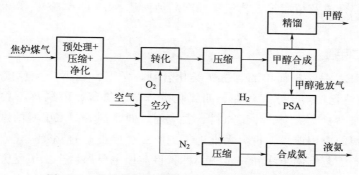

图 2-59　焦炉煤气制甲醇联产合成氨的工艺流程图

2.8.2 焦炉煤气制合成气及下游高值化学品展望

目前焦炉煤气制甲醇技术已经非常成熟,随着甲醇制下游高值化学品技术逐渐兴起并应用,以合成气为原料一步法制乙二醇、二甲醚、燃料油、芳烃、烯烃等技术正在逐渐落地,若改以焦炉煤气为原料,可显著降低生产成本,实现焦炉煤气资源化利用。

2.8.2.1 合成乙二醇

乙二醇(EG)是一种重要的有机化工原料,从乙二醇可以衍生出 100 多种化纤、塑料、溶剂行业用的化学品,应用范围日益扩大。目前乙二醇主要以来自石油的乙烯为原料,经气相氧化制得环氧乙烷再水合而制得。由于石油资源日益减少,由天然气、煤和渣油制取合成气代替石油合成乙二醇引起了世界各国的广泛关注。

以合成气为原料合成乙二醇,在工业上主要采用的是氧化偶联法,包括 CO 偶联合成草酸酯(主要为草酸二甲酯或草酸二乙酯)和草酸酯加氢合成乙二醇两个步骤。由于其对于工艺条件的要求不高,反应条件也相对温和,已逐渐成为合成气合成乙二醇的重要方法。氧化偶联法工艺流程如图 2-60 所示。

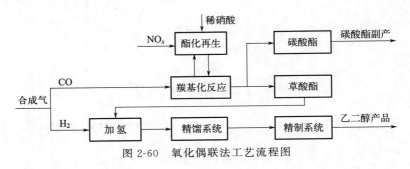

图 2-60 氧化偶联法工艺流程图

2022 年煤制乙二醇产量已达到 400×10^4 t。煤制乙二醇虽然生产成本低廉,但运输成本高,且煤制乙二醇产品质量略低于石油路线制乙二醇,还不能完全达到生产下游聚酯的要求,需采用"掺混"工艺[74-75]。但随着工艺技术优化和催化剂更新换代,煤制乙二醇产品质量有望进一步提升。

2022 年国内首套焦炉煤气制乙二醇生产装置,鄂托克旗建元煤化科技有限责任公司年产 26×10^4 t 焦炉煤气制乙二醇项目双系统开车成功,实现稳定运行。以 64500m³/h 焦炉煤气为原料,经过气柜储存、加压、POX 炉技术(纯氧非催化转化)、脱硫脱碳、精脱硫、合成气分离、乙二醇合成及精馏等工艺流程,产品纯度达 99.94%,各项指标满足聚酯级乙二醇国家标准[76]。

2.8.2.2 合成二甲醚

二甲醚(DME)是一种简单的有机醚类化合物,常温常压下为无色气体,有醚类特有的气味。DME 易液化,溶于水、汽油、四氯化碳、苯、氯苯、丙酮及乙酸甲酯等溶剂。其主要用途包括用作燃料、溶剂、化工原料、发泡剂、偶联剂等。二甲醚的这些优良性能预示着二甲醚具有广阔的应用前景,也大大推进了二甲醚合成工业的发展。

二甲醚的生产工艺有两步法和一步法两种。目前最主要的生产二甲醚方法是两步法生产工艺,由合成气先合成甲醇,再经脱水制得二甲醚。国内外应用最多的为甲醇气相脱水法制二甲醚，采用固体酸催化剂，在 0.5～1.5MPa、200～400℃ 条件下合成，通过精馏可达到燃料级二甲醚标准 （≥99.5%）[77]。

两步法生产二甲醚的成本较高，限制了二甲醚的大规模生产和应用，因此合成气一步法合成二甲醚技术迅速地发展起来。一步法是将合成二甲醚的两步反应（甲醇合成和甲醇脱水）集中到一个反应器中进行。理论上，一步法比两步法在热力学上占有优势。国内外合成气一步法制二甲醚工业化现状见表 2-40。

表 2-40　国内外合成气一步法制二甲醚工业化现状表[78-80]

单位	催化剂	反应条件与性能	反应器	规模	进度
Topsøe 公司	Cu-Zn-Al 甲醇合成＋硅铝甲醇脱水	7～8MPa，210～290℃，单程转化率 18%，二甲醚选择性 70%～80%	固定床	1t/d	中试
中国科学院大连化学物理研究所	金属-沸石双功能 SD219-Ⅲ 型催化剂	CO 的转化率高达 90% 以上，DME 在含氧有机物中的选择性在 95% 左右	固定床		
美国空气化学品公司	沸石、固体酸负载的 Cu-Al$_2$O$_3$-SiO$_2$	操作压力为 5～10MPa，反应温度为 250～280℃，单程转化率 33%，二甲醚选择性 40%～90%	鼓泡浆态床	15t/d	中试
日本 NKK 公司	微粒状催化剂 Cu-ZnO-Al$_2$O$_3$	$n(H_2)/n(CO)=1.0$，3～7MPa，250～280℃，单程转化率 55%～60%，二甲醚选择性 90%	浆态床	5t/d	工业试验
清华大学	LP201-Al$_2$O$_3$	255℃，4.5MPa，CO 单程转化率 63.1%，二甲醚选择性 95%	浆态床	3000t/a	中试

目前焦炉煤气制二甲醚为两步法路线，先经焦炉煤气制甲醇后生产二甲醚。随着一步法制二甲醚的技术发展，使以焦炉煤气为原料的一步法路线有望实现。

2.8.2.3　合成油

焦炉煤气通过净化洁净转化为油品技术的开发，一方面可以解决油品供应不足的问题，另一方面也可以建立起工业排放气（以焦炉煤气为出发点）转化为烃类化工原料的产业体系。因此，发展焦炉煤气制油产业不仅可以作为我国油品供应的补充，也将为未来碳循环体系的建立奠定坚实的基础，现实意义重大而深远。

煤制油通过典型的费-托合成（Fischer-Tropsch，F-T）工艺，将合成气（CO＋H$_2$）通过催化剂转化为柴油、石脑油和其他烃类产品。合成气经脱硫、脱氧净化后，根据使用的 F-T 合成反应器，调整合成气的 H$_2$/CO，在反应器中通过合成气与固体催化剂作用合成出混合烃类和含氧化合物，最后将得到的合成品经过产品的精制改制加工成汽油、柴油、航空煤油、石蜡等成品。

当前 F-T 合成工艺分为高温费-托合成和低温费-托合成。南非 Sasol 公司的高温费-托合成工艺使用 Fe 基催化剂，温度在 300～350℃ 之间，主要生产汽油和低分子量直链烯烃。低温费-托合成使用 Fe 基或 Co 基催化剂，温度在 200～240℃ 之间，主要生产高分子量直链石蜡烃。

在国内，潞安、伊泰和神华等煤炭企业也在实施基于铁基浆态床合成油技术的 10 万吨级规模工业示范，中石化和潞安也完成了基于钴基固定床合成油技术的千吨级工业侧线试验。目前，神华宁煤 $400×10^4 t/a$、山西潞安 $100×10^4 t/a$ 和伊泰杭锦旗 $100×10^4 t/a$ 等3个百万吨级煤制油商业示范厂和2个 $16×10^4 t/a$ 煤制油示范厂都在稳定运行。

以焦炉煤气为原料制合成油大多处于研究阶段[81]。陕西金巢能源化工技术有限公司和南非金山大学开发了焦炉煤气生产清洁燃料油技术，在宝鸡氮肥厂 $1×10^4 t/a$ 中试装置上开车成功[82]。焦炉煤气经过非催化转化后补碳，将氢碳比调整为 1.0～2.1，进行费-托合成反应，生成烯烃和烷烃，再经冷却分离后得到燃料油和高纯度化工产品，工艺流程如图 2-61 所示[83]。

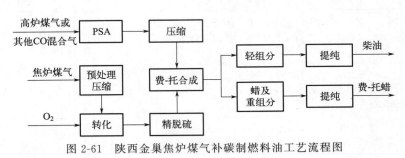

图 2-61　陕西金巢焦炉煤气补碳制燃料油工艺流程图

2.8.2.4　合成烯烃

低碳烯烃是重要的基础化学品。以石油制取低碳烯烃，生产乙烯主要的途径是石脑油裂解，生产丙烯现在还有丙烷脱氢的路线。当前以煤为原料制低碳烯烃，主要通过煤经合成气制甲醇、甲醇制烯烃的多步过程实现。高碳烯烃可以制得高附加值产品，如高品质高密度聚乙烯、高品质线性低密度聚乙烯、PAO（聚 α-烯烃）润滑油、洗涤剂、增塑剂等。目前高碳烯烃主要从低碳烯烃低聚反应或者石蜡等高碳烃脱氢反应制得。合成气直接制烯烃新技术的开发及产业化推广，有望实现节能减排，推动煤化工产业的升级转型，替代石油路线，降低成本。

合成气一步法直接转化制备烯烃，相比于合成气间接转化制烯烃的过程，具有反应步骤少、生产装置简单等技术经济优势，因而受到了极大的关注。现今主要有两种路径：①费-托合成制烯烃（FTO）；②合成气双功能催化制烯烃。

FTO 催化剂主要有 Fe 系、Co 系、Ru 系等。其中，研究较多的是以碳化物（如碳化铁[84-85]、碳化钴[86] 等）为活性中心的催化剂，其产物中烯烃含量较高。但费-托合成反应产物碳数分布较宽，并遵循费-托合成的产物（ASF）分布规律，低碳烯烃产物在碳氢化合物中占比理论极限为 58%[87]。

双功能催化剂是将传统 F-T 催化剂与特定分子筛结合在一起，使 CO 活化和 C—C 耦合的活性位分离，以打破 ASF 分布规律，提高低碳烯烃的选择性。双功能催化剂的产物分布主要在低碳烯烃，高碳烯烃含量较少，且 CO 转化率较低，通常在 10% 左右，烯烃的时空收率偏低[88-89]。2023年 Jiao 等[90] 采用金属锗离子同晶取代的微孔分子筛（GaAPO-18），通过调节分子筛孔道内的酸位点密度和酸强度，提高了中间体的生成速率，同时抑制 C—C 偶联过程中的过度加氢和过度聚合，使 CO 转化率和低碳烯烃选择性同时提高，收率达到 48%。

国内合成气直接制烯烃主要研究机构为中国科学院大连化学物理研究所、中国科学院上海高等研究院、北京大学、武汉大学等，国外则以南非 Sasol 公司为代表。国内合成气制烯烃技术对比见表 2-41。中国科学院大连化学物理研究所和上海高等研究院烯烃产物分布主要为低碳烯烃，而北京大学、武汉大学烯烃产物分布主要为 C_5 以上高碳烯烃。

表 2-41　国内合成气制烯烃技术对比表

单位名称	温度/℃	压力/MPa	$n(H_2)/n(CO)$	催化剂	CO转化率/%	烯烃选择性	技术研发阶段
北京大学[84]	340	2	2.7	Fe-Zn-Na	63	$C_2 \sim C_4$ 为 23%，C_{5+} 为 34%	实验室研发
武汉大学[85]	320	2	2	Fe-Mn-Si	56	烯烃选择性 63.3%，$C_2 \sim C_4$ 占总烯烃 24%，总 α-烯烃 51.8%	实验室研发
中国科学院上海高等研究院[86]	250	0.1	2	Co-Mn	32	$C_2 \sim C_4$ 为 32%	中试
厦门大学[88]	400	1.0	2	$ZrZnO_x$-SAPO-34	11	$C_2 \sim C_4$ 约为 40%	实验室研发
中国科学院大连化学物理研究所[89-90]	400	2.5	1.5	$ZnCrO_x$-SAPO-34	17	$C_2 \sim C_4$ 为 47%	中试
	430	6	2.5	$ZnCrO_x$-GaAPO-18	85	$C_2 \sim C_4$ 为 57%	实验室研发

我国现已投产的煤制烯烃项目，均是先将合成气转化为甲醇，再采用 MTO 或 MTP 技术制烯烃，该技术路线成熟并已得到大规模工业化应用，但与煤基合成气直接制烯烃技术相比，也存在技术复杂、工艺流程长、转化效率较低的不足。2019 年 9 月，中国科学院大连化学物理研究所与陕西延长石油（集团）有限责任公司合作完成了煤经合成气直接制低碳烯烃技术的工业中试试验，该技术路线摒弃了传统的高水耗和高能耗的水煤气变换制氢过程以及中间产物（如甲醇和二甲醚等）转化工艺，从原理上开创了一条低水耗进行煤经合成气一步转化的新途径。该新工艺流程短，水耗和能耗低，技术优势明显，如果下一步工业试验取得成功，则有望成为现有煤制烯烃技术的新一代替代工艺，助力"双碳"目标的实现。

2.8.2.5　芳烃

芳烃作为重要的基础化工原料，需求与日俱增。目前，工业上芳烃的生产原料主要为石油和煤。以石油为原料的途径包括炼油厂重整过程制取、乙烯生产厂裂解汽油、甲苯歧化。以合成气为原料制芳烃的方法有两类：一类是将合成气转化为甲醇、甲烷、直链烷烃等，最后通过甲醇芳构化、甲烷芳构化、直链烷烃芳构化制取芳烃；另一类是通过采用合适的催化剂，将合成气直接转化为芳烃。

煤经甲醇制芳烃技术的关键是甲醇制芳烃（MTA），目前已趋于成熟，但尚未工业化应用[91]。MTA 工艺分为流化床和固定床，主要有中国科学院山西煤炭化学研究所开发的固定床甲醇制芳烃技术（ICC-MTA）、清华大学开发的循环流化床甲醇制芳烃技术（FMTA）和中国石化上海石油化工研究院的 S-MTA 技术等，见表 2-42。

表 2-42   国内主要的甲醇制芳烃工艺技术表[91]

单位名称	技术简称	反应器	性能指标	技术开发阶段
清华大学	FMTA	两段流化床	芳烃碳基率 74.47%	中试
中国石化上海石油化工研究院	S-MTA	一段流化床＋两段固定床	芳烃碳基产率 78.69%	$4 \times 10^4 \text{t/a}$ 工业试验
中国科学院山西煤炭化学研究所	ICC-MTA	两段流化床	芳烃碳基产率约 60.00%	百吨级中试

近年来，关于合成气一步法制芳烃的报道不多，尚处于实验室研究阶段。基于耦合催化剂，合成气制芳烃现有两条反应路径：一是甲醇合成催化剂与分子筛耦合，经过甲醇中间体制取芳烃（SMA）；二是将铁基费-托合成制烯烃（FTO）催化剂与分子筛耦合，经烯烃中间体制取芳烃（SOA）。现有报道的两类耦合催化体系反应条件较为苛刻（320～430℃），且催化剂活性、选择性与稳定性三者难以匹配。中国科学院上海高等研究院通过构建与棱柱状碳化钴（Co_2C）催化剂匹配的 ZSM-5 分子筛，在反应温度为 280℃、压力为 2.0MPa 的温和条件下进行一步法合成气制芳烃反应，该反应具有 CO 转化率高、芳烃选择性高与催化剂稳定性好等特点，对二甲苯（PX）时空产率为 331.8mg/(g·h)[92]。

目前焦炉煤气制芳烃仍处于研究阶段，其难点主要在于甲醇制芳烃。如果可以利用焦炉煤气生产芳烃，既达到了焦炉煤气高效清洁化利用、减少环境污染的目的，又弥补了国内芳烃市场供需缺口，实现了石化路线生产芳烃产品替代，缓解了我国原油进口压力，进而为保障我国能源供应安全等提供了一条可行的发展路径[93]。

2.9   焦炉煤气与二氧化碳综合利用

在"双碳"目标的大背景下，如何有效减少二氧化碳的排放[94]同时有效利用现有二氧化碳资源引起了广泛关注。二氧化碳是一种储量丰富的可再生碳源，将其固定在增值化学品中具有十分广阔的应用前景，但因为二氧化碳气体具有较高的化学稳定性，目前利用二氧化碳作为原料的工业工程非常少。国内在二氧化碳利用领域做出了许多有益的尝试，其中西南院依托工业排放气综合利用国家重点实验室、国家碳一化学工程技术研究中心等优势平台，在焦炉煤气补二氧化碳重整制合成气、焦炉煤气补二氧化碳制甲醇、焦炉煤气补二氧化碳制LNG 领域均取得了重大技术成果[70]。结合西南院强大的工程实力，造就了一批经济效益好、二氧化碳排放少的精品工程[95]，为国家"双碳"目标提供了技术支撑和强力保障。

2.9.1   焦炉煤气补二氧化碳重整制合成气

2.9.1.1   焦炉煤气补二氧化碳重整制合成气技术

焦炉煤气补二氧化碳重整（也称干重整），其主要是利用焦炉煤气中的甲烷与二氧化碳发生重整反应，生成一氧化碳与氢气[96]。其反应如下：

$$CH_4 + CO_2 \Longrightarrow 2CO + 2H_2 \qquad \Delta H_{298K}^{\ominus} = 247 \text{kJ/mol}$$

从上述反应可以看出，干重整可得到 $n(H_2)/n(CO) = 1:1$ 的合成气[97]。甲烷干重整属于强吸热反应，反应温度需要达到 900℃才能有较为理想的效果，同时在干重整的过程中伴有其他副反应发生：

$$CO_2 + H_2 \Longrightarrow H_2O + CO \qquad \Delta H^{\ominus}_{298K} = 42kJ/mol$$

$$2CO \Longrightarrow CO_2 + C \qquad \Delta H^{\ominus}_{298K} = -172kJ/mol$$

$$CO + H_2 \Longrightarrow H_2O + C \qquad \Delta H^{\ominus}_{298K} = -131kJ/mol$$

$$CH_4 \Longrightarrow 2H_2 + C \qquad \Delta H^{\ominus}_{298K} = 75kJ/mol$$

由于以上副反应无法解决，目前干重整停留在实验室阶段，尚无实质性的突破。目前焦炉煤气补二氧化碳进行 $CO_2/CH_4/H_2O$ 的三重整反应具有重大的工业应用价值[98]。三重整指甲烷蒸汽重整、甲烷二氧化碳重整、甲烷部分氧化重整在同一个反应器里进行。其反应如下：

$$CH_4 + H_2O \Longrightarrow CO + 3H_2 \qquad \Delta H^{\ominus}_{298K} = 206kJ/mol$$

$$2CH_4 + O_2 \Longrightarrow 2CO + 4H_2 \qquad \Delta H^{\ominus}_{298K} = -36kJ/mol$$

$$CH_4 + CO_2 \Longrightarrow 2CO + 2H_2 \qquad \Delta H^{\ominus}_{298K} = 247kJ/mol$$

在重整反应器中，以上三个反应耦合。由于焦炉煤气二氧化碳重整反应中补二氧化碳的量、部分燃烧氧气的量可以调节，从而生成合成气中的 H_2/CO 的值可根据下游工序的需要进行调节[97]；焦炉煤气部分氧化过程提供了燃烧热，这部分热量可供甲烷蒸汽重整和甲烷二氧化碳重整反应使用，使得整个反应过程实现自供热，大大提高能效，降低成本；此外，水蒸气和氧气的存在，有利于消除重整副反应产生的碳，有效延长了催化剂的寿命。

2.9.1.2　焦炉煤气补二氧化碳重整制合成气工艺

焦炉煤气补二氧化碳重整制合成气工艺流程见图 2-62。焦炉煤气补二氧化碳重整制合成气工艺主要包括焦炉煤气补二氧化碳压缩、焦炉煤气净化及重整三部分[99]。焦炉煤气与补充的二氧化碳混合后经焦炉煤气压缩机加压至 $1.5 \sim 2.5MPa$，加热至 $200 \sim 250℃$ 后进行加氢脱硫，精脱硫混合原料气进入三重整反应器，与同时进入反应器的氧气和蒸汽在反应器内催化剂的作用下进行重整反应。重整反应出口高温气经高位热回收并冷却分离水分后，即得到重整气。

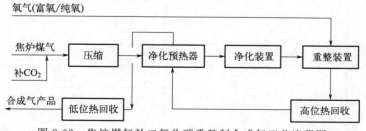

图 2-62　焦炉煤气补二氧化碳重整制合成气工艺流程图

2.9.1.3　焦炉煤气补二氧化碳重整制合成气催化剂

在焦炉煤气三重整反应的催化剂研究中发现，第Ⅷ族过渡金属除 Os 外，对三重整反应中的三个主要反应都具有催化作用，其中贵金属催化剂的催化活性高，抗积碳能力好，稳定性好[100]。其中 $Pt-Ni/Al_2O_3$ 活性极佳，Pt 的抗积碳能力极强。但 Pt 价格昂贵，限制了其大规模应用。Ni 的活性与 Pt 相当，是三重整反应中值得深入研究的催化剂活性组分，但 Ni

金属抗积碳能力差，容易失活[101]。在催化研究的过程中，需要尽可能地提高活性组分在载体上的分散度并减少活性组分粒子尺寸[102-103]，通常需通过多次浸渍达到该目的。

2.9.1.4　焦炉煤气补二氧化碳重整制合成气优势

与常见的焦炉煤气重整制合成气相比，焦炉煤气补二氧化碳重整制合成气具有较为理想的环境效益[104]。同时，将原本排放的二氧化碳通过重整转化为有效气一氧化碳，可以进一步提高重整装置的经济效益[105]。以下为同一焦炉煤气流量条件下，焦炉煤气重整与焦炉煤气补二氧化碳重整制合成气的对比。

以 70000m³/h 焦炉煤气为例，焦炉煤气重整制合成气工艺流程见图 2-63，物料平衡见表 2-43。补充二氧化碳重整制合成气工艺流程见图 2-64，物料平衡见表 2-44。

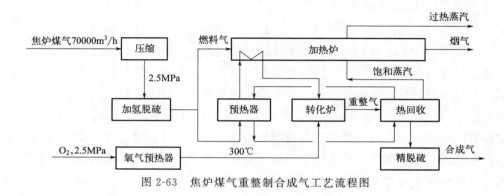

图 2-63　焦炉煤气重整制合成气工艺流程图

表 2-43　焦炉煤气重整制合成气物料平衡表

项目		焦炉煤气	重整气	合成气
组分及含量	$\varphi(H_2)/\%$	57.00	43.21	70.66
	$\varphi(CH_4)/\%$	27.00	0.04	0.07
	$\varphi(CO)/\%$	8.50	12.01	19.63
	$\varphi(CO_2)/\%$	3.00	5.35	8.75
	$\varphi(C_2H_4)/\%$	2.50	0.00	0.00
	$\varphi(C_2H_6)/\%$	0.80	0.00	0.00
	$\varphi(C_{3+})/\%$	0.10	0.00	0.00
	$\varphi(N_2)/\%$	1.00	0.38	0.63
	$\varphi(O_2)/\%$	0.10	0.00	0.00
	$\varphi(H_2O)/\%$	0.00	39.01	0.27
	合计	100	100	100
流量/(m³/h)		70000	182664	111712

注：重整需要补充蒸汽 54t/h。

表 2-44　焦炉煤气补充二氧化碳重整制合成气物料平衡表

项目		焦炉煤气	二氧化碳	重整气	合成气
组分及含量	$\varphi(H_2)/\%$	57.00	0.00	40.22	59.32
	$\varphi(CH_4)/\%$	27.00	0.00	0.07	0.11

续表

项目		焦炉煤气	二氧化碳	重整气	合成气
组分及含量	$\varphi(CO)/\%$	8.50	0.00	19.10	28.17
	$\varphi(CO_2)/\%$	3.00	99.99	7.81	11.51
	$\varphi(C_2H_4)/\%$	2.50	0.00	0.00	0.00
	$\varphi(C_2H_6)/\%$	0.80	0.00	0.00	0.00
	$\varphi(C_{3+})/\%$	0.10	0.00	0.00	0.00
	$\varphi(N_2)/\%$	1.00	0.00	0.41	0.61
	$\varphi(O_2)/\%$	0.10	0.00	0.00	0.00
	$\varphi(H_2O)/\%$	0.00	0.01	32.38	0.28
	合计	100	100	100	100
流量/(m³/h)		70000	14000	169656	115032

注：重整需要补充蒸汽 32t/h。

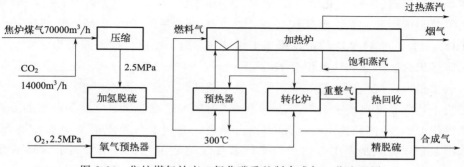

图 2-64　焦炉煤气补充二氧化碳重整制合成气工艺流程图

焦炉煤气补碳后，装置蒸汽消耗大幅降低。重整出口的有效气 $V(CO)+V(H_2)$ 约 100000m³/h，但补碳后重整 $M=n(H_2):n(CO)\approx 2.10$，较焦炉煤气重整（$M\approx 3.60$）适用范围更广，更适合焦炉煤气制甲醇或焦炉煤气制 LNG 装置。

补碳工艺合成气中 CO_2 流量为 13243m³/h，非补碳工艺合成气中 CO_2 流量为 9772m³/h，原料 CO_2 流量为 14000m³/h，补碳工艺净减碳（指 CO_2 减少量）10529m³/h，同时减少蒸汽用量 2.2t/h。

2.9.2　焦炉煤气补二氧化碳制甲醇

2.9.2.1　焦炉煤气补二氧化碳重整制甲醇技术

焦炉煤气补二氧化碳制甲醇技术的目的是基于焦炉煤气补二氧化碳重整制合成气，使重整得到的合成气氢碳比 M 更接近于理想的计量比 2.0 左右，重整气经脱碳回收 CO_2 并返回焦炉煤气原料气中后可进一步降低脱碳合成气中的氢碳比，同时资源化利用重整反应气中的 CO_2[106-107]。工艺流程见图 2-65。

2.9.2.2　焦炉煤气补二氧化碳重整制甲醇催化剂

焦炉煤气补二氧化碳重整制甲醇催化剂主要有两种，即焦炉煤气补二氧化碳重整催化剂及甲醇合成催化剂。焦炉煤气补二氧化碳后可得到 $M\approx 2.10$ 的理想甲醇合成气，所用的甲

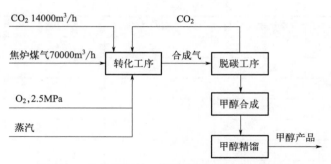

图 2-65 焦炉煤气补二氧化碳制甲醇工艺流程图

醇合成催化剂与焦炉煤气不补碳制甲醇工艺完全一致，不需要重新开发，因此焦炉煤气补二氧化碳重整催化剂为主要难点。

目前，焦炉煤气补二氧化碳重整催化剂依旧采用镍作为主要活性组分，催化重整过程需要避免甲烷裂解积碳、CO 歧化反应积碳、二氧化碳还原反应积碳。研究表明，Ni 催化剂表面积碳由甲烷裂解引起，就重整反应来说，歧化生成的单原子 C 容易气化消除。但当单原子 C 被 CO_2、O_2、H_2O 消除的速率慢于生成的速率时，C 就会在表面累积并发生聚合，生成碳烯，碳烯聚合会迅速将活性组分 Ni 原子包围并形成包埋碳。基于上述原因，焦炉煤气补二氧化碳重整反应抗积碳的核心问题是保证消碳速率大于积碳速率。

为解决上述问题，目前有几类方法：一是通过添加过渡金属氧化物等助剂的方式，利用助剂与活性组分 Ni 的协同作用，增强 Ni 的分散度，有利于 Ni 的隔离，同时抑制 Ni 迁移长大，从而抑制积碳；二是采用等离子技术代替传统焙烧工艺，利用等离子的高活性自由电子、离子等高能粒子轰击催化剂表面，增强活性组分和载体间的相互作用，避免了传统催化剂处理方法中容易导致催化剂活性组分高温烧结的热处理过程，减小了活性组分 Ni 的颗粒尺寸，从而抑制积碳。

2.9.2.3 焦炉煤气补二氧化碳重整制甲醇优势

甲醇是 H_2 与 CO 或 CO_2 反应生成的产物，1mol CO 用于甲醇合成需要化学计量 2mol H_2，而 1mol CO_2 用于甲醇合成需要化学计量 3mol H_2，当 CO 和 CO_2 同时参与甲醇合成时，需要的化学计量氢碳比 $M = n(H_2 - CO_2)/n(CO + CO_2) = 2$。焦炉煤气中虽然含有大量 H_2 和少量 CO、CO_2，但由于还含有大量 CH_4、N_2 等惰性组分，一般不宜直接用于甲醇合成，通常需要首先将焦炉煤气经纯氧转化为低惰性组分含量的合成气再用于甲醇合成。焦炉煤气纯氧转化气中 M 为 2.5~2.7，说明 H_2 是有富余的，通过补加 CO_2 可以增产甲醇约 6%，在降低甲醇生产成本的同时减少 CO_2 的排放，达到节能减排的目的，见表 2-45。

表 2-45 焦炉煤气补二氧化碳重整制甲醇吨产品成本对比

序号	项目名称	单价/元	焦炉煤气制甲醇		焦炉煤气补二氧化碳制甲醇	
			消耗定额	成本/元	消耗定额	成本/元
一	原料			644.96		548.28
1	焦炉煤气	0.40	1612.39m³	644.96	1523.00m³	609.20
2	二氧化碳	−0.20	0.00m³	0.00	304.60m³	−60.92

续表

序号	项目名称	单价/元	焦炉煤气制甲醇		焦炉煤气补二氧化碳制甲醇	
			消耗定额	成本/元	消耗定额	成本/元
二	公用工程			427.39		406.73
1	电	0.45	828.07kW·h	372.63	782.17kW·h	351.98
2	新鲜水	7.80	7.02t	54.76	7.02t	54.76
三	副产品			−54.36		−101.44
	蒸汽	0.10	−543.57kg	−54.36	−1014.40kg	−101.44
四	单位成本			1017.98		853.57

注：负值表示节约的成本，如每减少排放 1m³ 二氧化碳可节约 0.20 元。

2.9.3　焦炉煤气补二氧化碳制 LNG

2.9.3.1　焦炉煤气补二氧化碳重整制 LNG 技术

在焦炉煤气甲烷化制 LNG 技术基础上[108]，焦炉煤气通过补充二氧化碳后可将其中的氢碳比模值调整到接近 3，可更加充分地利用焦炉煤气中的氢源，同时资源化利用了原本需要排放至大气的二氧化碳，提高了焦炉煤气制取 LNG 的产量[109-111]，具有良好的经济效益、社会效益及环境效益。焦炉煤气补二氧化碳制 LNG 工艺流程见图 2-66。

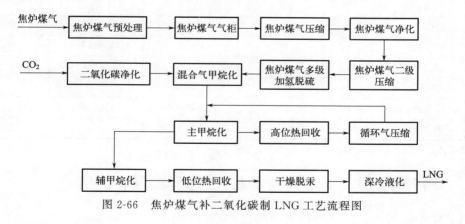

图 2-66　焦炉煤气补二氧化碳制 LNG 工艺流程图

2.9.3.2　焦炉煤气补二氧化碳重整制 LNG 催化剂

焦炉煤气补二氧化碳重整制 LNG 催化剂最重要的是甲烷化催化剂，为适应补二氧化碳焦炉煤气中 M 值较焦炉煤气低、甲烷化反应负荷高、放热量大、转化要求率高、富甲烷气二氧化碳含量要求高的特点[112]，焦炉煤气补二氧化碳制 LNG 催化剂要求的转化率、选择性、使用寿命均需大幅领先焦炉煤气甲烷化催化剂[113]。

西南院自 20 世纪 90 年代开始进行甲烷化催化剂研究，已成功开发出 CNJ-2、CNJ-5a、CNJ-6a 系列甲烷化催化剂与工艺技术。该成果荣获"四川省科技进步奖一等奖""中国专利优秀奖""中国化工学会科技特等奖"等荣誉。焦炉煤气补二氧化碳制 LNG 催化剂已成功运用于国内大型焦炉煤气制 LNG 项目河北迁安九江焦化 $8 \times 10^8 \mathrm{m}^3/\mathrm{a}$ 焦炉煤气补 CO_2 甲烷化制 LNG 装置及河北中翔能源有限公司 $10 \times 10^8 \mathrm{m}^3/\mathrm{a}$ 焦炉煤气补转炉气甲烷化制 LNG 装置。

2.9.3.3　焦炉煤气补二氧化碳重整制 LNG 优势

典型焦炉煤气组成中，H_2 约 57%（体积分数，下同）、CO 约 8.5%、CO_2 约 3.0%。甲烷合成主要反应如下：

$$CO+3H_2 =\!=\!= CH_4+H_2O \qquad \Delta H^{\ominus}_{298K}=-206.16kJ/mol$$

$$CO_2+4H_2 =\!=\!= CH_4+2H_2O \qquad \Delta H^{\ominus}_{298K}=-165.08kJ/mol$$

$$CO+H_2O =\!=\!= CO_2+H_2 \qquad \Delta H^{\ominus}_{298K}=-41kJ/mol$$

从上述反应式可以看出，甲烷化 1mol CO 需要 3mol H_2，而甲烷化 1mol CO_2 需要 4mol H_2，当 CO 和 CO_2 同时参与甲烷化时，需要的化学计量氢碳比 $M=n(H_2-CO_2)/n(CO+CO_2)=3$。常规焦炉煤气中 $M \approx 4.7$，说明 H_2 是有富余的，通过补加 CO_2 可以增产 LNG 约 6.18%，在降低 LNG 生产成本的同时减少 CO_2 的排放，真正达到节能减排的目的。焦炉煤气补二氧化碳制 LNG 成本对比见表 2-46。

表 2-46　焦炉煤气补二氧化碳制 LNG 吨产品成本对比

序号	项目名称	单价/元	焦炉煤气制 LNG		焦炉煤气补二氧化碳制 LNG	
			消耗定额	成本/元	消耗定额	成本/元
一	原料			1219.51		1132.08
1	焦炉煤气	0.40	3048.78m³	1219.51	2871.21m³	1148.48
2	二氧化碳	−0.20	0.00m³	0.00	82.03m³	−16.41
二	公用工程			591.43		558.81
1	电	0.45	1289.33kW·h	580.20	1216.49kW·h	547.42
2	新鲜水	7.80	1.44t	11.23	1.46t	11.39
三	副产品			−143.59		−145.20
	蒸汽	0.10	−1435.85kg	−143.59	−1452.00kg	−145.20
四	单位成本			1667.36		1545.69

注：负值表示节约的成本，如每减少排放 1m³ 二氧化碳可节约 0.20 元。

2.9.4　焦炉煤气补二氧化碳技术路线意义及展望

2.9.4.1　焦炉煤气补二氧化碳技术路线经济意义分析

在焦炉煤气综合利用的几大典型工艺中，甲醇、乙醇、乙二醇、合成油等要求氢碳摩尔比为 2.0 左右，甲烷化要求氢碳摩尔比为 3.0 左右。而焦炉煤气的特点是氢多碳少，不管是否经过转化都存在氢碳比过高的问题，其结果为化工产品氢过剩，无法做到综合经济效益最大化[114]。通过补二氧化碳技术，可有效提高焦炉煤气中的碳含量，调节焦炉煤气的氢碳比，大幅提高焦炉煤气的利用率、增加下游产品的产量，具有良好的经济效益。

2.9.4.2　焦炉煤气补二氧化碳技术路线碳减排意义分析

焦炉煤气补二氧化碳对于碳减排的核心意义在于资源化利用放散至大气造成温室效应的二氧化碳气体。

二氧化碳资源化利用主要有低浓度二氧化碳的捕集利用，如碳捕集利用（CCU）和碳捕集利用与封存（CCUS）两类方式，目前主流为二氧化碳捕集、驱油与埋存（CCUS-

EOR）技术，可提高原油采集率 $10\%\sim25\%$，每注入 $2\sim3t$ 二氧化碳可增产 1t 原油。另一种即为高浓度二氧化碳的利用，高浓度二氧化碳利用在捕集能耗方面具有相当大的优势，通过化学法将二氧化碳转化为合成气或其他有效气组分，可在提高产品产量的同时，减少二氧化碳的排放，经济效益和减碳效益均好于低浓度二氧化碳的捕集利用，但由于二氧化碳排放主要集中于燃煤电厂及化工厂，其排放主要为低浓度二氧化碳气。

焦炉煤气在碳减排项目中具有先天优势。由于焦炉煤气为焦化厂副产工业气，工厂内一般具备高浓度二氧化碳源，二氧化碳捕集能耗及成本低。同时，二氧化碳作为碳源可用于调节焦炉煤气中的氢碳比，提高了有效气含量，使得焦炉煤气中的氢源得以有效利用，在提高经济效益的同时变废为宝。

2.9.4.3　焦炉煤气补二氧化碳技术路线展望

焦炭及钢铁企业大量无序排放的二氧化碳气体，通过净化、加压后补充至焦炉煤气中，根据产品需要调节焦炉煤气中的 M 值，通过调节 $n(H_2-CO_2)/n(CO+CO_2)$，使得合成气满足不同类型产品的需要。其中主要有补充后将 M 值调整为 3.0 直接生产下游产品，如 SNG、LNG 等，或通过重整转化工序，将合成气 M 值调整为 2.0 以满足下游甲醇、乙醇、烯烃等产品的要求。

焦炉煤气补二氧化碳制取化学品的过程对焦炉煤气及二氧化碳气体杂质要求高，需要补充的二氧化碳中有机硫体积分数 $\leq0.1\times10^{-6}$，对二氧化碳的净化提出了很高的要求。由于烟道气中杂质含量高、压力低，二氧化碳的分离、回收都需要消耗大量的能量，如何提高该过程的能量利用率是提高装置经济性的关键。通过对多联产系统的研究开发，可以得到压力更高、杂质含量更低的二氧化碳，可对焦炉煤气进行补充。

针对二氧化碳及焦炉煤气其他杂质对装置的影响，得出通过提高催化剂抗毒性能，可进一步降低原料气体净化要求，大幅降低产品生产成本。

三重整技术中二氧化碳、甲烷、水蒸气在重整炉中反应，得到了廉价的低 M 值合成气，是二氧化碳大规模资源化利用的主要途径，可满足现代化工发展的需要。

参 考 文 献

[1] 周颖，周红军，徐春明．中国钢铁工业低碳绿色生产氢源思考与探索 [J]．化工进展，2022，41（2）：1073-1077．
[2] 陈健，姬存民，卜令兵．碳中和背景下工业副产气制氢技术研究与应用 [J]．化工进展，2022，41（3）：1479-1486．
[3] 杜雄伟．焦炉煤气制天然气工艺技术探讨 [J]．天然气化工（C1 化学与化工），2014，39（4）：74-76，91．
[4] 化学工程手册编辑委员会．化学工程手册（第 1 篇 化工基础数据）[M]．北京：化学工业出版社，1980．
[5] 田正山，刘富德，叶淑娟．湿式氧化法脱除硫化氢的现状与发展 [J]．河南广播电视大学学报，2006，19（2）：65-67．
[6] 向德辉，刘惠云．化肥催化剂实用手册 [M]．北京：化学工业出版社，1992．
[7] 王子宗．石油化工设计手册（第一卷）：石油化工基础数据 [M]．北京：化学工业出版社，2015．
[8] 王子宗．石油化工设计手册（第三卷）：化工单元过程（下册）[M]．北京：化学工业出版社，2015．
[9] 徐春华．大型甲醇合成工艺技术研究进展 [J]．化学工程与装备，2019（05）：230-232．
[10] 胡亮华，王琴，赵金龙，等．林达均温型反应器在 100kt/a 二甲醚装置上的应用 [J]．中氮肥，2015（02）：47-49．
[11] 应卫勇，房鼎业，朱炳辰．C302 催化剂上甲醇合成反应宏观动力学 [J]．华东理工大学学报，2000（01）：1-4．
[12] 凌华招，张晓阳，胡志彪，等．C312 型中低压甲醇合成催化剂 [J]．天然气化工（C1 化学与化工），2009，34（6）：54-58．

［13］李保东. 甲醇合成铜基催化剂催化活性及失活研究［J］. 上海化工，2011，36（10）：26-30.

［14］李安学. 现代煤制天然气工厂概念设计研究［M］. 北京：化学工业出版社，2015.

［15］李大尚，朱向阳. 煤制合成天然气技术进展［J］. 煤化工，2019，47（2）：5-10，25.

［16］张新波，杨宽辉，何洋，等. 焦炉气甲烷化制天然气技术开发［J］. 化工进展，2012，31（S1）：218-219.

［17］陶鹏万，古共伟，汤洪，等. 一种利用焦炉气制备合成天然气的甲烷化反应工艺：CN101508922B［P］. 2012-10-03.

［18］李安学，李春启，左玉帮，等. 合成气甲烷化工艺技术研究进展［J］. 化工进展，2015，34（11）：3898-3905.

［19］徐超. 基于J-103H催化剂的合成气甲烷化研究［D］. 上海：华东理工大学，2011.

［20］杜雄伟. 焦炉煤气制天然气工艺技术探讨［J］. 天然气化工（C1化学与化工），2014，39（4）：74-76.

［21］陶鹏万. 焦炉煤气制甲醇转化工艺探讨［J］. 天然气化工（C1化学与化工），2007，32（5）：43-46.

［22］王大军，张新波，李煊，等. 焦炉气制甲醇与天然气的比较［J］. 化工进展，2009，28（S1）：66-68.

［23］颜鑫. 我国合成氨工业的回顾与展望——纪念世界合成氨工业化100周年［J］. 化肥设计，2013，51（5）：1-6.

［24］刘化章. 氨合成催化剂100年：实践、启迪和挑战［J］. 催化学报，2014，35（10）：1619-1640.

［25］黄仲涛. 工业催化剂手册［M］. 北京：化学工业出版社，2004.

［26］张永华. 合成氨的催化剂中毒及预防［J］. 云南化工，2010，37（2）：76-80.

［27］杨峥. 我国乙醇产业发展概述［J］. 化学工业，2021，39（4）：44-48.

［28］马晓建，李洪亮，刘利平. 燃料乙醇生产与应用技术［M］. 北京：化学工业出版社，2007.

［29］邱峰. 合成气制乙醇技术研究进展［J］. 化工技术与开发，2020，49：83-75.

［30］王科，李扬，范鑫，等. 乙酸酯化加氢制乙醇技术开发与经济性分析［J］. 化工进展，2012，31（S1）：304-305.

［31］赵生迎，耿海伦，徐冰，等. 丝光沸石催化二甲醚羰基化研究进展［J］. 燃料化学学报，2022，50（2）：166-179.

［32］刘亚华，李扬，王科，等. 二甲醚羰基化催化剂的烧炭再生［J］. 化工学报，2017，68（10）：3816-3822.

［33］Gong J L，Yue H R，Ma X B，et al. Synthesis of ethanol via syngas on Cu/SiO$_2$ catalysts with balanced Cu^0-Cu$^+$ sites［J］. Journal of the American Chemical Society，2012，134（34）：13922-13925.

［34］Shu G Q，Ma K，Tang S Y，et al. Highly selective hydrogenation of diesters to ethylene glycol and ethanol on aluminum-promoted CuAl/SiO$_2$ catalysts［J］. Catalysis Today，2021，368：173-180.

［35］Liu Y T，Ding J，Chen J G，et al. Molybdenum carbide as an efficient catalyst for low-temperature hydrogenation of dimethyl oxalate［J］. Chemical Communications，2016，52（28）：5030-5032.

［36］He J，Zhao Y J，Ma X B，et al. A Fe$_5$C$_2$ nanocatalyst for the preferential synthesis of ethanol via dimethyl oxalate hydrogenation［J］. Chemical Communications，2017，53（39）：5376-5379.

［37］Shang X，Huang H J，Ma X B，et al. Preferential synthesis of ethanol from syngas via dimethyl oxalate hydrogenation over an integrated catalyst［J］. Chemical Communications，2019，55（39）：5555-5558.

［38］李东，袁振宏，庄新姝，等. 厌氧发酵合成气生产燃料和化学品研究的进展［J］. 煤炭学报，2008，33（3）：325-329.

［39］丁云杰. 煤制乙醇技术［M］. 北京：化学工业出版社，2014.

［40］Kang J C，He S，Wang Y，et al. Single-pass transformation of syngas into ethanol with high selectivity by triple tandem catalysis［J］. Nature Communications，2020，11（1）：1-11.

［41］Wender I，Levine R，Orchin M. Homologation of alcohols［J］. Journal of the American Chemical Society，1949，71（12）：4160-4161.

［42］陈英赞，房鼎业，刘殿华. 甲醇同系化制乙醇催化剂研究进展［J］. 化工进展，2013，32（9）：2130-2135.

［43］王科，陈鹏，胡玉容，等. 一种用醋酸酯加氢制备乙醇的方法：CN102093162A［P］. 2011-06-15.

［44］王科，陈鹏，胡玉容，等. 一种用醋酸酯加氢制备乙醇的催化剂及其制备方法：CN102423710A［P］. 2012-04-25.

［45］Eckert M，Fleischmann G，Jira R，et al. Ullmann's encyclopedia of industrial chemistry［M］. Weinheim：Wiley-VCH，2006.

［46］Murcia J J，Hidalgo M C，Navío J A，et al. Ethanol partial photoxidation on Pt/TiO$_2$ catalysts as green route for acetaldehyde synthesis［J］. Catalysis Today，2012，196（1）：101-109.

［47］Jiang B S，Chang R，Lin Y C. Partial oxidation of ethanol to acetaldehyde over LaMnO$_3$-based perovskites：a kinetic study [J]. Industrial & Engineering Chemistry Research，2012（1）：37-42.

[48]　Wang Y，Shi L，Lu W，et al. Spherical boron nitride supported gold-copper catalysts for the low-temperature selective oxidation of ethanol [J]. ChemCatChem，2017，9（8）：1363-1367.

[49]　Hansen T W，Delariva A T，Challa S R，et al. Sintering of catalytic nanoparticles：Particle migration or ostwald ripening [J]. Accounts of Chemical Research，2013，46（8）：1720-1730.

[50]　Raynes S J，Taylor R A. Zinc oxide-modified mordenite as an effective catalyst for the dehydrogenation of（bio）ethanol to acetaldehyde dagger [J]. Sustainable Energy Fuels，2021，5（7）：2136-2148.

[51]　De Waele J，Galvita V V，Poelman H，et al. PdZn nanoparticle catalyst formation for ethanol dehydrogenation：Active metal impregnation vs incorporation [J]. Applied Catalysis A，General，2018，555：12-19.

[52]　Mamontov G V，Grabchenko M V，Sobolev V I，et al. Ethanol dehydrogenation over Ag-CeO$_2$/SiO$_2$ catalyst：Role of Ag-CeO$_2$ interface [J]. Applied Catalysis A：General，2016，528：161-167.

[53]　Abu-Zied B，El-Awad A. The synergism of cadmium on the catalytic activity of Cd-Cr-O system：Ⅱ. Ethanol decompo-sition，catalysts reducibility，and in situ electrical conductivity measurements [J]. Journal of Molecular Catalysis A：Chemical，2001，176（1-2）：227-246.

[54]　Shan J，Liu J，Li M，et al. NiCu single atom alloys catalyze the C—H bond activation in the selective non-oxidative ethanol dehydrogenation reaction [J]. Applied Catalysis B：Environmental，2018，226：534-543.

[55]　Chernov A N，Astrakova T V，Koltunov K Y，et al. Ethanol dehydrogenation to acetaldehyde over Co@N-doped carbon [J]. Catalysts，2021，11（11）：1411.

[56]　Zhang H，Tan H R，Jaenicke S，et al. Highly efficient and robust Cu catalyst for non-oxidative dehydrogenation of ethanol to acetaldehyde and hydrogen [J]. Journal of Catalysis，2020，389：19-28.

[57]　周钢骨，王晓东，罗洪举，等. CNY-101 型乙醇脱氢制取乙酸乙酯催化剂研究 [J]. 天然气化工（C1 化学与化工），1996，21（3）：18-21.

[58]　周钢骨. CNY-102 型乙醇脱氢制取乙酸乙酯催化剂研究 [J]. 天然气化工（C1 化学与化工），1998，23（2）：36-40.

[59]　Ndaba B，Chiyanzu I，Marx S. *n*-Butanol derived from biochemical and chemical routes：A review [J]. Biotechnology Repports，2015，8：1-9.

[60]　Dowson G R，Haddow M F，Lee J，et al. Catalytic conversion of ethanol into an advanced biofuel：unprecedented selectivity for *n*-butanol [J]. Angewandte Chemie，2013，52（34）：9005-9008.

[61]　Ogo S，Onda A，Yanagisawa K. Selective synthesis of 1-butanol from ethanol over strontium phosphate hydroxyap-atite catalysts [J]. Applied Catalysis A，General，2011，402（1-2）：188-195.

[62]　张守利，黄科林，韦志明，等. 生物乙醇制乙烯催化剂研究进展 [J]. 化工技术与开发，2009，38（4）：23-27.

[63]　赵国强，毛震波，张华西，等. 乙醇催化脱水制乙烯催化剂的制备与性能评价 [J]. 工业催化，2016，24（7）：49-52.

[64]　张华西，赵国强，陈晓华，等. 乙醇制乙烯技术研究 [J]. 天然气化工（C1 化学与化工），2013，38（5）：62-63.

[65]　谭亚南，韩伟，何霖. 添加剂对乙醇制乙烯沸石催化剂的影响 [J]. 天然气化工（C1 化学与化工），2013，38（3）：18-19.

[66]　韩伟，何霖，谭亚南. Ce-P 复合改性 HZSM-5 分子筛的乙醇脱水制乙烯性能研究 [J]. 天然气化工（C1 化学与化工），2013，38（6）：12-15.

[67]　王莹利，刘世平，明政，等. 煤基乙醇制乙烯快速流化床反应器及煤基乙醇制乙烯方法：CN111250006A [P]. 2020-06-09.

[68]　Toussaint W J，Dunn J T，Jachson D R. Production of butadiene from alcohol [J]. Industrial & Engineering Chemistry，1947，39（2）：120-125.

[69]　Chae H J，Kim T W，Moon Y K，et al. Butadiene production from bioethanol and acetaldehyde over tantalum oxide-supported ordered mesoporous silica catalysts [J]. Applied Catalysis B：Environmental，2014，150-151：596-604.

[70]　陈健，王啸. 工业排放气资源化利用研究及工程开发 [J]. 天然气化工（C1 化学与化工），2020，45（2）：

121-128.

[71]　马建安，姚润生，王志伟．焦炉煤气变压吸附提氢制二甲醚联产 LNG 工艺探讨 [J]．化工进展，2010，29（S1）：455-458.

[72]　李立业，黄世平．焦炉煤气高效多联产利用技术 [J]．燃料与化工，2018，49（3）：46-49.

[73]　姬存民，惠武卫，龙雨谦，等．焦炉煤气制甲醇联产燃料电池氢 [J]．冶金动力，2020（6）：17-19.

[74]　朱斌，蒯宇平，王海玲．煤制乙二醇发展面临的挑战及建议 [C]//中国煤炭学会．第十二届全国煤炭工业生产一线青年技术创新文集．北京：应急管理出版社，2021：6.

[75]　杨晓通，时鹏．煤制乙二醇产业发展研究及展望 [J]．山东化工，2020，49（1）：46-47.

[76]　首套焦炉尾气制乙二醇项目开车成功 [J]．煤化工，2022，50（2）：68.

[77]　朱小学，刘芃，叶秋云，等．气相法甲醇脱水制二甲醚催化剂的研究开发 [J]．天然气化工（C1 化学与化工），2011，36（1）：11-15.

[78]　夏建超，毛东森，陈庆龄，等．合成气一步法制二甲醚双功能催化剂的研究进展 [J]．石油化工，2004（8）：788-794.

[79]　姚欢，董文博，蒋雪飞．合成气一步法制取二甲醚技术 [J]．广州化工，2014，42（6）：144-146.

[80]　黎汉生，任飞，王金福．浆态床一步法二甲醚产业化技术开发研究进展 [J]．化工进展，2004（9）：921-924.

[81]　刘志凯，王国兴，雷家珩，等．焦炉煤气的能源化利用技术进展 [J]．广东化工，2010，37（9）：67-69.

[82]　吕邢鑫．浅谈焦炉煤气的应用 [J]．化工管理，2019（31）：11-12.

[83]　相会生，赵麦玲，胡红军，等．以焦炉气为原料生产清洁燃料油及高纯度化工产品的方法：CN101372627B [P]．2012-07-04.

[84]　Zhai P，Xu C，Gao R，et al. Highly tunable selectivity for syngas derived alkenes over zinc and sodium-modulated Fe_5C_2 catalyst [J]. Angewandte Chemie，2016，128（34）：10056-10061.

[85]　Xu Y，Li X，Gao J，et al. A hydrophobic FeMn@Si catalyst increases olefins from syngas by suppressing C1 by-products [J]. Science，2021，371（6529）：610-613.

[86]　Zhong L，Yu F，An Y，et al. Cobalt carbide nanoprisms for direct production of lower olefins from syngas [J]. Nature，2016，538（7623）：84-87.

[87]　Torres Galvis H M，de Jong K P. Catalysts for production of lower olefins from synthesis gas：A review [J]. ACS catalysis，2013，3（9）：2130-2149.

[88]　Cheng K，Gu B，Liu X，et al. Direct and highly selective conversion of synthesis gas into lower olefins：Design of a bifunctional catalyst combining methanol synthesis and carbon-carbon coupling [J]. Angewandte Chemie，2016，55（15）：4725-4728.

[89]　Jiao F，Li J，Pan X，et al. Selective conversion of syngas to light olefins [J]. Science，2016，351（6277）：1065-1068.

[90]　Jiao F，Bai B，Li G，et al. Disentangling the activity-selectivity trade-off in catalytic conversion of syngas to light olefins [J]. Science，2023，380（6646）：727-730.

[91]　李晓红，周健，吕建刚，等．甲醇制芳烃技术现状与展望 [J]．低碳化学与化工，2023，48（01）：72-79.

[92]　Wang H，Gao P，Li S，et al. Bifunctional catalysts with versatile zeolites enable unprecedented para-xylene productivity for syngas conversion under mild conditions [J]. Chem Catalysis，2022，2（4）：779-796.

[93]　张瑞芳．焦炉煤气经甲醇生产芳烃研究 [J]．山西化工，2014，34（3）：46-48.

[94]　IEA. CO_2 Emission in 2022. [EB/OL]. [2023-03-25]. https：//www.iea.org/reports/co2-emissions-in-2022.

[95]　王大军，金鑫，孙世珍，等．工业排放气资源化利用技术开发进展 [J]．化工进展，2012，31（S1）：438-440.

[96]　石勇，谢东升．燃煤电厂百万吨级二氧化碳和甲烷干重整转化制合成气方案探讨 [J]．天然气化工（C1 化学与化工），2022，47（6）：97-202.

[97]　尹倩，宋慧婷，徐明，等．磷酸盐炼制共热耦合甲烷干重整制高附加值化学品发展展望 [J]．物理化学学报，2023，39：1-9.

[98]　赵倩，丁干红．甲烷二氧化碳重整工艺研究及经济性分析 [J]．天然气化工（C1 化学与化工），2020，45：71-75.

[99]　蹇守华，马磊，周君，等．一种烃类二氧化碳重整制取一氧化碳的方法：CN113896197B [P]．2023-01-10.

［100］姜洪涛，李会泉，张懿. Ni/Al$_2$O$_3$ 催化剂上甲烷三重整制合成气 ［J］. 分子催化，2007，21（2）：122-127.

［101］贾蓉蓉，孟红，潘原，等. 重整催化剂积碳失活研究进展 ［J］. 当代化工研究，2016，(3)：49-51.

［102］姜洪涛，李会泉，张懿. 载体对 Ni 基催化剂催化甲烷三重整反应性能的影响 ［J］. 催化学报，2007，28（3）：193-195.

［103］张盼艺. 新型 CO$_2$ 重整用 Ni 基分子筛催化剂的合成与性能研究 ［D］. 重庆：重庆理工大学，2017.

［104］IEA. World energy outlook 2022. ［EB/OL］. ［2023-03］. https：// www.iea.org/reports/world-energy-outlook-2022.

［105］黄开华. 二氧化碳甲烷重整制合成气的经济性分析 ［J］. 现代工业经济与信息化，2017，7（22）：38-40.

［106］马宏方，张海涛，应卫勇，等. 焦炉气与煤气生产甲醇的研究 ［J］. 天然气化工（C1 化学与化工），2010，3.（1）：13-15.

［107］龚慧敏. CO$_2$ 循环补碳焦炉煤气制甲醇技术-经济分析 ［D］. 太原：太原理工大学，2017.

［108］张新波，杨宽辉，何洋，等. 焦炉气甲烷化制天然气技术开发 ［J］. 化工进展，2012，31（S1）：218-219.

［109］陈国青，郭武杰. 焦炉煤气制合成天然气补碳技术研究 ［J］. 燃料与化工，2016，47（04）：36-38.

［110］李克兵，陈健. 焦炉煤气和转炉煤气综合利用新技术 ［J］. 化工进展，2010，29（S1）：325-327.

［111］杨宽辉. 焦炉煤气补转炉气甲烷化制 LNG 及富氢尾气制液氨装置投产 ［J］. 天然气化工（C1 化学与化工），2016，41（5）：54.

［112］杨颂，李正甲，杨林颜，等. CO$_2$ 甲烷化催化剂的研究进展 ［J］. 高校化学工程学报，2023，37（01）：13-20.

［113］马磊，张新波，高振. CNJ 甲烷化催化剂反应本征动力学模型 ［J］. 天然气化工（C1 化学与化工），2016，41（6）：87-90.

［114］周明灿，刘静. 浅谈天然气制甲醇转化工序运行成本 ［J］. 化工设计，2015，25（06）：22-28.

第 3 章
低阶煤热解气

煤的热解是指在隔绝空气的条件下，煤在热解炉中加热到一定温度而发生的一系列复杂的物理及化学变化过程，也叫煤干馏。热解炉出炉热解产物包括固体产品（焦炭或半焦）、液体产品（煤焦油，含高碳烃类、苯类、酚类、萘和沥青等）及气体产品（热解气，含低碳烃类、苯类、氨及其他不凝气体组分等）。

煤的热解是一个强吸热过程。因热解终点温度的不同，煤的热解分高温热解及中低温热解。高温热解温度为 $900\sim1100℃$，要求热解用煤具有黏结性，产生的固体产品为焦炭，气体副产品为焦炉煤气，详见第 2 章；中低温热解温度为 $500\sim900℃$，对原料煤的黏结性没有过多要求，主要针对低阶煤的改质并获取更多的煤焦油液体产品，产生的固体产品为半焦或化工焦，气体副产品为低阶煤热解气或荒煤气，根据热解炉供热方式的不同，得到的低阶煤热解气又有高氮和低氮之分。

3.1 低阶煤热解气的种类、性质特点及排放利用现状

3.1.1 高氮低阶煤热解气（兰炭尾气）

3.1.1.1 高氮低阶煤热解气的产生

以部分循环低阶煤热解气为燃料，与助燃空气燃烧后产生的高温烟气为热源，高温烟气与热解炉内的原料煤直接接触向原料煤提供热量，在 $500\sim900℃$ 温度下使煤热解产生低阶煤热解气。因助燃空气中的 N_2 直接混入热解气而使热解气有较高的 N_2 含量，故称为高氮低阶煤热解气，国内已大量工业化的兰炭装置产生的兰炭尾气即为高氮低阶煤热解气。典型兰炭装置工艺流程见图 3-1。

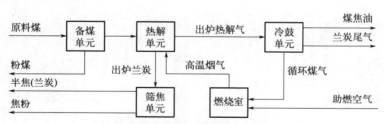

图 3-1 典型兰炭装置工艺流程图

3.1.1.2 高氮低阶煤热解气（兰炭尾气）组成

受所用原料煤、热解终点温度及停留时间等因素的影响，以空气作为助燃介质的内热式热解炉（兰炭炉）副产的高氮低阶煤热解气（兰炭尾气）的组成有很大的差别。一般高氮低阶煤热解气（兰炭尾气）组成见表 3-1。

表 3-1 一般高氮低阶煤热解气（兰炭尾气）组成表（脱硫前）

主要成分	CO	CO_2	H_2	CH_4	C_mH_n	N_2	O_2	H_2O	合计
$\varphi/\%$	9~20	2~11	18~30	6~10	0.5~1.0	37~50	0.2~1.0	饱和	100
主要杂质	H_2S	有机硫	萘	焦油	NH_3	苯类(BTX)	HCN		
含量/(mg/m³)	1000~1500	100~400	10~300	50~1000	100~300	1000~3000	100~500		

高氮低阶煤热解气（兰炭尾气）组成实例见表 3-2。

表 3-2　高氮低阶煤热解气（兰炭尾气）组成实例表（脱硫前）

主要成分	CO	CO_2	H_2	CH_4	C_mH_n	N_2	O_2	H_2O	合计
$\varphi/\%$	10.18	10.63	30.73	7.06	0.64	38.68	0.20	1.88	100
主要杂质	H_2S	有机硫	萘	焦油	NH_3	BTX	HCN		
含量/(mg/m³)	1500	150	300	50	300	2000	227		

注：有机硫中，COS 占比 65%～75%、CS_2 占比 10%～20%、硫醇占比 8%～15%、噻吩占比 5%～10%；压力 7～8kPa；温度 40℃。

从表 3-1 和表 3-2 可以看出，高氮低阶煤热解气（兰炭尾气）中含有大量 CO、CO_2、H_2 和 CH_4 等有效组分，硫化物含量较高且有机硫成分复杂，由于助燃空气带入了大量的 N_2，导致低阶煤热解气中 N_2 含量高（体积分数高达 37%～50%）。

3.1.2　低氮低阶煤热解气

3.1.2.1　低氮低阶煤热解气的产生

如果采用外热式热解炉、固体热载体热解炉、纯氧内热式热解炉等热解炉型，助燃空气中的 N_2 不会进入热解气，得到的热解气中 N_2 含量非常低，则 CO、CO_2、H_2 和 CH_4 等有效组分的浓度将大大提高，有利于资源化综合利用，这是今后热解炉技术进步的方向，目前外热式热解炉更接近于工业化应用，并已建成或在建多套示范性工业化装置。外热式热解工艺典型工艺流程见图 3-2。

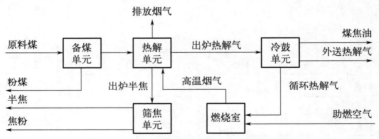

图 3-2　外热式热解工艺典型工艺流程图

3.1.2.2　低氮低阶煤热解气组成

因受所用原料煤、热解工艺、热解终点温度及停留时间等因素的影响，低氮低阶煤热解气的组成有很大的差别。一般外热式低氮低阶煤热解气组成见表 3-3。

表 3-3　一般外热式低氮低阶煤热解气组成表（脱硫前）

主要成分	CO	CO_2	H_2	CH_4	C_mH_n	N_2	O_2	H_2O	合计
$\varphi/\%$	11～21	10～20	20～40	24～41	4～11	1～5	0.2～1.0	饱和	100
主要杂质	H_2S	有机硫	萘	焦油	NH_3	BTX	HCN		
含量/(mg/m³)	1000～1500	100～400	10～300	50～1000	100～300	1000～3000	100～500		

外热式低氮低阶煤热解气组成实例见表 3-4。

表 3-4 外热式低氮低阶煤热解气组成实例表（干基，脱硫前）

主要成分	CO	CO_2	H_2	CH_4	C_mH_n	N_2	O_2	H_2O	合计
φ/%	14.70	18.91	28.53	27.67	8.63	1.08	0.48	—	100
主要杂质	H_2S	有机硫	萘	焦油	NH_3	BTX	HCN		
含量/(mg/m³)	1500	150	300	50	300	2000	227		

注：1. 有机硫中，COS 占比 65%～75%、CS_2 占比 10%～20%、硫醇占比 8%～15%、噻吩占比 5%～10%；压力 7～8kPa；温度 40℃。

2. "—"表示未检测出该组分。

从表 3-3 和表 3-4 可以看出，外热式热解炉副产的低阶煤热解气中不仅含有大量 CO、CO_2、H_2 和 CH_4 等有效组分，且 N_2 含量非常低（体积分数一般 5%）。

3.1.3 低阶煤热解气的特点

由上述可以看出，从煤热解装置送出的高氮低阶煤热解气（兰炭尾气）和低氮低阶煤热解气具有如下共性特点：

① 富含 CO、CO_2、H_2、CH_4 和 C_mH_n 等组分；

② 硫化物含量比较高，且有机硫成分复杂；

③ 含有比较多的焦油、萘、氨、苯类和 HCN 等杂质；

④ 压力比较低；

⑤ 温度为常温。

CO、CO_2、H_2、CH_4 和 C_mH_n 等为资源化综合利用的重点有效组分；而硫化物、焦油和萘等杂质则是对资源化综合利用过程有害的物质，一般需要进行有效脱除；氨、苯类和 HCN 等杂质则需根据不同的资源化综合利用途径区别对待。

高氮低阶煤热解气（兰炭尾气）中含有大量无效惰性组分 N_2，有效组分含量偏低，导致其资源化利用效率比较低，经济性受限；而低氮低阶煤热解气中 N_2 含量很低，有效组分含量很高，所以其资源化利用的效率也很高，经济性较好。

3.1.4 我国低阶煤热解气的排放和利用现状

3.1.4.1 高氮低阶煤热解气（兰炭尾气）

目前，我国兰炭总产能约为 1.29×10^8 t/a[1]，主要分布在陕西、新疆维吾尔自治区、河北、内蒙古自治区和宁夏回族自治区。

煤热解气产气量与低阶煤品质和热解工艺有关。采用内热式热解炉工艺，生产 1t 兰炭副产兰炭尾气（扣除自身加热用外）700～1000m³。按 2021 年兰炭产量 6×10^7t[1] 计算，全国兰炭尾气的总产量约为 5×10^{10} m³，主要用于发电、煤焦油加氢、金属镁生产。随着新技术的不断开发和涌现，兰炭尾气的综合利用途径已经开始从传统的燃烧发电向氢能和化工方向发展，在经济效益、碳减排和环保等方面都得到了明显提升。

据测算，1×10^8 m³ 兰炭尾气可发电 0.7×10^8 kW·h，价值约 0.2×10^8 元；1×10^8 m³ 兰炭尾气也可以生产 1.4×10^4 t 液氨（或甲醇）和 7×10^6 m³ 甲烷，价值约 0.53×10^8 元。由此可以看出，兰炭尾气生产化学品的附加值是发电的 2.6 倍。

每 1×10^4 m³ 兰炭尾气发电的碳排放量为 5t，而制成甲醇和 LNG 的碳排放量则为 2t。

可以看出，兰炭尾气用于生产化学品比用于发电具有明显的碳减排效果。

　　每 $1 \times 10^4 m^3$ 兰炭尾气发电的 NO_x、SO_2 排放量分别 3kg、1.5kg（按陕西省非天然气燃气锅炉超低排放标准），而用于制化学品时主要是用作原料气，基本上不参与燃烧，形成的 NO_x 接近于零，兰炭尾气中的硫化物以硫黄或硫酸的形式 99% 以上予以回收。因此，兰炭尾气制化学品对 NO_x 和 SO_2 的减排作用也是巨大的。

3.1.4.2　低氮低阶煤热解气

　　目前外热式低阶煤热解工艺、富氧（纯氧）内热式低阶煤热解工艺、固体热载体低阶煤热解工艺均还处于研发或工业示范阶段，尚无大规模低氮低阶煤热解气产生，要实现低氮低阶煤热解气的大规模利用还有待热解技术的成熟和完善。

3.2　低阶煤热解气资源化综合利用途径

　　根据低阶煤热解气富含 CO、CO_2、H_2、CH_4 和 C_mH_n 等有效组分的特点，完全可以利用低阶煤热解气中的有效组分生产高附加值产品，包括氢气、天然气、低碳化学品（甲醇、乙醇和乙二醇等）和液氨等，在充分发挥低阶煤热解气经济价值的同时减少碳的排放，经济价值和社会价值明显。

　　另外，由于低阶煤热解气同时含有较多的硫化物、焦油、萘、氨、苯类和 HCN 等杂质，这些杂质往往是对资源化综合利用过程有害的物质，需要根据不同的资源化综合利用途径进行区别性的有效脱除。

　　低阶煤热解气资源化综合利用途径见图 3-3。

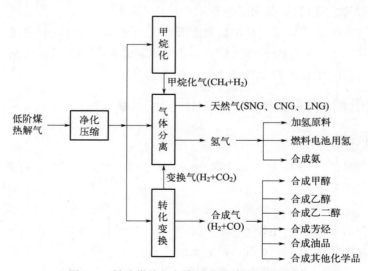

图 3-3　低阶煤热解气资源化综合利用途径图

　　低阶煤热解气组分性质与焦炉煤气类似，故资源化综合利用的很多单元技术具有相似性（低阶煤热解气与焦炉煤气都是煤热解产生的气态副产物，性质接近，综合利用的单元技术都差不多）。虽然这两类气体都是煤热解的副产物，但因热解条件和热解方式存在较大差异而导致这两种气体的主要组分有很大的不同，因而在资源化综合利用的详细流程组织上也会有所差异。

3.3　低阶煤热解气制氢

从表 3-1～表 3-4 可以看出，低阶煤热解气中含有大量的 H_2、CO、CH_4 和 C_mH_n 等组分，可用作生产氢气的原料，还可以通过转化、变换、分离提纯生产更多的氢气产品。

根据低阶煤热解气富含 H_2 和 CO 的特点，在 H_2 需求量不是很大的场合，可以不经烃类转化即可用于提氢，该工艺技术既适用于高氮热解气（兰炭尾气）也适用于低氮热解气。

对于氢气需求量比较大的场合，如果热解气中所含有的 H_2 和 CO 不足以生产出所需的氢气，则可以采用将热解气中的 CH_4、C_mH_n 等烃类物质与水蒸气发生化学反应的办法转化生成更多的 H_2。

3.3.1　低阶煤热解气直接提氢

3.3.1.1　典型工艺流程

如果要求的氢气产量不大，利用热解气中所含有的 H_2 提取即可满足要求，则可以采用热解气直接提氢流程，其工艺流程见图 3-4。

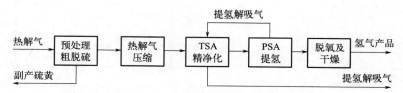

图 3-4　热解气直接提氢典型工艺流程图

3.3.1.2　主要工艺简述

（1）热解气预处理和粗脱硫

粗脱油脱萘可以采用油洗法、疏松纤维床或吸附法，具体采用的方案可根据热解气压缩机的选型情况及具体项目条件而定。如果热解气中的硫化氢含量高，则可用 PDS 湿法脱硫将热解气中的硫化氢脱除到 $20mg/m^3$ 以下并副产硫黄，可以减少后续 TSA 精净化吸附剂及酸性气吸收能量的消耗。

（2）热解气压缩

热解气直接提氢工艺的 PSA 操作压力一般为 0.7～0.8MPa，热解气压缩机出口压力的选择以能满足压缩机的长周期连续运转、系统阻力降低 PSA 所需操作压力为基本要求，同时应兼顾压缩机选型的便利性，以出口压力 0.8～1.0MPa 为常见，一般选用往复式压缩机或螺杆式压缩机，尽可能不选离心式压缩机。由于喷水螺杆式压缩机在热解气（包括焦炉煤气）领域有良好的使用性能和应用业绩，近年已逐渐成为优先选择机型。

（3）变温吸附（TSA）处理

预处理后的热解气中残存的焦油和萘极有可能影响 PSA 提氢吸附剂的使用寿命，通过设置 TSA 进一步将热解气净化到焦油含量≤$1mg/m^3$、萘含量≤$3mg/m^3$，以满足 PSA 对热解气中有害杂质的净化要求[2]。

（4）变压吸附（PSA）提氢

PSA 提氢更多地选用了常压解吸法，流程简单可靠、便于管理、能耗低，根据生产规模大小、操作压力及氢气收率要求，选择不同的吸附塔数量配置及均压次数；如果要求更高的提氢收率，则可以选择真空解吸法，但必须保证不能让空气漏入负压设备和管道，避免漏入的空气与易燃易爆解吸气混合形成爆炸性混合物而影响系统安全[2]。

（5）脱氧及干燥

热解气中的部分 O_2 会随氢气一起穿透 PSA 吸附剂床层，从而影响氢气产品质量，工业上一般采用贵金属催化剂催化加氢脱氧＋分子筛干燥的办法除去氢气中残存的 O_2 组分后，再将氢气作为产品送出。

3.3.1.3 典型案例

以表 3-2 高氮热解气和表 3-4 低氮热解气为例，干基气量均按 $50000m^3/h$。热解气直接提氢工艺典型物料平衡见表 3-5 和表 3-6。

表 3-5 高氮热解气直接提氢工艺典型物料平衡表

项目		热解气	TSA 处理后热解气	PSA 提取的 H_2	提氢解吸气	脱氧干燥产品 H_2
组分及含量	$\varphi(CO)/\%$	10.1800	10.2985	0.0019	13.9984	0.0019
	$\varphi(CO_2)/\%$	10.6300	10.7537	0.0001	14.6179	0.0001
	$\varphi(H_2)/\%$	30.7300	31.0877	99.9615	6.3388	99.9823
	$\varphi(CH_4)/\%$	7.0600	7.1422	0.0008	9.7083	0.0008
	$\varphi(C_mH_n)/\%$	0.6400	0.6474	—	0.8801	—
	$\varphi(N_2+Ar)/\%$	38.6800	39.1302	0.0148	53.1859	0.0148
	$\varphi(O_2)/\%$	0.2000	0.2023	0.0153	0.2695	—
	$\varphi(H_2O)/\%$	1.8800	0.7379	0.0056	1.0010	≤0.0003
	合计/%	100	100	100	100	100
主要杂质及含量	H_2S 含量 /(mg/m^3)	1500	≤20	—	≤28	—
	有机硫含量 /(mg/m^3)	150	150	—	≤204	—
	萘含量 /(mg/m^3)	300	≤3	—	≤4.1	—
	焦油含量 /(mg/m^3)	50	≤1	—	≤1.4	—
	NH_3 含量 /(mg/m^3)	300	300	—	≤408	—
	BTX 含量 /(mg/m^3)	2000	2000	—	≤2719	—
	HCN 含量 /(mg/m^3)	227	≤20	—	≤28	—

续表

项目	热解气	TSA 处理后热解气	PSA 提取的 H_2	提氢解吸气	脱氧干燥产品 H_2
流量/(m³/h)	50000	49425	13065	36360	13059
压力/MPa	0.007	0.80	0.75	0.02	0.70
温度/℃	40.00	40.00	40.00	40.00	40.00

表 3-6 低氮热解气直接提氢工艺典型物料平衡表

项目		热解气（干基）	TSA 处理后热解气	PSA 提取的 H_2	提氢解吸气	脱氧干燥产品 H_2
组分及含量	$\varphi(CO)/\%$	14.7000	14.5915	0.0019	19.2203	0.0019
	$\varphi(CO_2)/\%$	18.9100	18.7705	0.0001	24.7256	0.0001
	$\varphi(H_2)/\%$	28.5300	28.3195	99.9445	5.5956	99.9902
	$\varphi(CH_4)/\%$	27.6700	27.4658	0.0034	36.1786	0.0034
	$\varphi(C_mH_n)/\%$	8.6300	8.5663	—	11.2841	—
	$\varphi(N_2+Ar)/\%$	1.0800	1.0720	0.0045	1.4107	0.0045
	$\varphi(O_2)/\%$	0.4800	0.4765	0.0396	0.6151	—
	$\varphi(H_2O)/\%$	—	0.7379	0.0061	0.9700	≤0.0003
	合计/%	100	100	100	100	100
主要杂质及含量	H_2S 含量/(mg/m³)	1500	≤20	—	≤27	—
	有机硫含量/(mg/m³)	150	150	—	≤198	—
	萘含量/(mg/m³)	300	≤3	—	≤4	—
	焦油含量/(mg/m³)	50	≤1	—	≤1.4	—
	NH_3 含量/(mg/m³)	300	300	—	≤396	—
	BTX 含量/(mg/m³)	2000	2000	—	≤2635	—
	HCN 含量/(mg/m³)	227	≤20	—	≤27	—
流量/(m³/h)		50000	50372	12132	38240	12117
压力/MPa		0.007	0.80	0.75	0.02	0.70
温度/℃		40.00	40.00	40.00	40.00	40.00

3.3.2　低阶煤热解气变换提氢

3.3.2.1　典型工艺流程

如果热解气中所含有的 H_2 通过直接提取已经不能满足所需要的氢气产量要求，则可以采用热解气变换提氢流程，该流程可充分利用热解气中富含的 CO 增加氢气产量。其工艺流程见图 3-5。

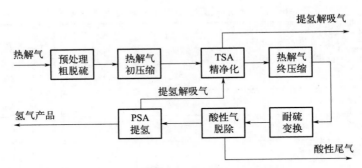

图 3-5　热解气变换提氢典型工艺流程图

3.3.2.2　主要工艺简述

热解气预处理和粗脱硫、变温吸附（TSA）精净化与低阶煤热解气直接提氢工艺一致。

（1）热解气初压缩

与低阶煤热解气直接提氢工艺一致，只不过初压缩的出口压力可以有比较宽的范围，以 $0.2\sim0.8$MPa 较常见。

（2）热解气终压缩

为了提高 PSA 提氢收率，PSA 操作压力一般要求达到 2.0MPa 以上。热解气经 TSA 处理后，气质已非常洁净，热解气的终压缩可以选用往复式压缩机、螺杆式压缩机或离心式压缩机，对于热解气量很大的场合，以选用离心式压缩机为佳，可以只用一台压缩机完成压缩任务，热解气终压缩后的压力以≥2.0MPa 为宜。

（3）热解气变换

热解气中硫化物含量比较高，故应采用耐硫变换工艺。

（4）变换气酸性气脱除

变换气中 CO_2 和硫化物的大量存在将增加 PSA 提氢吸附剂的用量并降低提氢的分离效率，而且混有大量 CO_2 和硫化物的提氢解吸气也不便于进一步综合利用，因而在变换气送入 PSA 提氢之前最好能将 CO_2 和硫化物等酸性气进行有效脱除。

变换气中酸性气的脱除更多地选用了 MDEA 法，不仅投资低，还可充分利用变换气的低位热能作为 MDEA 溶液再生的热源，不需要另外消耗再生用低压蒸汽，可以克服液相吸收法的最大缺点。

（5）变压吸附（PSA）提氢

变压吸附提氢更多地选用了常压解吸工艺，如果需要更高的提氢收率也可以选择真空解吸工艺。

3.3.2.3　典型案例

以表 3-2 高氮热解气和表 3-4 低氮热解气为例，干基气量均按 $50000 \mathrm{m}^3/\mathrm{h}$。热解气变换提氢工艺典型物料平衡见表 3-7 和表 3-8。

表 3-7　高氮热解气变换提氢工艺典型物料平衡表

	项目	热解气	终压缩热解气	变换气	脱硫脱碳气	PSA 提取的氢气	提氢解吸气
组分及含量	$\varphi(CO)/\%$	10.1800	10.3432	0.5180	0.6382	0.0019	1.0806
	$\varphi(CO_2)/\%$	10.6300	10.8004	18.9105	0.1167	0.0001	0.1979
	$\varphi(H_2)/\%$	30.7300	31.2225	36.9274	45.5433	99.9344	7.7213
	$\varphi(CH_4)/\%$	7.0600	7.1731	6.5913	8.1210	0.0081	13.7625
	$\varphi(C_mH_n)/\%$	0.6400	0.6503	0.5975	0.7362	—	1.2481
	$\varphi(N_2+Ar)/\%$	38.6800	39.2999	36.1121	44.4932	0.0542	75.3948
	$\varphi(O_2)/\%$	0.2000	0.2032	—	—	—	—
	$\varphi(H_2O)/\%$	1.8800	0.3074	0.3432	0.3514	0.0013	0.5948
	合计/%	100	100	100	100	100	100
主要杂质及含量	H_2S 含量 /(mg/m³)	1500	≤20	≤155	≤1	—	—
	有机硫含量 /(mg/m³)	150	150	≤15	≤1	—	—
	萘含量 /(mg/m³)	300	≤3	—	—	—	—
	焦油含量 /(mg/m³)	50	≤1	—	—	—	—
	NH_3 含量 /(mg/m³)	300	300	300	300	—	≤630
	BTX 含量 /(mg/m³)	2000	2000	2000	2000	—	≤4190
	HCN 含量 /(mg/m³)	227	227	227	≤20	—	≤42
流量/(m³/h)		50000	49211	53555	43380	17793	25587
压力/MPa		0.007	2.30	2.05	2.00	1.95	0.02
温度/℃		40.00	40.00	40.00	40.00	40.00	40.00

注：脱硫脱碳过程排放再生气 $10808 \mathrm{m}^3/\mathrm{h}$。

表 3-8   低氮热解气变换提氢工艺典型物料平衡表

项目		热解气（干基）	终压缩热解气	变换气	脱硫脱碳气	PSA 提取的氢气	提氢解吸气
组分及含量	$\varphi(CO)/\%$	14.7000	14.6548	0.8867	1.2733	0.0018	2.2453
	$\varphi(CO_2)/\%$	18.9100	18.8519	30.4489	0.2191	0.0001	0.3864
	$\varphi(H_2)/\%$	28.5300	28.4423	33.4707	48.1115	99.9451	8.4889
	$\varphi(CH_4)/\%$	27.6700	27.5849	25.7976	37.0449	0.0351	65.3359
	$\varphi(C_mH_n)/\%$	8.6300	8.6035	8.0460	11.5539	—	20.3860
	$\varphi(N_2+Ar)/\%$	1.0800	1.0767	1.0069	1.4459	0.0167	2.5384
	$\varphi(O_2)/\%$	0.4800	0.4785	—	—	—	—
	$\varphi(H_2O)/\%$	—	0.3074	0.3432	0.3514	0.0012	0.6190
	合计/%	100	100	100	100	100	100
主要杂质及含量	H_2S 含量 /(mg/m³)	1500	≤20	≤155	≤1	—	—
	有机硫含量 /(mg/m³)	150	150	15	≤1	—	—
	萘含量 /(mg/m³)	300	≤3	—	—	—	—
	焦油含量 /(mg/m³)	50	≤1	—	—	—	—
	NH_3 含量 /(mg/m³)	300	300	300	300	—	≤762
	BTX 含量 /(mg/m³)	2000	2000	2000	2000	—	≤5080
	HCN 含量 /(mg/m³)	227	227	227	≤20	—	≤51
流量/(m³/h)		2232.1429	2239.0265	2394.1556	1663.9244	720.8812	943.0432
压力/MPa		0.007	2.30	2.05	2.00	1.95	0.02
温度/℃		40.00	40.00	40.00	40.00	40.00	40.00

注：脱硫脱碳过程排放再生气 17372m³/h。

3.3.3   低阶煤热解气转化制氢

3.3.3.1   典型工艺流程

热解气蒸汽转化制氢和纯氧转化制氢典型工艺流程分别见图 3-6 和图 3-7。

3.3.3.2   主要工艺简述

热解气预处理和粗脱硫、热解气初压缩、变温吸附（TSA）精净化、热解气终压缩与低阶煤热解气变换提氢工艺一致。

（1）热解气精脱硫

为了保护转化催化剂，热解气需要进行精脱硫。热解气预热到 250～300℃后，用铁钼

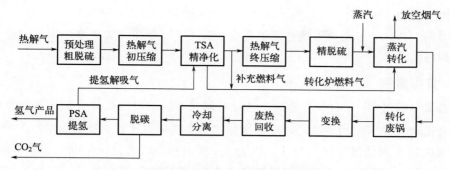

图 3-6 热解气蒸汽转化制氢典型工艺流程图

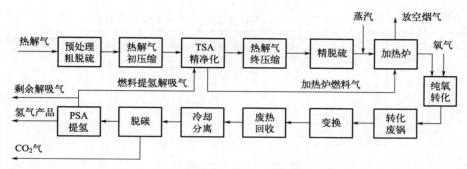

图 3-7 热解气纯氧转化制氢典型工艺流程图

（或镍钼）催化加氢转化有机硫并用 ZnO 脱硫剂吸收生成的 H_2S，将热解气中的总硫脱除到体积分数 0.1×10^{-6} 以下。

（2）转化

烃类的转化根据热解气中烃类物质的多少决定采用蒸汽转化工艺或纯氧转化工艺。如果热解气中烃类物质含量比较少（体积分数≤30%），可以采用一段纯氧转化工艺，但这样会增加氧气制备设施投资及消耗；如果热解气中烃类物质含量比较多（体积分数≥40%），则可以采用一段蒸汽转化工艺。

（3）变换

由于转化气已基本不含硫，故一般选用不耐硫中温变换工艺。

（4）脱碳

为了提高 PSA 提氢系统的氢气收率，减少 PSA 提氢吸附剂的装填量，同时提高 PSA 提氢解吸气作为燃料的使用效率，有必要把变换气中的绝大部分 CO_2 脱除。

变换气脱碳更多地选用 MDEA 液相吸收法，可以充分利用变换气的低位余热作为 MDEA 溶液再生的热源，不需要另外消耗再生用低压蒸汽，可以克服液相吸收法的最大缺点。变换气热回收典型工艺流程见图 3-8。

图 3-8 变换气热回收典型工艺流程图

（5）PSA 提氢

变压吸附（PSA）提氢更多地选用了常压解吸工艺，如果需要更高的提氢收率，则可以选择真空解吸工艺。

3.3.3.3 典型案例

由于高氮热解气中 N_2 含量非常高，这些对制氢无效的惰性组分在加压及高温转化的过程中不仅会浪费大量压缩功和热能，还会增加建设投资从而导致制氢成本增加，因此，热解气转化制氢时以采用低氮热解气为佳。以表 3-4 低氮热解气为例，干基气量按 $50000\mathrm{m^3/h}$，采用蒸汽转化制氢工艺制氢典型物料平衡见表 3-9，采用纯氧转化制氢工艺制氢典型物料平衡见表 3-10。

表 3-9 低氮热解气蒸汽转化制氢工艺典型物料平衡表

项目		热解气（干基）	精脱硫热解气	转化炉出口气	变换气	PSA 提取的氢气	提氢解吸气
组分及含量	$\varphi(CO)/\%$	14.7000	15.5814	12.5452	4.5362	0.0019	28.5952
	$\varphi(CO_2)/\%$	18.9100	20.0410	8.8506	24.1171	0.0001	3.0472
	$\varphi(H_2)/\%$	28.5300	23.4624	40.9540	67.1101	99.9390	42.3160
	$\varphi(CH_4)/\%$	27.6700	29.3274	2.6022	3.4849	0.0236	21.8837
	$\varphi(C_mH_n)/\%$	8.6300	9.1466	—	—	—	—
	$\varphi(N_2+Ar)/\%$	1.0800	1.1446	0.3153	0.4223	0.0347	2.5094
	$\varphi(O_2)/\%$	0.4800	—	—	—	—	—
	$\varphi(H_2O)/\%$	—	1.2967	34.7326	0.3294	0.0006	1.6486
	合计/%	100	100	100	100	100	100
主要杂质及含量	H_2S 含量 $/(mg/m^3)$	1500	≤0.05	—	—	—	—
	有机硫含量 $/(mg/m^3)$	150	≤0.05	—	—	—	—
	萘含量 $/(mg/m^3)$	300	≤3	—	—	—	—
	焦油含量 $/(mg/m^3)$	50	≤1	—	—	—	—
	NH_3 含量 $/(mg/m^3)$	300	300	—	—	—	—
	BTX 含量 $/(mg/m^3)$	2000	2000	—	—	—	—
	HCN 含量 $/(mg/m^3)$	227	≤20	—	—	—	—
流量/(m³/h)		50000	44112	160111	119557	72111	18923
压力/MPa		0.007	2.64	2.31	2.14	2.00	0.02
温度/℃		40.00	418.88	860.00	40.00	40.00	40.00

注：转化加入水蒸气 63.46t/h，消耗燃料热解气 3332m³/h，脱碳过程排放再生气 29951m³/h。

表 3-10　低氮热解气纯氧转化制氢工艺典型物料平衡表

项目		热解气（干基）	精脱硫热解气	转化炉出口气	变换气	PSA 提取的氢气	提氢解吸气
组分及含量	$\varphi(CO)/\%$	14.7000	15.2237	14.4623	4.7519	0.0019	37.5663
	$\varphi(CO_2)/\%$	18.9100	19.5800	10.3793	30.4300	0.0001	4.8216
	$\varphi(H_2)/\%$	28.5300	25.2042	33.9147	63.7621	99.9052	50.4189
	$\varphi(CH_4)/\%$	27.6700	28.6537	0.1481	0.2097	0.0030	1.6445
	$\varphi(C_mH_n)/\%$	8.6300	8.9364	—	—	—	—
	$\varphi(N_2+Ar)/\%$	1.0800	1.1183	0.3650	0.5169	0.0893	3.6495
	$\varphi(O_2)/\%$	0.4800	—	—	—	—	—
	$\varphi(H_2O)/\%$	—	1.2837	40.7307	0.3294	0.0006	1.8991
	合计/%	100	100	100	100	100	100
主要杂质及含量	H_2S 含量 /(mg/m³)	1500	≤0.05	—	—	—	—
	有机硫含量 /(mg/m³)	150	≤0.05	—	—	—	—
	萘含量 /(mg/m³)	300	≤3	—	—	—	—
	焦油含量 /(mg/m³)	50	≤1	—	—	—	—
	NH_3 含量 /(mg/m³)	300	300	—	—	—	—
	BTX 含量 /(mg/m³)	2000	2000	—	—	—	—
	HCN 含量 /(mg/m³)	227	≤20	—	—	—	—
流量/(m³/h)		50000	48289	164452	116118	66565	14655
压力/MPa		0.007	2.49	2.39	2.14	2.00	0.02
温度/℃		40.00	418.88	980.00	40.00	40.00	40.00

注：转化加入水蒸气 54.70t/h，消耗氧气 15066m³/h，脱碳过程排放再生气 36696m³/h，外送剩余提氢解吸气 5935m³/h。

3.3.4　热解气制氢综合计算数据比较

通过以上各热解气提氢、制氢方案的计算，得到热解气提氢、制氢综合计算数据比较见表 3-11。

表 3-11　热解气提氢、制氢综合计算数据比较　　　　　单位：m³/m³

工艺流程	热解气品质	热解气消耗	氧气消耗	剩余外送解吸气
直接提氢	高氮	3.8289	—	2.7843
	低氮	4.1265	—	3.1559
变换提氢	高氮	2.8101	—	1.4381

工艺流程	热解气品质	热解气消耗	氧气消耗	剩余外送解吸气
变换提氢	低氮	3.0964	—	1.3082
蒸汽转化制氢	低氮	0.6934	—	—
纯氧转化制氢	低氮	0.7511	0.2263	0.0892

3.4　低阶煤热解气制天然气

从表 3-1～表 3-4 可以看出，低阶煤热解气中含有大量 H_2、CO、CO_2、CH_4 和 C_mH_n 等可用于生产天然气的组分，既可以将热解气中 CH_4、C_mH_n 等天然气的主要构成组分直接分离出来得到天然气，也可以通过将其中的 H_2 与 CO 和 CO_2 先进行甲烷化反应生成 CH_4 后再分离得到更高产率的天然气产品。

3.4.1　低阶煤热解气制天然气典型工艺路线

低氮低阶煤热解气和高氮低阶煤热解气除了 N_2 组分含量差别较大外，性质是差不多的，用于制天然气时其工艺流程也基本一致。

低阶煤热解气制天然气根据目标产品需求的不同一般有三种工艺路线：完全甲烷化工艺、部分甲烷化工艺和无甲烷化工艺。

3.4.1.1　完全甲烷化工艺

通过变换、脱碳调整氢碳比在 3∶1 左右，脱碳气通过甲烷化将剩余的 CO、CO_2 完全转化为甲烷，经深冷分离得到目标产品 LNG。在甲烷化过程中，部分多碳烃也能反应转化为甲烷。

3.4.1.2　部分甲烷化工艺

与完全甲烷化工艺相比，部分甲烷化工艺的 CO 变换深度更深，不需控制氢碳比，脱碳气通过甲烷化将剩余的 CO、CO_2 转化为甲烷，经深冷分离得到目标产品之一 LNG，深冷分离的富氢气则通过 PSA 提氢得到目标产品之二氢气[3]。

3.4.1.3　无甲烷化工艺

无甲烷化工艺与部分甲烷化工艺接近，只是对变换深度与脱碳精度要求更高，脱碳气不经甲烷化直接进深冷分离得到目标产品之一 LNG，深冷分离的富氢气则通过 PSA 提氢得到目标产品之二氢气。此工艺可最大限度地得到氢气产品。

上述 3 条工艺路线的技术比较见表 3-12。

表 3-12　低阶煤热解气制天然气工艺路线比较表

比较项目	完全甲烷化工艺	部分甲烷化工艺	无甲烷化工艺
工艺特点	通过变换脱碳调整氢碳比在 3∶1 左右，然后通过甲烷化将 CO、CO_2 转化为甲烷，可最大限度地得到天然气产品。甲烷化过程高碳烃能转化为甲烷。深冷尾气中氢气含量低，可用作燃料气	进行深度变换，然后脱碳，剩余的 CO、CO_2 通过甲烷化得到甲烷。甲烷化过程高碳烃能转化为甲烷。富余氢气进入深冷分离尾气，通过 PSA 提氢得到氢气产品或者得到氢氮气用于合成氨	与部分甲烷化工艺相比，CO 变换深度更深，可尽可能地通过 CO 变换来多产氢气。可最大限度地生产氢气

续表

比较项目	完全甲烷化工艺	部分甲烷化工艺	无甲烷化工艺
产品方案	LNG	LNG、氢气(或氨合成用氢氮气)	LNG、氢气(或氨合成用氢氮气)
变换工艺	一段变换	一段或两段变换	两段变换
甲烷化工艺	两段或三段甲烷化,带循环气压缩机	一段或两段甲烷化,可不设循环气压缩机	无
脱碳要求	要求比较低,将 CO_2 脱除至体积分数 0.5% 左右即可,脱碳能耗低	要求比较低,将 CO_2 脱除至体积分数 0.2% 左右即可,脱碳能耗低	脱碳要求高,一般需要将 CO_2 脱除至体积分数 50×10^{-6} 以下,脱碳能耗高
深冷分离前处理	只需要脱水	只需要脱水	需要脱重烃,并精脱 CO_2、脱水
深冷分离尾气成分	富氢气:氢气、氮气以及少量甲烷;富氮气:氮气、少量氢气和甲烷	富氢气:氢气、氮气以及少量甲烷;富氮气:氮气、少量氢气和甲烷	富氢气含氢气、氮气、少量甲烷以及 CO,如用于合成氨需要增加甲烷化以脱除 CO;富氮气含氮气、少量氢气、甲烷和 CO
优势	1. LNG 产量高; 2. 脱碳能耗低; 3. 碳排放量少; 4. 深冷预处理流程简单	1. 有 LNG 和氢气两个产品,一定范围内产量可调; 2. 脱碳能耗低; 3. 深冷预处理流程简单	1. 可最大限度地得到氢气; 2. 节省了甲烷化的投资
不足	产品单一,有一定的市场风险	甲烷化过程会消耗一定的氢气,减少氢气产量	1. 工艺流程长,产品产量不可调; 2. 脱碳能耗高; 3. 深冷预处理流程长,要求高; 4. 富氮尾气不能直接排放

3.4.2　低阶煤热解气完全甲烷化制天然气

3.4.2.1　典型工艺流程

低阶煤热解气完全甲烷化制天然气工艺流程见图 3-9,可最大化得到天然气产品。

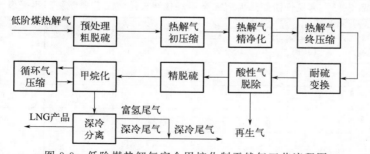

图 3-9　低阶煤热解气完全甲烷化制天然气工艺流程图

3.4.2.2　主要技术说明

热解气预处理和粗脱硫、热解气初压缩、热解气终压缩、酸性气脱除与低阶煤热解气变换提氢工艺一致,精脱硫则与热解气转化制氢工艺一致。

(1) 热解气精净化

热解气精净化包括精脱油脱萘及脱氨，其中精脱油脱萘与低阶煤热解气变换提氢工艺中变温吸附（TSA）精净化工艺一致。热解气中的氨在压缩过程中可能与 CO_2 生成碳酸氢铵，碳酸氢铵结晶会造成管道或设备堵塞，故热解气精脱油脱萘后需再经水洗脱氨，将氨脱除至 $50mg/m^3$ 以下。

(2) 热解气变换

粗脱硫热解气中除含有 $20mg/m^3$ 以下的 H_2S 外，还含有大量有机硫化物，故应采用耐硫变换工艺，变换深度以变换气经脱碳后 $n(H_2-CO_2)/n(CO+CO_2)$ 保持在 $3.00\sim3.05$ 为佳。按照热解气常规组成，一般变换设置一级就能达到要求。在变换过程中，绝大部分有机硫同时转化为硫化氢。

(3) 甲烷化

甲烷化采用带循环的绝热甲烷化工艺，根据 CO 与 CO_2 含量的不同，通常采用两段或三段甲烷化反应器，保证 CO 与 CO_2 全部反应完。甲烷化过程可同时将其他烃类转化为甲烷。

(4) 深冷分离

为防止甲烷化气中残留的水结冰堵塞冷箱设备和管道，进冷箱前必须先将甲烷化气中的水脱除至体积分数 1×10^{-6} 以下。由于甲烷化过程会将绝大部分 CO_2 和 C_3 以上烃类转化为甲烷，故进冷箱前不需要对甲烷化气进行脱碳及脱烃处理。深冷分离一般采用混合制冷剂（MRC）＋氮气循环分离工艺，此工艺路线尾气中残存的氢气量较少，回收价值低，可直接送燃气管网。

3.4.2.3 典型案例

以表 3-2 高氮热解气和表 3-4 低氮热解气为例，干基气量均按 $100000m^3/h$，低阶煤热解气完全甲烷化制天然气工艺典型物料平衡见表 3-13 和表 3-14。从物料平衡表中可以看出，采用高氮热解气时可以得到 $16868m^3/h$（12.12t/h）LNG 产品，采用低氮热解气时可以得到 $53341m^3/h$（38.34t/h）LNG 产品。

表 3-13　高氮低阶煤热解气完全甲烷化制天然气工艺典型物料平衡表

项目		热解气	终压缩热解气	变换气	精脱硫脱酸气	甲烷化气	LNG
组分及含量	$\varphi(CO)/\%$	10.18	10.35	8.96	10.18	—	—
	$\varphi(CO_2)/\%$	10.63	10.80	12.10	0.19	—	—
	$\varphi(H_2)/\%$	30.73	31.23	31.71	36.01	5.64	—
	$\varphi(CH_4)/\%$	7.06	7.17	7.14	8.11	29.20	99.25
	$\varphi(C_mH_n)/\%$	0.64	0.64	0.65	0.73	0.02	0.06
	$\varphi(N_2+Ar)/\%$	38.68	39.31	39.14	44.46	64.76	0.69
	$\varphi(O_2)/\%$	0.20	0.20	—	—	—	—
	$\varphi(H_2O)/\%$	1.88	0.28	0.31	0.31	0.39	—
	合计/%	100	100	100	100	100	100

续表

项目		热解气	终压缩热解气	变换气	精脱硫脱酸气	甲烷化气	LNG
主要杂质及含量	H_2S 含量 /(mg/m³)	1500	≤20	155	≤0.05	—	—
	有机硫含量 /(mg/m³)	150	150	15	≤0.05	—	—
	萘含量 /(mg/m³)	300	≤3	≤3	—	—	—
	焦油含量 /(mg/m³)	50	≤1	≤1	—	—	—
	NH_3 含量 /(mg/m³)	300	≤10	≤10	≤10	≤10	—
	BTX 含量 /(mg/m³)	2000	≤500	≤500	≤500	≤10	—
	HCN 含量 /(mg/m³)	227	≤10	≤10	≤5	≤5	—
流量/(m³/h)		100000	98399	98827	87000	59725	16868
压力/MPa		0.007	2.50	2.35	2.10	1.90	0.015
温度 /℃		45.00	40.00	40.00	170.00	40.00	−163.00

注：脱酸气过程排放再生气 12570m³/h，外送深冷分离尾气 42625m³/h。

表 3-14　低氮低阶煤热解气完全甲烷化制天然气工艺典型物料平衡表

项目		热解气（干基）	终压缩热解气	变换气	精脱硫脱酸气	甲烷化气	LNG	富氢尾气
组分及含量	$\varphi(CO)/\%$	14.70	14.67	6.47	8.77	—	—	—
	$\varphi(CO_2)/\%$	18.91	18.86	26.36	0.20	—	—	—
	$\varphi(H_2)/\%$	28.53	28.46	30.42	41.22	8.96	—	90.81
	$\varphi(CH_4)/\%$	27.67	27.60	27.02	36.63	88.03	99.20	2.48
	$\varphi(C_mH_n)/\%$	8.63	8.61	8.43	11.42	0.23	0.26	—
	$\varphi(N_2+Ar)/\%$	1.08	1.08	1.06	1.43	2.38	0.54	6.71
	$\varphi(O_2)/\%$	0.48	0.48	—	—	—	—	—
	$\varphi(H_2O)/\%$	—	0.25	0.24	0.33	0.40	—	—
	合计/%	100	100	100	100	100	100	100
主要杂质及含量	H_2S 含量 /(mg/m³)	1500	≤20	≤155	≤0.05	—	—	—
	有机硫含量 /(mg/m³)	150	150	≤15	≤0.05	—	—	—
	萘含量 /(mg/m³)	300	≤3	≤3	—	—	—	—

续表

项目		热解气（干基）	终压缩热解气	变换气	精脱硫脱酸气	甲烷化气	LNG	富氢尾气
主要杂质及含量	焦油含量/(mg/m³)	50	≤1	≤1	—	—	—	—
	NH₃含量/(mg/m³)	300	≤10	≤10	≤10	≤10	—	—
	BTX含量/(mg/m³)	2000	≤500	≤500	≤500	≤10	—	—
	HCN含量/(mg/m³)	227	≤5	≤5	≤5	≤5	—	—
流量/(m³/h)		100000	100247	102130	75286	60408	53341	5366
压力/MPa		0.007	2.40	2.30	2.10	1.90	0.015	1.50
温度/℃		40.00	40.00	40.00	170.00	40.00	−163.00	37.00

注：脱酸气过程排放再生气28604m³/h，外送深冷富氮尾气1466m³/h。

3.4.3　低阶煤热解气部分甲烷化制天然气

3.4.3.1　典型工艺流程

低阶煤热解气部分甲烷化制天然气工艺流程见图3-10。采用该工艺路线可同时得到LNG和氢气产品，且可在一定范围内调节两者产量。

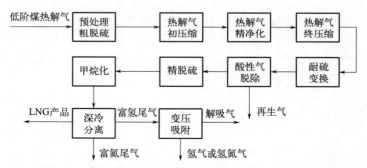

图3-10　低阶煤热解气部分甲烷化制天然气工艺流程图

3.4.3.2　主要技术说明

热解气预处理和粗脱硫、热解气初压缩、热解气精净化、热解气终压缩、酸性气脱除、精脱硫与完全甲烷化制天然气工艺流程一致。

(1) 热解气变换

此工艺路线中，CO的变换率更高，但变换后热解气中仍保留体积分数1%～3%的CO。变换采用两段耐硫变换工艺，通过调节加入的蒸汽量调整最终变换率。

(2) 甲烷化

由于变换脱碳气中CO、CO_2含量较低，$CO+CO_2$体积分数一般在2%～4%，氢碳比较大，一段绝热甲烷化就能将CO和CO_2完全转化。但为保证CO_2转化彻底，工程上通常按两段甲烷化设置。由于甲烷化温升不高（100~200℃），也不需要设置循环气压缩机。

（3）深冷分离

仍然采用混合制冷剂（MRC）+氮气循环深冷分离工艺。富氮气中只含有少量甲烷和氢气，可直接排放，但富氢气可通过变压吸附提取氢气或氨合成用氢氮气。

3.4.3.3　典型案例

以表 3-2 高氮热解气和表 3-4 低氮热解气为例，干基气量均按 100000m³/h，低阶煤热解气部分甲烷化制天然气工艺典型物料平衡见表 3-15 和表 3-16。从物料平衡表中可以看出，采用高氮热解气时可以得到 10187m³/h（7.32t/h）的 LNG 产品和 27645m³/h 的氢气产品，采用低氮热解气时可以得到 48234m³/h（34.66t/h）的 LNG 产品和 19564m³/h 的氢气产品。

表 3-15　高氮低阶煤热解气部分甲烷化制天然气工艺典型物料平衡表

项目		热解气	终压缩解气	变换气	精脱硫脱酸气	甲烷化气	LNG	氢气
组分及含量	$\varphi(CO)/\%$	10.18	10.35	1.93	2.34	—	—	—
	$\varphi(CO_2)/\%$	10.63	10.80	17.77	0.20	—	—	—
	$\varphi(H_2)/\%$	30.73	31.23	36.11	43.84	38.14	—	99.90
	$\varphi(CH_4)/\%$	7.06	7.17	6.68	8.11	13.25	99.13	0.01
	$\varphi(C_mH_n)/\%$	0.64	0.64	0.60	0.73	0.40	0.11	—
	$\varphi(N_2+Ar)/\%$	38.68	39.31	36.60	44.45	48.21	0.76	0.09
	$\varphi(O_2)/\%$	0.20	0.20	—	—	—	—	—
	$\varphi(H_2O)/\%$	1.88	0.28	0.31	0.31	—	—	—
	合计/%	100	100	100	100	100	100	100
主要杂质及含量	H_2S 含量 /(mg/m³)	1500	≤20	155	≤0.05	—	—	—
	有机硫含量 /(mg/m³)	150	150	15	≤0.0	—	—	—
	萘含量 /(mg/m³)	300	≤3	≤3	—	—	—	—
	焦油含量 /(mg/m³)	50	≤1	≤1	—	—	—	—
	NH_3 含量 /(mg/m³)	300	≤10	≤10	≤10	≤10	—	—
	BTX 含量 /(mg/m³)	2000	≤500	≤500	≤500	≤10	≤36	—
	HCN 含量 /(mg/m³)	227	≤10	≤10	≤5	≤5	—	—
流量/(m³/h)		100000	98399	105669	87012	80230	10187	27645
压力/MPa		0.007	2.500	2.300	2.100	1.900	0.015	1.450
温度/℃		45.00	40.00	40.00	170.00	40.00	−163.00	37.00

注：脱酸气过程排放再生气 19825m³/h，外送深冷富氮尾气 36846m³/h 及提氢解吸气 5552m³/h。

表 3-16　低氮低阶煤热解气部分甲烷化制天然气工艺典型物料平衡表

	项目	热解气（干基）	终压缩热解气	变换气	精脱硫脱酸气	甲烷化气	LNG	氢气
组分及含量	$\varphi(CO)/\%$	14.70	14.66	1.37	1.94	—	—	—
	$\varphi(CO_2)/\%$	18.91	18.86	29.89	0.50	—	—	—
	$\varphi(H_2)/\%$	28.53	28.46	33.75	47.90	28.99	—	99.90
	$\varphi(CH_4)/\%$	27.67	27.60	25.73	36.51	68.88	99.26	0.01
	$\varphi(C_mH_n)/\%$	8.63	8.61	8.02	11.39	0.20	0.29	—
	$\varphi(N_2+Ar)/\%$	1.08	1.08	1.01	1.43	1.55	0.45	0.09
	$\varphi(O_2)/\%$	0.48	0.48	—	—	—	—	—
	$\varphi(H_2O)/\%$	—	0.25	0.23	0.33	0.39		
	合计/%	100	100	100	100	100	100	100
主要杂质及含量	H_2S 含量 /(mg/m³)	1500	≤20	≤155	≤0.05	—	—	—
	有机硫含量 /(mg/m³)	150	150	≤15	≤0.05	—	—	—
	萘含量 /(mg/m³)	300	≤3	≤3	—	—	—	—
	焦油含量 /(mg/m³)	50	≤1	≤1	—	—	—	—
	NH_3 含量 /(mg/m³)	300	≤10	≤10	≤10	≤10	—	—
	BTX含量 /(mg/m³)	2000	≤500	≤500	≤500	≤10	—	—
	HCN含量 /(mg/m³)	227	≤5	≤5	≤5	≤5	—	—
流量/(m³/h)		100000	100247	107290	75517	69863	48234	19564
压力/MPa		0.007	2.400	2.300	2.100	1.900	0.015	1.450
温度/℃		40.00	40.00	40.00	170.00	40.00	−163.00	37.00

注：脱酸气过程排放再生气33855m³/h，外送提氢解吸气1794m³/h。

3.4.4　低阶煤热解气无甲烷化制天然气

3.4.4.1　典型工艺流程

　　低阶煤热解气无甲烷化制天然气工艺流程见图3-11。采用该工艺路线减少了甲烷化过程氢气的消耗，可最大限度地得到氢气。

3.4.4.2　主要技术说明

　　热解气预处理和粗脱硫、热解气初压缩、热解气精净化、热解气终压缩与部分甲烷化制天然气工艺流程一致。

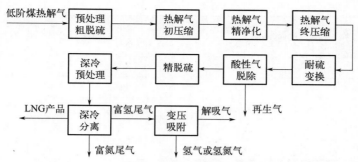

图 3-11 低阶煤热解气无甲烷化制天然气工艺流程图

(1) 热解气变换

无甲烷化工艺路线中，为增加氢气产量、减少 CO 尾气排放，需要尽可能地提高 CO 变换率。通常设置两段或三段变换，变换后热解气中 CO 的体积分数为 0.4%～0.5%。

(2) 变换气酸性气脱除

由于无甲烷化单元，脱酸气过程需尽可能将 CO_2 脱除至较低含量，一般脱除至体积分数 50×10^{-6} 以下。因此，此工艺对脱酸气吸收液再生精度要求高，再生热量消耗会比有甲烷化的工艺高 30%～50%。

(3) 精脱硫

采用加氢转化＋氧化锌精脱硫工艺，此工艺不用担心硫对甲烷化催化剂的影响，所以对精脱硫要求不高，满足深冷分离入口要求即可。通常要求硫化氢体积分数小于 1×10^{-6}，有机硫体积分数小于 4×10^{-6}。

(4) 深冷预处理

由于无甲烷化单元，CO_2 和高碳烃超标易造成冷箱堵塞，因此，原料气进冷箱前需要设置预处理单元，通过分子筛吸附将原料气中的 C_{5+} 重烃和 CO_2 脱除至体积分数 10×10^{-6} 以下。

(5) 深冷分离

深冷分离仍然采用混合制冷剂（MRC）＋氮气循环分离工艺。深冷尾气的富氢气和富氮气分开，富氮气中只有少量甲烷和氢气，可能会有少量 CO，为保证富氮气达标排放，需严格控制其中的 CO 含量，使其满足环保标准；富氢气则可通过变压吸附提取氢气或氨合成用氢氮气。

3.4.4.3 典型案例

以表 3-2 高氮热解气和表 3-4 低氮热解气为例，干基气量均按 $100000 m^3/h$，低阶煤热解气无甲烷化制天然气工艺典型物料平衡见表 3-17 和表 3-18。

表 3-17 高氮低阶煤热解气无甲烷化制天然气工艺典型物料平衡表

	项目	热解气	终压缩热解气	变换气	精脱硫脱酸气	LNG	富氢尾气	氢气
组分及含量	$\varphi(CO)/\%$	10.18	10.35	0.47	0.59	0.10	0.12	—
	$\varphi(CO_2)/\%$	10.63	10.80	18.94	0.00	—	—	—

续表

项目		热解气	终压缩热解气	变换气	精脱硫脱酸气	LNG	富氢尾气	氢气
组分及含量	$\varphi(H_2)/\%$	30.73	31.23	37.02	45.69	—	90.14	99.90
	$\varphi(CH_4)/\%$	7.06	7.17	6.59	8.13	90.30	0.51	0.01
	$\varphi(C_mH_n)/\%$	0.64	0.64	0.59	0.74	8.54	—	—
	$\varphi(N_2+Ar)/\%$	38.68	39.31	36.08	44.54	1.05	9.23	0.09
	$\varphi(O_2)/\%$	0.20	0.20	—	—	—	—	—
	$\varphi(H_2O)/\%$	1.88	0.28	0.31	0.31	—	—	—
	合计/%	100	100	100	100	100	100	100
主要杂质及含量	H_2S含量/(mg/m³)	1500	≤20	155	≤0.05	—	—	—
	有机硫含量/(mg/m³)	150	150	15	≤0.05	—	—	—
	萘含量/(mg/m³)	300	≤3	≤3	—	—	—	—
	焦油含量/(mg/m³)	50	≤1	≤1	—	—	—	—
	NH_3含量/(mg/m³)	300	≤10	≤10	≤10	—	—	—
	BTX含量/(mg/m³)	2000	≤500	≤500	≤500	—	—	—
	HCN含量/(mg/m³)	227	≤10	≤10	≤5	—	—	—
流量/(m³/h)		100000	98399	107201	86837	7340	41773	35809
压力/MPa		0.007	2.50	2.30	2.10	0.015	1.40	1.35
温度/℃		45.00	40.00	40.00	170.00	−163.00	37.00	37.00

注：脱酸气过程排放再生气21637m³/h，外送深冷富氮尾气37354m³/h及提氢解吸气5965m³/h。

表 3-18　低氮低阶煤热解气无甲烷化制天然气工艺典型物料平衡表

项目		热解气（干基）	终压缩热解气	变换气	精脱硫脱酸气	LNG	深冷尾气	氢气
组分及含量	$\varphi(CO)/\%$	14.70	14.66	1.37	1.95	—	—	—
	$\varphi(CO_2)/\%$	18.91	18.86	29.89	0.00	—	—	—
	$\varphi(H_2)/\%$	28.53	28.46	33.75	48.14	—	96.95	99.90
	$\varphi(CH_4)/\%$	27.67	27.60	25.73	36.70	75.74	0.74	0.01
	$\varphi(C_mH_n)/\%$	8.63	8.61	8.02	11.44	23.67	—	—
	$\varphi(N_2+Ar)/\%$	1.08	1.08	1.01	1.44	0.60	2.31	0.09
	$\varphi(O_2)/\%$	0.48	0.48	—	—	—	—	—
	$\varphi(H_2O)/\%$	—	0.25	0.23	0.33	—	—	—
	合计/%	100	100	100	100	100	100	100

续表

项目		热解气 （干基）	终压缩 热解气	变换气	精脱硫 脱酸气	LNG	深冷尾气	氢气
主要 杂质 及含量	H_2S 含量 /(mg/m³)	1500	≤20	≤155	≤0.05	—	—	—
	有机硫含量 /(mg/m³)	150	150	≤15	≤0.05	—	—	—
	萘含量 /(mg/m³)	300	≤3	≤3		—	—	—
	焦油含量 /(mg/m³)	50	≤1	≤1		—	—	—
	NH_3 含量 /(mg/m³)	300	≤10	≤10	≤10	—	—	—
	BTX含量 /(mg/m³)	2000	≤500	≤500	≤500	—	—	—
	HCN含量 /(mg/m³)	227	≤5	≤5	≤5	—	—	—
流量/(m³/h)		100000	100247	107290	75142	36162	37437	35061
压力/MPa		0.007	2.40	2.30	2.10	0.015	1.55	1.50
温度/℃		40.00	40.00	40.00	40.00	−163.00	37.00	37.00

注：脱酸气过程排放再生气 34255m³/h，外送提氢解吸气 2376 m³/h。

从物料平衡表中可以看出，采用高氮热解气时可以得到 7340m³/h（5.27t/h）的 LNG 产品和 35809m³/h 的氢气产品，采用低氮热解气时可以得到 36162m³/h（32.21t/h）的 LNG 产品和 35061m³/h 的氢气产品。

3.5　低阶煤热解气制低碳化学品合成气

制低碳化学品所需合成气的主要成分是 H_2、CO，如果用于合成甲醇则还需要一定量的 CO_2。热解气中含有大量 H_2、CO、CO_2、CH_4 和 C_mH_n 等可用于生产低碳化学品合成气的有效组分，可以用于生产低碳化学品合成气。N_2 在绝大多数低碳化学品的合成过程中是惰性组分，不仅影响合成效率，还会增加压缩功耗，因而高氮热解气并非生产低碳化学品合成气的理想原料；相反，低氮热解气中 N_2 含量非常低，有效组分含量很高，非常适合于富含 H_2、CO 和 CO_2 的合成气生产。

3.5.1　低阶煤热解气常规转化制化学品合成气

3.5.1.1　典型工艺流程

热解气常规蒸汽转化制低碳化学品合成气工艺流程见图 3-12。
热解气常规纯氧转化制低碳化学品合成气工艺流程见图 3-13。

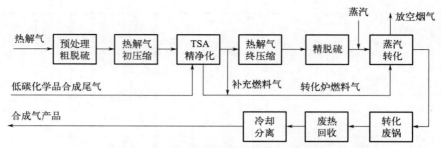

图 3-12　热解气常规蒸汽转化制低碳化学品合成气工艺流程图

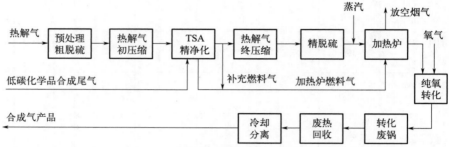

图 3-13　热解气常规纯氧转化制低碳化学品合成气工艺流程图

3.5.1.2　主要技术说明

除了没有变换、脱碳、PSA 提氢等系统外，其他工艺组织与低阶煤热解气转化制氢工艺一致。

3.5.1.3　典型案例

(1) 物料平衡

以表 3-4 低氮热解气为例，干基气量 $50000 \mathrm{m}^3/\mathrm{h}$，低氮热解气常规蒸汽转化制低碳化学品合成气典型物料平衡见表 3-19，常规纯氧转化制低碳化学品合成气典型物料平衡则见表 3-20。

表 3-19　低氮热解气常规蒸汽转化制低碳化学品合成气典型物料平衡表

	项目	热解气（干基）	TSA 后热解气	燃料热解气	精脱硫原料热解气	转化炉出口气	合成气
组分及含量	$\varphi(CO)/\%$	14.70	14.34	14.34	15.57	14.65	20.95
	$\varphi(CO_2)/\%$	18.91	18.44	18.44	20.03	8.50	12.16
	$\varphi(H_2)/\%$	28.53	27.83	27.83	23.45	43.56	62.30
	$\varphi(CH_4)/\%$	27.67	26.99	26.99	29.31	2.57	3.68
	$\varphi(C_mH_n)/\%$	8.63	8.42	8.42	9.14	—	—
	$\varphi(N_2+Ar)/\%$	1.08	1.05	1.05	1.14	0.34	0.48
	$\varphi(O_2)/\%$	0.48	0.47	0.47	—	—	—
	$\varphi(H_2O)/\%$	—	2.46	2.46	1.35	30.39	0.43
	合计/%	100	100	100	100	100	100

续表

	项目	热解气 （干基）	TSA 后 热解气	燃料热解气	精脱硫原料 热解气	转化炉 出口气	合成气
主要 杂质 及含量	H_2S 含量 /(mg/m³)	1500	≤20	≤20	≤0.5	—	—
	有机硫含量 /(mg/m³)	150	150	150	≤0.5	—	—
	萘含量 /(mg/m³)	300	≤3	≤3	≤3	—	—
	焦油含量 /(mg/m³)	50	≤1	≤1	≤1	—	—
	NH_3 含量 /(mg/m³)	300	300	300	300	—	—
	BTX 含量 /(mg/m³)	2000	2000	2000	2000	—	—
	HCN 含量 /(mg/m³)	227	≤20	≤20	≤20	—	—
流量/(m³/h)		50000	51261	14302	34035	115213	80550
压力/MPa		0.007	0.15	0.15	2.14	1.79	1.62
温度/℃		40.00	40.00	40.00	418.88	860.00	40.00

注：转化加入水蒸气 41.88t/h。

表 3-20　低氮热解气常规纯氧转化制低碳化学品合成气典型物料平衡表

	项目	热解气 （干基）	TSA 后 热解气	燃料热解气	精脱硫原料 热解气	转化炉 出口气	合成气
组分 及含量	$\varphi(CO)/\%$	14.70	14.34	14.34	15.57	14.50	24.42
	$\varphi(CO_2)/\%$	18.91	18.44	18.44	20.03	10.53	17.74
	$\varphi(H_2)/\%$	28.53	27.83	27.83	23.44	33.63	56.64
	$\varphi(CH_4)/\%$	27.67	26.99	26.99	29.31	0.10	0.16
	$\varphi(C_mH_n)/\%$	8.63	8.42	8.42	9.14	—	—
	$\varphi(N_2+Ar)/\%$	1.08	1.05	1.05	1.14	0.37	0.62
	$\varphi(O_2)/\%$	0.48	0.47	0.47	—	—	—
	$\varphi(H_2O)/\%$	—	2.46	2.46	1.36	40.87	0.41
	合计/%	100	100	100	100	100	100
主要 杂质 及含量	H_2S 含量 /(mg/m³)	1500	≤20	≤20	≤0.5	—	—
	有机硫含量 /(mg/m³)	150	150	150	≤0.5	—	—
	萘含量 /(mg/m³)	300	≤3	≤3	≤3	—	—

续表

项目		热解气（干基）	TSA后热解气	燃料热解气	精脱硫原料热解气	转化炉出口气	合成气
主要杂质及含量	焦油含量 /(mg/m³)	50	≤1	≤1	≤1	—	—
	NH₃含量 /(mg/m³)	300	300	300	300	—	—
	BTX含量 /(mg/m³)	2000	2000	2000	2000	—	—
	HCN含量 /(mg/m³)	227	≤20	≤20	≤20	—	—
流量/(m³/h)		50000	51261	6664	41068	142277	84469
压力/MPa		0.007	0.15	0.15	2.14	1.95	1.70
温度/℃		40.00	40.00	40.00	418.88	980.00	40.00

注：转化加入水蒸气 47.59t/h、氧气 13142m³/h。

（2）合成气的适用性

从表 3-19 可以看出，常规蒸汽转化得到的合成气中 H_2 体积分数 62.30%、CO 体积分数 20.95%、CO_2 体积分数 12.16%，从而得出 $n(H_2-CO_2)/n(CO+CO_2)=1.51$、$n(H_2)/n(CO)=2.97$；而从表 3-20 可以看出，常规纯氧转化得到的合成气中 H_2 体积分数 56.64%、CO 体积分数 24.42%、CO_2 体积分数 17.74%，从而得出 $n(H_2-CO_2)/n(CO+CO_2)=0.92$、$n(H_2)/n(CO)=2.32$。两种方法制得的合成气都不能满足甲醇合成气 $n(H_2-CO_2)/n(CO+CO_2)\geqslant2.05$ 的要求，只有通过补充其他氢源或脱除部分 CO_2 才能用于甲醇合成，但完全可以将其中的 H_2 或 CO 用于甲醇制乙醇、乙二醇，羰基合成乙酸和 F-T 合成油品等低碳化学品的生产。

3.5.2 低阶煤热解气带 CO_2 循环的转化制化学品合成气

3.5.2.1 典型工艺流程

热解气带 CO_2 循环的蒸汽转化制低碳化学品合成气工艺流程见图 3-14。

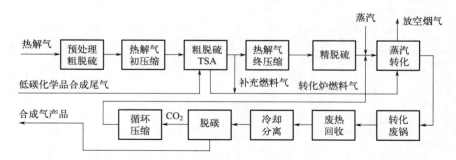

图 3-14 热解气带 CO_2 循环的蒸汽转化制低碳化学品合成气工艺流程图

热解气带 CO_2 循环的纯氧转化制低碳化学品合成气工艺流程见图 3-15。

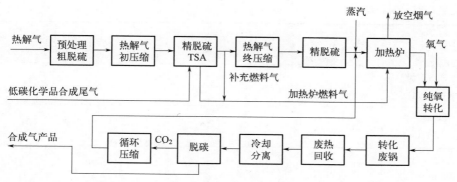

图 3-15　热解气带 CO_2 循环的纯氧转化制低碳化学品合成气工艺流程图

3.5.2.2　主要工艺简述

热解气带 CO_2 循环的转化工艺是在热解气常规转化工艺基础上，将转化气中的 CO_2 脱除出来并返回转化炉前继续参与热解气的转化反应，循环 CO_2 在系统中将不断积累，利用 CO_2 对变换反应（$CO+H_2O \rightleftharpoons CO_2+H_2$）的抑制作用，降低 CO 在转化炉中的变换率，当系统中的 CO_2 累积到一定量时，会导致转化炉中 CO 变换反应处于停滞状态，原料气中反应掉的碳元素绝大多数将转化为 CO，使送出的转化气中 CO 含量大大提高，几乎不含 CO_2。

转化气的脱碳可以采用 MDEA 法或低温甲醇洗法，更多地采用了 MDEA 法，可以利用转化气回收高端热量后的低位热能作为 MDEA 溶液的再生热源，不另消耗再生用蒸汽。

3.5.2.3　典型案例

(1) 物料平衡

以表 3-4 低氮热解气为例，干基气量 $50000m^3/h$，低氮热解气带 CO_2 循环的蒸汽转化制低碳化学品合成气典型物料平衡见表 3-21，低氮热解气带 CO_2 循环的纯氧转化制低碳化学品合成气典型物料平衡则见表 3-22。

表 3-21　低氮热解气带 CO_2 循环的蒸汽转化制低碳化学品合成气典型物料平衡表

项目		热解气（干基）	燃料热解气	精脱硫原料热解气	循环 CO_2 气	转化炉出口气	合成气
组分及含量	$\varphi(CO)/\%$	14.70	14.34	15.57	0.01	21.42	37.26
	$\varphi(CO_2)/\%$	18.91	18.44	20.03	99.24	14.87	0.13
	$\varphi(H_2)/\%$	28.53	27.83	23.45	0.07	33.53	58.32
	$\varphi(CH_4)/\%$	27.67	26.99	29.31	—	1.90	3.31
	$\varphi(C_mH_n)/\%$	8.63	8.42	9.14	—	—	—
	$\varphi(N_2+Ar)/\%$	1.08	1.05	1.14	—	0.31	0.53
	$\varphi(O_2)/\%$	0.48	0.47	—	—	—	—
	$\varphi(H_2O)/\%$	—	2.46	1.35	0.68	27.97	0.44
	合计/%	100	100	100	100	100	100

项目		热解气（干基）	燃料热解气	精脱硫原料热解气	循环 CO_2 气	转化炉出口气	合成气
主要杂质及含量	H_2S 含量 /(mg/m³)	1500	≤20	≤0.5	—	—	—
	有机硫含量 /(mg/m³)	150	150	≤0.5	—	—	—
	萘含量 /(mg/m³)	300	≤3	≤3	—	—	—
	焦油含量 /(mg/m³)	50	≤1	≤1	—	—	—
	NH_3 含量 /(mg/m³)	300	300	300	—	—	—
	BTX 含量 /(mg/m³)	2000	2000	2000	—	—	—
	HCN 含量 /(mg/m³)	227	≤20	≤20	—	—	—
流量/(m³/h)		50000	15942	32524	17859	120538	69158
压力/MPa		0.007	0.15	2.14	2.19	1.81	1.57
温度/℃		40.00	40.00	418.88	97.35	860.00	40.00

注：转化加入水蒸气 33.19t/h。

表 3-22　低氮热解气带 CO_2 循环的纯氧转化制低碳化学品合成气典型物料平衡表

项目		热解气（干基）	燃料热解气	精脱硫原料热解气	循环 CO_2 气	转化炉出口气	合成气
组分及含量	$\varphi(CO)$/%	14.70	14.34	16.12	—	20.93	55.05
	$\varphi(CO_2)$/%	18.91	18.44	20.74	99.65	27.90	0.03
	$\varphi(H_2)$/%	28.53	27.83	24.27	0.02	16.55	43.54
	$\varphi(CH_4)$/%	27.67	26.99	30.34	—	0.04	0.10
	$\varphi(C_mH_n)$/%	8.63	8.42	5.94	—	—	—
	$\varphi(N_2+Ar)$/%	1.08	1.05	1.19	—	0.35	0.90
	$\varphi(O_2)$/%	0.48	0.47	—	—	—	—
	$\varphi(H_2O)$/%	—	2.46	1.40	0.33	34.24	0.40
	合计/%	100	100	100	100	100	100
主要杂质及含量	H_2S 含量 /(mg/m³)	1500	≤20	≤0.5	—	—	—
	有机硫含量 /(mg/m³)	150	150	≤0.5	—	—	—

续表

项目		热解气（干基）	燃料热解气	精脱硫原料热解气	循环 CO_2 气	转化炉出口气	合成气
主要杂质及含量	萘含量 /(mg/m³)	300	≤3	≤3	—	—	—
	焦油含量 /(mg/m³)	50	≤1	≤1	—	—	—
	NH_3 含量 /(mg/m³)	300	300	300	—	—	—
	BTX 含量 /(mg/m³)	2000	2000	2000	—	—	—
	HCN 含量 /(mg/m³)	227	≤20	≤20	—	—	—
流量/(m³/h)		50000	4526	41573	44427	159708	60592
压力/MPa		0.007	0.15	2.14	2.16	2.01	1.76
温度/℃		40.00	40.00	418.88	95.89	950.00	40.00

注：转化加入水蒸气 29.66t/h、氧气 13618m³/h。

（2）合成气的适用性

从表 3-21 可以看出，带 CO_2 循环的蒸汽转化得到的合成气中 H_2 体积分数 58.32%、CO 体积分数 37.26%、CO_2 体积分数 0.13%，从而得出 $n(H_2-CO_2)/n(CO+CO_2)=1.56$、$n(H_2)/n(CO)=1.57$，原料热解气中的 C 已近全部转化为 CO；而从表 3-22 可以看出，带 CO_2 循环的纯氧转化得到的合成气中 H_2 体积分数 43.54%、CO 体积分数 55.05%、CO_2 体积分数 0.03%，从而得出 $n(H_2-CO_2)/n(CO+CO_2)=0.79$、$n(H_2)/n(CO)=0.79$，原料热解气中的 C 已近全部转化为 CO。两种方法制得的合成气，由于氢碳比都太低，不能满足甲醇合成气 $n(H_2-CO_2)/n(CO+CO_2)\geq2.05$ 的要求，只有通过补充其他氢源才能用于甲醇合成，但完全可以将其中的 H_2 或 CO 用于甲醇制乙醇、乙二醇，羰基合成乙酸以及 F-T 合成油品等低碳化学品的生产，尤其适用于 CO 需求量大的场合。

3.6　低阶煤热解气制合成氨

氨合成气的主要成分是 H_2 和 N_2。热解气中含有大量 H_2、CO、CH_4、C_mH_n 和 N_2 等可用于生产氨合成气的有效组分，可以用于生产氨的合成气。

低阶煤热解气用于合成氨，除能有效利用其中的氢气以及可以转化为氢气的 CO 和烃类外，还能充分利用高氮热解气中富含的氮气，不需要另外设置制氮装置，可节省制氮的投资。合成气制备时氢氮气不用完全分离，只需要提取出 3∶1 左右体积比的氢氮混合气即可用于氨的合成，氢气提取收率较高，运行费用较低。

根据对低阶煤热解气组成性质的分析，用热解气制氨主要有热解气变换制氨工艺、热解气转化制氨工艺。另外，对于副产富氢尾气的热解气制 LNG 工艺，其富氢尾气也可以用于合成氨。

3.6.1 低阶煤热解气变换工艺制合成氨

该工艺只是利用了热解气中所含的 H_2、CO 和 N_2 用于生产合成氨，热解气中的 CH_4、C_mH_n 等有效组分并未用于生产合成氨，氨产量有限。

3.6.1.1 典型工艺流程

高氮热解气和低氮热解气变换工艺制合成氨工艺流程一致，见图 3-16。

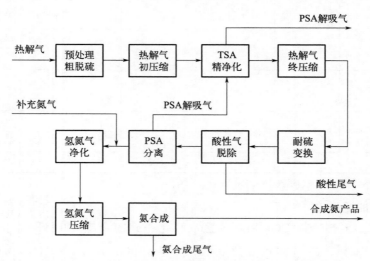

图 3-16 热解气变换工艺制合成氨工艺流程图

3.6.1.2 主要工艺简述

本工艺中氢氮气净化之前的流程组织和采用的工艺技术与热解气变换提氢工艺完全一致，下面只对其后续工序进行说明。

（1）氢氮气净化

PSA 分离得到的氢氮气中可能还残留少量 CO、CO_2 和 O_2，它们都是氨合成催化剂的毒物，必须脱除至 $CO+CO_2+O_2$ 的体积分数$\leqslant 10\times10^{-6}$，一般采用甲烷化的方法同时脱除氢氮气中微量的 CO、CO_2 和 O_2。

（2）氢氮气压缩

净化后的氢氮气通过压缩机压缩至 14～15MPa 后去氨合成单元。氢氮气压缩机可采用往复式压缩机或离心式压缩机。

（3）氨合成

采用低压氨合成工艺，合成压力 14～15MPa。氨合成尾气经洗氨后送燃料气管网综合利用。

3.6.1.3 典型案例

以表 3-2 高氮热解气和表 3-4 低氮热解气为例，干基气量均按 $50000m^3/h$，低阶煤热解气变换工艺制合成氨典型物料平衡见表 3-23 和表 3-24。

表 3-23 高氮热解气变换工艺制合成氨典型物料平衡表

项目		热解气	变换气	PSA 分离氢氮气	PSA 解吸气	压缩氢氮气	氨合成尾气（洗涤后）
组分及含量	$\varphi(CO)/\%$	10.1800	0.5180	0.0116	1.3998	≤0.0003	—
	$\varphi(CO_2)/\%$	10.6300	18.9105	0.0011	0.2573	≤0.0001	—
	$\varphi(H_2)/\%$	30.7300	36.9274	74.7118	10.0900	74.7026	46.5578
	$\varphi(CH_4)/\%$	7.0600	6.5913	0.2960	17.6321	0.3089	29.5419
	$\varphi(C_mH_n)/\%$	0.6400	0.5975	—	1.6310	—	—
	$\varphi(N_2+Ar)/\%$	38.6800	36.1121	24.9785	68.2126	24.9885	23.9003
	$\varphi(O_2)/\%$	0.2000	—	—	—	—	—
	$\varphi(H_2O)/\%$	1.8800	0.3432	0.0009	0.7773	≤0.0003	—
	合计/%	100	100	100	100	100	100
主要杂质及含量	H_2S 含量 /(mg/m³)	1500	≤155	—	—	—	—
	有机硫含量 /(mg/m³)	150	≤15	—	—	—	—
	萘含量 /(mg/m³)	300	—	—	—	—	—
	焦油含量 /(mg/m³)	50	—	—	—	—	—
	NH_3 含量 /(mg/m³)	300	300	—	≤665	—	≤500
	BTX 含量 /(mg/m³)	2000	2000	—	≤4431	—	—
	HCN 含量 /(mg/m³)	227	227	—	≤45	—	—
流量/(m³/h)		50000	53555	23800	19581	23790	255
压力/MPa		0.007	2.05	1.95	0.02	14.00	12.20
温度/℃		40.00	40.00	40.00	40.00	40.00	40.00

注：液氨产品 8.94t/h，排放脱硫脱碳再生气 10808m³/h，外送 PSA 解吸气 19581m³/h，氨合成尾气 255m³/h。

表 3-24 低氮热解气变换工艺制合成氨典型物料平衡表

项目		热解气（干基）	变换气	PSA 提取的氢气	提氢解吸气	压缩氢氮气	氨合成尾气（洗涤后）
组分及含量	$\varphi(CO)/\%$	14.7000	0.4298	0.0009	1.1045	≤0.0003	—
	$\varphi(CO_2)/\%$	18.9100	30.7634	0.0001	0.3963	≤0.0001	—
	$\varphi(H_2)/\%$	28.5300	33.7715	99.9468	8.6939	74.9664	71.5458
	$\varphi(CH_4)/\%$	27.6700	25.6803	0.0346	66.0165	0.0267	2.7452
	$\varphi(C_mH_n)/\%$	8.6300	8.0049	—	20.5968	—	—
	$\varphi(N_2+Ar)/\%$	1.0800	1.0023	0.0165	2.5649	25.0069	25.7090

续表

项目		热解气（干基）	变换气	PSA提取的氢气	提氢解吸气	压缩氢氮气	氨合成尾气（洗涤后）
组分及含量	$\varphi(O_2)/\%$	0.4800	—	—	—	—	—
	$\varphi(H_2O)/\%$	—	0.3432	0.0012	0.6255	≤0.0003	—
	合计/%	100	100	100	100	100	100
主要杂质及含量	H_2S含量 /(mg/m³)	1500	≤155	—	≤1.8	—	—
	有机硫含量 /(mg/m³)	150	15	—	≤1.8	—	—
	萘含量 /(mg/m³)	300	—	—	—	—	—
	焦油含量 /(mg/m³)	50	—	—	—	—	—
	NH_3含量 /(mg/m³)	300	300	—	≤535	—	≤500
	BTX含量 /(mg/m³)	2000	2000	—	≤3566	—	—
	HCN含量 /(mg/m³)	227	227	—	≤36	—	—
流量/(m³/h)		50000	53874	16367	20906	21806	218
压力/MPa		0.007	2.05	1.95	0.02	14.00	12.20
温度/℃		40.00	40.00	40.00	40.00	40.00	40.00

注：液氨产品8.20t/h，补充氮气5456m³/h，排放脱硫脱碳再生气17631m³/h，外送PSA解吸气20906m³/h、氨合成尾气218m³/h。

3.6.2　低阶煤热解气转化工艺制合成氨

低阶煤热解气转化工艺充分利用了热解气中全部有效组分生产氨合成气，氨产量可达到最大化。

不管是高氮热解气还是低氮热解气，其中的烃类总体积分数一般都不会超过40%，对于这样的原料气进行转化制备氨合成气，完全可以采用一段自热转化的方法完成，不需要设置体积庞大且昂贵的一段蒸汽转化炉系统。

由于高氮热解气中N_2含量本来就很高，必须将得到的合成气中多余的N_2分离出去才能满足氨合成气3:1氢氮体积比的要求；而低氮热解气中N_2含量虽然比较低，但如果用空气作为转化用氧化介质，空气带入的N_2也会大大超过氢氮气所需的N_2含量要求。故高氮热解气转化制氨合成氢氮气必须用纯氧作为转化用氧化介质，而低氮热解气转化制氨合成用氢氮气则可以用纯氧或富氧作为转化用氧化介质，如果用纯氧作为转化用氧化介质，则在脱除酸性气后的氢氮气中根据需要补充空分副产的纯氮气即可。

3.6.2.1　典型工艺流程

热解气自热转化制氨典型工艺流程见图3-17。

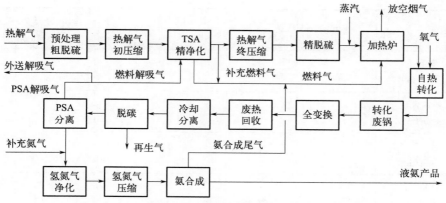

图 3-17 热解气自热转化制氨典型工艺流程图

3.6.2.2 主要工艺简述

本工艺中氢氮气净化之前的工艺流程组织和采用的工艺技术与热解气纯氧转化制氢工艺除变换工艺略有差异外完全一致，从氢氮气净化开始则与低阶煤热解气变换工艺制合成氨工艺完全一致。为提高氨的产量并降低残余 CO 对氨合成过程的不利影响，应将 CO 尽可能变换掉。由于转化气中已基本没有硫化物，故不能采用耐硫变换工艺，一般采用传统高温变换串低温变换工艺或等温全低温变换工艺，将变换气中的 CO 体积分数控制在 0.5% 以下。

3.6.2.3 典型案例

以表 3-2 高氮热解气和表 3-4 低氮热解气为例，干基气量均按 50000m³/h，低阶煤热解气转化工艺制合成氨典型物料平衡见表 3-25 和表 3-26。

表 3-25 高氮热解气转化工艺制合成氨典型物料平衡表

项目		热解气	精脱硫热解气	转化炉出口气	变换气	PSA 分离氢氮气	压缩氢氮气
组分及含量	$\varphi(CO)/\%$	10.1800	10.3963	13.9302	1.2010	0.0223	≤0.0003
	$\varphi(CO_2)/\%$	10.6300	10.8529	7.1148	22.2706	0.0042	≤0.0001
	$\varphi(H_2)/\%$	30.7300	30.7058	27.4800	44.9839	75.3168	75.2967
	$\varphi(CH_4)/\%$	7.0600	7.2112	0.1316	0.1467	0.0022	0.0288
	$\varphi(C_mH_n)/\%$	0.6400	0.6540	—	—	—	—
	$\varphi(N_2+Ar)/\%$	38.6800	39.4912	27.8565	31.0684	24.6538	24.6746
	$\varphi(O_2)/\%$	0.2000	—	—	—	—	—
	$\varphi(H_2O)/\%$	1.8800	0.6887	23.4869	0.3294	0.0007	≤0.0003
	合计/%	100	100	100	100	100	100
主要杂质及含量	H_2S 含量 /(mg/m³)	1500	≤0.05	—	—	—	—
	有机硫含量 /(mg/m³)	150	≤0.05	—	—	—	—

项目		热解气	精脱硫热解气	转化炉出口气	变换气	PSA 分离氢氮气	压缩氢氮气
主要杂质及含量	萘含量 /(mg/m³)	300	≤3	—	—	—	—
	焦油含量 /(mg/m³)	50	≤1	—	—	—	—
	NH_3 含量 /(mg/m³)	300	300	—	—	—	—
	BTX 含量 /(mg/m³)	2000	2000	—	—	—	—
	HCN 含量 /(mg/m³)	227	≤20	—	—	—	—
流量/(m³/h)		50000	48973	69483	62300	33421	33393
压力/MPa		0.007	2.49	2.39	2.14	2.00	14.00
温度/℃		40.00	418.88	980.00	40.00	40.00	40.00

注：液氨产品 12.51t/h，转化加入水蒸气 9.70t/h，氧气 3898m³/h，排放脱硫脱碳再生气 14413m³/h，PSA 解吸气 14991m³/h 和氨合成尾气 485m³/h 全部用作本装置燃料。

表 3-26　低氮热解气转化工艺制合成氨典型物料平衡表

项目		热解气（干基）	精脱硫热解气	转化炉出口气	变换气	PSA 提取的氢气	压缩氢氮气
组分及含量	$\varphi(CO)/\%$	14.7000	15.2237	14.4623	0.8339	0.0009	≤0.0003
	$\varphi(CO_2)/\%$	18.9100	19.5800	10.3793	33.0280	0.0001	≤0.0001
	$\varphi(H_2)/\%$	28.5300	25.2042	33.9147	65.1094	99.9115	74.9395
	$\varphi(CH_4)/\%$	27.6700	28.6537	0.1481	0.2018	0.0028	0.0029
	$\varphi(C_mH_n)/\%$	8.6300	8.9364	—	—	—	—
	$\varphi(N_2+Ar)/\%$	1.0800	1.1183	0.3650	0.4975	0.0841	25.0576
	$\varphi(O_2)/\%$	0.4800	—	—	—	—	—
	$\varphi(H_2O)/\%$	—	1.2837	40.7307	0.3294	0.0006	≤0.0003
	合计/%	100	100	100	100	100	100
主要杂质及含量	H_2S 含量 /(mg/m³)	1500	≤0.05	—	—	—	—
	有机硫含量 /(mg/m³)	150	≤0.05	—	—	—	—
	萘含量 /(mg/m³)	300	≤3	—	—	—	—
	焦油含量 /(mg/m³)	50	≤1	—	—	—	—

续表

项目		热解气（干基）	精脱硫热解气	转化炉出口气	变换气	PSA 提取的氢气	压缩氢氮气
主要杂质及含量	NH_3 含量 /(mg/m³)	300	300	—	—	—	—
	BTX 含量 /(mg/m³)	2000	2000	—	—	—	—
	HCN 含量 /(mg/m³)	227	≤20	—	—	—	—
流量/(m³/h)		50000	48289	164452	120644	70617	94082
压力/MPa		0.007	2.49	2.39	2.14	2.00	14.00
温度/℃		40.00	418.88	980.00	40.00	40.00	40.00

注：液氨产品 35.47t/h，转化加入水蒸气 54.70t/h，氧气 15066m³/h，补充氮气 23539m³/h，排放脱硫脱碳再生气 41379m³/h，外送剩余 PSA 解吸气 1144m³/h，氨合成尾气 750m³/h 全部用作本装置燃料。

3.6.3　低阶煤热解气制合成氨综合计算数据比较

通过以上各低阶煤热解气制合成氨方案的计算，低阶煤热解气制合成氨综合计算数据比较见表 3-27。

表 3-27　低阶煤热解气制合成氨综合计算数据比较表

工艺流程	热解气品质	热解气量 /(m³/h)	液氨产量 /(t/h)	氧气消耗 /(m³/h)	补充原料氮气 /(m³/h)	外送解吸气 /(m³/h)	外送氨合成尾气/(m³/h)
变换制氨	高氮	50000	8.94	—	—	19581	255
	低氮	50000	8.20	—	5456	20906	218
转化制氨	高氮	50000	12.51	3898	—	—	—
	低氮	50000	35.47	15066	23539	1144	—

3.7　结语与展望

低阶煤的中低温热解是低阶煤分级分质利用、提高低阶煤利用价值的有效途径。已大量工业化的低阶煤中低温热解以内热式热解炉为主，产生的热解气（兰炭尾气）含氮量较高，目前主要用于发电、煤焦油加氢、金属镁生产，产生的附加值较低，对环境也不友好。

随着热解气资源化综合利用新技术的不断开发和涌现，兰炭尾气的综合利用途径已经开始从传统利用领域向氢能和化工方向发展，可极大地提升低阶煤热解气利用的经济价值，同时大量减少 CO_2、硫化物、NO_x 的排放，社会价值的提升也非常明显。另外，随着低阶煤中低温热解技术的不断开发和进步，已经有越来越多产生低氮热解气的低阶煤中低温热解新技术投入示范性应用，将为热解气资源化综合利用效能的提升创造非常有利的条件。

当前，低阶煤热解气制氢、制天然气、制低碳化学品（甲醇、乙醇、乙二醇和乙酸等）、制合成氨等资源化综合利用技术逐渐成熟，具备了工业化应用条件。随着工业化项目的不断落实，低阶煤热解气的利用价值将得到大大提升，也为低阶煤的分级分质利用打下了坚实的基础。

参 考 文 献

[1] 华经艾凯（北京）企业咨询有限公司 . 2021 年中国兰炭行业市场现状分析，地方经济发展的重要支柱产业 [EB/OL].
湖南：华经情报网，2022. https：//baijiahao. baidu. com/s? id＝1730864112293769037&wfr＝spider&for＝pc.
[2] 陈健 . 吸附分离工艺与工程 [M]. 北京：科学出版社，2022.
[3] 吴路平，汪涛，蹇守华，等 . 一种带甲烷化的荒煤气制氢联产 LNG 工艺：CN112897464B [P]. 2022-05-17.

第 4 章
炼厂气

4.1 炼厂气的种类及特点

炼厂气是指在石油加工过程中副产的气体混合物，主要组成为氢气、$C_1 \sim C_5$ 的烃类，包括催化裂化干气、加氢裂化干气、焦化干气、催化重整干气、常减压尾气、石脑油重整尾气、甲苯加氢脱烷基化尾气、乙烯脱甲烷塔尾气、加氢混合干气、催化与焦化混合干气、丙烯聚合尾气和低碳烷烃加工尾气等。

4.1.1 催化裂化干气

催化裂化干气[1-2]是催化剂在高温条件下使重质油裂解生成高质量的液化气、汽油、柴油等轻质油品和焦炭的过程中副产的干气。催化裂化装置工艺流程见图4-1。

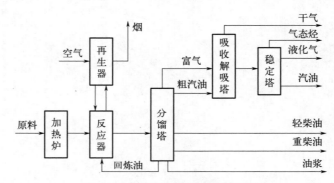

图 4-1 催化裂化装置工艺流程图

近年来，我国原油加工能力提高迅猛，国家统计局公布数据显示，2021 年我国原油一次加工能力达 9.1×10^8 t，实际加工处理量为 7.0355×10^8 t。目前，催化裂化技术作为原油二次加工的主要技术之一，是我国石油炼制、重质油轻质化的最主要手段，催化裂化过程的加工量占原油总加工量的 40% 左右。而催化裂化过程会副产 3%～5% 的催化干气，按目前的原油加工量计算，每年我国炼厂将副产近 11.26×10^6 t 催化干气。

各种典型催化裂化工艺所产生的催化裂化干气组成见表4-1。催化裂化干气中氢气体积分数变化很大，在 20%～50% 范围波动，氧气体积分数约 0.5%，一氧化碳与二氧化碳的体积分数之和约 1%，氮气体积分数约 10%，甲烷体积分数在 15%～25%，烯烃体积分数约 15%。由于环境保护要求，绝大多数炼油厂已有简单的脱硫处理装置，催化裂化干气硫含量一般在 $200 \mu g/g$ 以下[3]。

表 4-1 各种典型催化裂化工艺所产生的催化裂化干气组成表

组分及含量	FCC 干气	DCC 干气	ARGG 干气	乙苯尾气
$\varphi(H_2)/\%$	21.10	50.19	33.94	41.65
$\varphi(O_2)/\%$	0.62	0.49	0.44	—
$\varphi(N_2)/\%$	14.98	9.09	10.68	12.98
$\varphi(CO+CO_2)/\%$	1.26	1.25	1.15	1.40

续表

组分及含量	FCC 干气	DCC 干气	ARGG 干气	乙苯尾气
$\varphi(CH_4)/\%$	27.65	19.26	22.54	27.29
$\varphi(C_2H_6)/\%$	16.18	4.34	11.64	14.22
$\varphi(C_2H_4)/\%$	12.00	12.46	15.85	0.75
$\varphi(C_3H_8)/\%$	0.50	0.12	0.59	0.71
$\varphi(C_3H_6)/\%$	3.52	2.74	2.46	—
$\varphi(C_4)/\%$	2.16	0.05	0.68	0.71
$\varphi(C_{5+})/\%$	0.03	0.01	0.03	0.30
合计/%	100	100	100	100

注：FCC—流化催化裂化；DCC—催化裂解；ARGG—内提升管反应器、反应再生并列式催化裂化。C_4 表示含 4 个 C 的烃类，C_{5+} 表示含 5 个以上 C 的烃类。

催化裂化干气中含有丰富的氢资源和低碳烃资源，既是重要的化工原料，又是理想的工业和民用燃料。目前，我国催化裂化干气尚未得到充分合理的利用，部分炼化企业利用催化干气中的乙烯生产乙苯或者直接从干气中回收乙烯，但大部分炼化企业的催化干气主要用作加热炉的燃料，甚至放入火炬系统烧掉，造成了资源的浪费。

我国石油资源紧缺、对外依赖度高，将催化裂化干气中的氢资源和低碳烃资源转化为高附加值的产品，有助于提升炼化行业经济效益。

目前，围绕催化裂化干气利用开发的技术有干气提纯氢气、干气回收乙烯和乙烷、干气直接制乙苯、干气直接制丙醛、干气直接制乙酸乙酯、干气直接制环氧乙烷等。

4.1.2　延迟焦化尾气

原料油受热后的生焦现象不在加热炉管内而延迟到焦炭塔内出现的过程叫延迟焦化。在延迟焦化装置中，减压渣油、常压渣油、重质原油等重油原料通过加热炉吸收热量后，在焦炭塔内发生深度裂解和缩合反应，转化为汽油、柴油、蜡油和焦炭，在此过程中副产的尾气，即为焦化干气[4]。随着原油资源重质化、劣质化且其趋势不可逆转，提高重油转化深度、增加轻质油品产量显得尤为重要。目前以焦化、重油催化裂化和渣油加氢等工艺为主，而延迟焦化则是目前世界上应用最多的重油转化技术。延迟焦化装置工艺流程见图 4-2。

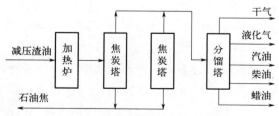

图 4-2　延迟焦化装置工艺流程图

目前，国内已建有 100 余套延迟焦化装置，2020 年国内延迟焦化装置产能为 14520×10^4 t，年均开工率为 62.82%[5]，干气产气量按 4.5% 估算，焦化干气产量约为 400×10^4 t。

中国石化齐鲁分公司胜利炼油厂、中国石化荆门分公司和中国石油辽河石化分公司这 3

家炼化企业的延迟焦化干气组成见表 4-2。焦化干气质量不稳定，主要表现在硫化氢含量较高且波动较大，正常时一般不高于 $200\mu g/g$，有时硫化氢含量高达 $2000\mu g/g$，同时焦粉含量高，可能含水[6]。焦化干气中氢气体积分数为 8%～15%，氧气和氮气总体积分数为 0.5%～2%，一氧化碳与二氧化碳体积分数之和约 1%，甲烷体积分数为 45%～60%，烯烃体积分数为 4%～8%，C_{2+} 体积分数为 25%～35%。

表 4-2　典型焦化干气组成表[6-7]

组分及含量	焦化干气一	焦化干气二	焦化干气三
$\varphi(H_2)/\%$	14.17	8.96	11.51
$\varphi(O_2+N_2)/\%$	0.24	0.335	1.64
$\varphi(CO)/\%$	0.79	0.180	—
$\varphi(CO_2)/\%$	0.31	0.845	1.86
$\varphi(CH_4)/\%$	55.25	57.30	50.04
$\varphi(C_2H_6)/\%$	21.25	17.79	14.80
$\varphi(C_2H_4)/\%$	2.35	2.29	3.29
$\varphi(C_3H_8)/\%$	3.07	7.15	8.53
$\varphi(C_3H_6)/\%$	1.64	3.43	3.28
$\varphi(C_4)/\%$	0.13	1.72	4.41
$\varphi(C_{5+})/\%$	0.02	—	—
$\varphi(H_2O)/\%$	0.76	—	0.64
合计/%	100	100	100

目前，围绕焦化干气利用开发的技术有回收氢气、回收乙烯和乙烷等技术。

4.1.3　催化重整尾气

催化重整[8-9]（catalytic reforming）是重要的炼厂二次加工工艺，是现代炼油化工工业的主要工艺之一。其工艺过程是在一定温度、压力、临氢和催化剂存在条件下，将石脑油馏分中的烃类分子结构进行重新排列，转变成富含芳烃的重整生成油，同时副产低成本氢气。依照炼油化工总流程中的安排，重整生成油可以直接（或经苯抽提后）作为车用汽油高辛烷值调和组分，也可以经过芳烃抽提或抽提蒸馏工艺生产苯、甲苯、混合二甲苯（含乙苯）和 C_9～C_{10} 芳烃。甲苯、混合二甲苯和 C_9～C_{10} 芳烃经过转化、分离，主要用于生产对二甲苯（PX），同时也可以生产邻二甲苯（OX）、间二甲苯（MX），重整副产氢气是炼油加氢装置的主要来源之一。

催化重整经历 80 多年的发展，逐步形成半再生重整（包括各种强化重整）、连续重整两大类型，早期半再生重整发展迅速，连续重整发明并逐步成熟后，发展速度远超半再生重整。半再生重整工艺设备少，投资小；连续重整工艺投资大，但产品液收、芳烃产量、氢气产量及重整生成油的辛烷值均比半再生重整工艺高，从规模经济性考虑，通常产能为 60×10^4 t/a 以上的重整装置宜采用连续重整工艺[10]。我国现代化炼厂的重整装置以连续重整工艺为主。连续催化重整装置工艺流程见图 4-3。

催化重整过程的主要反应有：六元环烷烃脱氢、五元环烷烃脱氢异构化、链烷烃异构

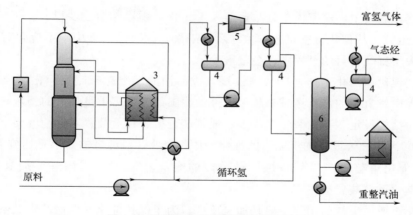

图 4-3　连续催化重整装置工艺流程图

1—移动床反应器；2—催化剂连续催生系统；3—加热炉；4—分离器；5—压缩机；6—稳定塔

化、链烷烃脱氢环化、烷烃氢解和加氢裂化反应等。环烷烃脱氢、链烷烃脱氢环化会副产大量氢气，而氢解和加氢裂化反应是耗氢反应。催化重整工艺过程的纯氢回收率一般为 2.5%～4.0%，一套 60×10^4 t/a 的半再生重整装置每年可产纯氢量约 1.5×10^4 t，一套 60×10^4 t/a 的连续再生装置每年可产纯氢量约 2.4×10^4 t。由于催化重整工艺、原料组成、催化剂选择和工艺操作参数等不同，催化重整工艺中得到的氢气产量和组成也会有所不同。

随着我国现代炼油化工的飞速发展，炼油规模逐渐增大，单套炼厂炼油规模已达 2000×10^4 t/a 以上，包含的催化重整装置规模也在不断增大，国内已投运的重整装置单套规模最大已达 320×10^4 t/a，设计最大规模 380×10^4 t/a，均采用连续重整工艺。国内某 260×10^4 t/a 连续重整装置副产的重整氢气，采用 PSA 法提纯氢气，进入 PSA 的组成及条件见表 4-3。

表 4-3　260×10^4 t/a 连续重整装置富氢气组成及条件表

项目		贫料工况	富料工况
组分及含量	$\varphi(H_2)/\%$	93.045	94.197
	$\varphi(N_2)/\%$	0.037	0.036
	$\varphi(CH_4)/\%$	2.436	2.014
	$\varphi(C_2)/\%$	2.377	1.982
	$\varphi(C_3)/\%$	1.477	1.231
	$\varphi(C_4)/\%$	0.469	0.399
	$\varphi(C_4^=)/\%$	0.012	0.009
	$\varphi(C_5)/\%$	0.064	0.054
	$\varphi(C_5^=)/\%$	0.006	0.004
	$\varphi(C_{5+})/\%$	0.075	0.072
	$\varphi(H_2O)/\%$	0.002	0.002
	合计/%	100	100
温度/℃		20～40	20～40
压力/MPa		2.55	2.55
流量/(m³/h)		157000	158000

注：$C_4^=$、$C_5^=$ 表示含 4 个碳原子和 5 个碳原子的烯烃。

催化重整富氢气中，氢气体积分数普遍大于 90%，剩余组分主要以 C_1~C_5 为主，有微量 C_6 及以上组分。从催化重整工艺发生的反应来看，副产的氢气中本不应含有氮气，但往往在压缩机采用氮气密封的过程中，会带入少量的氮气。

随着我国现代炼油化工产业的快速发展，成品油的标准越来越高，化工产品变得多样化，生产过程中对氢气的需求量越来越大。炼油化工是氢气需求量最大的领域，现代化大型炼厂因其产品结构设定，存在氢气来源多、耗氢装置多、耗氢装置对氢纯度要求多样化等特点，具有 $2000×10^4$ t/a 原油加工能力的炼化一体化企业，对纯氢的需求量达到 $8×10^5$ m^3/h 以上[11]。而催化重整副产氢气是炼厂最重要的廉价氢源[12]，美国炼厂加氢装置用氢的 50% 以上由催化重整装置提供[13]。

由于炼化企业中氢气的用途主要是加氢反应，为了保护催化剂寿命及降低系统能耗，普遍要求氢气的体积分数≥99.9%。目前从重整富氢气中提纯氢气均采用变压吸附技术，根据产品氢气品质及变压吸附再生方式的不同［PSA 或抽真空再生的变压吸附工艺（VPSA）］，采用变压吸附一段法从重整气中提纯氢气，氢气回收率常在 90%~95% 之间，剩余的氢气及其他组分的混合气被称为解吸气。重整氢 PSA 装置的解吸气一般有两个用途：一是直接送往燃料管网作为燃料气使用；二是送往轻烃回收装置作为原料气，充分回收其中附加值较高的 C_2 及以上组分，再送往第二级变压吸附装置继续提纯氢气，使氢气总回收率最大化，剩余的富甲烷气再送往燃料管网。

4.1.4 其他富氢气源

在炼厂生产过程中，除上述几种主要的炼厂气资源外，根据总体流程规划的不同，还可能存在一些其他的富氢气源。配套有乙烯装置的，在裂解过程中会产生大量的氢气；蜡油加氢、渣油加氢、汽柴油加氢和润滑油加氢等装置副产的加氢低分气，苯乙烯装置产生的尾气和 PX 歧化装置副产的尾气中，也有丰富的氢气资源。在以上这些富氢气源中，受装置规模、气体组成条件及气量、全厂氢气平衡等因素的影响，有一些气源经过脱硫、脱氨等处理后直接送往燃料管网，有一些具有回收价值的气源经过纯化后得到工业氢送往氢气管网。有回收价值的富氢气源如表 4-4 所示。

表 4-4　炼厂其他富氢气源组成及条件表

项目		乙烯氢	渣油加氢低分气	蜡油加氢低分气	PX 歧化尾氢	苯乙烯氢
组分及含量	$\varphi(H_2)/\%$	94.9994	83.4734	83.4619	74.2400	94.4071
	$\varphi(O_2)/\%$	0.0000	0.0000	0.0000	0.0000	0.0030
	$\varphi(N_2)/\%$	0.0500	0.0000	0.0000	0.0000	0.3800
	$\varphi(CO_2)/\%$	0.0000	0.0000	0.0000	0.0000	3.8799
	$\varphi(CH_4)/\%$	4.8500	6.5445	6.8507	3.0740	1.0100
	$\varphi(C_2)/\%$	0.1000	3.0235	3.6797	19.1404	0.0000
	$\varphi(C_3)/\%$	0.0000	3.3509	2.6920	3.0599	0.0000
	$\varphi(C_4)/\%$	0.0000	0.7020	0.7052	0.0213	0.0000
	$\varphi(i\text{-}C_4)/\%$	0.0000	1.0794	1.1772	0.0458	0.0000
	$\varphi(C_5)/\%$	0.0000	1.3126	0.0000	0.0264	0.0000

续表

项目		乙烯氢	渣油加氢低分气	蜡油加氢低分气	PX 歧化尾氢	苯乙烯氢
组分及含量	$\varphi(C_{5+})$/%	0.0000	0.2150	1.0609	0.3922	0.0100
	$\varphi(H_2O)$/%	0.0005	0.2984	0.3716	0.0000	0.3100
	$\varphi(H_2S)$/%	0.0001	0.0003	0.0008	0.0000	0.0000
	合计/%	100	100	100	100	100
温度/℃		15~40	20~40	20~40	20~40	20~45
压力/MPa		3.0	2.6	2.6	2.6	0.6

4.2　我国炼厂气排放现状

4.2.1　排放情况

炼厂气的排放量与原油加工量有直接关系。2016～2022 年我国原油加工量及增长率统计情况见图 4-4。

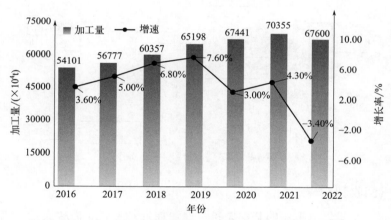

图 4-4　2016～2022 年我国原油加工量及增长率统计图[14]

从图 4-4 可以看出，2021 年我国原油加工量为 7.0355×10^8 t，居历年加工量首位。2022 年我国原油加工量为 6.76×10^8 t，首次同比下降 3.9%，这是我国石化产业快速发展以来首次出现下降的情况，这与国际市场原油天然气价格处于高位和国内宏观政策的调整有关。

炼厂气的产率随原油的加工深度不同差异较大，我国原油一般为深度加工，炼厂气排放量为原油加工量的 6%～10%（质量分数）。2021 年我国炼厂气排放情况见表 4-5。

表 4-5　2021 年我国炼厂气排放量表

原油加工量/($\times 10^8$t)	排放气类型	产量/($\times 10^8$m³/a)	典型组成(体积分数)/%			氢气量/($\times 10^8$m³/a)
			H₂	CH₄	C₂₊	
7.0355	炼厂气	约 1245	14~90	3~25	15~30	约 647

注：2021 年原油加工量为 7.0355×10^8 t，炼厂气约按原油加工量的 10% 计，炼厂气密度以 0.565kg/m³ 计[15]。

4.2.2 利用情况

炼厂气中含有大量氢气和轻烃等高附加值组分，但过去常作为燃料气送入瓦斯管网使用，甚至直接通过火炬烧掉，其中氢气和非甲烷轻烃等高价值组分被低值化利用，这不可避免地造成了石油资源的浪费[16]。我国现代化炼油化工进程较快，目前朝着高标准成品油和多样化化工产品的方向发展，对氢气的需求量在增大。同时，对炼厂气的资源化利用可以起到节能降耗、减排二氧化碳等作用。

目前，从重整气、加氢低分气、加氢排放气、乙烯氢、苯乙烯烃化尾气和歧化尾氢等炼厂气中分离回收氢气是各大炼厂均在采用的方式；部分炼厂采用富含轻烃的炼厂气作为制氢装置原料，通过烃类蒸汽转化制氢技术得到氢气；部分炼化一体化的炼厂还从催化干气、焦化干气、芳构化尾气和重整提氢装置解吸气等炼厂气中浓缩回收 C_{2+} 用于生产乙烯或进一步生产其他化工产品；仅有炼油装置的炼厂，一般只回收炼厂气中的氢气，其余烃类组分作为燃料使用。炼厂气分级利用流程见图4-5。

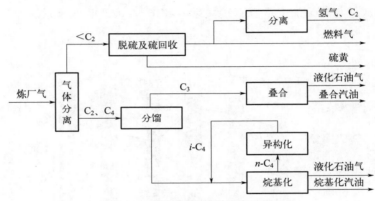

图 4-5　炼厂气分级利用流程图

4.2.2.1 氢气回收利用

氢气是炼油工业和化学工业的基本原料，原油加工自身就要消耗大量的氢气，通常由天然气或石脑油等化石燃料的转化和裂解提供，从炼厂气中回收氢气在一定程度上减轻了化石燃料制氢装置的负担。炼厂气可以经过烃裂解提供氢气，也可以直接提纯氢气。炼厂气直接提纯氢气主要的回收工艺有深冷分离技术、变压吸附技术以及膜分离技术。基于技术特点和能耗等原因，对于富氢炼厂气，常采取变压吸附法回收利用高附加值的氢气，用于厂内加氢裂化、加氢重整、加氢精制、有机合成以及烃类聚合等工序，既降低了厂内用氢的成本，又实现了炼厂气的合理化应用。部分氢含量比较低的炼厂气常通过变压吸附法与膜分离法耦合来提高氢气回收率，进一步减轻化石燃料制氢装置的负担。

4.2.2.2 碳二回收利用

除了回收氢气，从炼厂气中回收 C_{2+} 资源也具有较高价值。炼厂气中回收 C_{2+} 主要是针对乙烷和乙烯，其中乙烷是生产乙烯的最佳原料，乙烯又是非常重要的石油化工原料，回收乙烷、乙烯等轻烃可以进一步转化生产出附加值更高的产品。轻烃回收可采用深冷分离法、变压吸附法、油吸收分离法[17]，其中比较常用的是变压吸附法和油吸收分离法。变压吸附法具有产品气纯度高、回收率高、能耗低和自动化程度高的特点；浅冷油吸收分离法具有操作简单、回收率高的特点，但能耗相对较高。

少数炼厂直接利用催化裂化干气中的乙烯与苯发生烷基化反应制取乙苯，乙苯又可进一步脱氢生产苯乙烯，为生产聚苯乙烯提供原料。

4.2.2.3　其他轻烃回收利用

炼厂气中还存在一部分富含 C_3、C_4 资源的气源，例如加氢液化气、重整液化气和加氢塔顶气等，可以作为高品质燃料外输，也常通过轻烃回收装置来回收其中的各种烃类组分。

轻烃回收装置[18] 包含轻烃回收单元和液化气分离单元。轻烃回收单元包含液化气吸收、脱丁烷和脱乙烷等工序；液化气分离单元包含脱丙烷和脱异丁烷等工序。轻烃回收单元集中对全厂的常减压装置、加氢装置和连续重整装置等中的液态烃石脑油和含烃类气体进行处理，以回收其中高附加值轻烃组分；液化气分离单元将轻烃回收单元的液化气进一步分离成丙烷和丁烷。经过轻烃回收装置，可获得多种产品：吸收塔顶富含 C_2 组分的干气、脱乙烷塔顶富含 C_2 组分干气、丙烷、丁烷、石脑油和 C_5 轻石脑油等。各类富含不同组分的烃类气体可据需要送入其他工序合理地有效利用。

4.3　炼厂气制氢

4.3.1　炼厂气制氢工艺

石油是不可再生能源，储量越来越少，且趋于重质化、劣质化，其中的硫含量、金属含量逐渐增加。为充分利用有限的石油资源，对重油进行加氢裂化来提高原油的利用率已成为一种发展趋势。同时为提高油品质量，各大炼厂普遍增设了焦化和加氢裂化装置，这些装置都需要消耗大量氢气。炼厂气中含有丰富的氢气资源，可以作为生产氢气的原料，对于氢气含量较高的炼厂气可以直接提纯氢气，对于氢气含量较低的炼厂气可以作为制氢装置的原料生产氢气。充分回收利用炼厂气中富含的氢气，可以使氢气生产工艺灵活多样化，有效地降低氢气生产成本，具有良好的经济效益和社会效益。

4.3.1.1　炼厂气直接提氢

（1）一段法变压吸附提氢工艺

变压吸附方法可以在常温下实现氢气的提纯，不需要复杂的预处理，操作方便，操作弹性大，氢气纯度高，可以从各种含氢气体中提取体积分数在 99%～99.999% 的氢气，是目前炼厂气提纯氢气最常用的方法。其中，最简单的工艺是一段法变压吸附提纯氢气，可以将氢气体积分数大于 30% 的炼厂气提纯至含有 99.9% 以上的氢气。根据原料气压力和氢气含量的不同，可以选择采用冲洗再生的变压吸附工艺（PSA）或者抽真空再生的变压吸附工艺（VPSA），如果原料气中含有氧气，且产品氢气中对氧气的含量有限制时，可以在变压吸附工序后增加脱氧或者脱氧干燥工序。

（2）两段法变压吸附提氢工艺

一段法变压吸附提纯氢气工艺，氢气回收率有限，为了进一步提升氢气回收率，可以采用两段法变压吸附提纯氢气工艺，两段法工艺分为两段串联和两段耦合工艺[19]。

对于两段串联的变压吸附工艺，两段变压吸附的产品气都是合格的氢气，第一段变压吸附装置的解吸气增压后进入第二段变压吸附装置重新吸附，两段串联的变压吸附工艺适合于原料气中氢气含量较高的工况，两段都可以采用冲洗再生工艺，氢气产品的总回收率可以达到99%。

对于原料气中氢气含量不高的工况可以采用两段耦合的变压吸附工艺，第一段变压吸附装置对氢气进行初步提纯，产生的粗氢气进入第二段变压吸附装置对氢气进一步提纯得到产品氢气，第二段变压吸附装置解吸气可以部分或全部返回第一段变压吸附装置入口再次进行吸附分离，其中第一段变压吸附装置采用抽真空再生工艺，第二段变压吸附装置采用冲洗再生工艺或抽空再生工艺，氢气产品的总回收率可以达到97%。

两段法变压吸附工艺流程见图4-6。

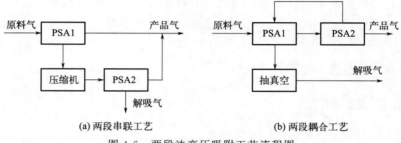

(a) 两段串联工艺   (b) 两段耦合工艺

图 4-6   两段法变压吸附工艺流程图

(3) 变压吸附与膜分离耦合工艺

在炼厂气提纯氢气的工艺中，除了单独的变压吸附工艺外，还可以采用膜分离与变压吸附耦合的氢气提纯工艺。

当炼厂气中的氢气含量较低时，可以采用膜分离+变压吸附的氢气提纯工艺[20]，原料气经除雾过滤后升温至70~90℃，在膜分离工序将氢气的体积分数提升至80%~90%，粗氢气处于渗透气侧，压力在0.1~0.2MPa，剩余占比较大的其他气体组分处于非渗透气侧，保持在高压状态，可直接进入燃料气管网或去其他单元。粗氢气降温至40℃后经压缩机增压至1.5~3.5MPa进入变压吸附工序，将粗氢气提纯至99.9%（体积分数）的工业氢气。该工艺大幅降低了进入变压吸附工序的杂质总量，降低了变压吸附系统的投资，而且整体的氢气回收率高，能耗低。其工艺流程见图4-7。

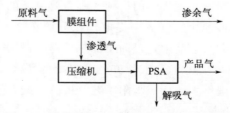

图 4-7   膜分离+变压吸附耦合工艺流程图

当炼厂气中的氢气含量较高时，可以采用变压吸附+膜分离的氢气提纯工艺[21]。原料气进入变压吸附工序后，得到99.9%（体积分数）的工业氢气，将变压吸附的解吸气压缩后，经膜分离将氢气浓缩至变压吸附工序原料气中所需的氢气含量水平，重新进入变压吸附装置提纯氢气。该工艺通过在变压吸附工序后增加膜分离回收工序，充分利用了变压吸附和膜分离各自的优势，整个系统中氢气参与循环提纯，而杂质则通过膜分离移出系统，大幅度地提高了氢气的总回收率。其工艺流程见图 4-8。

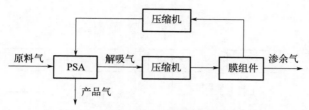

图 4-8　变压吸附＋膜分离耦合工艺流程图

(4) 提纯氢气与碳二回收耦合工艺

炼厂气中不仅含有氢气资源，部分炼厂气中还含有 C_{2+} 等轻烃资源，因此，通过多工序耦合，可以达到炼厂气综合回收利用的目的。图 4-9 是提纯氢气与 C_{2+} 回收耦合工艺流程图，重整气等氢气含量高的炼厂气进入变压吸附工序进行氢气提纯，得到氢气产品，烃类组分在解吸气中浓缩；解吸气压缩后与干气混合，进入 C_{2+} 回收工序，得到 C_{2+} 产品气，氢气在 C_{2+} 回收工序的吸附废气中得到浓缩；C_{2+} 回收的吸附废气进入另一变压吸附提纯氢气工序进一步回收氢气。通过将提纯氢气工序与提纯 C_{2+} 工序耦合，可以达到氢气与 C_{2+} 的阶梯回收和利用的目的。

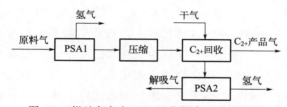

图 4-9　提纯氢气与 C_{2+} 回收耦合工艺流程图

4.3.1.2　炼厂气蒸汽转化制氢工艺

当炼厂气中的氢气含量较低，直接提纯氢气经济性较差时，可以作为烃类转化制氢的原料，如炼厂气中的干气、火炬回收气、变压吸附提纯氢气后的解吸气以及膜分离的非渗透气等。

烃类转化制氢的工艺流程如图 4-10 所示[22]，原料气在净化工序进行粗脱硫、精脱硫及脱氯，将总硫及氯的质量分数均控制在 0.1×10^{-6} 以下，净化后的气体与水蒸气在转化炉内在镍基催化剂作用下发生转化反应，烃类转化为氢气、一氧化碳和二氧化碳。水蒸气重整是分子数增加的过程，低压有利于反应向产物方向移动，但加压有利于分子扩散，使反应器体积缩小，所以转化炉压力一般为 $1.5 \sim 2.8 MPa$。转化反应为吸热反应，需要的热量由变压吸附工序的解吸气和补充的燃料提供，转化气温度为 $800 \sim 900 ℃$。出转化炉的高温转化气经过废热锅炉回收能量，产生的水蒸气部分送转化炉作为工艺蒸汽使用，剩余的水蒸气送出制氢装置。在变换工序，转化气中的一氧化碳与水蒸气在铁铬或钴钼催化剂作用下发生反应，将绝大部分一氧化碳变为二氧化碳和氢气，变换反应为放热反应，反应温度为 $300 \sim 400 ℃$。变换气的组成为氢气、氮气、甲烷、一氧化碳、二氧化碳和水蒸气，变换气中的氢气通过变压吸附工序提纯至体积分数为 99.9% 的工业氢，提纯氢气后的解吸气作为转化炉的燃料。图 4-10 的工艺流程还可增加热量回收单元和预转化单元，进一步提高制氢效率[23]。

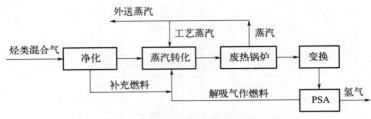

图 4-10   烃类转化制氢工艺流程图

炼厂气与天然气相比，富含氢气、烃类占比低、转化时吸热量比天然气少，因此，燃料的消耗少，并且适当提高转化炉出口的温度，有利于提高强吸热的烃类蒸汽转化反应的平衡常数。炼厂气和天然气两种工况制氢的对比数据显示，炼厂气的氢气产率更高，加工能耗更低，采用炼厂气作制氢原料可明显降低制氢成本[24]。

4.3.2   炼厂气制燃料电池用氢气工艺

炼厂气的组成一般比较复杂，除氢气外通常含有氮气、氧气、一氧化碳、烃类以及硫化物等，采用变压吸附工序和净化工序相结合的工艺可以将氢气提纯为满足燃料电池汽车用氢气指标（GB/T 37244—2018，见表 2-12）的产品。炼厂气经变压吸附装置处理后，其中绝大部分杂质被除去，剩余的微量硫通过精脱硫工序将总硫脱除至体积分数 $\leqslant 4 \times 10^{-9}$，剩余的氧气在钯催化剂作用下与氢气反应，反应生成的水通过干燥方法除去，从而得到满足标准的燃料电池氢气。当炼厂气中没有硫化物或者硫化物很微量时，不需要设脱硫工序，当原料中没有氧气或氧气的含量很少时，不需要设脱氧干燥工序。炼厂气直接提取燃料电池用氢气的工艺流程见图 4-11。

图 4-11   炼厂气直接提取燃料电池用氢气工艺流程图

炼厂中排放的炼厂气量普遍较大，而目前我国的氢能产业发展处于起步阶段，燃料电池氢气装置规模比较小，因此，一般先将炼厂气通过规模较大的变压吸附装置，将氢气提纯至99.9%（体积分数）的工业氢气供全厂加氢用，再从工业氢气中取一部分进入另一套规模较小的变压吸附装置进行纯化，纯化后的产品气达到燃料电池氢气的标准，解吸气压缩后送入氢气管网回收利用。其工艺流程见图 4-12。

4.3.3   炼厂气制氢工业应用

某炼油厂富氢资源有氢含量较高的重整氢、加氢低分气，氢含量较低的脱硫混干气、汽油加氢分馏塔顶气以及渣油加氢分馏塔顶气等，拟分离提纯 99.9% 的氢气供加氢用，原料气主要性质见表 4-6。

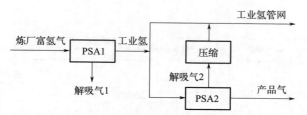

图 4-12　工业氢提纯燃料电池氢工艺流程图

表 4-6　原料气主要性质表

项目		低含氢原料气	加氢低分气	重整气
组分及含量	$\varphi(H_2)/\%$	48.816	79.122	93.540
	$\varphi(CH_4)/\%$	13.563	12.607	2.490
	$\varphi(C_2^=)/\%$	0.006	0.000	0.000
	$\varphi(C_2)/\%$	14.154	4.089	1.520
	$\varphi(C_3^=)/\%$	0.028	0.000	0.000
	$\varphi(C_3)/\%$	11.838	2.330	1.000
	$\varphi(i\text{-}C_4)/\%$	4.946	0.300	0.170
	$\varphi(n\text{-}C_4)/\%$	4.279	0.670	0.150
	$\varphi(i\text{-}C_4^=)/\%$	0.641	0.000	0.010
	$\varphi(i\text{-}C_5)/\%$	0.957	0.040	0.120
	$\varphi(C_6)/\%$	0.213	0.150	0.000
	$\varphi(C_7)/\%$	0.219	0.150	0.000
	$\varphi(H_2S)/\%$	0.002	0.002	0.000
	$\varphi(H_2O)/\%$	0.339	0.540	0.000
	合计/%	100	100	100
流量/(m³/h)		20000	18000	50000
温度/℃		40	40	40
压力/MPa		0.50	2.50	2.50

注：C 表示碳原子；i 表示异构；n 表示正构；=表示有双键。

　　从各物料性质分析，重整气和低分气的氢气含量较高、压力相同，两股气合并后采用一段变压吸附工艺，分离提纯后得到体积分数为 99.9% 的氢气，同时产生氢气体积分数约 49% 的解吸气。剩余几股气体的氢气含量较低，单独采用变压吸附和膜分离的方法都不能达到经济回收氢气的目的。因此，这类低含氢混合气应采用变压吸附与膜分离耦合提纯氢气的工艺流程，见图 4-13。

　　膜分离装置的原料气为低含氢原料气和变压吸附装置解吸气。两套装置相互耦合，所有的废气都作为膜分离的渗余气排出系统。低含氢原料气加压至 2.6MPa，与压缩至 2.6MPa 的变压吸附装置的解吸气混合，混合气经膜除雾器和精密过滤器处理后，除去了混合气中残余的液雾及细微颗粒物，然后升温至约 83℃进入膜分离装置。通过膜分离装置后，氢气富集在渗透气侧，氢气体积分数大于 90%，剩余的氮气、甲烷等富集在渗余气侧，渗余气压力≥2.4MPa，富含碳二以上成分，可直接送往轻烃分离、碳二回收等装置进行深度回收利

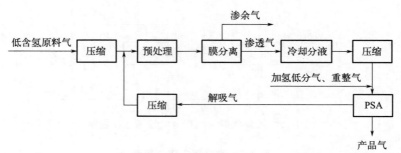

图 4-13　变压吸附与膜分离耦合提纯氢气工艺流程图

用，也可直接送往燃料管网作为燃料使用。膜分离的渗透气压力 0.24MPa，温度 82℃，氢气回收率 87%。渗透气冷却至 40℃分液后压缩至 2.5MPa 后送往 PSA 装置。膜分离工序的物料平衡见表 4-7。

表 4-7　膜分离工序的物料平衡表

项目		PSA 解吸气	低含氢原料气	渗透气	渗余气
组分及含量	$\varphi(H_2)/\%$	49.872	48.816	92.500	12.026
	$\varphi(CH_4)/\%$	26.065	13.563	3.220	32.821
	$\varphi(C_2^=)/\%$	0.001	0.006	0.001	0.006
	$\varphi(C_2)/\%$	11.599	14.154	1.680	23.034
	$\varphi(C_3^=)/\%$	0.002	0.028	0.002	0.030
	$\varphi(C_3)/\%$	7.308	11.838	1.200	17.499
	$\varphi(i\text{-}C_4)/\%$	1.302	4.946	0.366	6.006
	$\varphi(n\text{-}C_4)/\%$	1.643	4.279	0.338	5.597
	$\varphi(i\text{-}C_4^=)/\%$	0.085	0.641	0.049	0.709
	$\varphi(i\text{-}C_5)/\%$	0.532	0.957	0.086	1.377
	$\varphi(C_6)/\%$	0.200	0.213	0.022	0.371
	$\varphi(C_7)/\%$	0.196	0.219	0.018	0.376
	$\varphi(H_2S)/\%$	0.004	0.002	0.002	0.004
	$\varphi(H_2O)/\%$	1.189	0.339	0.516	0.145
	合计/%	100	100	100	100
流量/(m³/h)		15264.890	20000.000	16343.022	18784.068
氢气回收率/%		—	—	87	—
温度/℃		40	40	82	84
压力/MPa		0.02→2.60	0.50→2.60	0.24	2.40

　　加压后的膜分离渗透气，与加氢低分气、重整气混合后进入十塔冲洗再生的变压吸附装置提纯氢气，得到体积分数＞99.9%、压力≥2.4MPa 的氢气产品和压力 0.02MPa 的解吸气。氢气送往氢气管网，解吸气加压后送往膜分离循环利用。通过膜分离和变压吸附耦合工艺，可最大限度地提高氢气回收率，总的氢气回收率可达 96.8%以上。变压吸附装置的物料平衡见表 4-8。

表 4-8　变压吸附装置物料平衡表

项目		加氢低分气	重整气	渗透气	产品氢气	解吸气
组分及含量	$\varphi(H_2)/\%$	79.122	93.540	92.500	99.910	49.872
	$\varphi(CH_4)/\%$	12.607	2.490	3.220	0.090	26.065
	$\varphi(C_2^=)/\%$	0.000	0.000	0.001	—	0.001
	$\varphi(C_2)/\%$	4.089	1.520	1.680	—	11.599
	$\varphi(C_3^=)/\%$	0.000	0.000	0.002	—	0.002
	$\varphi(C_3)/\%$	2.330	1.000	1.200	—	7.308
	$\varphi(i\text{-}C_4)/\%$	0.300	0.170	0.366	—	1.302
	$\varphi(n\text{-}C_4)/\%$	0.670	0.150	0.338	—	1.643
	$\varphi(i\text{-}C_4^=)/\%$	0.000	0.010	0.049	—	0.085
	$\varphi(i\text{-}C_5)/\%$	0.040	0.120	0.086	—	0.532
	$\varphi(C_6)/\%$	0.150	0.000	0.022	—	0.200
	$\varphi(C_7)/\%$	0.150	0.000	0.018	—	0.196
	$\varphi(H_2S)/\%$	0.002	0.000	0.002	—	0.004
	$\varphi(H_2O)/\%$	0.540	0.000	0.516	—	1.189
	合计/%	100	100	100	100	100
流量/(m³/h)		18000.000	50000.000	16343.022	68578.050	15264.890
氢气回收率/%		—	—	—	90	—
温度/℃		40	40	40	40	40
压力/MPa		2.50	2.50	0.24→2.50	2.40	0.02

4.4　炼厂气回收碳二资源

炼厂气中除含有氢气以外，还含有高附加值的乙烯、乙烷等碳二资源。催化重整、加氢裂化、延迟焦化等工艺所产生干气中的碳二以乙烷为主，催化裂化和催化裂解工艺产生的干气除含乙烷外还有较丰富的乙烯，乙烷和乙烯均具有较高的回收价值。

4.4.1　碳二回收技术

从炼厂气中回收碳二（烃类）工艺，核心技术是分离脱除甲烷和氮气等气体组分，再分离乙烯和乙烷等烃类组分。目前从炼厂气中分离回收碳二已工业化的技术主要有深冷分离技术、油吸收分离技术和变压吸附分离技术。

深冷分离技术又称为低温精馏技术，混合气经压缩冷却后利用各组分的沸点不同进行分离。20 世纪 50 年代，开始了深冷分离技术的研究。由美国 Mobil 公司和 Air Products 公司联合开发的炼厂气深冷分离技术，于 1987 年投入工业化生产。20 世纪 90 年代初，经美国 Stone&Webster 公司改进，形成了第一代 ARS（advanced recovery system）技术，后又经 Stone&Webster 公司改进，研发设计了以热集成精馏系统（HRS）为核心的第二代 ARS 技术，提升了传热效率，降低了投资。虽然深冷分离技术的工艺在不断改进，且碳二回收率可以达到 98%，乙烯纯度可达到聚合级，但因仍需要在 −100℃ 左右温度下生产，冷量负荷大、能耗大、投资高，适合在有大量干气的情况下进行处理。特别是炼厂集中的地区及大型FCC装置比较多的地区，采用深冷分离法回收其中的碳二才会有明显的经济效益，在炼厂规模小且较分散的情况下，用于处理干气则经济性较差。

油吸收分离技术是利用干气中各组分在吸收剂中溶解度不同而实现碳二的分离提纯的。为了提高吸收效率，需要将原料干气加压并配置制冷系统进行降温，吸收剂解吸时需要升温，所以综合能耗较高，主要技术包括深冷油吸收技术（通常吸收温度低于-80℃）、中冷油吸收技术（吸收温度$-40\sim-20$℃，吸收压力$3.0\sim4.0$MPa）和浅冷油吸收工艺（吸收温度$5\sim15$℃，吸收压力$3.0\sim6.0$MPa），浅冷油吸收工艺由中石化（北京）化工研究院开发，于2011年建成第一套工业化装置，其碳二回收率一般大于90%[25-28]。

变压吸附法回收碳二技术由西南化工研究设计院在20世纪90年代末期率先开发，并于1999年与上海石化股份有限公司合作开展了变压吸附浓缩催化裂化干气中乙烯、乙烷的工业性试验研究；2005年在中石化北京燕山分公司建立了$3\times10^4 m^3/h$处理能力的催化裂化干气变压吸附浓缩回收乙烯、乙烷装置，首次实现了全流程工业化应用。变压吸附法是利用吸附剂对干气中各组分吸附性能的差异来实现分离的，在常温和干气压力下吸附，常温条件下抽真空解吸，仅需对体积含量占原料气量33%~50%的富乙烯产品气进行抽空和增压，能耗主要是压缩机和真空泵的电耗及其冷却水的消耗，综合能耗低，乙烯回收率大于95%[26-29]。这几种回收技术的对比见表4-9。

表 4-9　炼厂气回收碳二技术比较

工艺	操作压力/MPa	操作温度/℃	吸收溶剂	乙烯回收率/%	甲烷含量/%	综合能耗
深冷分离技术	3~4	约-100	无	98	0.05~0.10	高
中冷油吸收技术	3~4	吸收：-40~-20；解吸：70~80	有	90~98	<10	较高
浅冷油吸收技术	3~6	吸收：5~15；解吸：100~130	有	>90	3~10	较高
变压吸附技术	≥0.4	20~40	无	>95	3~10	低

在上述已工业化的技术中，只有深冷分离技术可以直接得到聚合级乙烯，油吸收技术和变压吸附技术都只分离脱除了甲烷和氮气等气体组分，得到的是含乙烯、乙烷、丙烷等烃类组分的富乙烯混合气，需通过精馏分离技术（目前通常是依托炼化一体的乙烯装置）进一步分离得到聚合级乙烯。吸附法由于能耗低、操作简单、自动化程度高、回收率高，干气中微量硫、砷和氮氧化物等杂质对吸附剂的吸附性能影响小，高碳烃的吸附解吸易达成平衡，已广泛用于从炼厂催化干气、焦化干气及其他富含碳二组分的炼厂气中分离回收碳二资源。

4.4.2　吸附法回收碳二工艺

由于炼厂干气中含有从$C_1\sim C_6$的一系列烃类组分，浓缩回收炼厂干气中碳二资源的变压吸附装置采用的吸附剂必须对从$C_1\sim C_6$的一系列烃类组分都具有较好的吸附选择性和较快的解吸速度，尤其是对沸点较高、分子动力学直径较大的高碳烃组分，需要在短时间内达到解吸和吸附的平衡，以保证其在吸附剂上不累积，确保变压吸附装置的长周期稳定运行。

同时由于炼厂干气通常含有微量的氮氧化物、硫化物、砷化物等杂质，变压吸附装置采用的吸附剂还必须保证对这些组分不具有催化活性，以避免在吸附剂表面上生成硫、砷等单质而导致吸附剂失活。

采用变压吸附法回收碳二技术得到的产品气通常为富含乙烯和乙烷的混合气，该产品气可直接用作制乙苯的原料，也可净化精制后用作制乙烯的原料，生产聚合级乙烯。根据产品用途不同，该技术包括变压吸附浓缩工艺和净化精制工艺[30]，工艺流程见图 4-14。

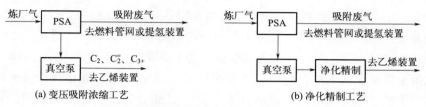

(a) 变压吸附浓缩工艺　　　　　　　　　　(b) 净化精制工艺

图 4-14　变压吸附法回收催化干气中碳二工艺流程图

4.4.2.1　变压吸附浓缩工艺

变压吸附法回收碳二技术采用了适合原料气组成条件并且对碳二组分吸附选择性强的吸附剂。为了提高碳二组分的回收率，通常采用"两段法"工艺，即在第一段变压吸附装置（PSA1）后配置了第二段变压吸附装置（PSA2），用于回收第一段置换废气中的碳二组分，干气经变压吸附技术浓缩后，碳二组分的体积分数可达 $80\%\sim95\%$，回收率可达 93% 以上[29]。变压吸附两段法回收催化干气中乙烯的工艺流程见图 4-15。

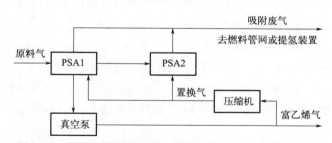

图 4-15　变压吸附两段法回收催化干气中乙烯工艺流程图

从表 4-2 可知，炼厂焦化干气的组成特点是烯烃含量少（乙烯体积分数通常小于2.5%），烷烃含量高，经变压吸附工序浓缩后，乙烯体积分数约 7.0%，如果进入乙烯装置分离乙烯和乙烷，乙烷再去乙烯裂解工序作裂解原料，消耗了冷量和压缩功耗却只得到少量乙烯，运行成本高；如果乙烯和烷烃的混合气直接去裂解炉作裂解原料，乙烯会烧结结焦，影响装置正常运行。因此，对于焦化干气最经济的处理方法是把干气中的乙烯加氢生成乙烷，再用作裂解原料，加氢单元可以在变压吸附单元前面也可以在后面，这两种流程在工业装置中都有应用。经过比较，加氢单元在变压吸附单元的前面更合理，加氢时为了保证烯烃的转化率，通常需要过量的氢参与反应。如果加氢单元在前面，可以利用干气中的氢气与乙烯反应，不需要额外补氢，再经变压吸附装置浓缩时，剩余氢气的大部分经变压吸附装置与乙烯分离，保证了富烃气里较低的氢气含量；如果加氢单元在变压吸附浓缩单元后面，干气中的氢通过变压吸附单元已经被脱除，富烃气里氢气含量很少，加氢单元需再补氢，过量氢气进入富烃气里，还需通过乙烯装置再除氢，这种流程既多消耗了氢气，又增加了乙烯装置的能耗[30]。

4.4.2.2　净化精制工艺

催化干气中通常含有硫、氧、砷、汞、氮氧化物、二氧化碳和水等杂质，经过变压吸附工序分离浓缩后，这些杂质在富乙烯产品中还有残存。硫化物会致使催化剂中毒；砷化氢是强还原剂，会使乙烯装置加氢工序的钯催化剂和镍催化剂失活；二氧化碳进入乙烯装置的低温分离工序，会结冰堵塞设备管道，作为酸性气体，也会腐蚀设备管道；氮氧化合物与氧生成 N_2O_4 及 N_2O_3，在深冷低温下凝积在深冷低温设备中，当冷箱加热升温时，它们的分解产物与烯烃反应生成的硝基塑胶极易发生爆炸，它们又会在 $-80℃$ 下与干气中的氨生成硝酸铵和亚硝酸铵，也极易发生爆炸；汞会在低温设备中累积，损坏冷箱，并会降低催化剂的活性；水在乙烯装置低温区工序会造成设备管道堵塞[31-32]，乙烯装置的深冷分离单元进料通常要求原料气中的微量杂质组分含量满足表 4-10，因此需对变压吸附浓缩后的富乙烯气体进行深度净化。

表 4-10　乙烯装置深冷分离单元进料要求表

$\varphi(O_2)/(\times 10^{-6})$	$\varphi(H_2O)/(\times 10^{-6})$	$\varphi(CO_2)/(\times 10^{-6})$	$\Sigma S/(\times 10^{-6})$	$\varphi(NO_x)/(\times 10^{-6})$
≤1	≤1	≤1	≤1	≤10

注：1. ΣS 为总硫。

2. 若催化干气中有 As 和 Hg 组分，则 As 的含量≤5mg/kg，Hg 应满足乙烯装置的输入指标要求。

催化干气通过变压吸附工艺脱除氢、氧、氮、一氧化碳、甲烷，浓缩乙烯等组分后得到富乙烯半产品气。富乙烯半产品气首先经压缩机增压至所需压力（由富乙烯气送往的乙烯装置操作压力决定），再经胺洗工序脱除大部分二氧化碳和硫化氢、脱汞工序脱除汞化物、脱砷工序脱除砷化物、精脱硫工序脱除硫化物[33]、脱氧工序脱除氧、碱洗工序深度脱除二氧化碳、干燥和精干燥工序脱除水，达到乙烯装置的进料要求。

由于催化干气经变压吸附装置浓缩后烯烃含量较高，因此净化单元的操作温度应尽可能低，避免催化剂表面积碳失活，在低温下脱氧和干燥是净化工序的关键。

（1）脱氧工序

国外采用专用加氢催化剂保证氧和氮氧化物的脱除效果[31]，催化剂需先通过注硫来增强乙烯气体脱氧的选择性和避免催化剂表面积碳，这种催化脱氧方式复杂、操作烦琐。

国内以贵金属及其他金属作为活性成分的催化剂可在较低的反应温度下用于富乙烯气氛的脱氧[34]。其工艺简单，催化剂不需要活化，不需要引入其他介质，富乙烯气中的氢和氧在催化剂表面发生反应生成水而脱除氧。

由于发生氢氧反应的同时还有氢与乙烯的加成副反应，因此这种贵金属脱氧催化剂须具备两个特性：一是有较好的加氢选择性，使氢氧反应比氢与乙烯的反应更容易发生；二是低温下活性高，在较低的反应温度下就能快速发生氢氧反应，避免了烯烃在高温下裂解导致的催化剂表面积碳失活。另外，贵金属脱氧催化剂对氮氧化合物也有催化作用，富乙烯气中的微量氮氧化物会与氢反应，生成氮气。

（2）干燥工序

干燥脱水工序采用变温变压吸附工艺。使用常规干燥剂在再生时，由于干燥剂有催化作用，乙烯的裂解反应明显，所以需对常规干燥剂做改性处理，降低其催化性能，降低再生温度，富乙烯气在改性干燥剂上再生温度可低于 160℃，此时无明显裂解发生。

4.4.3 炼厂气回收碳二工业应用

催化干气分为 FCC 干气和 DCC 干气，组分类似，含量略有差异，均可采用变压吸附浓缩工序配净化精制工序来回收乙烯资源。

某厂建设处理规模为 $30000\text{m}^3/\text{h}$ 的 FCC 干气回收 C_2 装置，其富乙烯气作为乙烯装置的原料。

4.4.3.1 原料气条件

FCC 干气组成及条件见表 4-11。

表 4-11 FCC 干气组成及条件表

项目		FCC 干气
组分及含量	$\varphi(H_2)/\%$	40.00
	$\varphi(O_2)/\%$	0.10
	$\varphi(N_2)/\%$	10.56
	$\varphi(CH_4)/\%$	24.26
	$\varphi(CO)/\%$	0.01
	$\varphi(CO_2)/\%$	0.74
	$\varphi(C_2H_6)/\%$	11.89
	$\varphi(C_2H_4)/\%$	10.76
	$\varphi(C_3H_8)/\%$	0.23
	$\varphi(C_3H_6)/\%$	0.87
	$\varphi(C_4)/\%$	0.25
	$\varphi(C_{5+})/\%$	0.33
	合计/%	100
温度/℃		40
压力/MPa		0.6
流量/(m³/h)		30000

4.4.3.2 产品气要求

富乙烯产品气中微量杂质组分含量需满足表 4-10 的要求。

4.4.3.3 工艺流程

富乙烯产品去乙烯装置的深冷分离单元，乙烯装置的进料对微量组分要求严格，所以该装置工艺流程长，包括了变压吸附浓缩工序、压缩工序和精制工序，工艺流程见图 4-16。

（1）变压吸附浓缩工序

本工序包括 PSA1 和 PSA2 两个单元，PSA1 由 10 台吸附塔、2 台缓冲罐和一系列程控阀组成，采用置换抽真空工艺流程，PSA2 由 6 台吸附塔和一系列程控阀组成，采用置换抽真空的工艺流程。催化裂化干气在 0.7MPa 和 20～40℃下，首先进入冷干机，分离所含的液态水和少量高碳烃，然后进入 PSA1 单元吸附分离，气体中绝大部分 C_{2+} 组分被吸附剂选

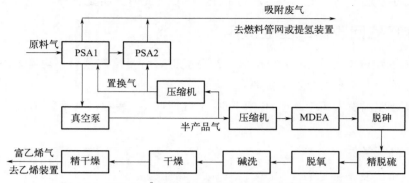

图 4-16   30000m³/h 催化裂化干气回收乙烯工艺流程图

择性吸附，弱吸附组分（氢气、氮气、甲烷等）则通过床层从吸附塔顶部作为吸附废气送去燃料管网。其余吸附塔分别进行其他工艺步骤（置换、均压降、逆放、抽真空、均压升和最终升压）的操作，10 台吸附塔交替切换操作，中间产品气经缓冲罐稳压后连续稳定地送至压缩工序。部分中间产品气通过置换气压缩机压缩后进入置换气缓冲罐，其中大部分进入 PSA1 单元处于置换步骤的吸附塔底部，自下而上对吸附床层进行置换，置换废气一部分作为 PSA2 单元的原料气，另一部分作为 PSA2 的置换气。PSA2 单元的 6 台吸附塔交替切换操作，操作过程与 PSA1 单元工艺相同。PSA2 单元的产品气送入中间产品气缓冲罐，缓冲后与 PSA1 单元的中间产品气一起送至半产品气压缩机。

（2）压缩工序

来自变压吸附浓缩单元的中间产品气，一部分经置换气压缩机压缩至 0.7MPa 后返回变压吸附工序置换气缓冲罐，用于对吸附床层置换，其余中间产品气经半产品气压缩机压缩至 3.4MPa 后，送到精制工序。

（3）精制工序

精制工序脱除富乙烯产品气中的二氧化碳、砷、硫、氧气和水等微量杂质。来自压缩机的中间产品气，通过 N-甲基二乙醇胺水溶液洗涤脱除其中的大部分硫化氢和二氧化碳。然后进入脱砷工序，将砷化物脱至质量分数低于 $5×10^{-9}$，然后进入精脱硫工序，将硫化物脱至体积分数低于 $1×10^{-6}$。再经加热器加热后进入脱氧工序，在催化剂的作用下，中间产品气中氧气与氢气反应生成水，使产品气中氧气的体积分数降到 $1×10^{-6}$ 以下。从脱氧器出来的中间产品气冷却至低于 40℃后，进入碱洗塔吸收其中的二氧化碳，使二氧化碳体积分数降到 $1×10^{-6}$ 以下，再送往变温变压吸附干燥和精干燥工序，使水的体积分数降到 $1×10^{-6}$ 以下，达到精制工序的控制指标，经过计量后作为产品气送出装置界区。

催化 FCC 干气回收乙烯装置的物料平衡见表 4-12。

表 4-12   催化 FCC 干气回收乙烯装置物料平衡表

项目		FCC 干气	产品气	吸附废气	凝液及损失酸性组分
组分及含量	$\varphi(H_2)/\%$	40.00	0.7939	54.04	0.00
	$\varphi(O_2)/\%$	0.10	0.0001	0.13	0.00
	$\varphi(N_2)/\%$	10.56	0.6706	14.12	0.00
	$\varphi(CH_4)/\%$	24.26	9.4101	29.74	0.57

项目		FCC 干气	产品气	吸附废气	凝液及损失酸性组分
组分及含量	$\varphi(CO)/\%$	0.01	0.0010	0.01	0.00
	$\varphi(CO_2)/\%$	0.74	0.0001	0.09	56.42
	$\varphi(C_2H_6)/\%$	11.89	43.0400	1.21	16.26
	$\varphi(C_2H_4)/\%$	10.76	40.3213	0.59	11.37
	$\varphi(C_3H_8)/\%$	0.23	0.8482	0.01	0.91
	$\varphi(C_3H_6)/\%$	0.87	3.2167	0.04	2.68
	$\varphi(C_4)/\%$	0.25	0.8713	0.01	2.14
	$\varphi(C_{5+})/\%$	0.33	0.8267	0.01	9.65
	合计/%	100	100	100	100
流量/(m^3/h)		30000	7767	21608.39	624.61

该装置投运后 C_{2+} 组分的回收率为 94.4%，乙烯回收率为 96%，经过压缩单元和净化单元后 C_{2+} 组分的回收率为 92%，乙烯回收率为 94.5%。富乙烯气可通过精馏分离得到聚合级乙烯。凝液中烃类组分可去炼厂稳定吸收塔回收。

4.5　炼厂气综合利用展望

4.5.1　炼厂气制氢发展与展望

在石油炼制过程中会产生大量的含氢副产气，其中包括石脑油重整气、加氢裂化干气、焦化干气、催化裂化干气和催化重整尾气等，这些炼厂气中氢气的体积分数一般在30%~95%内。同时，炼油的生产环节需要大量的氢气作为各种加氢过程的原料，随着成品油质量升级的推进，国内新建炼油厂大多选择了全加氢工艺路线，以满足轻质油收率、产品质量、综合商品率等关键技术经济指标要求，从而加大了大型炼化项目对氢气的需求。目前我国炼油能力已达到 8.86×10^8 t/a（2020 年），居世界第二位，千万吨炼厂达到 28 座[35]。一个千万吨炼厂需要的总氢气量在 5×10^5 m^3/h 以上，而这些氢气大部分来自石化燃料制氢，如煤制氢、天然气转化制氢等。石化燃料制氢过程要排放大量的二氧化碳，利用富含氢气的炼厂气制氢，不仅可以降低氢气成本，还可以大幅降低二氧化碳排放量。研究表明，炼厂气制氢的二氧化碳排放量约为煤制氢的 4%，约为天然气转化制氢的 11%[15]。另外，氢气的热值较低，用作燃料经济性较差，因此，将炼厂气中的氢气提纯为工业氢气用作加氢工艺的原料，是降低制氢成本和降低碳排放量的有效途径。在我国，西南化工研究设计院率先对炼厂气采用变压吸附法提纯氢气进行研究，并于1996 年在镇海炼化建成 6×10^4 m^3/h 重整气提氢装置，标志着我国大型化变压吸附技术全面实现国产化。

随着炼化一体化的推进，炼厂气的种类更加丰富，对炼厂气根据其所含资源种类进行分类，然后进行综合利用与回收。如将烃类回收与氢气回收进行深度融合，将氢气含量高的炼厂气首先进行氢气提纯，提纯氢气后解吸气中的 C_{2+} 组分得到大幅浓缩，将这部分解吸气与

富含 C_{2+} 组分的炼厂气一起送去 C_{2+} 回收装置回收 C_{2+}，C_{2+} 装置的副产气是氢气含量较高的炼厂排放气，这部分气体进入新的变压吸附装置提纯氢气。

炼厂气提纯氢气资源和烃类资源，并将两种工艺深度融合，是炼化一体化炼厂降低炼油成本、降低二氧化碳排放的技术路径。

另外，以炼厂干气精制后用于制氢为例，开发新型反应器或新型催化剂，起到了节能降耗的作用，可将炼厂气制氢成本降至最低，进一步实现降碳、增效的目的。

4.5.2　炼厂气回收碳二发展与展望

乙烯是石油化学工业重要的基础原料之一，以乙烯为原料的化工产品在国民经济中占有重要地位，乙烯产量已作为衡量一个国家石化工业和经济发展水平的主要标志之一。2021 年，我国乙烯产能为 $4168 \times 10^4 t$，产量为 $3747 \times 10^4 t$，虽然产能逐年增加，但 2021 年我国乙烯进口量同比增长 4.6%，依然是乙烯净进口国家。主要原因一是乙烯消费结构呈现多元化，消费乙烯的领域多；二是受乙烯生产装置的轻烃裂解原料严重依赖进口与设备运营成本高、效率低等因素的影响，乙烯产能利用率不高，且仍存在供给缺口。因此，有必要回收炼厂干气中的乙烯作为补充乙烯生产装置所需的优质原料，提高生产效率、降低成本。

美国从 20 世纪 50 年代就开始了回收炼厂催化裂化干气中乙烯的研究，早期采用传统的深冷分离技术能耗和投资都很高，20 世纪 90 年代初，通过改进技术，虽然提升了传热效率，降低了投资，但仍然能耗大、投资高，只有回收大规模催化干气时才能体现出经济性，而国内炼厂催化干气产量较小、生产地分散，不适用深冷分离技术。

油吸收法分为深冷油吸收法、中冷油吸收法和浅冷油吸收法，深冷油吸收法和中冷油吸收法一般需要对原料进行预处理，以除去其中的二氧化碳、氧气和水等杂质，且操作温度低、制冷负荷大、制冷流程复杂、装置投资也较高。浅冷油吸收法通过改善吸收和解吸的操作条件降低了油吸收回收乙烯的能耗和投资，乙烯的回收率一般大于 90%[26-27,36]。

美国休斯敦 AET 公司在 20 世纪 80 年代开发的溶剂抽提工艺（Mehra 工艺）也应用了吸收分离技术，其流程简单，可得到粗乙烯，回收率灵活可调。但该工艺的操作温度较低，制冷能耗较大，而且其乙烯回收率通常低于深冷分离法和油吸收法。金属络合分离技术对催化干气中水和硫的含量要求低于 $1 \sim 5 \mu L/L$，因此所需预处理费用高。

膜分离技术受膜材料渗透性和复杂的催化干气杂质影响较大，乙烯收率不高。水合物技术利用了催化干气中小分子气体组分在一定的压力和低温下与水生成水合物而富集，然后减压和升温后气体可从水合物晶状体中释放出来，实现气体组分的分离。水合吸收单元的操作温度接近冰点，需要冷却系统。Luo 等[37]以催化裂化气体为原料进行模拟，结果表明混合进料气中的乙烯在 $10\% \sim 30\%$ 的浓度范围内，水合物法可以很好地分离甲烷和乙烯，该技术还处于研究中。

变压吸附法回收碳二技术在常温和催化干气压力下吸附，在常温条件下抽空解吸得到富乙烯气，回收能耗主要是真空泵的电耗和乙烯装置接受富乙烯气的压缩电耗，因此能耗特别低，乙烯收率高，是目前应用较多的技术之一。

回收利用炼厂催化干气已成为一体化炼化企业降低乙烯生产成本和实现资源综合利用的重要手段。对于不是一体化炼化企业回收催化干气，可以将变压吸附回收干气技术和低温精馏技术耦合成联合分离技术制备聚合级乙烯。这样的联合分离技术优势在于，先用低能耗的变压吸附技术分离除去大部分氢、氮和甲烷等低沸点气体组分，仅对占催化干气三分之一的富乙烯气降温精馏分离，比直接用深冷分离技术节约制冷能耗且投资更低。这也是乙烯回收纯化的发展方向。

4.5.3　水合物分离技术

水合物分离技术作为一种新兴的分离技术，越来越受到国内外的重视。该技术与炼厂气现有的处理技术相比具有独特优势，其原理为：不同气体形成水合物的压力相差很大，利用压力差异，通过控制生成条件，即可实现混合气体组分的分离。该技术工艺流程短、可连续运行且设备投资低，在炼厂气的综合利用方面有良好的应用前景。

4.5.3.1　水合物分离技术回收甲烷

水合物的结构特点是水分子通过氢键相连，形成具有特定结构和尺寸的多面体笼孔，可以容纳尺寸相当的气体分子，尺寸较大的分子无法进入，而尺寸较小的分子则不能稳定存在于其中，对不同种类物质的分子具有一定的选择性。以分离 CH_4/N_2 混合气为例，其工艺流程见图 4-17[16]。

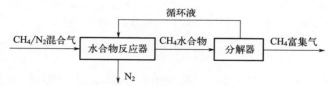

图 4-17　水合物分离技术分离 CH_4/N_2 混合气工艺流程图

因为甲烷相比于氮气更容易形成水合物，所以先在一定温度和压力（压力控制在该温度下高于甲烷而低于氮气的相平衡压力）条件下，使甲烷与工作液形成水合物进入固液相，氮气则在气相中富集，实现甲烷与氮气分离，然后对甲烷气体水合物进行分解，回收得到高纯度的甲烷气体，分解的工作液可循环使用。

4.5.3.2　水合物分离技术回收氢气

氢气的分子动力学直径很小，无法稳定存在于水合物的笼孔中，氢气的水合物选择性很低，可通过水合物分离技术将含氢气体混合物中的其他组分转移到水合物中，实现分离回收或浓缩氢气。

水合物分离流程有生成水合物和水合物减压或加热分离两个过程：炼厂气在一定的温度、压力下和水反应生成水合物，脱除氢气以外的其他组分，回收浓缩氢气；水合物在分解装置中通过减压或加热分解释放出杂质气体和循环水，杂质气体排出系统，循环水返回反应系统。其分离效果主要受压力、温度和气液比等因素影响，通过水合物分离技术可以得到99％以上纯度的氢气。

由于不同炼厂气之间成分区别可能很大，集中利用可能达不到预期效果，分而治之有可能造成装置投资过高。所以，应该对全厂甚至整个化工园区的炼厂气采取多种方法组合、多级方式处理的技术路线，对炼厂气合理布局，采用更经济的全厂综合利用方案，实现炼厂气的最大化回收利用，提高经济效益。

参 考 文 献

[1] Qian Y，Li X X，Jiang Y R，et al. An expert system for real-time fault diagnosis of complex chemical processes [J]. Expert Systems With Applications，2003，24（4）：425-432.

[2] Al-Riyamib A，Klemeš J，Perry S. Heat integration retrofit analysis of a heat exchanger network of a fluid catalytic cracking plant [J]. Applied Thermal Engineering，2001，21（13/14）：1449-1487.

[3] 蔡耀日. 催化裂化干气的加工与综合利用 [J]. 炼油设计，2000（6）：35-38.

[4] 李西春. 延迟焦化装置焦粉携带问题研究 [J]. 化工设计，2021，31（5）：5-7.

[5] 张浩勇，李云峰，吴世慧，等. 石油焦生产及市场分析 [J]. 化学工业，2021，39（2）：61-65.

[6] 孙钦，何军成，郭竞标. 焦化干气制氢技术的工业应用 [J]. 石油炼制与化工，2003（9）：6-10.

[7] 刘军，刘维功，齐国良，等. 利用焦化干气制氢的可行性研究 [J]. 工业催化，2004（7）：24-27.

[8] 曹东学. 催化重整技术的发展趋势及重要举措 [J]. 当代石油石化，2019，27（10）：1-8.

[9] 王基铭. 石油炼制辞典 [M]. 北京：中国石化出版社，2013：17-198.

[10] 崔莉. 提高催化重整氢收率的途径分析 [J]. 中外能源，2013，18（12）：66-70.

[11] 张崇海，陈健，李克兵，等. 变压吸附提氢装置中吸附塔结构对氢气回收率的影响 [J]. 天然气化工（C1 化学与化工），2021，46（S1）：88-92.

[12] 张大庆，张玉红，臧高山，等. 半再生重整技术的现状及发展 [J]. 石油炼制与化工，2007（12）：11-15.

[13] Worldwide refinery processing review second quarter [M]. U. S. A：Hydrocarbon Publishing Co.，2013：427-430.

[14] 中国石油和化学工业联合会. 2022 年中国石油和化学工业经济运行报告 [N]. 中国化工报，2022-02-16.

[15] 陈健，姬存民，卜令兵. 碳中和背景下工业副产气制氢技术研究与应用 [J]. 化工进展，2022，41（3）：1479-1486.

[16] 孟凡飞，张雁玲. 可用于炼厂气综合利用的水合物分离技术研究进展 [J]. 石油化工，2017，46（7）：944-952.

[17] 李鑫钢，王珏，丛山，等. 油吸收法回收干气中乙烯新工艺的开发与模拟 [J]. 化学工程，2016，44（02）：1-6.

[18] 孟亮，訾悦. 450 万吨/年轻烃回收装置工艺分析 [J]. 化工管理，2021（16）：161-162.

[19] 卜令兵，张加卫，穆永峰，等. 变压吸附提氢技术进展 [J]. 中国气体，2019，6：39-44.

[20] 于永洋，景毓秀，赵静涛. 膜分离和 PSA 耦合工艺在某千万吨炼厂氢气回收装置的应用及运行情况分析 [J]. 化工技术与开发，2018，47（10）：55-60.

[21] 张士元，谢鹏飞，田振兴，等. 膜分离技术在催化重整 PSA 尾气中氢气回收的应用 [J]. 当代化工，2019，48（3）：643-646.

[22] 常宏岗. 天然气制氢技术及经济性分析 [J]. 石油与天然气化工，2021，50（4）：53-57.

[23] 王良辉，刘卫东，徐为民. 带换热预转化的高效轻烃蒸汽转化制氢工艺 [J]. 天然气化工（C1 化学与化工），2019，44（5）：93-95.

[24] 杨冲. 制氢装置在天然气和炼厂气工况下的对比分析 [J]. 化工技术与开发，2021，50（4）：59-61.

[25] 孙吉庆. PSA 复合常温油吸收工艺技术回收炼厂干气中乙烯资源 [J]. 乙烯工业，2017，29（3）：1-7，72.

[26] 张敬升，李东风. 炼厂干气的回收和利用技术概述 [J]. 化工进展，2015，34（9）：3207-3215.

[27] 张礼昌，李东风，杨元一. 炼厂干气中乙烯回收和利用技术进展 [J]. 石油化工，2012，41（1）：103-110.

[28] 王浩人，李东风. 炼厂干气中乙烯的回收和利用 [J]. 精细和专用化学品，2017，25（2）：17-22.

[29] 刘丽，陈中明，姜宏，等. 浅析吸附法回收炼厂干气中乙烯资源效率的影响因素 [J]. 天然气化工（C1 化学与化工），2017，42（4）：69-71.

[30] 陈健. 吸附分离工艺与工程 [M]. 北京：科学出版社，2022.

[31] 王建，高艳，王彤. 催化裂化干气乙烯回收技术及其工业应用 [J]. 炼油技术与工程，2007（3）：13-17.

[32] 孙国臣. 微量物质对乙烯装置的影响 [J]. 石油化工，2010，39（2）：198-203.

[33] 刘丽，姜宏. 炼厂干气中有机硫的脱除 [C]. 2013 年全国天然气化工与碳一化工信息中心变压吸附网四届一次全

国大会技术交流会，2013.

[34]　刘丽，张剑锋，陈琦波，等 . 金属脱氧剂对乙烯气氛中氧脱除性能的研究 [J]. 天然气化工（C1 化学与化工），2015，40（3）：37-40.

[35]　刘晓宇，傅军，邹劲松，等 . 未来中国炼油技术预见探究 [J]. 当代石油化工，2021，29（10）：1-9.

[36]　寿鲁阳 . 浅冷油吸收-膜分离技术在炼厂干气回收中的应用 [J]. 石油石化绿色低碳，2021，6（1）：19-23.

[37]　Luo X B，Wang M H，Li X G，et al. Modelling and process analysis of hybrid hydration-absorption column for ethylene recovery from refinery dry gas [J]. Fuel，2015，158：424-434.

第 5 章
转炉气、高炉气

转炉煤气（转炉气）、高炉煤气（高炉气）是炼钢和炼铁过程中产生的副产气，转炉气、高炉气主要含有 CO、CO_2 和 N_2 等组分，转炉气比高炉气热值高。目前，钢铁企业普遍将转炉气、高炉气粗净化后直接作为燃料使用，其燃烧会排放大量二氧化碳及一定量的二氧化硫。

5.1 转炉气、高炉气的性质及特点

5.1.1 转炉气

5.1.1.1 转炉气来源

转炉煤气是转炉炼钢过程中产生的副产物，是炼钢企业中等热值的气体燃料。转炉炼钢过程中高纯氧气在熔池中与铁水激烈搅拌，从而使得铁水（含碳量 3.0%～4.5%）中的碳、硫、磷、硅、锰和钒等元素及少量铁在高温条件下被氧化，从铁水中分离，其中大部分氧化物杂质留在炼钢渣中。而铁的氧化物，特别是氧化亚铁，会与铁水中的碳反应，产生 CO 和 CO_2 等气体，同时放出大量的热。在吹炼过程中，从转炉炉口获得的气体即是转炉煤气。转炉炼钢过程中，转炉煤气的气量、成分、温度随冶炼阶段周期性变化。转炉出口未经冷却净化的转炉煤气温度高达 1450～1500℃，含有大量的氧化铁粉尘，含尘量达 150～200g/m^3。在进行回收利用前，转炉煤气须进行降温、除尘等。转炉煤气可作为原料气制备高附加值的化工产品，也可直接用于炼钢或用作燃料。转炉炼钢及转炉气收集流程见图 5-1。

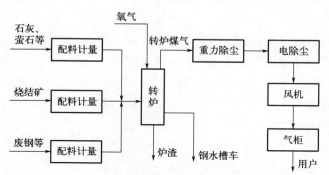

图 5-1 转炉炼钢及转炉气收集流程图

5.1.1.2 转炉气典型组成

转炉煤气典型组成表见表 5-1。

表 5-1 转炉煤气典型组成表

组分	CO	CO_2	N_2	H_2	O_2
体积分数/%	50～70	15～20	18～20	2～3	1

5.1.1.3 转炉气特点

① 转炉煤气的热值一般为 7117.56～8373.64kJ/m^3；

② 转炉煤气是无色、无味、无臭的气体，易燃、易爆，因 CO 含量很高，所以毒性

极强；

　　③ 转炉煤气中含尘量大；

　　④ 具有腐蚀性（生成硫酸、氢氰酸、碳酸）、尘毒危害性；

　　⑤ 燃点在 $600 \sim 700 ℃$；

　　⑥ 爆炸极限：爆炸下限 12.5%，爆炸上限 75%。

5.1.1.4　主要杂质情况

　　转炉煤气经过配套的热回收、冷却、除尘等处理环节后一般进入钢厂气柜，经处理后的转炉煤气典型杂质含量如表 5-2。

表 5-2　转炉煤气典型杂质含量表

杂质组分	PH$_3$	ΣS	ΣP	ΣAs	ΣF	粉尘
体积分数	$\leqslant 100 \times 10^{-6}$	$\leqslant 10 \times 10^{-6}$	$\leqslant 100 \times 10^{-6}$	$\leqslant 1 \times 10^{-6}$	$\leqslant 1 \times 10^{-6}$	$\leqslant 15 mg/m^3$

注：ΣS 表示总硫；ΣP 表示总磷；ΣAs 表示总砷；ΣF 表示总氟。

5.1.2　高炉气

5.1.2.1　高炉气来源

　　高炉煤气是高炉炼铁工艺流程中产生的主要副产物。炼铁时将含铁原料（烧结矿、球团矿或铁矿）、燃料（焦炭、煤粉等）及其他辅助原料（石灰石、白云石、锰矿等）按一定比例自高炉炉顶装入高炉，并在高炉下部由热风炉沿炉周的风口，向高炉内鼓入热风助焦炭燃烧（有的高炉也喷吹煤粉、重油、天然气等辅助燃料），从而产生二氧化碳和一氧化碳。二氧化碳又和炙热的焦炭产生一氧化碳，一氧化碳在上升的过程中，与下降的含铁原料、燃料及辅料相遇，先后发生传热、还原、熔化、脱炭作用，还原了铁矿石中的铁元素，使之成为生铁，炉底间断地放出铁水，流入铁水罐，送往炼钢厂。含铁原料中的杂质与加入炉内的熔剂相结合形成渣，自渣口排出。高炉内大量过剩的一氧化碳混合气即高炉煤气，从炉顶导出，经除尘净化后可作为热风炉、加热炉、焦炉、锅炉等的燃料。

　　高炉煤气是无色无味的可燃气体，理论燃烧温度在 $1400 \sim 1500 ℃$，燃点在 $700 ℃$ 左右。其特点是热值低，产气量大，与空气混合的爆炸范围在 $40\% \sim 70\%$，包含的 N_2 和 CO_2 会使人窒息，而 CO 组分则是有毒气体，因此高炉煤气极易威胁到工人的生命安全。高炉炼铁及高炉气收集流程见图 5-2。

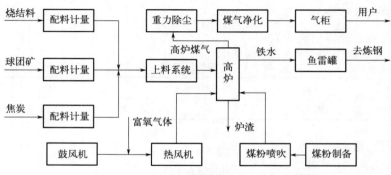

图 5-2　高炉炼铁及高炉气收集流程图

5.1.2.2 高炉气典型组成

高炉冶炼产品不同，高炉煤气组成也有所差别，表 5-3 为不同产品对应的高炉煤气组成。

表 5-3　高炉煤气典型组成表[1]

组分	CO	H_2	CH_4	CO_2	N_2
体积分数（炼钢生铁）/%	24～28	1.0～2.0	0.2～0.5	14～18	55～60
体积分数（铸造生铁）/%	26～31	1.5～2.5	0.3～0.8	10～14	58～60

5.1.2.3 高炉气特点

① 高炉煤气中不可燃成分多（主要有 CO_2 和 N_2），可燃成分较少（约 30%），发热值低，一般为 3344～4180kJ/m^3；

② 高炉煤气是无色、无味、无臭的气体，因高炉煤气中含有较多 CO，所以毒性极强；

③ 燃烧速度慢、火焰较长；

④ 高炉煤气中含尘量大，在加热焦炉时，容易堵塞焦炉蓄热室格子砖；

⑤ 燃点大于 700℃；

⑥ 高炉煤气密度为 1.29～1.30kg/m^3。

5.1.2.4 高炉气主要杂质

高炉煤气主要成分有 CO_2、CO、N_2、H_2。常见的有害元素有硫、氯、氟等，一般还含有少量的氨和芳香烃类物质等。高炉煤气中还含有其他杂质粉尘，主要是铁、氧化亚铁、氧化铝、氧化硅、氧化镁和焦炭粉末，粉尘粒径在 500μm 以下。高炉煤气含尘浓度为 10～50g/m^3。高炉煤气硫成分及含量见表 5-4。

表 5-4　高炉煤气硫成分及含量表[1]

组分	COS	CS_2	CH_4S	C_2H_6S	C_4H_4S	H_2S	SO_2	总硫	折算 SO_2
含量/(mg/m^3)	116.45	13.92	1.79	1.39	0.07	25.92	1.41	100.43	200.84

5.2　我国转炉气、高炉气排放及利用现状

5.2.1　排放量综述

作为世界钢铁生产和需求大国，我国各个产业生产能力的强劲增长为钢铁产业带来发展机遇。快速的城镇化进程促进了建筑设施、汽车制造、城市交通产业的快速发展，我国基础设施的高速发展，使得我国钢铁工业规模大、产量高。近年来，我国钢铁产量、出口量和消费量均居世界第一。国家统计局数据显示，2020 年我国粗钢产量达到 $10.64767×10^8$ t，同比增长了 7.0%，我国粗钢产量约占世界粗钢总产量的 56.49%。后续 2021 年及 2022 年，受全球经济社会发展的影响，全国粗钢产量分别为 $10.35243×10^8$ t 及 $10.17959×10^8$ t，连续两年下降。

据世界钢铁协会统计，由于我国约 90% 以上钢铁是采用"高炉-转炉"长流程工艺生产

的，因此我国钢铁工业的能源和资源消耗大，而且主要消耗煤炭资源，从而导致我国钢铁企业空气污染物排放总量大，排污环节多，且污染物的成分复杂、种类繁多，给大气环境带来了严重影响。在废物排放结构（固体废物、废气和废水）中，空气污染物排放最多，吨钢排放废气 44.7t，占废物排放总量的 88.2%[2]。

自从 2017 年我国完成对火电行业的超低排放改造后，钢铁工业成为我国工业部门的最大空气污染物排放源，2019 年钢铁厂主要排放气量及有效组分量如表 5-5 所示。

表 5-5 2019 年我国钢铁厂主要排放气量及有效组分量表

排放气类别	产量/($\times 10^8 m^3$/a)	体积分数（典型）/%				有效组分量/($\times 10^8 m^3$/a)		
		CO	H_2	CO_2	N_2	CO	H_2	CO_2
钢厂高炉气	约 12000	27	2	13	58	约 3240	约 240	约 1560
钢厂转炉气	约 1000	55	19	1.8	17	约 550	约 18	约 190

注：钢厂高炉气 2019 年生铁产量 8.09×10^8 t，高炉气单位产量约 1500m^3/t（生铁计）；钢厂转炉气 2019 年粗钢产量 9.96×10^8 t，转炉气单位产量约 100m^3/t（粗铁计）。

由表 5-5 可以看出，在钢铁行业，高炉气、转炉气排放量巨大，其中可利用的有效组分的含量可观，而且以 CO 为主，作为合成化工产品的原料有极大潜力可挖。

自 2019 年《关于推进实施钢铁行业超低排放的意见》发布以来，我国钢铁企业污染治理进入新阶段。2020 年 1 月 9 日发布的《钢铁企业超低排放改造技术指南》，指出源头减排技术比末端治理技术更经济便捷、更有效率。高炉煤气源头治理目前已成为我国钢铁行业污染物减排的主流发展方向。

来自中国钢铁工业协会统计数据：

2020 年全国高炉煤气产生量 $10062.43 \times 10^8 m^3$；转炉煤气产生量 $745.56 \times 10^8 m^3$。高炉煤气利用率 98.03%，比上年提高 0.01 个百分点；转炉煤气利用率 98.33%，比上年提高 0.07 个百分点。

2021 年全国高炉煤气产生量 $9785.82 \times 10^8 m^3$，比上年下降 3.05%；转炉煤气产生量 $754.32 \times 10^8 m^3$，比上年增长 0.74%。高炉煤气利用率 98.35%，比上年下降 0.01 个百分点；转炉煤气利用率 98.50%，比上年下降 0.09 个百分点。

同时据中国钢铁工业协会提供的数据，2021 年，我国重点统计的钢铁企业外排废气中二氧化硫排放总量比上年下降 22.15%，颗粒物排放总量比上年下降 15.16%，吨钢氮氧化物排放总量比上年下降 12.91%。

5.2.2 排放分布现状

5.2.2.1 钢铁行业是目前我国主要的大气污染排放源

我国是世界上最大的钢铁生产国，2022 年粗钢产量占世界粗钢总产量的 56.49%。钢铁行业工艺流程长、产污环节多，污染物排放量大。近年来，通过采取结构优化、重点地区企业易地搬迁、强化末端污染治理等措施，我国积极推进了钢铁行业大气污染物减排工作，取得了重要进展。从我国各省份钢铁工业空气污染物排放的统计结果来看，2022 年 426 家钢铁冶炼企业的废气颗粒物、二氧化硫、氮氧化物排放量分别为 42.38×10^4 t、15.20×10^4 t、35.29×10^4 t，其中颗粒物、二氧化硫、氮氧化物吨钢排放量分别为 0.42kg、0.15kg、0.35kg，较 2021 年分别下降 7.0%、16.7%、12.9%。

5.2.2.2　我国钢铁工业布局集中重点区域污染加重

我国钢铁工业空气污染物排放地域分布特点极其明显，各地区钢铁工业空气污染物排放量差异显著。我国钢铁产能布局主要集中于大气污染相对严重的地区，京津冀及其周边地区、长三角地区、汾渭平原等大气污染防治重点区域的钢铁产能占全国总产能的55%，其平均$PM_{2.5}$浓度也比全国平均浓度高约38%。大量钢铁行业的集中排放加重了区域大气污染。

2020年我国钢铁工业SO_2排放量前三的省份为河北、辽宁和江苏，排放量所占比例分别为27.08%、10.04%和8.91%；NO_x排放量前三的省份为河北、山东和江苏，排放量占比分别为28.40%、9.00%和8.90%；$PM_{2.5}$排放量前三的省份为河北、江苏和辽宁，排放量所占比例分别为28.30%、9.11%和8.40%。2022年，河北、山东、江苏、辽宁、内蒙古等地颗粒物、二氧化硫、氮氧化物排放量合计占行业总量的50.22%、41.92%、43.02%。经过多年发展，主要空气污染物排放省份并未发生变化，这主要与我国的钢铁产业分布有关，河北、江苏、山东和辽宁一直是我国钢铁产能最大的4个省份[2]。

京津冀和长三角地区仍然是我国钢铁产业的主要区域，也是钢铁工业空气污染物排放最严重的区域。

5.2.2.3　我国钢铁工业超低排放改造情况

为了推进钢铁工业高质量绿色发展、促进钢铁工业转型升级，2018年，我国政府启动钢铁工业超低排放改造工程，2019年，生态环境部发布了《关于推进实施钢铁行业超低排放的意见》，要求我国钢铁工业争取到2020年底前，力争60%的钢铁产能完成超低排放改造，到2025年底前，全国力争80%以上钢铁产能完成超低排放改造。

通过采取结构优化、重点地区企业易地搬迁、强化末端污染治理等措施，钢铁行业污染物减排取得了重要进展。截至2022年底，全国约68%粗钢产能已完成或正在实施超低排放改造，其中$2.42×10^8$t粗钢产能已完成全流程超低排放改造与评估监测，约$4.76×10^8$t粗钢产能正在实施超低排放改造，重点地区约95%粗钢产能已完成或正在实施超低排放改造。

2020年9月，我国正式提出了2030年实现碳达峰、2060年实现碳中和的"双碳"目标。2021年10月，又公布了《2030年前碳达峰行动方案》，规定到2025年，非化石能源消费比重达到20%左右，单位国内生产总值能源消耗比2020年下降13.5%，单位国内生产总值二氧化碳排放比2020年下降18%，为实现碳达峰奠定了坚实的基础。

我国钢铁行业作为能源消耗密集型行业，是制造业31个门类中碳排放量最大的行业之一。2022年，我国钢铁工业碳排放总量超过$18×10^8$t，占全国碳排放总量的15%以上，平均1t粗钢的碳排放量为1.7～1.8t。无论是从全生命周期的角度，高质量发展的角度，还是从更好地应对欧美国家碳边界税制度下的产品竞争角度，在未来碳排放过程中，钢铁工业承担着极其重要的碳减排责任[3]。

5.2.3　利用现状

高炉煤气和转炉煤气主要用作燃料，可用于热风炉、炼焦炉、烧结、球团、石灰窑、轧钢加热炉、炉渣微粉、锅炉加热等工艺中。同时高炉煤气可与其他煤气混合使用，也可单独使用。为满足钢铁工业各种炉窑对温度、洁净度、燃烧速度、燃烧外形等方面的要求，可以将高炉煤气、转炉煤气、焦炉煤气按不同比例进行混合使用。蓄热式燃烧技术的推广，扩大了高炉煤气的适用范围，替换出了部分焦炉煤气，让各类煤气得到更高效的利用。

高炉煤气及转炉煤气发电是近年发展最快的利用途径。高炉煤气余压余热发电主要利用高炉炉顶煤气具有的压力及热能做功转化为机械能，驱动发电机发电。包括湿式、干式、干湿两用型、两座高炉共用型高炉余压回收（TRT）、高炉鼓风机与高炉透平机同轴型 TRT 等多种形式。

高炉煤气与转炉煤气掺混后用于燃气发电。主要有锅炉发电工艺、燃气蒸汽联合循环发电（CCPP）等。

近年来，由于转炉煤气一氧化碳含量高，煤气中的一氧化碳可通过变压吸附提纯出来，用作碳一化工的原料，可合成很多重要的化工产品，如合成氨、甲醇、乙酸、二甲醚等。

高炉煤气与转炉煤气是钢铁企业重要的二次能源，也是我国二次能源回收利用的薄弱环节之一。提高煤气回收量，不仅能有效降低炼钢工序生产成本，为实现"负能"炼钢打下基础，而且能极大降低钢厂污染物排放总量，实现清洁生产。

对钢厂的高炉煤气、转炉煤气的利用应该综合考虑，不但要考虑回收能力，还要考虑投资成本以及创造的社会效益。因此，未来的发展方向应该是多种形式相结合的。首先应满足备用功能，兼顾回收煤气节能降耗，降低煤气的放散率至零排放；还应考虑能源的综合利用，提高效益，增强企业的市场竞争能力。如利用高炉煤气和转炉煤气合成化工产品就是潜力很大的综合利用方向。

5.3　转炉气、高炉气资源化利用

转炉气、高炉气中含有大量的 CO、CO_2、N_2 等，可作为碳源、氮源补入焦炉煤气中配制合成气合成化工产品，也可以经提纯后获得高纯度的 CO 用于化学品合成。其主要应用见图 5-3。本节就目前转炉气、高炉气资源化利用在实际中有所应用的一些关键技术进行了阐述。

5.3.1　净化技术

炼钢转炉气净化的第一段是炼钢流程中自带的净化回收系统脱除大量杂质和粉尘，并对其进行降温处理。经过第一段净化回收后的转炉气进入气柜存储，而后作为燃料用于炼钢或作为煤气外供。若转炉气作为化工原料使用，对硫、磷、砷及其化合物等有毒有害杂质含量要求会更高，所以需要用其他精净化技术对进入气柜中的转炉气做进一步处理。

5.3.1.1　钢厂配套净化回收系统

随着转炉炼钢生产技术的发展和炼钢工艺的日趋完善，相应的转炉煤气净化技术也在不断地发展完善，其用途也越来越广泛，一般以钢铁厂、自备电厂、锅炉为主要用户。另外，在石灰窑、热轧加热炉、冷轧加热炉、高炉热风炉中也有使用。目前，氧气转炉炼钢的净化回收主要有两种方法：煤气湿法净化回收和煤气干法净化回收。

（1）煤气湿法净化回收

煤气湿法（OG 法）净化回收系统是日本新日铁和川崎公司于 20 世纪 60 年代联合开发

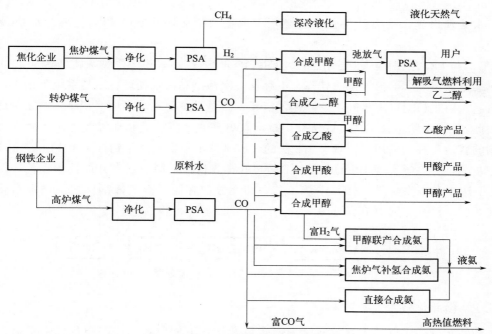

图 5-3　转炉气、高炉气资源化利用图

研制成功的。OG 法是以双文氏管为主,抑制空气从转炉炉口流入,使转炉气保持不燃烧状态,后经过冷却回收的方法,因此也称"未燃法"或"湿法"。系统主要由烟气冷却、净化、煤气回收和污水处理等部分组成,净化后的煤气大多作为燃料被回收利用。典型流程是:煤气出转炉后,经汽化冷却器降温至 800～1000℃,然后按顺序经过第一级溢流文氏管、第一弯头脱水器、第二级溢流文氏管、第二弯头脱水器,在文氏管喉口处喷以洗涤水,将煤气温度降至 35℃ 左右,并将煤气中含尘量降至约 100mg/m³,然后用风机将净化的气体送入储气柜。湿法工艺在世界上比较普遍,每吨钢可回收 60～80m³ 煤气,平均热值为 2000～2200kcal/m³。

该技术存在的缺点:一是处理后的煤气含尘量较高,达 100mg/m³ 以上,要利用此煤气,须在后部设置湿法电除尘器进行精除尘,将其含尘量降至 10mg/m³ 以下;二是系统存在二次污染,其产生的污水须进行处理;三是系统阻损大,所以能耗大,占地面积大,环保治理及管理难度较大。转炉气湿法净化回收流程见图 5-4。

图 5-4　转炉气湿法净化回收流程图

(2) 煤气干法净化回收

煤气干法(LT 法)净化回收系统是德国 Lurgi(鲁奇)公司和 Thyssen(蒂森)钢厂在 20 世纪 60 年代末联合开发的。LT 法系统主要是由烟气冷却、净化回收和粉尘压块 3 大部分组成。干法净化系统在国内外转炉煤气回收技术中被广泛采用,其流程是:煤气经冷却烟道温度降至 1000℃,然后用蒸发冷却塔,再降至 200℃,经干式电除尘器除尘,含尘量低于

$50mg/m^3$ 的净煤气经抽风机送入储气柜。干式系统比湿式系统投资高 $12\%\sim15\%$，但无须建设污水处理设施，动力消耗低，但必须采取适当措施防止煤气和空气混合形成爆炸性气体。

LT 法与 OG 法相比的主要优点：一是除尘净化效率高，粉尘质量浓度可降至 $20mg/m^3$ 以下；二是该系统全部采用干法处理，不存在二次污染和污水处理；三是系统阻损小，煤气发热值高，回收粉尘可直接利用，降低了能耗；四是系统简单，占地面积小，便于管理和维护。因此，LT 法除尘技术比 OG 法除尘技术有更高的经济效益和环境效益，从而获得了世界各国的普遍重视和采用。但现有 LT 法的最好排放水平也只能达到含尘量 $15mg/m^3$ 左右，为进一步减排，力争实现 $10mg/m^3$ 以下的超低排放目标，国内正在开展技术攻关，提出了转炉 LT 法＋布袋除尘器（BF）系统工艺，即在放散杯阀后至放散烟囱之间增加布袋除尘器。转炉气干法净化回收流程见图 5-5。

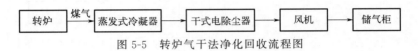

图 5-5　转炉气干法净化回收流程图

5.3.1.2　精净化技术

上述转炉气净化技术主要针对降温除尘以及铁粉的回收，回收的净化气由于仍存在近 100×10^{-6} 的硫、磷、砷及其化合物等有毒有害杂质，一般只能用作燃料，造成了资源的浪费。为进一步提高转炉气的应用价值，使其成为合格的化工原料，需要对其进行深度净化，如何使得硫、磷、砷及其化合物等主要微量杂质组分的含量满足化工生产要求，成为一个亟待解决的问题。

作为化工原料，一般要求硫、磷、砷及其化合物等有毒有害杂质含量均小于 0.1×10^{-6}，现有脱硫技术一般分为湿法和干法两大类，湿法脱硫是以碱性溶液为脱硫剂，通过化学吸收脱除硫化物，主要脱除硫化氢，脱硫量大，但精度有限；干法脱硫是以固体吸附剂为脱硫剂，吸附脱除硫化物，可达较高精度，但硫容偏低，经济性较差。典型的转炉气脱硫技术有石灰石-石膏法、喷雾干燥法、电子束法、氨法等。转炉气中的硫化物多为氧化态的 SO_2 和 COS，对氧化态的 SO_2 和 COS，尤其是 COS 要达到精脱指标，需要水解转化为 H_2S 后再吸附脱除，流程复杂、成本较高。

（1）吸附净化技术

为实现转炉气深度净化，使其满足化工生产的需要，西南化工研究设计院通过多年研究，于 2010 年成功发明了"一种转炉气的净化方法"专利，开发出了新的工艺技术和独特的吸附剂，可将转炉气中的有毒有害杂质分别净化到 10^{-6} 级和 10^{-9} 级，净化后的转炉气可用于焦炉煤气制甲醇的补碳。此工艺具有流程简单、自动化程度高、操作成本低、便于维护等优点，已在多家钢铁企业得到应用。其流程见图 5-6。

该技术克服了原有技术中转炉气净化后仍然含有大量杂质，无法满足化工生产要求的不足，提供了一种新的转炉气净化方法。该净化方法构思巧妙、流程简单、投资较少，可以有效降低转炉气中有毒有害杂质的含量，满足化工生产对原料的要求。

其配套开发的新型吸附剂表面呈现弱碱性，增强了吸附硫、磷、砷及其化合物的能力，提高了其脱除精度。吸附剂具有吸附力强、脱除精度高的特点，由于采用抽空或冲洗方式再

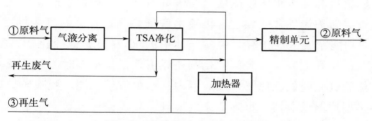

图 5-6 转炉气净化工艺流程图

生都不能达到吸附剂循环使用的要求,因此选用变温吸附方式,在常温下吸附、在升温后冲洗再生,再生温度为 50~350℃。精脱砷步骤主要是采用固定床反应器催化吸收,脱除混合气中的砷化物,净化气出口砷含量可低至 5×10^{-9} 以下。由于硫化物、磷化物会使脱砷剂的活性组分失活,因此将精脱砷单元放在净化末端。

该技术采用吸附分离工艺对转炉气进行处理,不仅对硫、磷、砷及其化合物的脱除精度高,并且均可将转炉气中的其他杂质含量从 $1 \sim 500 mg/m^3$ 脱除至 $<0.1 mg/m^3$,其中砷化物可达 $<5 \mu g/m^3$,而且操作自动化、流程简单、再生简便、投资较少。

(2) 低温水解脱硫+低温转化脱氧工艺

转炉煤气经过螺杆式压缩机加压后,经过 TSA 脱除气体中的焦油、粉尘及萘等,然后进入脱硫脱氧工段,经过净化处理后,满足硫质量浓度 $<0.1 mg/m^3$、O_2 质量浓度 $<30 mg/m^3$ 的技术指标要求。

转炉煤气先经过低温有机硫水解催化剂处理,使其中的 COS 等硫化物与原料气中的微量水反应,水解生成易于脱除的 H_2S,反应式如下:

$$COS + H_2O === H_2S + CO_2$$

再经过精脱硫剂,使转炉煤气中的 H_2S 与 O_2 作用,生成单质硫后沉积在脱硫剂的微孔中,保证经过后转炉煤气中 H_2S 质量浓度小于 $0.1 mg/m^3$,反应式如下:

$$2H_2S + O_2 === 2H_2O + 2S$$

脱硫后的气体经过脱氧催化剂脱除 O_2。该催化剂中的复合氧化物须在较高温度下被还原为低价或亚价态氧化物才能具有脱氧功能,还原后的复合氧化物在较低温度下就对原料气中的 CO 和 O_2 具有较好的吸附能力,其中吸附的 O_2 将低价或亚价态氧化物氧化为高价态氧化物,而 CO 又将高价态氧化物还原成低价氧化物,氧化与还原协同进行,从而达到催化脱氧的效果。此过程中催化剂本身不被消耗,其中 CO 与氧催化生成 CO_2。反应式如下:

$$2CO + O_2 \xrightarrow[80\sim180℃]{催化剂} 2CO_2$$

脱氧后的转炉煤气中还含有部分硫醇、硫醚、二甲基硫和噻吩等有机硫,经过精脱硫剂脱硫后,可以将原料气中的有机硫脱除,该催化剂在吸收饱和后,可以经过再生,循环使用。

经变温吸附后的转炉煤气,首先进入转炉煤气换热器,与脱氧后返回的转炉煤气换热提温至 60℃后,进入水解脱硫开工加热器(仅开工升温用,正常生产时不用)副线,然后依次进入一级水解脱硫塔和二级水解脱硫塔，两塔可串可并，正常生产为串联流程，更换催化剂时采用并联流程。转炉煤气在此经过有机硫水解催化剂，将原料气中的 COS 水解转化为 H_2S，然后进入双功能精脱硫剂床层，脱除气体中的 H_2S 及其他硫化物。精脱硫后的气体经过开工加热器（仅作开工升温和脱氧催化剂还原用，正常生产时不用）及其副线后，与脱氧循环气混合，然后进入脱氧反应器，反应器内装填脱氧催化剂，脱除转炉煤气中的氧。脱氧反应器是内换热型均温反应器，可降低床层温升，减少循环气量。脱氧后的气体分为两部分：一部分经循环气水冷器冷却降温至 40℃，再经分液罐分液后，去转炉煤气循环压缩机增压，然后至脱氧反应器循环；另一部分经转炉煤气换热器与原料气换热降温，再经净化气水冷器冷却至 40℃，然后去精脱硫反应器，精脱硫反应器为两塔并联设置，一开一备，塔内装有精脱硫剂，脱除气体中残余的硫醇及二甲基二硫化物。经上述一系列净化工艺后，转炉煤气可达到技术指标要求。低温水解脱硫＋低温转化脱氧工艺流程见图5-7。

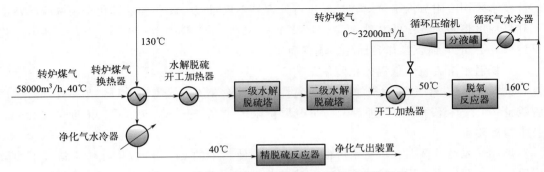

图 5-7　低温水解脱硫＋低温转化脱氧工艺流程图

　　转炉煤气除氧精脱硫工艺通过低温循环，控制装置入口 O_2 体积分数在 0.7％以下，同时采用内换热式均温反应器和耐高氧能力强的低温还原态催化剂，使脱氧床层温升平稳，最大限度延长催化剂使用寿命，保证装置安全稳定运行。采用的低温水解脱硫＋低温转化脱氧工艺，无须补 H_2 进行加氢脱硫，在低温条件下即可把转炉气中总硫质量浓度脱至 0.1mg/m³ 以下，O_2 质量浓度脱至 30mg/m³ 以下，达到了气体净化的目的。转炉煤气除氧精脱硫工艺具有流程简单、运行成本低、运行稳定的优点，其在生产中的成功应用，为转炉气净化回收利用提供了新的思路和方向。

　　该技术在山西沃能化工科技有限公司 $30×10^4$ t/a 焦炉气与转炉煤气联合制乙二醇装置中得到实际应用，取得较好效果。

5.3.2　转炉气分离提纯一氧化碳

　　转炉气中有体积分数 60％～70％的一氧化碳，而一氧化碳是制作碳一（C_1）化学品重要的基础原料气之一，用它可生产多种有机化学品，如甲酸、草酸、乙酸、乙酸酐、丙酸、丙烯酸酯、羧酸酯、二甲基甲酰胺（DMF）、甲苯二异氰酸酯（TDI）、乙二醇等有机化学品。因此转炉气的资源化利用主要是利用其中的一氧化碳组分，可以考虑将转炉气中的一氧化碳提取出来达到羰基合成的要求。常见的有机产品羰基合成对一氧化碳纯度及杂质含量要求见表 5-6。

表 5-6　各种有机产品羰基合成对一氧化碳纯度及杂质含量要求

合成产品	一氧化碳纯度及杂质组分要求(体积分数)/%						
	CO	CO_2	H_2	CH_4	N_2	O_2	H_2O
乙酸	≥98	≤0.3	≤0.3	≤1	平衡	≤0.01	≤0.01
甲酸	≥97	≤0.002	平衡	平衡	平衡	≤0.001	≤0.01
二甲基甲酰胺(DMF)	≥97	≤0.002	平衡	平衡	平衡	≤0.001	≤0.001
甲苯二异氰酸酯(TDI)	≥97	≤0.3	≤0.2	≤0.2	平衡	≤0.01	≤0.01
乙二醇	≥98	≤0.02	≤0.1	平衡	平衡	≤0.001	≤0.001

根据表 5-6 得出，若分离提纯转炉气中一氧化碳用于羰基合成，则要求一氧化碳的体积分数为 98% 左右，对于气体中其他杂质如二氧化碳、水、氧气、甲烷、氢气等有不同的要求。

转炉气分离提纯一氧化碳技术的选择须综合考虑原料气组成的特点以及产品一氧化碳的要求，转炉气中组分除了一氧化碳外，氮气的体积分数一般为 15%～18%，二氧化碳的体积分数一般为 15%～18%，氢气的体积分数一般为 1%～2%，甲烷的体积分数一般为 0.1%～0.2%，氧气的体积分数一般为 0.3%～0.5%。常见气体分离方法有变压吸附法、深冷分离法、膜分离法和溶液吸收法等，其中变压吸附法是利用吸附剂对不同气体分子吸附性能的差异进行气体分离，深冷分离法是利用不同组分的沸点差异进行分馏实现分离，膜分离法是利用不同气体分子的渗透速率不同实现分离，溶液吸收法是利用吸收液对不同分子的吸收性能差异实现分离。不同分离方法的特点见表 5-7。

表 5-7　从混合气中用不同分离方法分离提纯 CO 的比较表

项目	变压吸附法	深冷分离法	膜分离法	溶液吸收法
装置投资	较高	较高	较低	较低
CO 回收率	较高	较高	较低	较高
CO 气指标	较高	较高	较低	较高
操作能耗	较高	较高	较低	较低
装置操作弹性	大	小	小	小
装置可靠性	较高	较高	较低	较低
受原料组成影响度	较低	较高	较高	较低

由于转炉气中含有较高体积分数的氮气等原因，目前有实际工业应用的转炉气分离提纯一氧化碳的方法为变压吸附法。

在多种混合气中，相对其他组分（氢气、氧气、氮气等）来说，二氧化碳和一氧化碳是强吸附质，根据吸附分离的基本原理，当混合气通过吸附床时，强吸附质被优先吸附于吸附床上，要从吸附床中得到高浓度的一氧化碳气体，首先要分离除去比一氧化碳吸附性强的二氧化碳组分。第一步先用吸附剂脱除吸附性强于一氧化碳的二氧化碳等组分，在非吸附相得到富一氧化碳气；第二步再选择吸附一氧化碳，然后通过解吸再生，从吸附相得到纯度达到要求的一氧化碳产品气。此工艺称为两段法变压吸附提纯一氧化碳工艺。第一段选用对二氧化碳吸附选择性优异的硅胶类吸附剂；第二段选用对一氧化碳吸附选择性优异的分子筛类或载铜络合吸附剂。两段法工艺可从一氧化碳体积分数为 20%～90% 的各类混合气体中提纯得到一氧化碳体积分数大于 98％的产品。此工艺应用广泛，我国于 1993 年在山东淄博建成国内第一套从半水煤气提纯一氧化碳的装置，一氧化碳生产能力为 $500\mathrm{m}^3/\mathrm{h}$，之后陆续建成了数十套变压吸附提纯一氧化碳工业装置。

转炉气两段法变压吸附提纯一氧化碳工艺流程：

净化后的转炉气经加压可直接进入变压吸附提纯一氧化碳装置，由于一氧化碳产品是从吸附相得到的接近常压的低压气体，因此前面的原料气压缩压力一般在 0.6～1.0MPa 为宜，压力太高则增加无效压缩功，压力太低则吸附量降低，须增加吸附剂用量，设备尺寸变大，总投资提高。其典型工艺流程见图 5-8。

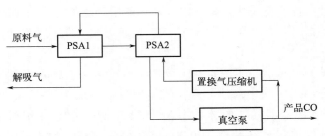

图 5-8   变压吸附提纯 CO 工艺流程图

加压后的原料气首先进入一段变压吸附工序，脱除原料气中的二氧化碳、水、微量硫化物等，从非吸附相得到富含一氧化碳的半产品气；半产品气进入二段变压吸附工序，其中的一氧化碳被吸附剂选择性吸附提浓，经均压降压后一氧化碳体积分数得到提高，但一般仍达不到产品要求，须用加压的部分产品气返回对吸附床层进行置换以提高一氧化碳体积分数，从而达到产品要求，二段变压吸附工序的吸附废气返回一段变压吸附工序作为冲洗再生气，对一段吸附剂进行再生后作为装置的解吸气排出装置。

5.3.3 转炉气制化学品

转炉气作为一种富含 CO 和 CO_2 的工业废气，可以用作合成气的碳源来生产多种化学产品。目前已实现工业化的技术主要有以下几种：焦炉煤气和转炉煤气制取合成气（CO＋H_2），合成气再用于合成甲醇、乙二醇或通过费-托合成制取烯烃；转炉煤气经羰基化制甲酸和草酸；转炉气配入焦炉煤气或其他富氢气体通过甲烷化制取 LNG；转炉气经变换后制H_2 并副产 CO_2。

5.3.3.1 焦炉气提氢与转炉气配合制甲醇

焦炉煤气的典型组成见表 5-8。

表 5-8   焦炉煤气典型组成表

组成	H_2	CH_4	CO	N_2	C_mH_n	O_2	杂质	水	合计
体积分数／%	62	23	8	4	2	0.5	其余	饱和	100

在焦炉煤气制甲醇装置中，通过纯氧转化来调整合成气的氢碳比，但由焦炉气的组成可知，即使经过纯氧转化，其合成气的氢碳比依然为 2.5～2.6，仍然高于甲醇合成所要求的最佳氢碳比（2.05～2.10），而转炉煤气中 CO＋CO_2 高达 70％～80％，作为碳源可与作为

氢源的焦炉煤气互补改善氢碳比，提高甲醇合成反应的效率和产量。

由于转炉气含有硫、磷、砷、氟等多种有毒有害杂质，净化难度大，用于甲醇生产补碳的转炉气要求其有毒有害杂质硫、磷、氟均 $\leqslant 0.1 \times 10^{-6}$，砷 $\leqslant 5 \times 10^{-9}$，故须经净化处理。

黑龙江建龙化工有限公司以焦炉气和转炉气为原料的 20×10^{4} t/a 甲醇装置，采用焦炉煤气提取氢气后补入转炉气联合制甲醇工艺，每小时处理焦炉煤气约 8×10^{4} m³，经 PSA 提取氢气（4.5×10^{4} m³/h）后补入转炉煤气（2.6×10^{4} m³/h），可生产甲醇产品 25t/h。与传统的焦炉煤气制甲醇工艺相比，该工艺省去了纯氧转化工序，操作更加简单安全，投资更少，且提氢解吸气可以返回焦炉作燃料，使得两股工业废气得到了全部利用。

焦炉气提氢与转炉气配合制甲醇工艺流程见图 5-9。

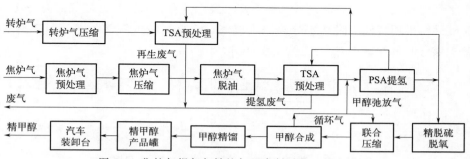

图 5-9　焦炉气提氢与转炉气配合制甲醇工艺流程图

5.3.3.2　转炉煤气经羰基化制甲酸

目前工业上生产甲酸的方法一般有甲酸钠法、甲酰胺法和甲酸甲酯法等几种。上述方法中，均需用高浓度 CO 气体作为反应原料。

其中甲酸甲酯法是目前世界上比较先进的工艺流程，1980 年实行工业化后，世界上大多数国家采用了此技术生产甲酸。其特点是只消耗一氧化碳和水，产品为单一的甲酸，无副产物。该工艺具有流程短、原料易得、无"三废"、产量大、生产成本低的特点，甲酸浓度可达 98%，但此工艺一次性投资较大。

山东阿斯德科技有限公司利用钢厂尾气资源化利用技术，将石横特钢集团有限公司的 45000m³/h 转炉气，净化分离制取 18200m³/h 高纯 CO（浓度 98.5%），用于生产甲酸、草酸等化工产品。该项目整体占地 820 亩（1 亩=666.67m²），有两条 10×10^{4} t 甲酸生产线、甲酸下游产品生产线、5×10^{4} t 草酸生产线、甲酸和草酸原料气自备生产线以及配套动力和公辅系统等。项目总体投资 30×10^{8} 元，投产后实现年销售收入 20×10^{8} 元，利税 5×10^{8} 元，年实现物流运输量超 200×10^{4} t，同时年减少碳排放 32×10^{4} t。

5.3.3.3　转炉气配入焦炉煤气或其他富氢气体通过甲烷化制取天然气

焦炉煤气中含有约 25% 的 CH_4，还含有约 10% 的 CO 和 CO_2 以及约 60% 的 H_2，是通过甲烷化反应生产天然气的理想原料。与合成甲醇类似，焦炉煤气中氢含量过高，不能满足甲烷化合成反应的最佳氢碳比（2.95～3.05），故在焦炉煤气中配入转炉煤气可以解决氢碳比不佳的问题，提高甲烷产生量，使尾气中富余氢气大大减少，具有降低生产成本、大幅度减少能耗、合理利用资源的优势。

目前，已投产的项目有河北中翔能源有限公司 12×10^{4} m³/h 焦炉煤气补转炉气甲烷化制 LNG 及富氢尾气制液氨装置。该装置是第 6 套采用西南院焦炉煤气甲烷化制天然气技术的工业装置，其工艺流程短、操作控制简单、能耗低、甲烷化无氨副反应，甲烷化转化率和选择性分别大于 99.9％和 99.99％，出口 CO_2 体积分数小于 10×10^{-6}。正常运行时 LNG 产品中 CH_4 质量分数大于 99％，N_2 质量分数小于 1％，高碳烃中 C_2 质量分数最高，为 800×10^{-6}，达到了各项技术指标的要求。钢铁企业转炉煤气和焦炉煤气回收利用生产 LNG 并联产液氨，充分利用了焦炉煤气及转炉气中的有效组分，为钢铁行业高效利用转炉气和焦炉煤气提供了一种新的模式。

5.3.3.4 转炉气经变换后制 H_2 并副产 CO_2

转炉炼钢系统产生的转炉煤气经除尘、降温后进入变换装置中，在变换催化剂的作用下，发生水气变换反应。反应后的气体经冷却、气水分离，获得富含氢气的混合气体。混合气体经脱碳后，采用变压吸附技术分离提纯氢气，获得高纯度氢气，同时副产高浓度 CO_2 产品。转炉煤气制氢并副产 CO_2 工艺流程见图 5-10。

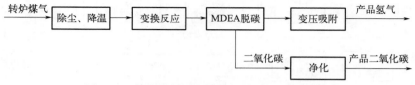

图 5-10   转炉煤气制氢并副产 CO_2 工艺流程图

综上所述，对于自带焦化或附近有焦化企业做依托的钢铁企业，可以利用焦炉煤气富氢低碳与转炉气高碳低氢的互补的特点进行综合利用，制取甲醇、乙二醇、天然气等下游产品。对于自身无焦化或无焦化企业依托的钢铁企业，其转炉煤气可以通过变压吸附提浓 CO，用于合成甲酸等无须补氢的产品，或者通过自身变换制氢同时副产 CO_2 来获得更好的效益。

5.3.4 高炉气富化技术

高炉煤气主要成分为 CO、CO_2、N_2 和少量 H_2，气量大，但热值低。在冶炼厂的加热炉上也不能直接利用，须与焦炉煤气或转炉煤气等高热值气体掺烧。为了更加合理地使用高炉煤气，解决煤气不平衡、高炉煤气放散率高的问题，应对高炉煤气进行富化，即脱除部分 CO_2 和 N_2，使 CO 富集到 50％～80％，从而产生巨大的经济效益。

采用变压吸附技术可对高炉煤气进行富化处理。高炉煤气首先经加压机加压至 0.3～0.5MPa，温度约为 240℃，通过热交换器回收热量后进入喷水冷却塔，直接喷水降温至 30～40℃，再经分离器除去机械水，然后进入 PSA 装置，采用两段 PSA，PSA1 先脱除 H_2O 和 CO_2，余下气体进入 PSA2，采用 CO 专用吸附剂回收 CO 脱除 N_2，产品气中 CO 控制在 50％～80％时，CO 收率可达 93％～96％，热值在 6310～10100kcal/m³。高炉气富化工艺流程见图 5-11。

该技术流程简单，且设备成熟。以 20000m³/h 高度煤气富化装置为例，电耗 1876kW·h，水耗 20t/h，投资估算 1645×10^4 元。

收益（以替代重油计算，重油热值 35546kcal/kg，重油单价 1300 元/t）：年收益约 1891×10^4 元，成本约 1265×10^4 元，投资回收期 2.5～2.62 年[4]。

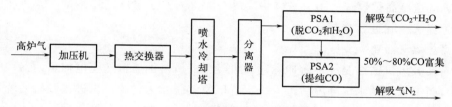

图 5-11　高炉气富化工艺流程图

5.3.5　高炉气制合成氨

氨合成所需的 H_2 和 N_2 的比例为 3:1，工业上考虑两种路线：一种是直接将其中的 CO 变换为氢气，再通过脱碳和提浓氢气调整氢氮比至 3:1，进行氨合成；另一种是从焦炉煤气中提取 H_2、N_2、CO（可变换为 H_2），利用高炉煤气中的 CO、N_2 搭配，使 $n(CO+H_2)/n(N_2)=3:1$。

5.3.5.1　高炉煤气直接制合成氨

高炉气经气柜缓冲后，进入往复压缩机增压至约 1.0MPa，与蒸汽混合后进入变换反应器，将高炉气中大部分 CO 变换为氢气，再经 PDS 及干法脱硫脱除变换气中的 H_2S，进行 PSA 脱碳及提氮氢混合气，从吸附塔顶部得到 N_2:H_2 比例为 1:3 的混合气后，进入甲烷化反应器，将 CO 转化为对合成氨催化剂无害的 CH_4，再送入合成氨工序，得到合成氨产品。PSA 部分解吸气主要为 N_2 及 CO_2 气体，杂质 H_2S 含量极低，可就地高空排放。高炉气制合成氨工艺流程见图 5-12。

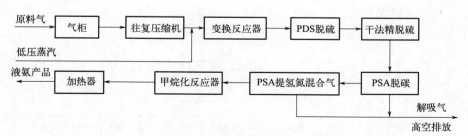

图 5-12　高炉气制合成氨工艺流程图

以 $13.4 \times 10^4 \, m^3/h$ 高炉气为例，年产 $10 \times 10^4 t$ 液氨，投资估算 4.38×10^8 元，高炉煤气按 0.008 元/m^3 计价，则合成氨产品成本约为 2410.31 元/t。

5.3.5.2　高炉煤气和焦炉煤气混合调配制合成氨

以高炉煤气和焦炉气为原料合成氨的步骤如下：

(1) 焦炉煤气的净化

焦炉煤气经净化处理后进入压缩机加压至 0.8MPa 后进入二出水洗塔降温，煤气温度从 80℃降至 25℃后进入干法净化塔脱净煤气中的油粒杂质，再进入变压吸附脱甲烷工段。高压下甲烷气体选择性地吸附在吸附剂上（后经减压真空解吸出），脱除甲烷后的煤气进入脱 CO 变压吸附工段，高压下经 5A 分子筛吸附脱除。已脱除 CH_4 和 CO 的合格原料气进入干法精脱硫装置，在此与净化合格后的高炉煤气混合。解吸出的 CH_4 经真空泵抽出后，由 CH_4 风机加压输出至 CH_4 气柜缓冲贮存，可用作炭黑生产原料或锅炉燃料。解吸出的 CO

经 CO 风机输送至高炉煤气气柜，与高炉煤气合并进入 CO 变换工段处理。经处理后的焦炉煤气与高炉煤气一起进入精制流程。

（2）高炉煤气净化

高炉煤气经风机输送至气柜缓冲贮存，再经罗茨风机加压输送至电捕焦油器，除去煤焦油和粉尘。高炉煤气经水洗降温后进入氨水脱硫系统脱除无机硫，再进入脱硫后洗气塔净氨降温，而后进入压缩机一段、二段加压至 0.8MPa，再进入 CO 变换工段，CO 与锅炉产生的蒸汽在催化剂的作用下等体积生成 H_2 和 CO_2，同时在变换工段煤气中的有机硫转化为无机硫。经变换后的煤气中含有 28% 左右的 CO_2 和 H_2S，送入脱 CO_2 系统脱除 CO_2 和 H_2S。脱碳有两个流程：一是碳化流程，CO_2 和 H_2S 与浓氨水反应生成化肥碳酸氢铵产品；另一个是硅胶、活性炭氯化铝变压吸附脱碳，高压下吸附剂对 CO_2 和 H_2S 具有强吸附性，能把 CO_2 和 H_2S 吸附在吸附剂上（后经减压真空解吸出），脱除 CO_2 的煤气进入干法脱硫装置，在此与净化合格的焦炉煤气混合。

（3）混合气精制

已脱除 CH_4、CO、CO_2 和 H_2S 的焦炉煤气和高炉煤气在干法精脱硫工段混合进一步脱除微量的杂硫后，进入压缩机三段、四段、五段、六段逐级加压至 10MPa 左右，送入铜洗工段进行原料的精制，以乙酸铜氨液洗涤原料气中的微量 CO、CO_2、H_2S。经洗涤后三种有害成分均控制在 15mg/kg 以下。

（4）氨合成

混合气精制合格后，经压缩机七段加压至 32MPa 后进入氨合成系统，在催化剂的作用下氢气和氮气合成为氨，再经冷却、氨分后进入液氨罐。

高炉煤气和焦炉煤气联产合成氨工艺流程见图 5-13。

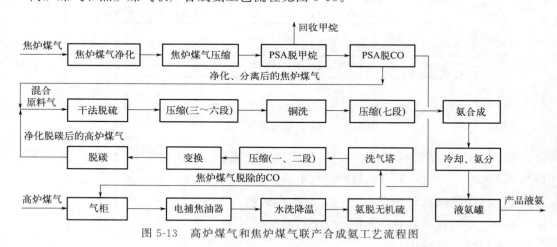

图 5-13   高炉煤气和焦炉煤气联产合成氨工艺流程图

采用剩余焦炉煤气和高炉煤气作合成氨的原料具有一定的节能、减排效果，以 6×10^4 t/a 规模合成氨厂为例，合计年节约标准煤 1.424×10^4 t，节水 13.134×10^4 t。经分析，吨氨综合能耗下降明显，合成 1t NH_3 节约标准煤 0.52t，吨氨原料成本降低 283 元，经济效益显著。合计减排废气 9.4553×10^8 m^3/a，减少烟尘外排 78t/a，减少 SO_2 外排 10.8t/a，减少造气炉渣外排 1.896×10^4 t/a，减少造气洗涤废水外排 6600t/a，具有显著的减排效果[5]。

高炉煤气和焦炉煤气合成氨相比，均有一定的经济效益，但由于高炉煤气本身有效成分较少，直接用于合成氨工艺流程长，能耗较高。采用焦炉煤气或其他氢源调配后进行合成的方案更优。

5.4　转炉气、高炉气应用展望

根据中国钢铁工业协会公布的《2021 年中国钢铁行业经济运行报告》，截至 2021 年末，已有 94 家钢厂登上工信部绿色钢厂榜单，中国宝武、鞍钢集团、河钢集团、包钢集团、中信特钢等率先提出了碳达峰、碳中和的时间表和路线图，积极引领钢铁行业低碳发展。

在"双碳"目标背景下，钢铁企业都在努力寻找低碳发展之路，而转炉气、高炉气的回收、利用、开发则是研究的重点。

根据工信部公开的 2021 年粗钢、生铁产量，测算 2021 年全年产生转炉煤气约 $1033 \times 10^8 \mathrm{m}^3$，高炉煤气约 $13000 \times 10^8 \mathrm{m}^{3[6]}$。炼铁企业生产过程中产生的高炉煤气除用作热风炉、矿石烧结燃料燃烧外，还剩余 35% 左右[5]，转炉煤气的利用也存在同样的情况。有效地平衡钢铁企业自身对燃料气的需求，同时满足环保需求，有深度地挖掘转炉气、高炉气的附加价值是未来的发展方向。

剩余煤气的综合利用方案，主要是两大方向：一是钢化联产，钢铁企业和化工企业统筹规划，钢铁企业剩余煤气净化后送化工企业使用；二是在钢铁企业内部将剩余煤气制成化工产品[7]。

具体来说，转炉煤气热值较高，可单独用作工业炉窑的气体燃料，也可和高炉煤气、焦炉煤气混合使用。转炉煤气不含硫，含氢量少，是轧钢加热炉、混铁炉、钢包烘烤器、回转窑的理想燃料，但转炉煤气的高效利用主要是直接制甲醇、提纯 CO[8]。

高炉煤气主要用于高炉热风炉、焦炉、蒸汽锅炉，以及单独或与焦炉煤气混合后用于轧钢加热炉和钢包烘烤器等。主要利用途径主要有：燃气-蒸汽联合循环发电（CCPP）、高温空气蓄热燃烧（HTAC）、煤气空气双预热、富氧燃烧、组合式燃烧、化工合成气[9]。

根据目前国内外生产现状及技术现状，转炉气、高炉气工业化应用前景在如下几个方面值得期待。

5.4.1　探索氢冶金等新兴的低碳技术

探索氢冶金等新兴的低碳技术主要指立足转炉、高炉的设备本体、工艺流程、控制手段、产销平衡等，进行积极的技术探索，通过源头的技术革新，促使转炉气和高炉气供应稳定、气质绿色、产出低碳。

5.4.1.1　系统平衡预测模型

宝钢湛江钢铁有限公司通过统计分析转炉、高炉实际回收能力，对系统流量进行收集，建立了系统平衡预测模型，进而调节参数，指导转炉煤气调节分配用量。通过系统平衡预测模型的调配，全年转炉煤气放散量减少约 65%[10]。

5.4.1.2　非高炉炼铁

非高炉炼铁是钢铁工业发展的前沿技术，通过不用或者少用造成大量污染的炼焦和造块工艺，大幅度减少传统高炉二氧化碳、硫化物、氮氧化物、污水的排放。

5.4.1.3　氢冶金

氢冶金是近年来国内外一直在努力探索的节能减排的有效路径。目前，采用氢基竖炉直接还原炼铁技术的项目有瑞典 HYBRIT 项目、德国安赛乐米塔尔纯氢冶炼技术、德国蒂森克虏伯氢炼铁技术、日本 COURSE50 项目、我国的中晋太行直接还原铁项目与宝武湛江钢铁氢基竖炉项目及河钢氢冶金项目。采用氢基流化床直接还原炼铁技术的有鲁奇公司 Circored 流化床直接还原项目和我国的鞍钢氢冶金项目。采用高炉富氢冶炼技术的有德国蒂森克虏伯、迪林根-萨尔钢两家企业，以及我国的晋南钢铁和中国宝武宝钢。采用富氢熔融还原炼铁技术的有建龙集团 CISP 富氢熔融还原项目[11]。

经测算，全绿电绿氢直接还原铁时碳排放最低，比常规高炉炼铁碳排放低约 78%，即每吨铁可减排 1.235t 二氧化碳；其次为焦炉煤气直接还原铁，比常规高炉炼铁碳排放低约 44%，即每吨铁可减排 0.696t 二氧化碳。

但目前氢冶金有诸多技术难点，比如：高品位铁矿资源匮乏；氢资源少、利用成本高；技术研发难点多；可再生能源制绿氢与冶金流程耦合难度大；等等。

笔者认为将绿电绿氢与冶金流程相耦合是未来的发展方向，也是从源头将转炉气、高炉气变为低碳、无害气体的根本手段。

5.4.2　通过技术耦合制备化学品

不同钢铁企业具有不同气源，比如钢焦一体化企业，既有转炉气、高炉气，还有焦炉气。将不同的气体处理后进行耦合，可以发展不同的新型技术路线。如采用转炉气和焦炉气生产甲醇，采用转炉气和焦炉气生产 LNG 联产液氨等。

2011 年，达钢焦炉煤气配转炉气 10×10^4 t/a 甲醇装置一次试车成功。该技术为钢铁企业富余焦炉煤气和转炉气有效利用和价值提升开拓了具有明显经济效益、环保效益和社会效益的新途径。2012 年黑龙江建龙化工有限公司 10×10^4 t/a 转炉气净化与焦炉气提氢合成甲醇装置成功投产。该装置从另外一个技术路线利用钢铁企业产生的转炉气和用作燃料的焦炉气生产甲醇，达到了节能减排和创造效益的双重目的，具有重要的示范作用。2016 年河北中翔能源有限公司 12×10^4 m³/h 焦炉煤气补转炉气甲烷化制 LNG 及富氢尾气制液氨装置顺利投产。钢铁企业转炉气和焦炉煤气回收利用生产 LNG 并联产液氨，充分利用了焦炉煤气及转炉气中的有效组分，为钢铁行业高效利用转炉气和焦炉煤气提供了一种新的模式。除此之外，转炉气与焦炉煤气还可以联产甲醇和 CNG 或 LNG[12]。

正是基于焦炉煤气中氢多碳少需要补碳，而转炉气和高炉气等富含 CO 可互为补充，形成了联产化学品的独特技术路线。

笔者认为根据不同的气源情况，直接联产不同的化学品，是未来转炉气、高炉气利用的高效途径，也是绿色、经济的长远发展之路。

5.4.3　开发优质吸附剂或吸收剂，高收率提取高价值气体

转炉气中 CO 体积分数约为 60%，CO_2 体积分数约为 20%，高炉气中 N_2 体积分数约为 59%，CO 体积分数约为 27%，CO_2 体积分数约为 12%[13]。通过筛选和研发不同的吸附剂或吸收剂，以较低的成本获得不同纯度的 CO、CO_2、H_2、N_2 等基础原料气也是高效利

用转炉气、高炉气的重要手段。

5.4.3.1　提纯一氧化碳

北京大学谢有畅团队开发了载铜 Y 型分子筛[14]，采用一段法 PSA 提纯 CO。2013 年 6 月衡阳华菱钢管有限公司建设的高炉煤气变压吸附提纯 CO 装置顺利投产。采用该吸附剂，高效分离提纯 CO，将高炉气中 CO 含量从 22% 提纯到 70%，作为燃料气用于钢管加工。同样利用该项技术还可以获得 40%～99.99% 的 CO 产品气。

西南化工研究设计院成功开发出以脱磷、砷、氟和氯净化剂为主的净化技术与以载铜吸附剂为主的常温低耗 PSA 提纯 CO 技术相结合的工艺，广泛用于不同气体的 CO 提纯[15-16]。

提纯获得的 CO 是羰基合成产品的基础原料，可以羰基化合成乙酸、乙酸酐、乙酸甲酯、DMF、甲酸甲酯、丙烯酸等；CO 加入 H_2，通过费-托反应可以合成以石蜡烃为主的液体燃料；CO 也可以合成甲醇、甲酸、甲醛等大宗化学品。

5.4.3.2　提纯二氧化碳

1989 年西南化工研究设计院在广东江门氮肥厂建成了国内第一套从变换气中提纯食品级 CO_2 的装置，迄今已推广 50 多套排放废气回收提纯食品级 CO_2 的装置，单套最大规模达到 20×10^4 t/a，CO_2 体积分数达到 99.9%[17]。另外，还开发出 4×10^4 t/a 级电子级液体 CO_2 装置[18]。

2016 年日本新日铁住金开发了 ESCAP 低能耗 CO_2 分离工艺，采用的吸收剂是新日铁住金与日本地球环境产业技术研究机构（RITE）和日本东京大学合作 COCS 项目时联合开发的新型胺液 RN，原料气为炼铁厂的高炉煤气，解吸热为炼铁厂内尚未利用的低品位余热。CO_2 分离工艺能耗为 2.3GJ/t。该工艺的优点是再生温度低，当再生温度为 95℃ 时，CO_2 回收率可达到 90%。

将转炉气、高炉气中含量较高的 CO_2 以较低的代价提取出来，生产工业级、食品级、电子级的二氧化碳，是对转炉气、高炉气分质利用的充分诠释，可以作为一种转炉气、高炉气利用的有效副产品。

笔者认为以提纯的 CO 为基准，向下游合成乙二醇、碳酸二甲酯、乙酸、甲醇、乙醇、TDI、DMF 等产业链条发展，是转炉气、高炉气利用更为灵活的途径和方法；而将 CO_2 提纯为不同纯度原料气则为碳减排提供了基准和应用场景。

5.4.4　开发低能耗、低成本的新技术

2011 年，首钢集团引进新西兰 Lanza Tech Global 公司的生物发酵技术，投资建设了全球规模最大、流程最全的 300t/a 钢铁工业尾气生物发酵制燃料乙醇中试装置。2016 年 8 月，4.5×10^4 t/a 钢铁工业尾气生物发酵制燃料乙醇商业化项目在河北省唐山市曹妃甸首钢京唐联合有限责任公司开工建设，2018 年 5 月调试成功。

生物发酵技术以工业尾气为原料，整个工艺流程简单，常温常压下即可完成。工业尾气经气体预处理后送至发酵系统，经发酵、蒸馏脱水后产出乙醇含量 ≥99.5% 的燃料乙醇；从蒸馏废液中分离出高品质蛋白粉，可用作高端水产饲料；每生产 1 吨燃料乙醇，可联产 0.1t 菌体蛋白。生物发酵技术建立了跨行业的循环经济产业链，推动了绿色发展，促进了人与自然和谐共生。

　　以该技术为代表的新型利用转炉气、高炉气的途径，投资低、能耗小，在改进提升生物发酵的产品可控性后，未来极具市场开发前景。

参 考 文 献

[1] 郭玉华. 高炉煤气净化提质利用技术现状及未来发展趋势 [J]. 钢铁研究学报，2020，32（7）：525-531.

[2] 张建良，尉继勇，刘征建，等. 中国钢铁工业空气污染物排放现状及趋势 [J]. 钢铁，2021，56（12）：1-9.

[3] 中国节能协会冶金工业节能专业委员会和冶金工业规划研究院. 中国钢铁工业节能低碳发展报告（2020）[R].

[4] 黄小亚，万金发，顾智勇. 高炉煤气富化技术 [J]. 冶金动力，2003（4）：19-20，24.

[5] 李枫，张雪峰. 利用剩余焦炉煤气及高炉煤气制取合成氨的优势 [J]. 化工管理，2019（19）：62-63.

[6] 陈健，王啸. 工业排放气资源化利用研究及工程开发 [J]. 天然气化工（C1 化学与化工），2020，45（2）：121-127.

[7] 李全权，钱卫强. 焦炉煤气和转炉煤气资源化利用途径探讨 [J]. 冶金动力，2020（4）：17-20.

[8] 胡建江，谢国威. 钢铁企业煤气资源的利用途径 [J]. 冶金能源，2015，34（3）：3-6.

[9] 张琦，蔡九菊，吴复忠，等. 高炉煤气在冶金工业的应用研究 [J]. 工业炉，2007（1）：9-12.

[10] 张仕通，黄卫超，邓万里，等. 转炉煤气回收利用实时调节技术开发应用 [J]. 冶金能源，2021，40（6）：44-47.

[11] 王晶，王朋. 国内外氢冶金技术研究进展 [J]. 河北冶金，2022（4）：1-5.

[12] 王小勤，蹇守华，黄维柱，等. 一种焦炉气和转炉气联产甲醇和 CNG、LNG 的方法：CN102690169B [P]. 2015-06-24.

[13] 李克兵，陈健. 焦炉煤气和转炉煤气综合利用新技术 [J]. 化工进展，2010，29（S1）：325-327.

[14] Chen Y B, Ning P B, Xie Y C, et al. Pilot scale experiment for purification of CO from industrial tail gases by pressure swing adsorption [J]. Chinese Journal of Chemical Engineering, 2008, 16 (5): 715-721.

[15] 毛震波，郑珩，吴路平，等. 电石炉尾气深度净化提纯技术开发 [J]. 化工进展. 2012，31（S1）：302-303.

[16] 陈中明，武立新，魏玺群，等. 变温和变压吸附法从黄磷尾气净化回收一氧化碳 [J]. 天然气化工（C1 化学与化工），2001，26（4）：24-26.

[17] 刘丽，蒲裕，穆永峰，等. PTSA 吸附精馏法制备食品级二氧化碳技术及工业化应用 [J]. 低温与特气，2010，28（1）：35-39.

[18] 蒲裕，王健，刘昕，等. 两段 PTSA 法制备电子级液体 CO_2 技术及工业化应用 [J]. 天然气化工（C1 化学与化工），2019，44（3）：98-102.

第 6 章
电石炉尾气、黄磷尾气

我国是世界上最大的电石和黄磷的生产国和消费国，产能占世界总产能的 $80\%\sim90\%$。电石（化学名称为碳化钙，分子式为 CaC_2）的主要用途是制取乙炔，乙炔是有机合成化学工业的基本原料，可制取聚氯乙烯、氯丁橡胶、聚乙烯醇、乙炔炭黑、三氯乙烯等，还可用于金属切割和焊接气体。电石生产是传统的高污染、高能耗产业。密闭式电石炉每生产 1t 电石，副产炉气约 $400m^3$。按 2021 年产生电石炉尾气 $100\times10^8m^3$ 以上计算，有 1000t 粉尘、400t 磷化物、800t 硫化物等有毒物排入大气；若回收利用一氧化碳，可折合标准煤 157×10^4t 以上，每年将减排 150×10^4t 二氧化碳。目前，电石炉尾气大都用作燃料或者点燃后排放，既造成了严重的大气污染，同时又造成巨大的一氧化碳资源浪费。回收利用电石炉尾气，必将大大降低电石炉尾气直接燃烧对大气的污染，同时能够获得廉价的一氧化碳气体，有助于提高电石生产行业的经济效益，降低电石生产的综合能耗。

黄磷的主要用途是制成磷酸和磷酸盐用于肥料、食品、医药、农药和电子工业，也有少量用于军事工业。目前国内外企业绝大多数都是用电炉法生产黄磷，每生产 1t 黄磷，同时产生 $2500\sim3000m^3$ 含一氧化碳 $85\%\sim95\%$（体积分数）以上的黄磷尾气。黄磷尾气含有大量的硫化物、磷及磷化物，在使用含硫量高的磷矿和碳原料时，黄磷尾气含硫量高达 $10000mg/m^3$。2021 年国内黄磷产量大约 62×10^4t，副产黄磷尾气 $17\times10^8m^3$ 以上，其中一氧化碳约 $16\times10^8m^3$。目前，黄磷尾气大都经简单净化后用作燃料或者点火炬燃烧后排放，会造成酸雨等污染，是严重的大气污染源，同时也会造成一氧化碳资源浪费。

高纯度的一氧化碳是羰基合成的主要原料，可以生产甲酸、乙酸、乙二醇等成品，加入氢气后更是优质的合成气，可以生产甲醇、乙醇等化工产品。回收利用电石炉尾气和黄磷尾气，必将大大降低电石生产和黄磷生产对大气的污染，同时为羰基化合成提供廉价的一氧化碳气源，还有助于提高电石和黄磷生产行业的经济效益，降低电石和黄磷生产的综合能耗，提高市场竞争力。

6.1　电石炉尾气、黄磷尾气的来源及特点

6.1.1　电石炉尾气的来源及特点

6.1.1.1　电石炉尾气的来源

目前电石生产方法主要有氧热法和电热法，国内现有电石生产装置多采用电热法，即将生石灰（氧化钙，分子式 CaO）与含碳原料（焦炭、无烟煤或石油焦）按工艺要求混合配料后，置于 $1800\sim2200℃$ 的电炉中熔炼，依靠电弧高温熔化反应生成碳化钙，并释放出尾气。按电炉结构可分为开放式电石炉、半密闭式电石炉和密闭式电石炉。其生产工艺流程如图 6-1 所示。

图 6-1 中电石炉内生成碳化钙的化学反应是通过两部分完成的，共包括 3 个反应，其反应如下：

$$CaO+C\xrightarrow{1800\sim2200℃}Ca+CO\uparrow$$

$$Ca+2C\xrightarrow{1800\sim2200℃}CaC_2$$

$$CaO+3C\xrightarrow{1800\sim2200℃}CaC_2+CO\uparrow$$

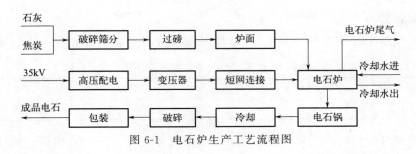

图 6-1 电石炉生产工艺流程图

电石炉尾气主要来自上述反应的产物，生成的富含一氧化碳尾气则根据电石炉的类型，以不同方式排出：在开放式电石炉中，一氧化碳在料面上燃烧，产生的火焰随同粉尘一起向外扩散；在半密闭式电石炉中，一氧化碳一部分被安置于炉上的吸气罩抽出，剩余部分仍在料面燃烧；在密闭式电石炉中，全部一氧化碳被抽出。以上三种尾气排放方式的不同使得其排放的尾气量及组成都存在较大差异，其中密闭式电石炉生产过程中，每生产 1t 电石会产生 $400m^3$ 尾气。目前国内密闭式电石炉产能已占到总产能的 85％左右。以近几年国内电石年产量平均值估算，电石炉尾气年排放量超过 $100 \times 10^8 m^3$，主要用于电石生产过程中的石灰煅烧、焦炭烘干及燃气轮机发电等，其余全部燃烧放空，造成了严重的环境污染和资源浪费。

6.1.1.2 电石炉尾气的典型组成

电石炉尾气泛指电石炉在生产过程中产生的大量富含一氧化碳的高温含尘尾气，从电石生成的综合反应式可以看出，尾气中主要成分为一氧化碳，但受到原料质量、预处理方式以及电炉的容量、结构、操作条件等诸多因素的影响，尾气组成和采出量会因副反应不同而有较大的差异。

电石炉尾气中除主要的一氧化碳外，还有来自原料石灰中 $CaCO_3$ 的分解和 CO 的氧化反应生成的 CO_2，来自石灰中杂质 $Ca(OH)_2$ 分解产生和碳材料残留的水分，进一步与碳材料进行还原反应生成的 H_2，来自副产 CO、CO_2 与 H_2 发生甲烷化反应生成的少量 CH_4，来自原料中杂质与 CaC_2 反应生成的 C_2H_2 和碳材料所含焦油分解产生的烃类组分，以及尾气采集过程中引入的少量空气带来的 N_2 和 O_2。由此可见，电石炉尾气典型组成包括以下三部分。

(1) 常量成分

电石炉尾气常量成分及含量见表 6-1。

表 6-1 电石炉尾气常量成分及含量表

主要组分	H_2	CH_4	CO	CO_2	N_2	O_2	C_mH_n（含焦油）
体积分数/%	5～15	0.1～0.5	70～90	1～3	3～20	0.5～2	1.5～2

(2) 微量成分

电石炉尾气微量成分及含量见表 6-2。

表 6-2 电石炉尾气微量成分及含量表

杂质组分	硫化物	磷化物	氟化物	砷化物	氢氰酸
含量/(mg/m³)	≤100	≤50	≤5	≤5	≤200

(3) 粉尘含量

电石炉尾气粉尘含量为 $50\sim150g/m^3$，其成分及含量见表 6-3。

表 6-3　电石炉尾气粉尘成分及含量表

主要组分	CaO	C	SiO_2	Fe_2O_3	Al_2O_3	其他
质量分数/%	37.2	34.1	15.8	0.96	7.1	4.84

从电石炉尾气的组成看，其中含有大量有用的资源气体，如一氧化碳、氢气和甲烷等，这些都是非常有价值的化工原材料，如果对其进行充分的利用，将产生巨大的经济效益和社会价值。

6.1.1.3　电石炉尾气特点

电石炉尾气具有含尘量大、温度高、易析出焦油、易燃易爆、成分复杂、气压低等特点，结合其生产过程分别简述如下：

① 尾气含尘量大，为 $50\sim150g/m^3$，且有黏、轻、细不易捕集的特点。

② 由于电石生产是间歇操作，造成了尾气出炉温度、尾气流量、尾气组成都有较大波动。

③ 尾气成分复杂，尾气主要成分包括常量组分、微量组分、粉尘等三大类。其中微量焦油在高于 225℃时呈气态，低于 225℃时会凝析出来，足以使布袋黏结堵塞。

④ 尾气中一氧化碳浓度高，还含有少量的氧气、甲烷、氢气等易燃易爆的组分，由于电石炉炉膛内压力较低，任何部位发生故障，都可能影响电石炉尾气的正常排出，继而引发安全事故。

6.1.2　黄磷尾气的来源及特点

6.1.2.1　黄磷尾气的来源

黄磷又称为白磷，分子式是 P_4，是由磷元素组成的四面体。黄磷为白色蜡状固体，遇光会逐渐变为淡黄色晶体，有大蒜的气味，有毒，其燃点为 40℃，能在常温下自燃。黄磷的主要用途是制成磷酸和磷酸盐用于肥料、食品、医药、农药和电子工业，也有少量用于军事工业。

目前国内外普遍采用电炉法生产黄磷。电炉法反应的基本工艺流程如图 6-2 所示。

图 6-2　电炉法生产黄磷工艺流程图

在制磷电炉内的主要反应为：

$$2Ca_3(PO_4)_2+6SiO_2+10C \xrightarrow{1250\sim1500℃} 6CaO\cdot SiO_2+P_4\uparrow+5CO\uparrow$$

电炉法生产黄磷，每吨黄磷可副产尾气 $2500\sim3000m^3$，热值为 $2500kcal/m^3$。合理利用电炉法生产黄磷尾气既可解决资源浪费问题，又可以提高黄磷厂的经济效益。但是，尾气中各种微量组分特别是有害微量组分（主要是磷化物、硫化物、砷化物、氟化物等几种），在一定程度上限制了尾气的用途。

6.1.2.2 黄磷尾气的典型组成

黄磷生产通常采用电炉法，制磷电炉正常运行时炉内呈微正压（50～200Pa）状态，含磷炉气直接进入热冷凝塔和冷冷凝塔，分别用热水和冷水喷淋洗涤，冷凝炉气中的磷蒸气为液体黄磷，进入受磷槽，经精制得成品黄磷，未冷凝炉气则为黄磷尾气，黄磷尾气主要成分及含量见表 6-4。

表 6-4 黄磷尾气主要成分及含量表

主要组分	H_2	CH_4	CO	CO_2	N_2	O_2	H_2O
体积分数/%	1～8	0.1～0.5	85～95	1～4	2～5	0.5～1	1～5
杂质组分	总硫	磷化物	氟化物	砷化物			
含量/(mg/m³)	≤30000	≤5000	≤200	≤100			

6.2 我国电石炉尾气、黄磷尾气排放现状

6.2.1 电石炉尾气排放及分布情况

6.2.1.1 电石炉尾气排放情况

我国电石产量从 2000 年的 $270×10^4$ t 增加到 2020 年 $2792×10^4$ t，产能和产量在 20 年间提高了十余倍[1]。据统计，2021 年我国电石产量达到 $2825×10^4$ t[2]。我国是世界上最大的电石生产国和消费国，产能产量均占世界总量的 90% 以上[3]。

目前最成熟、应用最广的电石生产制备工艺是电热法。其过程为石灰和焦炭经过破碎处理并称量，送到电石炉中，在 1800～2200℃ 条件下反应生成熔融态电石（CaC_2），从炉底排出，在电石盆中冷却后进行破碎得到电石产品，副产物 CO 气体从炉顶排出[4]。以目前大力推广的密闭电石炉为例，每生产 1t 电石，产生 400～600m³ 尾气[5]。近年我国电石炉尾气统计情况如图 6-3 所示。

目前，国内以煤基乙炔为原料生产的聚氯乙烯（PVC）广泛用于建筑、运输、电子、包装、农业、医疗和其他消费品[7]。据估计，乙烯基 PVC（油衍生工艺）的成本比乙炔基 PVC（煤衍生工艺）的成本高 7%～17%[8]。

随着维尼纶、塑料等有机合成工业的迅速兴起，国内电石产能迅速扩张。电石年产能从 2000 年的 $480×10^4$ t 迅速增加到 2016 年的 $4500×10^4$ t，同时电石行业也经历了从低水平重复建设、盲目扩张到结构调整、产能布局优化的过程。从 2016 年开始国内开始了落后产能的清理过程，到 2020 年末，国内剩余电石生产企业 120 余家，年产能 $4000×10^4$ t，进入理性发展阶段。

随着电石炉大型化、密闭化的发展，配套的炉气净化、输送、气烧石灰窑、自动化控制系统等技术装备水平也大幅提升。目前，利用炉气生产化工产品的电石产能已占密闭式电石

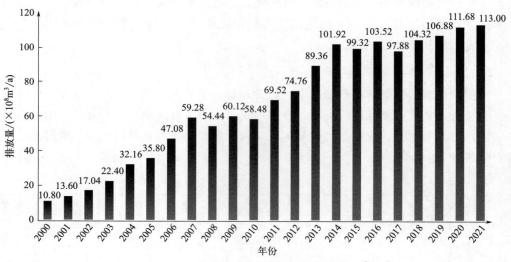

图 6-3   2000～2021 年中国电石尾气统计情况图[1-2,6]

炉总产能的 11% 以上，具有很大的应用前景，炉气回收利用将成为电石工业最重要的节能和资源综合利用措施。

6.2.1.2   电石炉尾气分布情况

随着《电石行业准入条件（2014 年修订）》的实施，国家开始对电石行业进行整合和布局优化，拥有丰富煤炭资源和廉价电力优势的中西部地区成为我国电石工业产能布局的转移地。统计资料显示，内蒙古、新疆、宁夏和陕西是我国电石产量的"四驾马车"，电石产量合计超过了 $2000 \times 10^4 t$，占全国电石总产量的 80% 以上，电石产量前十的省（自治区、直辖市）合计产量占到全国总产量的 98%，也是电石炉尾气排放量最大的地区。2018 年我国电石产量前十的省、自治区统计情况见表 6-5。

表 6-5   2018 年我国电石产量前十的省、自治区统计情况表[9]

省、自治区	产量/t	总排放气量/($\times 10^8 m^3$/a)
内蒙古	9553473	38.21
新疆	5864894	23.46
宁夏	3691896	14.77
陕西	2871955	11.49
四川	979649	3.92
甘肃	830681	3.32
云南	582501	2.33
河南	577739	2.31
山西	337770	1.35
湖北	287398	1.15

未来计划新增产能区域分布集中在西北地区，我国电石行业区域集中度有望继续增强。据中国电石工业协会预测，未来电石产能的九成以上将集中在西部地区。2021 年我国主要省、自治区电石产量占比情况见图 6-4。

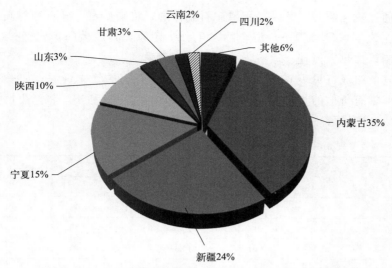

图 6-4　2021 年我国主要省、自治区电石产量占比情况图

电石属于高耗能行业，其发展受到诸多环保政策的制约。2021 年作为我国提出"双碳"目标的首个年度，"能耗双控"政策执行力度加大，国内电石价格剧烈波动，电石产能减量置换成为趋势。

6.2.2　黄磷尾气排放及分布情况

6.2.2.1　黄磷尾气排放情况

自 1889 年使用电炉法生产黄磷以来，至今已有 130 余年的历史。我国的黄磷工业起步较晚，从 1941 年首台黄磷电炉投产开始，我国黄磷工业经历了萌芽、发展、壮大和创新辉煌 4 个发展时期。2014 年全国黄磷产能超过 240×10^4 t，年产量首次突破百万吨大关，达到 102.5×10^4 t，产能、产量分别占世界的 88.24％、89.91％[10]。我国近些年黄磷产量统计情况见图 6-5。

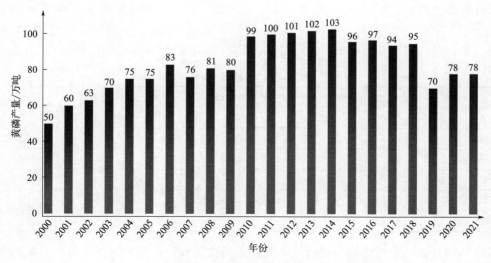

图 6-5　2000～2021 年我国黄磷产量统计情况图[11-12]

黄磷主要通过热法制得。黄磷是用磷矿石制作的，将磷矿石、硅石和焦炭按比例和粒度放入电炉中，在约1500℃高温下，混合物发生分解还原，其产生的炉气经过冷却后得到粗磷，粗磷入精制锅加热、搅拌、澄清，冷却后得到黄磷。

从黄磷尾气的组成（见表6-4）看，其中含有大量有用的气体资源，如一氧化碳、氢气等，这些都是非常有价值的化工原材料，如果对其进行充分的利用，将产生巨大的经济和社会价值。近几年黄磷尾气中气体资源情况统计见表6-6。

表6-6　2016～2021年我国黄磷尾气中有用组分排放量表

年份	黄磷产量/($\times 10^4$t)	有用组分量/($\times 10^8 m^3$/a)		
		CO	H_2	CO_2
2016	98	约24.7	约1.1	约0.55
2017	94	约23.7	约1.1	约0.53
2018	95	约23.9	约1.1	约0.53
2019	70	约17.6	约0.78	约0.39
2020	78	约19.7	约0.87	约0.44
2021	62	约15.6	约0.69	约0.35

注：黄磷尾气单位产量约为2800m^3/t，以P_4计。

由于黄磷尾气组分复杂，杂质种类多，净化难度高，只有少数黄磷生产厂家可将其深度净化后用作高附加值化工原料，大多数厂家尤其是中小规模企业都未充分利用。据粗略估计，我国每年有约60%以上的黄磷尾气被用作低附加值的工业燃气或直接放空烧掉，这样既增加CO_2的排放量，对环境造成污染，又浪费了宝贵的资源。

6.2.2.2　黄磷尾气分布情况

我国黄磷工业从无到有再到发展壮大，至今已经走过了80多年的光辉历程。2008年我国黄磷产量达到81.5×10^4t；云南产量达到历史新高47.8×10^4t，占全国黄磷总产量的58.65%[13]。2016年，全国黄磷产能接近200×10^4t，产量98×10^4t，其中云南、四川、贵州和湖北在全国总量中占比分别为52.98%、18.82%、17.86%和9.34%。据统计，2017年全国有黄磷生产企业94家，黄磷电炉总数不到200台，其中仅有54家黄磷企业正常生产（云南30家、四川10家、贵州13家、湖北1家）[14]。2021年，全国黄磷产量约85×10^4t，云、贵、鄂、川四省产量占我国黄磷产量的93.6%，详见表6-7。

表6-7　2021年我国黄磷产量分布情况表

项目	产量/($\times 10^4$t)	占国内黄磷产量比例/%	年总排放气量/($\times 10^8 m^3$/a)
云南	25.57	41.10	7.16
四川	17.36	27.90	4.86
贵州	8.77	14.10	2.46
湖北	6.53	10.50	1.83
其他	3.98	6.40	1.11
合计	62.20	100.00	17.42

国家对于黄磷产业整体发展进行了不断的布局优化和产业调整。淘汰落后产能的力度将不断加大，小型电炉已基本上被淘汰[15-16]。

目前热法制磷的能耗基本在 $14000\sim15000\mathrm{kW\cdot h/t}$,2020 年四川省弃水电量高达 $202\times10^8\mathrm{kW\cdot h}$[17]。若是将黄磷生产作为水电行业"调峰储能"的重要载体,与电力行业可以实现优势互补。

6.3　电石炉尾气、黄磷尾气利用关键技术

6.3.1　电石炉尾气利用关键技术

电石炉尾气的利用通常指热能(潜热和显热)利用和化工(用作化工原料)利用,但因其尾气具有含尘量大(一般在 $50\sim150\mathrm{g/m}^3$,炉尘具有黏、轻、细不易捕集的特点)、温度高(一般在 $500\sim800\text{℃}$ 之间,瞬时达 1000℃ 乃至更高)、易析出焦油、易燃易爆、成分复杂、气压低等特点,所以输送、净化难度大,直接回收利用困难,需要净化处理。

6.3.1.1　电石炉尾气净化技术

(1) 电石炉尾气的粗净化和深度净化

电石炉尾气的热能利用:利用尾气的高温以及氢、甲烷、一氧化碳等可燃组分的燃烧,通过锅炉产生蒸汽来发电,实现热量利用;用作电石炭材烘干、石灰煅烧、替代部分燃煤或天然气的燃料等。电石炉尾气利用价值较低,净化要求也较低,一般的除尘净化流程相对简单,通常将这类净化称为粗净化。而对于化工利用,即利用尾气中高含量的一氧化碳,经净化后用于生产有机化工产品。其利用价值较高,净化要求也较高,则要求进一步将电石炉尾气中的硫化物、磷化物、焦油及微量氰化物进行深度净化,通常将这类建立在粗净化基础上的深度净化称为精净化。

针对电石炉尾气的降温除尘等粗净化技术方法,主要有湿法除尘、干法除尘、干法除尘加湿法净化组合三种技术。

① 湿法除尘技术　主要特点是按照炉气的走向依次串联带有刮板的炉气洗气机和洗涤塔,将高温炉气快速降温,如此可有效地将气体和沸点较高的杂质进行分离。此方法可以实现快速洗涤,其工艺流程如图 6-6 所示。湿法回收利用工艺相对比较成熟,但动力消耗较大、工艺流程长、占地面积大,且所产生的污水含有氰根离子,若不进行处理将产生二次污染,因此不适于大范围进行推广和发展。

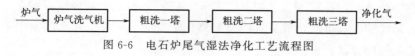

图 6-6　电石炉尾气湿法净化工艺流程图

② 干法除尘技术　干法除尘通常采用以下组合技术:该技术的主要流程为尾气通过水冷烟囱降温,管道输送经多级旋风分离器除尘,再通过空冷器继续降温,再以布袋除尘器过滤,最后通过冷却辅以电捕焦,最终达到尾气净化的目的。其工艺流程如图 6-7 所示。

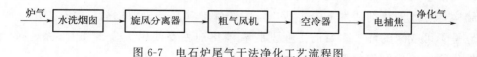

图 6-7　电石炉尾气干法净化工艺流程图

由于干法除尘具有除尘效率高、工艺成熟、维护方便、占地面积小、水消耗量少、无二次污染等优点，符合循环经济的要求，故成为电石炉尾气除尘方法的发展方向。

③ 干法除尘加湿法净化组合技术　单纯的干法除尘净化后的尾气不适合长距离输送，限制了尾气的使用范围，为此，一种结合了干法除尘和湿法净化两种方法优点的技术得到应用。该技术通过高温下干法除尘，同时脱除部分焦油，在压力 $1\sim2kPa$、含尘量 $\leqslant50mg/m^3$ 的条件下，再经高温增压风机增压后，进入密闭式水洗净化装置，进一步降低粉尘和焦油的含量，达到尾气净化要求。

综上，两种除尘方法的特点对比如表 6-8 所示。

表 6-8　干法除尘和湿法除尘的特点对比表

项目	干法除尘	湿法除尘
除尘效率	除尘效率高达 99% 以上，排放浓度 $\leqslant$ $30mg/m^3$	除尘效率较高，但难以脱除粒径 $<4\mu m$ 的粉尘，排放浓度易超标
工艺成熟度	工艺较成熟	工艺较成熟，但工艺流程较长
技术可靠度	技术较可靠，但须严格控制尾气温度	技术较可靠
降温速度	降温速度一般，须经过多级降温控温	降温快，易于熄火
安全性能	安全	安全
维护费用	维修方便，维护费用低	维修较多，维护费用较高
占地面积	占地面积小	占地面积大
水消耗量	水消耗量小	水消耗量大
有否二次污染	无二次污染	会产生含氰污水，会造成二次污染

上述粗净化技术基本解决了电石炉尾气中粉尘和焦油的净化难题，但这类应用回收利用价值低，未能有效解决尾气燃烧造成的二氧化碳排放及硫化物、磷化物等有毒有害组分对大气环境造成的污染。随着循环经济和绿色化工的发展以及节能减排要求的不断提高，电石炉尾气高价值利用带来的精净化技术的开发显得十分必要而紧迫。

随着科研水平及对资源合理利用要求的进一步提高，国内外对电石炉尾气进行深度净化并提纯制取高纯度一氧化碳的研究及工程慢慢增多，天津某公司成功开发出干湿两步法电石炉尾气净化制取甲酸钠技术，并建成万吨级的甲酸钠生产线，产品质量达到优级品，也有利用电石炉尾气生产草酸、乙酸和乙二醇的工艺，其流程是将电石炉尾气经除尘、碱洗、除焦油及 CO 提纯处理后送入草酸合成装置中与氢氧化钠反应。浙江工业大学发明了一种利用电石炉尾气制备氢气的方法。

西南化工研究设计院开发了一种适用于电石炉尾气深度净化的高吸附性能、长寿命的多用途吸附剂，可同时吸附微量的硫化物、磷化物、氰化物、氟化物，具有较低的再生能耗，并可延长使用寿命。

除以上微量杂质的深度净化研究外，针对大多数羰基合成工艺，氧的存在会破坏络合催化剂的结构，造成催化剂活性下降，所以，为了保护羰基合成催化剂，电石炉尾气的脱氧净化处理也是不可或缺的环节。目前工业上脱氧催化剂主要使用贵金属和 Cu 系、Ni 系、Mn 系脱氧催化剂，但这些催化剂在应用时对原料气净化要求较高。

(2) 电石炉尾气净化成套技术

西南化工研究设计院依托国家"十一五"科技支撑计划重点项目《非石油路线制备大宗化学品关键技术开发》、青海省企业技术创新计划项目《电石炉尾气净化提纯关键技术开发》，开展了电石炉尾气净化回收一氧化碳成套技术的系统研究，成功开发了针对电石炉尾气中硫化物、磷化物、焦油及微量氰化物的深度脱除方法，优化了电石炉尾气净化后提纯一氧化碳的变压吸附工艺操作条件，使电石炉尾气中的一氧化碳经净化提纯后可用于羰基合成等化工过程；形成了"一种电石炉尾气的净化方法"专利（专利号：102489083B）流程，见图6-8。

图6-8 电石炉尾气净化提纯流程图

该专利技术解决了此前净化方法存在的耗水量大、占地多、产生二次污染和不满足化工合成原料的要求等问题。其中净化单元包括干法除尘、降温、湿法脱硫脱氰和变温吸附等。该流程工艺简单、投资较少，能够有效避免产生含氰污水，减少环境污染，同时通过各步骤的相互配合，能够有效降低生产成本，净化后的尾气能够满足化工生产企业对原料的要求。

该成套净化流程已在四川茂县新鑫能源有限公司建成了国内首套电石炉尾气制8×10^4 t/a甲醇、5×10^4 t/a二甲醚工业示范装置上的应用，并于2014年成功投产，该项目获得四川省2016年度科技进步奖二等奖。这标志着我国电石生产企业综合利用电石炉尾气，有了全新的、切实可行的净化利用一氧化碳资源的成套技术解决方案。

6.3.1.2 电石炉尾气提纯一氧化碳的技术选择

对于以电石炉尾气为原料生产有机化工产品的高附加值利用，除按上述成套净化流程将电石炉尾气中硫化物、磷化物、焦油及微量氰化物、砷化物进行深度净化外，还需要将尾气中所含的一氧化碳、氢气等有效组分与氧、氮、二氧化碳等无用组分进行分离，并根据后续应用工况要求的不同，匹配不同的分离技术。

(1) 用于生产甲醇

电石炉尾气的有效组分中碳多氢少，需要增加氢气使氢碳比达到1.8～2.2。氢气的来源有两种方式：一种是外供氢气；另一种是将部分一氧化碳变换为氢气和二氧化碳，再脱碳提高氢碳比。脱碳有湿法和干法两种分离流程，湿法的一氧化碳回收率高，但能耗高，会产生废液等二次污染；干法净化效率高，但收率及占地是缺点，可结合合成工艺选配。

(2) 用于生产乙酸、草酸、甲酸等

可以直接将CO体积分数提浓至95%～99%（该工况可选用PSA置换分离工艺，对应CO收率可达80%～90%，可比较深冷与膜分离技术的优劣），前端需要脱碳（精度要求5×10^{-6}～50×10^{-6}），后端需要脱氧干燥。

(3) 用于生产乙二醇

需要将CO体积分数提浓至约99%（该工况可选用PSA置换分离工艺，可比较深冷与膜分离技术的优劣、装置规模的影响），前端需要脱碳（精度要求5×10^{-6}～50×10^{-6}），后端需要增加催化脱氢工序。

6.3.2 黄磷尾气利用关键技术

6.3.2.1 黄磷尾气净化技术

对于用作初级化工原料或燃料的黄磷尾气的净化，常见的净化方法为吸收法，其典型流程是水洗碱洗串联法，流程见图 6-9。

图 6-9 吸收法净化黄磷尾气流程图

水洗的作用是降温、除尘，同时可除去部分 HF；尾气由下部进入一级碱洗塔，与 $Ca(OH)_2$（质量分数约 10%）石灰乳逆流接触，除去气体中 70% 的 H_2O 以及大部分的 CO_2、SO_2、HF，再由下部进入二级碱洗塔，气体与 NaOH（质量分数约 10%）溶液逆流接触；NaOH 循环槽排出的含 Na_2CO_3 的液体进入 $Ca(OH)_2$ 沉降池，经苛化处理生成 NaOH 后，继续用于二级碱洗塔，从而减少 NaOH 用量，净化气中的 H_2S 浓度≤300mg/m³、SO_2 浓度≤4mg/m³、HF 浓度≤80mg/m³。碱液可重复使用，废碱液排入黄磷厂的污水处理系统进行处理。

直接用作燃料是黄磷尾气的最初级应用，仅利用了尾气的热值替代部分燃煤，用于黄磷生产的原料烘干及泥磷生产。该方法工艺简单，但未解决减排问题。经水洗与碱洗法净化后的黄磷尾气可用于生产纯度要求不高的一些化工产品，如分别与 NaOH、KOH 反应直接合成甲酸钠、甲酸钾的技术已经产业化，与 $Ca(OH)_2$ 反应直接合成甲酸钙有待进一步研究开发。由于甲酸钠价值较低，如果作为产品销售，市场竞争力较弱，可以作为一个中间产品制甲酸，进一步提高附加值。吸收法虽然能有效脱除黄磷尾气中的 H_2S、CO_2 和 HF 等，但不能深度脱除有机硫及 PH_3，而这些杂质可导致 C_1 化工产品生产中的催化剂严重中毒。

国内化工行业所用合成气中的一氧化碳来源主要是以煤、石油、天然气为原料经过蒸汽转化或部分氧化得到的含一氧化碳的混合气，再通过吸附分离法或深冷法提纯获取。但这些混合气的一氧化碳含量都不高，提纯消耗大，并且还要消耗煤、石油、天然气等资源。黄磷尾气中含有 90% 左右的一氧化碳，但因其含有硫、磷及微量的砷、氟等单质或化合物，不能直接利用。国内大多数黄磷厂都将尾气直接燃烧排放入大气，生成大量二氧化碳和硫、磷、砷等杂质形成的氧化物，不仅造成严重的环境污染，也造成了一氧化碳资源的巨大浪费。若将其用作合成碳一化工产品的原料气，需要对其所含的有毒有害杂质磷、硫、砷、氰进行深度净化，净化精度达到 1mg/m³ 以下。开发黄磷尾气深度净化回收一氧化碳技术，具有治理大气污染和资源综合利用的双重意义，尤其在治理由硫化物、磷化物、砷化物造成的酸雨对生态环境的影响方面显得尤为必要。

6.3.2.2 黄磷尾气深度净化及一氧化碳提纯技术

国内外在 2000 年前均未见有采用吸附法深度净化并提纯黄磷尾气中一氧化碳的报告。西南化工研究设计院自 1999 年开展变温变压吸附法脱除黄磷尾气中的杂质，获得高纯度一氧化碳的专项实验研究，至 2002 年完成侧线试验研究，采用变温吸附（TSA）与变压吸附（PSA）结合工艺，开发了一套完整的黄磷尾气深度净化和一氧化碳提纯技术，利用转化吸附机理，克服了磷化氢在常规吸附剂上吸附容量小的缺点，实现了黄磷尾气中磷化氢、单质磷和硫化氢、有机硫的高效脱除。通过对黄磷尾气的初步净化、深度净化和 PSA 法提纯一氧化碳后，产品一氧化碳的技术指标达到 $\varphi(CO) \geqslant 95\%$，CO 收率 $\geqslant 85\%$；产品 CO 中磷化物 $\leqslant 1 \times 10^{-6}$、硫化物 $\leqslant 1 \times 10^{-6}$、砷化物 $\leqslant 1 \times 10^{-6}$、氟化物 $\leqslant 1 \times 10^{-6}$。

　　吸附法综合利用了变温吸附和变压吸附工艺的特点，对黄磷尾气中各种杂质分段脱除，流程见图 6-10。

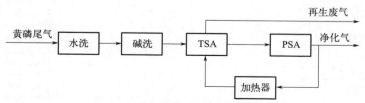

图 6-10　黄磷尾气吸附法净化流程图

　　黄磷尾气首先经过水洗进行除尘和降温，同时也脱除部分 H_2S、SO_2、HF 和 P_4。水洗及碱洗后的尾气进入 TSA 净化工序，主要脱除 PH_3、P_4、HF、AsH_3 等，吸附剂对 HF、AsH_3 具有很强的脱除效果。经过变温吸附工序后的净化气，磷、砷、氟的含量可以控制在 10^{-6} 量级，而总硫含量可达到 300×10^{-6} 以下，已经可以满足许多化工生产对原料气的要求。如对净化气要求更高，须进一步脱除尾气中的 CO_2 或微量硫，可以进一步耦合 PSA 净化提纯工序，获得总硫含量低于 1×10^{-6} 的高浓度一氧化碳产品气。

　　通过对黄磷尾气净化提纯 CO 工艺技术的深入研究，结合黄磷生产现场的实际工况参数，在贵州磷都集团的 2×10^4 t/a 黄磷尾气制甲酸的工业化装置基础上，采用了 PDS 脱硫、变温吸附和变压吸附工艺，其工艺流程如图 6-11 所示。装置运行结果显示，CO 回收率达到 85% 以上，CO 体积分数达到 96% 以上，P、S、As 和 F 体积分数均低于 1×10^{-6}。工业性示范装置的稳定运行，标志着具有自主知识产权的吸附分离法从黄磷尾气中净化提纯一氧化碳并生产甲酸的工业化成套技术圆满完成。

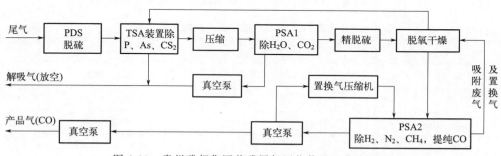

图 6-11　贵州磷都集团黄磷尾气回收装置工艺流程图

6.4　电石炉尾气、黄磷尾气的工业应用

　　一氧化碳（CO）是非常重要的化工基本原料，可以用于合成燃料、大宗化工产品和精细化学品，如用于合成甲醇、甲酸、甲醛、甲酸甲酯、二甲醚、乙二醇、乙酸、草酸、乙

醇、丙烯酸、碳酸二甲酯、聚碳酸酯、聚碳酸酯多元醇和羰基合成产品等。现有电石炉尾气、黄磷尾气所含 CO 资源利用技术路线如图 6-12 所示。

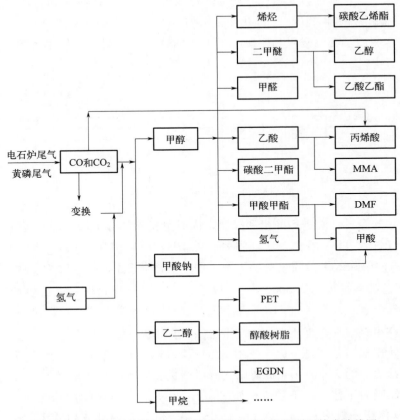

图 6-12　现有电石炉尾气、黄磷尾气所含 CO 资源利用技术路线图

MMA—甲基丙烯酸甲酯；PET—聚对苯二甲酸乙二醇酯；DMF—N,N-二甲基甲酰胺；EGDN—乙二醇二硝酸酯

部分以 CO 为原料合成的基础化工产品的主要消耗情况如表 6-9 所示。

表 6-9　部分以 CO 为原料合成的基础化工产品的主要消耗情况表[18-28]

化工产品	CO 消耗/m³	其他主要消耗
甲醇	约 750(CO+CO$_2$)	氢气 1700m³
乙二醇	约 800	氢气 1600m³
乙酸	约 450	甲醇 0.55t
酸酐	约 293	甲醇 0.353t、乙酸 0.604t
甲酸	约 530	水 0.5t
甲酸甲酯	500～547	甲醇 0.5～0.557t
丙烯酸	320～446	乙炔 0.38t
光气	240～550	氯气 0.72～0.925t
碳酸二甲酯	约 448	甲醇 0.8t、氧气 248m³

6.4.1　典型的 CO 利用技术

6.4.1.1　制甲醇

甲醇是石油最好的替代品之一，同时也是一种重要的有机化工原料，利用甲醇可以制取烯烃、乙酸、甲酸甲酯、甲醛、二甲醚等多种基本有机化工产品，这些产品可以进一步制取聚烯烃、碳酸乙烯酯、乙醇、乙酸乙酯、丙烯酸、甲基丙烯酸甲酯、二甲基甲酰胺等高价值化学产品。我国目前以煤法制甲醇为主，其工艺核心主要是制取合成气和合成甲醇两个过程[29]。部分富含一氧化碳的工业排放气也是很好的合成气来源，因此近年来工业排放气制甲醇也越来越受关注，其占比也不断地上升。

受国际形势的影响，传统能源的供给形势日趋严峻，天然气和煤炭等价格出现了大幅的上涨，使甲醇的生产成本也出现不同程度的上涨，因此利用工业排放气制取甲醇就显示出较好的经济性。但由于受上游炼焦行业以及环保政策的影响，焦炉煤气制甲醇的产量有所减少，此时其他来源的富含一氧化碳的工业排放气就有了很大的发展机会，如电石炉尾气、黄磷尾气等。由西南化工研究设计院提供专有技术和工程设计的四川茂县鑫新能源有限公司以电石炉尾气和氯酸钠尾气生产 8×10^4 t/a 甲醇、5×10^4 t/a 二甲醚装置已于 2014 年 5 月投产，装置运行稳定，各项技术指标达到设计要求。该装置为国内第一套利用电石炉尾气为原料来制取甲醇的装置。装置吨甲醇产品耗标准煤为 0.9923t，产品能耗 29.05GJ/t，相比于其他原料甲醇装置具有明显的能耗优势[30]。

6.4.1.2　制乙二醇

乙二醇（EG）既是一种化工产品也是一种重要的有机化工原料，可以与对苯二甲酸（PTA）反应生成聚对苯二甲酸乙二醇酯（PET），即聚酯树脂，可用作生产聚酯纤维和聚酯塑料的原料。此外乙二醇还可以用来生产醇酸树脂[31]。聚酯行业的发展带动了我国乙二醇消费量持续增长，据统计，2021 年我国乙二醇总产量为 1220×10^4 t，煤制乙二醇产量为 330×10^4 t，乙二醇进口量为 842×10^4 t[32]。

乙二醇的生产方法主要包括石油乙烯法和合成气法两种。随着国内乙二醇产能的增加，进口依赖度不断地下降，近几年来新开工乙二醇项目迅速增多，以中、大型煤制乙二醇为主。通过对目前主流的福建物构所、宇部兴产和中石化等煤制乙二醇技术进行分析，得出乙二醇生产成本均在 7000 元/t 上下，当石油价格下降时，煤制乙二醇就会失去竞争优势[33]。基于上述原因，工业排放气制乙二醇会逐渐增多，而工业排放气制乙二醇有明显的成本优势，例如焦炉煤气制乙二醇成本约 4000 元/t[34]。新疆天业利用电石炉尾气提纯 CO，进而制取乙二醇，装置运行负荷超过 90%，乙二醇优级品率超过 92%，产品纯度为 94%[35]。

按我国年产 90×10^4 t 黄磷计，全部回收利用黄磷尾气，则每年可折合节约 95×10^4 t 标准煤，减排 440×10^4 t CO_2、37500t 硫化物、3750t 磷化物、2000t 砷化物、1250t 氟化物以及大量的粉尘，并节约总量约 22.5×10^8 m^3 的 CO 资源，增加产值 100×10^8 元以上，利润总额可达 21×10^8 元以上。

6.4.2　电石炉尾气制甲醇工程案例 1

6.4.2.1　项目背景

四川茂县新纪元电冶有限公司是大型密闭炉电石生产厂家，生产规模达到 $30×10^4$ t/a。按生产 1t 电石产生 $400m^3$ 左右的尾气计算，一年产生约 $1.2×10^8m^3$ 尾气，尾气中一氧化碳含量为 70%～90%，直接排放不仅污染环境，而且极大地浪费了一氧化碳资源。紧邻四川茂县新纪元电冶有限公司的四川岷江雪盐化有限公司是目前国内最大的盐化生产企业，氯酸钠一期生产规模达到 $18×10^4$ t，按生产 1t 氯酸钠产生 $630m^3$ 左右的尾气计算，一年产生约 $1.134×10^8m^3$ 尾气，尾气中氢气含量为 90%～96%。氢气直接排放，也会造成资源的极大浪费。

充分利用两家公司的地理位置优势及生产尾气特点发展下游化工产品，以电石炉尾气净化后得到的一氧化碳和氯酸钠尾气净化后得到的氢气为原料生产甲醇和二甲醚，实现电石炉尾气和氯酸钠尾气的就地转化，发展以一氧化碳和氢气为核心的低碳经济、循环经济，变不利因素（直接排放污染大）为有利因素（生产高附加值的产品），发展以电石炉尾气为龙头的有机化工产业，生产下游化工产品，变废为宝。这符合国家经济发展的战略需要，能够达到节能减排的要求，同时为发展低碳经济、循环经济作出贡献。

6.4.2.2　项目原料气

本项目中电石炉尾气的组成及有害物质分别见表 6-10、表 6-11，氯酸钠尾气的组成见表 6-12。

表 6-10　电石炉尾气主要组成表

组分	CO	H_2	CO_2	O_2	N_2	CH_4
含量(φ)/%	80	3.9	4	0.8	10	1.0

表 6-11　电石炉尾气中有害物质表

组分	H_2S	COS	CS_2	噻吩(C_4H_4S)	硫醇(RSH)	HCN
含量/(mg/m^3)	300	100	1000	1	100	100
组分	PH_3	C_6H_6	NH_3	氮氧化物	粉尘	C_2H_2
含量/(mg/m^3)	200	0.1	20	110	30	待定
组分	HF	AsH_3	P_4	煤焦油	羰基化合物	硫醚(RSR)
含量/(mg/m^3)	1	2	30	微量	待定	待定

表 6-12　氯酸钠尾气组成表

组分	H_2	CO_2	O_2	ΣS	ΣCr	ΣBr	ΣCl
含量(φ)	≥98.9%	≤1.0%	≤0.1%	≤$0.1×10^{-6}$	≤$0.1×10^{-6}$	≤$0.1×10^{-6}$	≤$0.01×10^{-6}$

6.4.2.3　项目流程描述

本装置以一氧化碳和氢气为原料生产甲醇联产二甲醚。一氧化碳来自四川茂县新纪元电冶有限公司电石炉生产中产生的尾气，氢气来自四川岷江雪盐化有限公司氯酸盐生产中产生的尾气。主工艺路线包括气柜、电石炉尾气粗脱硫、尾气压缩、变温吸附、变压吸附、弛放气提氢、甲醇合成和精馏、二甲醚合成及精馏、罐区等，工艺流程如图 6-13 所示。

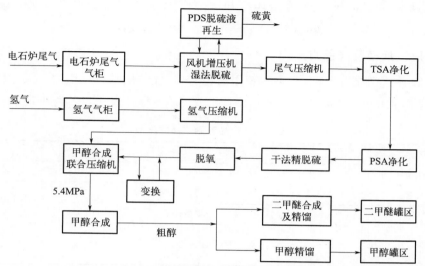

图 6-13 电石炉尾气生产甲醇联产二甲醚工艺流程图

其工艺流程简述如下：

界外的电石炉尾气进入电石炉尾气气柜缓冲储存，尾气出气柜经罗茨风机增压后进入湿法粗脱硫系统。粗脱硫采用 PDS 碱溶液，脱硫富液采用喷射再生，脱除 H_2S 后的电石炉尾气送去压缩。

本装置设置三种压缩机：电石炉尾气压缩机（一开一备）、氢气压缩机（一开一备）和甲醇合成联合压缩机（两开一备）。均采用往复式压缩机，均为电机拖动。

界外净化后的氢气进入氢气气柜，经氢气压缩机增压后，小部分进行变换，大部分去甲醇合成联合压缩机。

电石炉尾气经三级压缩到 1.5MPa 去精净化工序，经变温吸附、变压吸附、干法精脱硫、脱氧，达到要求的杂质含量后去压缩工序，压缩到 5.4MPa 去合成。

为了满足甲醇合成过程中对合成气 CO_2 含量的要求，需将少量经过净化处理后的电石炉尾气送入一个变换系统，再次将该部分电石炉尾气中的 CO 变换为 CO_2，该变换后的气体经分离冷却后与主气体混合去联合压缩机。

甲醇弛放气经变压吸附装置回收氢气，返回系统作原料。提氢解吸气去变温吸附做再生气。

合成气在合成塔内经催化合成含甲醇的混合气，经换热冷却后分离出粗甲醇，去精馏或二甲醚合成及精馏工序。

粗甲醇经预蒸馏塔脱除轻组分，加压塔和常压塔精馏，从加压塔和常压塔塔顶得到精甲醇产品，加压塔塔顶蒸汽可作为常压塔再沸器的热源。经分析合格的精甲醇去罐区。粗甲醇也可直接去二甲醚合成及精馏工序生产二甲醚。

系统设置 1 台能力为 16t/h 的三废锅炉，产生 1.6MPa 蒸汽供工艺使用。新建的空压站和氮气站为系统提供合格的仪表空气和置换用气。

脱盐水站为系统提供合格的脱盐水，供三废锅炉、合成低压废锅使用。脱盐水站的能力为 10t/h。

循环水站为系统提供合格的循环冷却水，作为各冷却器的冷却介质，循环水量为 3496.25m³/h。

6.4.2.4　建设规模及产品方案

本装置设计生产能力为 8×10^4 t/a 精甲醇、5×10^4 t/a 燃料级二甲醚。操作弹性 50%～110%，年操作 8000h。产品方案见表 6-13，相关产品指标见表 6-14、表 6-15。

表 6-13　产品和副产品方案表

产品名称	主要规格	产量/(t/h)	备注
产品精甲醇	符合 GB 338—2011 工业甲醇标准	10	工况 1：去销售
燃料级二甲醚	HG/T 3934—2007 Ⅱ型，w(二甲醚)≥99.0%	6.25	工况 2：去销售
产品精甲醇	符合 GB 338—2011 工业甲醇标准	1.188	
硫黄	w(硫)≥98%	3.5	工况 1：去销售 工况 2：去销售

表 6-14　工业甲醇（GB 338—2011）相关产品指标表

项目	指标		
	优等品	一等品	合格品
色度/Hazen 单位（铂-钴色号）	≤5		≤10
密度(20℃)/(g/cm³)	0.791～0.792	0.791～0.793	
沸程[包括(64.6±0.1)℃](0℃,101.3kPa)/℃	≤0.8	≤1.0	≤1.5
高锰酸钾试验/min	≥50	≥30	≥20
水混溶性试验	通过试验(1+3)	通过试验(1+9)	—
水分含量，w/%	≤0.10	≤0.15	≤0.20
酸(以 HCOOH 计)，w/% 或碱(以 NH₃ 计)，w/%	≤0.0015 ≤0.0002	≤0.0030 ≤0.0008	≤0.0050 ≤0.0015
羰基化合物含量(以 HCHO 计)，w/%	≤0.002	0.005	0.010
蒸发残渣，w/%	≤0.001	0.003	0.005

表 6-15　二甲醚（HG/T 3934—2007 Ⅱ型）相关产品指标表

项目	指标
二甲醚(质量分数)/%	≥99.0
甲醇(质量分数)/%	≤0.5
水(质量分数)/%	≤0.3
铜片腐蚀试验	≤Ⅰ级

6.4.2.5　项目效益

项目于 2014 年建成投产，项目占地 66680m³，投资 34530×10⁴ 元，年均销售收入约 23628×10⁴ 元，年均利润总额约 6593×10⁴ 元，投资利润率 24.88%。

6.4.3 电石炉尾气制甲醇工程案例 2

6.4.3.1 项目背景

内蒙古君正化工有限责任公司是内蒙古君正能源化工集团股份有限公司的全资子公司，是本项目的建设主体。

本项目与年产 300×10^4 t 焦化装置配套建设，富余的焦炉气作为生产甲醇及氢气的原料。本项目的提出，可极大提升企业焦化技术装置水平，符合循环经济和可持续发展的要求。本项目的甲醇和氢气是建设单位下游产品的原料，原料成本优势明显，具有较好的经济效益、社会效益及环境效益。

6.4.3.2 项目原料气

① 电石炉尾气成分见表 6-16。
② 电石炉尾气供应量：40500m³/h（干基，正常值）。
③ 电石炉尾气温度：≤40℃。
④ 电石炉尾气压力：3～4kPa(G)（来自电石炉气气柜）。

表 6-16 原料电石炉尾气组成表

	项目	数值		项目	数值
组分及含量	$\varphi(CO)/\%$	72.63	主要杂质及含量	$H_2S/(g/m^3)$	≤0.02
	$\varphi(H_2)/\%$	13.43		有机硫/(g/m^3)	≤0.05
	$\varphi(N_2)/\%$	10.75		$HCN/(g/m^3)$	≤0.05
	$\varphi(CO_2)/\%$	1.99		焦油+尘/(g/m^3)	≤0.02
	$\varphi(CH_4)/\%$	0.93		磷化物/(g/m^3)	≤0.05
	$\varphi(O_2)/\%$	0.27		氯化物/(g/m^3)	≤0.02
	$\varphi(C_mH_n)/\%$	—		砷化物/(g/m^3)	≤0.02
	合计/%	100		H_2O	饱和

6.4.3.3 项目流程描述

电石炉尾气生产甲醇工艺流程见图 6-14。

具体工艺流程简述如下。

(1) 焦炉气预处理

来自界外的焦炉气（压力约为 7kPa），进入预处理单元，在粗脱焦油脱萘器内首先经雾化喷淋，降低焦炉煤气中杂质（焦油尘、硫、氨、苯等）浓度；洗涤后的煤气进入特殊板组段，去除煤气中包裹有杂质的大液滴；最后焦炉气进入疏松纤维床精处理，包裹有焦油尘的小液滴与焦炉煤气在疏松纤维床内高精度分离，脱焦油脱萘后的焦炉煤气进入下游工序。为了减少焦油尘在纤维床内的逐步累积而导致堵塞，系统设计了定期的冲洗系统，对预处理器进行彻底冲洗，冲洗后的含尘废水落入塔下部，由特殊设计的排污口排出。

粗脱焦油脱萘器共设置 2 套（2 开 0 备）。预处理后的焦炉气进入焦炉气气柜。

当进入装置的焦炉气中氧含量超过标准（≥0.8%）时，将自动关闭原料气切断阀并打开放空调节阀，切断进入预处理工序的焦炉气气源，让焦炉气进入火炬系统。

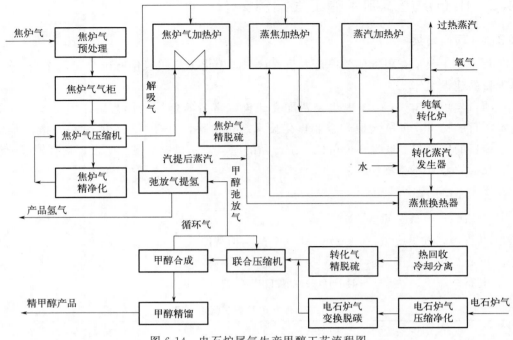

图 6-14　电石炉尾气生产甲醇工艺流程图

（2）焦炉气气柜

综合本项目用地和焦炉气用量情况，拟设置 $5 \times 10^4 \text{m}^3$ 干式气柜 1 台。

（3）焦炉气压缩

焦炉气压缩拟采用电机驱动的螺杆式压缩机和离心式压缩机。

来自预处理工序焦炉气的初级加压由螺杆式压缩机完成，螺杆式压缩机出口压力按 0.7MPa（G）设计。螺杆式压缩机按 3 台设置（3 开 0 备）。焦炉煤气螺杆式压缩机为喷水螺杆式压缩机，一级加压。

经一级加压后，焦炉气进入焦炉气精净化工序，工序包含 1 台水洗塔、4 台精脱萘罐、4 台精脱油罐，净化后焦炉气后进入二级压缩。

焦炉气二级压缩采用离心式压缩机，共 1 台，无备机。

焦炉气离心式压缩机进口按 0.65MPa、两级压缩至 2.5MPa 设计，末级抽取焦炉气不冷却，设回流冷却器，电机驱动，变频调节。

（4）脱硫工艺

甲醇合成催化剂对合成气中硫含量的要求为总硫 $\leqslant 0.1 \times 10^{-6}$。

原料焦炉气中硫含量分析：H_2S 含量 $\leqslant 20 \text{mg/m}^3$；有机硫约为 200mg/m^3。

本设计选用脱硫工艺：

① 焦炉气压缩采用螺杆式压缩机＋离心式压缩机　在螺杆式压缩机出口对焦炉气进行精净化（水洗＋脱油脱萘），不再单独设置粗脱硫罐。

② 采用铁钼催化剂加氢转化有机硫和 ZnO 脱硫剂吸收的精脱硫工艺　即预加氢＋一级主加氢＋一级脱硫＋二级主加氢＋二级脱硫工艺。预加氢采用 2 台（1 开 1 备）；一级主加氢和二级主加氢各 1 台；一级脱硫 3 台和二级脱硫 2 台，可互为串并联。采取本脱硫步骤

后，焦炉气中总硫≤0.5mg/m³，在脱硫罐中除装填 ZnO 脱硫剂外，还考虑装填部分脱氯剂，以保护后工序的催化剂。

③ 用常温 ZnO 脱硫剂对转化气进行干法精脱硫　焦炉气经纯氧转化高温处理后，转化气中剩余有机硫绝大部分转化为 H_2S，转化气经冷却分离后再加一级 ZnO 脱硫即可使合成气中总硫≤$0.1×10^{-6}$，完全满足甲醇合成催化剂的要求，同时避免转化气中的饱和水造成脱硫剂粉化，减小对离心压缩机的危害。

加氢催化剂硫化不设硫化罐，选用载硫催化剂以便在线更换和硫化。

(5) 纯氧转化工艺

① 加热工艺　本装置采用两个独立的加热工艺：焦炉气脱硫前加热和蒸焦混合气的加热及副产中压蒸汽的过热。

a. 焦炉气脱硫前加热。采用圆筒加热炉用 PSA 提氢解吸气对需要精脱硫的焦炉气进行加热，加热操作简单、控制容易。焦炉气离心式压缩机出口不需要冷却，温度约为 110℃，送入圆筒加热炉用提氢解吸气加热至 220～320℃。开车时采用焦炉气作燃料。加热烟气排放须满足环保要求。

b. 蒸焦混合气的加热及副产中压蒸汽的过热。精脱硫后焦炉气与汽提塔出口蒸汽混合后进入蒸焦换热器用转化气对其加热，然后进入综合加热炉加热到约 600℃，再送入转化炉。

转化气汽包副产的 4.0MPa 中压蒸汽，部分进入综合加热炉加热到约 435℃，配入氧气作为工艺原料使用；一部分据 BDO 装置需要外送；其余减压进入 2.5MPa 中压蒸汽管网，满足系统需要后，富余部分外送。

② 汽提废水热量回收工艺　采用汽提废水热量回收工艺，将汽提废水用于加工工艺氧气及脱盐水。

采用废水汽提工艺，将精馏塔废水和转化冷凝液经过蒸汽汽提，使水中的有机物和溶解的氢、二氧化碳等气体随蒸汽脱出，蒸汽进入转化系统，而脱出后的水经过热量回收后去循环水站用作原水。

③ 锅炉排污水回收工艺　采用锅炉排污水回收工艺，将甲醇合成汽包、转化汽包排污全部排至转化废水汽提塔。

④ 转化热量利用工艺　采用转化气回收中压蒸汽后的低位余热直接作为甲醇精馏热源，而后再预热脱盐水，最大限度回收转化气所含低位热。

(6) 电石炉气处理

① 电石炉气压缩　电石炉气在上游工序已经布袋除尘、电捕焦油、水洗除尘处理，而后进入气柜，大部分的粉尘与焦油已被脱除，但仍可能含有少量粉尘与焦油。由界外气柜而来的经过初步净化处理的电石炉气，压力 3～4kPa(G)，温度≤40℃。

在电石炉气进入本项目界区后，首先进行预处理，采用吸附剂脱除微量粉尘与焦油，以保护压缩机。

根据本项目电石炉气特点、气量及类似应用情况，选择的电石炉气压缩为两段螺杆式压缩（2 开 0 备）。压缩机出口压力，根据联合压缩机入口压力及系统阻力（包括界外管廊管输阻力），暂定为 2.4MPa(G)。

由于类似工况的螺杆式压缩机应用较少，须进一步沟通后确定正式方案。

② 电石炉气净化 电石炉气中一般还含有磷化物、砷化物、氰化氢、氯化物等对后续工序有害的杂质，设置变温吸附单元，利用吸附法将这些杂质尽量脱除。吸附剂吸附饱和后，采用蒸汽进行再生。

电石炉气中还含有氧气、硫化氢、有机硫等杂质，氧气在进入变换之前采用脱氧剂进行脱除。大部分有机硫在变换过程中会转化为硫化氢，然后采用氧化锌进行脱除。

③ 电石炉气变换 根据原料气是否含硫，变换工艺可分为耐硫变换与无硫变换；根据反应器型式不同，又可分为等温变换与绝热变换。

在工艺条件具备的情况下，电石炉气变换一般建议采用等温耐硫变换工艺。该工艺的优点是流程简单、技术成熟、便于控制、蒸汽消耗少。但该工艺路线的应用前提是原料气中总硫含量一般需要 $>100mg/m^3$，如果硫含量不足，则需要补充硫化剂，然后在变换后将硫化物脱除。

本项目业主提供的电石炉气组分中，硫含量很低，长期补硫运行是不经济的，故本工序采用无硫中温变换工艺更为合适，所以采用了部分气量深度变换的流程。可考虑将变换气的低位余热回收，用作 MDEA 脱碳的再生热源。变换气和旁路的电石炉气须考虑采用水解或其他脱硫措施，保证送去脱碳的气体硫含量达标。

④ 电石炉气脱碳 变换气脱碳工艺通常包括湿法工艺与干法工艺。干法工艺主要采用变压吸附法，该方法是在一定压力下将 CO_2 吸附，在低压或真空下将 CO_2 解吸。本项目规模的湿法脱碳工艺通常采用 MDEA 溶液法，在一定压力下将变换气中的 CO_2 吸收，然后在低压下加热吸收剂将 CO_2 解吸。

PSA 脱碳工艺的优点是操作简单，可实现无人操作，消耗小；缺点是脱碳的同时会将一部分 CO 也吸附并解吸至 CO_2 解吸气中，如果 CO_2 直接排放的话，CO 指标会超过排放标准。湿法工艺的优点是 CO_2 脱除精度高，CO 损失小；缺点是操作相对复杂，蒸汽消耗较大。

本项目变换气脱碳建议采用湿法工艺，可保证 CO_2 解吸气达标排放。通过与上游变换工艺流程耦合，回收变换气的低位热，可同时降低变换和脱碳工序的循环水和蒸汽消耗。

（7）联合压缩机

合成联合压缩机采用离心式压缩机，驱动选用电动机，压缩机新鲜气进口压力按 1.85MPa(G) 设计，循环气进口压力按 7.4MPa(G) 设计，出口压力按 7.9MPa(G) 设计。联合压缩机工艺气在缸内混合。

（8）甲醇合成

由于本项目规模较大，采用单台绝热等温复合型管壳式合成塔已无法满足产能要求，拟采用国内径向式合成塔或两台绝热等温复合型管壳式合成塔并联的流程，具体方案待业主考察调研后确定。甲醇合成压力 7.9MPa(G)，合成气冷却采用空冷＋水冷形式。

（9）甲醇精馏

甲醇精馏采用三塔精馏，精馏所需热源来自转化气所含低位热，精馏预塔一级冷凝器和常压塔一级冷凝器采用纯空冷，预塔放空气去转化工序作燃料气，常压塔废水正常去转化汽提回收，事故状态去事故池。精馏需设置杂醇财产罐及杂醇增压泵，将杂醇送去纯氧转化工序，经汽提返回转化系统。

6.4.3.4 建设规模及产品方案

(1) 产品甲醇

本装置以焦炉气为原料生产精甲醇产品和氢气产品，年产精甲醇 $49 \times 10^4 t$ 和氢气 $1.84 \times 10^8 m^3$。年操作时间按 8000h 计，甲醇产品质量符合 GB 338—2011 中优等品质量要求，如表 6-17 所示。

表 6-17 甲醇产品的国家标准 (GB 338—2011)

项目	指标		
	优等品	一等品	合格品
色度/Hazen 单位(铂-钴色号)	≤5		≤10
密度(ρ_{20})/(g/cm³)	0.791～0.792		0.791～0.793
沸程[0℃,101.3kPa,在 64.0～65.5℃范围内，包括(64.6±0.1℃)]/℃	≤0.8	≤1.0	≤1.5
高锰酸钾试验/min	≥50	≥30	≥20
水混溶性试验	通过试验(1+3)	通过试验(1+9)	—
水的质量分数/%	≤0.10	≤0.15	≤0.20
酸的质量分数(以 HCOOH 计)/% 或碱的质量分数(以 NH₃ 计)/%	≤0.0015 ≤0.0002	≤0.0030 ≤0.0008	≤0.0050 ≤0.0015
羰基化合物的质量分数(以 HCHO 计)/%	≤0.002	≤0.005	≤0.010
蒸发残渣的质量分数/%	≤0.001	≤0.003	≤0.005
硫酸洗涤试验/Hazen 单位(铂-钴色号)	≤50		—
乙醇的质量分数/%	供需双方协商		—

(2) 产品氢气

本装置同时联产氢气产品，年产氢气 $1.84 \times 10^8 m^3$。

氢气产品质量应满足表 6-18 中的要求。

表 6-18 氢气产品质量指标表

项目	指标
$\varphi(H_2)/\%$	≥99.9
$\varphi(CO+CO_2)$	≤10×10⁻⁶
$\varphi(CH_4)/\%$	≤0.02
$\varphi(O_2)$	≤3×10⁻⁶
$\varphi(N_2+Ar)/\%$	≤0.08
$\varphi(总硫)$	≤0.04×10⁻⁶

(3) 副产品蒸汽

转化汽包副产 4.0MPa 蒸汽，部分按 BDO 装置要求外送；部分过热到 435℃后供转化工艺使用；剩余部分减压至 2.5MPa 后进入 2.5MPa 蒸汽管网，富余部分外送 BDO 装置；甲醇合成副产的中压蒸汽减压到 2.4MPa 后用作转化工艺蒸汽（不足部分由管网补充），0.5MPa 低压蒸汽需求由 2.5MPa 蒸汽管网减压提供。

6.4.3.5 项目效益

项目投资 120509×10^4 元，预期年均销售收入约 165080×10^4 元，年均利润总额约 55473×10^4 元。

6.4.4 黄磷尾气制甲酸工程案例

6.4.4.1 项目背景

贵州磷、煤、电资源丰富，特别是磷矿石，品位居全国第一，是国家发展规划明确的磷化工基地省之一。黄磷工业对贵州经济，特别是县、乡经济的发展起着很大的推动作用，但同时也存在下游产品开发不力、"三废"污染严重、综合利用能力较差等严重问题。

开阳县属贵阳市下辖县，是贵州重要的矿产地，已探明矿种 30 多个，其中尤以磷矿最丰富，已探明储量达 6.54×10^8 t，素有"磷都"之称。其年排放废气达 $2.5 \times 10^8 \sim 3 \times 10^8$ m^3 以上，除部分尾气用作热源，其余全部点燃排空，易形成酸雨，对周边环境造成严重危害。

为提高黄磷资源的综合利用率，减少环境污染，实现黄磷产业可持续发展，国家发展改革委批准了贵州磷都化工股份有限公司黄磷尾气制 2×10^4 t/a 甲酸装置项目，该项目是国家发展改革委批准的高技术产业化西部专项的第一批项目，是由西南化工研究设计院承接设计的典型黄磷尾气综合利用项目。

6.4.4.2 项目原料气

黄磷尾气是黄磷生产时黄磷炉尾气经过三次水洗回收黄磷后的气体，这时有相当一部分有害物质（例如 H_2S、HF、SiF_4、SO_2）在水中溶解，生成相应的酸，即氢氟酸、氢硫酸、亚硫酸。水洗后黄磷尾气的大体组成和生产甲酸所用 CO 原料气的质量要求见表 6-19。

表 6-19 水洗后黄磷尾气组成和生产甲酸所用 CO 原料气质量要求表

组分及含量	水洗后黄磷尾气	生产甲酸所用 CO 原料气质量要求
$\varphi(CO)/\%$	86.2	$\geqslant 96$
$\varphi(CO_2)/\%$	1.4	$\leqslant 10 \times 10^{-6}$
$\varphi(O_2)/\%$	0.8	$\leqslant 10 \times 10^{-6}$
$\varphi(N_2)/\%$	4.3	
$\varphi(H_2)/\%$	6.5	
$\varphi(CH_4)/\%$	0.4	
磷及磷化物/(g/m^3)	0.5	$\leqslant 1 \times 10^{-3}$
硫化物/(g/m^3)	3.0	$\leqslant 1 \times 10^{-3}$（总硫）
砷化物/(g/m^3)	0.05	$\leqslant 1 \times 10^{-3}$（总砷）
氟化物/(g/m^3)	0.4	$\leqslant 1 \times 10^{-3}$
水/(g/m^3)		$\leqslant 10 \times 10^{-3}$

因此，必须对黄磷尾气进行净化并提取纯 CO 用作生产甲酸的原料气。

6.4.4.3 项目流程描述

黄磷尾气制甲醇生产装置主要包括黄磷尾气净化、一氧化碳提取、甲酸甲酯合成、水解精馏等工序。如上所述，黄磷尾气中含有磷化物、硫化物、砷化物、氟化物等有害介质，综合利用前须对黄磷尾气进行净化并提取纯 CO。

　　针对黄磷尾气净化与 CO 提纯项目，采用了湿法脱硫和变温吸附的方式进行预净化，然后再采用变压吸附提纯 CO 工艺。该工艺具有流程设备简单、自动化程度高、能耗较低等优点，能充分保证本装置 CO 的供应。

　　甲酸生产工艺有甲酸钠法、丁烷（轻油）液相氧化法、甲酰胺法和甲酸甲酯法。

　　甲酸甲酯法与其他三种方法相比，具有工艺流程短、原料易得、投资省、无"三废"排放、生产成本低等优点，所以项目选用了甲酸甲酯法生产甲酸，其工艺流程如图 6-15 所示。

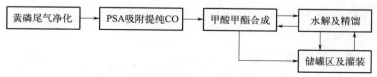

图 6-15　黄磷尾气生产甲酸工艺流程图

（1）黄磷尾气净化

通过湿法脱硫、变温吸附净化黄磷尾气。

湿法脱硫单元黄磷尾气依次由底部进入第一和第二脱硫塔，气体中的 H_2S、SO_2 等被塔顶喷淋的脱硫剂吸收，吸收了 H_2S、SO_2 的脱硫剂进入再生系统，再生分离出单质 S，再生后的脱硫剂循环回到第一和第二脱硫塔顶部喷淋吸收黄磷尾气中的 H_2S、SO_2。初步脱硫后的黄磷尾气进入气液分离器，分离出气相中的夹带液，然后进入脱硫罐吸附脱硫，进一步脱除气体中的含 S 介质。

经脱硫后的黄磷尾气进入 TSA 净化工序，采用三台 TSA 吸附装置脱除气体中的 P、As、F、CS_2 等有害介质，TSA 吸附剂吸附饱和后需要定期再生，再生气为电加热器过热后的低压蒸汽，低压蒸汽过热后从吸附塔顶部进入，将吸附的有害介质解吸后经气液分离器分离出排污水，送界外处理。净化后的黄磷尾气送至变压吸附工序提纯 CO。

（2）PSA 吸附提纯 CO

净化后的黄磷尾气进入 PSA 吸附提纯 CO 工序，由净化器压缩机增压至提纯压力，分离出提纯压力下的饱和水后，净化黄磷尾气进入吸附器Ⅰ吸附 CO_2 等以提纯 CO，提纯的半成品经过 CO 半成品缓冲罐后进入鼓泡器增湿，增湿后的净化气被预热进入水解脱硫器将有机硫水解为无机硫，水解后的净化气进入精脱硫器深度脱硫，深度脱硫后的黄磷尾气进入加热器加热到脱氧起活温度，而后进入脱氧反应器脱除黄磷尾气中的氧。深度脱硫脱氧的黄磷尾气再经气液分离器分离水、干燥器吸附水后进入吸附器Ⅱ，脱除 H_2、N_2、CH_4，进一步提纯 CO。提纯后的 CO 产品由 CO 产品压缩机增压后送至甲酸甲酯合成工序。

（3）甲酸甲酯合成

甲酸甲酯合成采用甲醇、CO 羰基化工艺，外界来的干燥甲醇送至干燥甲醇储罐，再从储罐泵出，送至羰基化反应器顶部喷入，来自 PSA 提纯的 CO 经过滤器过滤杂质后进入羰基化反应器底部，反应产生的甲酸甲酯依次经过反应缓冲槽、膨胀槽后进入精馏塔。甲醇自塔釜采出回到干燥甲醇储罐循环，甲酸甲酯自塔顶蒸出，冷凝后送至水解工序。

（4）甲酸甲酯水解制甲酸

来自上游的甲酸甲酯送入甲酯储槽，从储槽泵送至第一水解器部分水解，水解半成品再经加热后送至第二水解器进一步水解，第二水解器的甲酸、甲醇、甲酯送至精馏工序精制。

来自第二水解器的物料首先在一酸塔釜分离出甲酸水溶液，塔顶的甲醇和甲酯送至回收塔，在回收塔顶分离出甲酸甲酯送至甲酯储槽，回收塔釜甲醇送至甲醇塔，在甲醇塔顶部采出回收甲醇后送羰基化工序用作反应原料，塔釜定期采出污水。一酸塔塔釜甲酸水溶液送至二酸塔，在二酸塔塔釜采出稀酸送至三酸塔精馏，在三酸塔塔顶采出浓酸产品。

6.4.4.4　建设规模及产品方案

主产品：甲酸 20000t/a[w(甲酸)＝94％]；

中间产品：甲酸甲酯 3000～5000t/a[w(甲酸甲酯)＝95％]；

年操作时间：7200h；

产品规格：见表 6-20 和表 6-21。

表 6-20　甲酸产品质量指标表（GB/T 2093－93）

指标名称	优等品	一级品	合格品
色度(铂-钴号)	≤10	≤20	—
甲酸含量/%	≥85.0	≥85.0	≥85.0
稀释试验(酸＋水＝1＋3)	不浑浊	合格	—
氯化物(以 Cl^- 计)/%	≤0.0030	≤0.0050	≤0.020
硫酸盐(以 SO_4^{2-} 计)/%	≤0.0010	≤0.0020	≤0.050
铁(以 Fe^{2+} 计)/%	≤0.0001	≤0.0005	≤0.0010
蒸发残渣/%	≤0.006	≤0.020	≤0.080

注：表中百分数为质量分数。

表 6-21　甲酸甲酯企业标准表

指标名称	指标
含量(质量分数)/%	98
相对密度(d_4^{20})	0.972～0.978
沸程(31.5～34.5℃)馏出物(质量分数)/%	≥95
不挥发物(质量分数)/%	≤0.006
酸碱度	合格

6.4.4.5　项目效益

项目于 2005 年建成投产，投资 8876×10^4 元，年均销售收入约 11000×10^4 元，年均利润总额约 4015.4×10^4 元，投资利润率 45.24％。

6.5　电石炉尾气、黄磷尾气利用展望

一氧化碳（CO）是非常重要的化工基本原料，可以用于合成燃料、大宗化工产品和精细化学品。电石炉尾气和黄磷尾气是重要的 CO 来源，二者合计每年排放量接近 $130 \times 10^8 m^3$，其中大部分用作燃料或直接燃烧放空，造成了巨大的资源浪费和严重的环境污染。

通过表 6-1、表 6-2 和表 6-4 可以发现，电石炉尾气和黄磷尾气在主要组分、杂质种类

及含量方面都有着一定的相似性，因此在对两种尾气的净化和 CO 提纯方面有很多共同的特点，所以在相关技术的开发方面就具有一定的可参考性，对成熟的技术也可以很好地进行"移植"。同时，电石炉尾气和黄磷尾气中也都含有一定量的氢气（H_2）和二氧化碳（CO_2），这同样也是非常有价值的气体资源。对电石炉尾气和黄磷尾气中有用资源组分的充分利用，在目前"双碳"目标背景下，有着显著的经济效益和环境、社会价值。

电石炉尾气和黄磷尾气所含杂质的种类复杂，对净化和提纯的技术要求高，不断提高净化效率、降低成本也是一氧化碳能够得到更好利用的基础要求。同时，我国目前正处在经济结构调整、制造业转型的关键时期，要由高资源消耗、高能耗、高污染的方式转向高资源利用率、高能耗利用率和低污染甚至无污染的新型发展模式。对于化学工业来说就是发展环境友好化学、清洁化学，即绿色化学。

绿色化学即利用化学的原理、技术和方法减少或消灭对人类健康、社区安全、生态环境有害的原料、催化剂、溶剂、试剂、产物、副产物等的使用和产生。从科学、环境和经济发展的观点出发，绿色化学是对传统化学思维的创新和发展，从源头防止污染，最大限度地从资源的利用、环境及生态平衡等方面满足人类的可持续发展要求。绿色化学是一门从源头上减少和阻止污染发生的化学学科，是实现化学污染治理的根本方法和科学手段[36]。

1991 年有机化学家 B. M. Trost 教授首次提出了反应的"原子经济性"的概念[37]，他针对传统上一般仅用经济性来衡量化学工艺是否可行的做法，明确指出应该用一种新的标准来评估化学工艺过程，即选择性和原子经济性。原子经济性考虑的是在化学反应中究竟有多少原料的原子进入了产品之中，这一标准既要求尽可能地节约不可再生资源，又要求最大限度地减少废弃物排放。他认为高效的有机合成应最大限度地利用分子中每一个原子，使之结合到目标分子中达到"零排放"。由此化学反应的"原子经济性"概念成为绿色化学的核心内容之一。

秉持上述理念，对于一氧化碳的利用也要充分地从工艺过程的节能性、反应原子的经济性和产物的环境友好性等方面进行考虑。一氧化碳在化学反应中常作为官能团的引入、闭环反应等的一种重要化工原料，在原子经济性方面有非常好的表现。经过多年开发，目前已经取得一些重要的进步，比如利用一氧化碳参与甲醇氧化羰基化反应生成碳酸二甲酯（DMC），取代了剧毒的光气法。碳酸二甲酯作为一种重要的绿色化工原料，可以参与羰基化、甲基化、甲氧基化反应，进而生产长链烷基碳酸酯、聚碳酸酯、苯氨基甲酸甲酯、异氰酸酯、苯甲醚、四甲基醇胺、聚氨基甲酸酯、碳酰肼、肼基甲酸甲酯、丙二酸酯、呋喃唑酮、碳酸二乙酯等各种化工产品，其中碳酸二甲酯代替光气、双光气制造异氰酸酯是一个巨大的进步。

目前以 CO_2 和甲醇为原料直接合成碳酸二甲酯的研究一直是热点[38]，如果 CO_2 作为原料和甲醇直接合成碳酸二甲酯的技术成熟并得到推广应用，将对温室气体 CO_2 的清洁转化起到巨大的推动作用。同时考虑到工业排放气合成甲醇的过程中变换制氢形成的多余 CO_2 气体，也可以用来和甲醇一起合成碳酸二甲酯，这样也会大大地提高工业排放气的原子经济性。

参 考 文 献

[1]　Huo H L, Liu X L, Wen Z, et al. Case study of a novel low rank coal to calcium carbide process based on techno-economic assessment [J]. Energy, 2021, 228: 120566.

[2]　中华人民共和国国家发展和改革委员会 . 2021 年化工行业运行情况 ［EB/OL］.（2022-02-10）［2022-06-20］. https：//www. ndrc. gov. cn/fggz/jjyxtj/mdyqy/202201/t20220130_1314183. html.

[3]　徐婉怡，王红霞，崔小迷，等 . 电石制备清洁生产和工程化研究进展 ［J］. 化工进展，2021，40（10）：5337-5347.

[4]　胡文军 . 电石生产工艺技术的改进与优化 ［J］. 化工设计通讯，2018，44（8）：55.

[5]　毛震波，郑玠，吴路平，等 . 电石炉尾气深度净化提纯技术开发 ［J］. 化工进展，2012，31（S1）：302-303.

[6]　蒋顺平 . 电石行业 2018 年经济运行情况及 2019 年市场走势预判 ［J］. 中国石油和化工经济分析，2019（4）：43-46.

[7]　Liu Y J，Zhou C B，Li F，et al. Stocks and flows of polyvinyl chloride（PVC）in China：1980-2050 ［J］. Resources，Conservation and Recycling，2020，154：104584.

[8]　Liu X Y，Zhu B，Zhou W J，et al. CO_2 emissions in calcium carbide industry：An analysis of China's mitigation potential ［J］. International Journal of Greenhouse Gas Control，2011，5（5）：1240-1249.

[9]　国家统计局工业统计司 . 中国工业统计年鉴-2020 ［M］. 北京：中国统计出版社，2020.

[10]　孙志立，黄平，牛仁杰，等 . 碳达峰、碳中和背景下磷化工产业绿色低碳节能减排的研究与探讨 ［J］. 肥料与健康，2022，49（2）：8-12.

[11]　高永峰 . 我国磷化工行业创新发展思路探讨 ［J］. 磷肥与复肥，2020，35（2）：1-7.

[12]　孙志立，黄平，问立宁，等 . 我国精细磷酸盐产业的现状及发展的重点和方向 ［J］. 肥料与健康，2021，48（1）：6-9.

[13]　孙志立，杜建学 . 电热法制磷 ［M］. 北京：冶金工业出版社，2010.

[14]　孙志立 . 我国黄磷工业回顾及"十三五"发展思路 ［J］. 磷肥与复肥，2016，31（10）：1-8.

[15]　孙志立 . 制磷电炉用石墨电极技术参数选用分析 ［J］. 炭素技术，2013，32（2）：19-21.

[16]　孙志立 . 19500 kV·A 三相 6 根电极制磷电炉性能考核总结 ［J］. 硫磷设计与粉体工程，2007（5）：23-29.

[17]　国家能源局 . 国家能源局 2021 年一季度网上新闻发布会文字实录 ［EB/OL］.（2021-01-30）［2022-07-08］. http：//www. nea. gov. cn/2021-01/30/c_139708580. htm.

[18]　陈健，王啸 . 工业排放气资源化利用研究及工程开发 ［J］. 天然气化工（C1 化学与化工），2020，45（2）：121-128.

[19]　王磊，邵立红，赵绍民 . 合成气成分对甲醇合成生产的影响 ［J］. 中氮肥，2002（5）：28-29.

[20]　余双菊 . 合成气制甲醇工艺概述 ［J］. 广东化工 . 2015，42（21）：100-102.

[21]　刘兴然，唐飞，赵先治，等 . 合成气制乙二醇生产工艺技术比较及经济性分析 ［J］. 化工设计，2018，28（1）：19-23.

[22]　杨建 . 关于甲醇潜在应用及其发展趋势 ［J］. 化工管理，2014（9）：128.

[23]　唐文骞，汪成真 . 甲酸甲酯水解法生产甲酸 ［J］. 化肥工业，1996（3）：56-57.

[24]　李正西，王金梅 . 甲醇羰基化制甲酸甲酯工艺比较及市场分析 ［J］. 石油化工技术与经济，2009，25（1）：24-27.

[25]　施小仙，田恒水，朱云峰 . 乙炔羰基化合成丙烯酸（酯）的研究进展 ［J］. 广东化工，2008（9）：30-34.

[26]　张坤鹏 . MDI 行业中光气合成反应的研究概况 ［J］. 广州化工，2010，38（7）：63-64.

[27]　郝小兰，姚晓明，徐卡秋 . 碳酸二甲酯生产工艺的分析比较 ［J］. 天然气化工，2003，28（4）：42-46.

[28]　王锦玉，张宗飞，刘佳，等 . 碳酸二甲酯的生产技术及市场分析 ［J］. 化肥设计，2021，59（5）：1-5，45.

[29]　滑兴国 . 煤制甲醇合成工艺设备的选型探讨 ［J］. 山西化工，2022，42（3）：165-167.

[30]　彭奕，罗橙，孙炳，等 . 利用电石炉尾气生产甲醇和二甲醚 ［J］. 化工设计，2014，24（6）：13-14.

[31]　肖二飞，雷军，刘应杰，等 . 电石炉尾气净化分离用于合成乙二醇的新工艺 ［J］. 天然气化工（C1 化学与化工），2016，41（6）：95-97.

[32]　戴煜敏 . 乙二醇行情既姓煤也姓油 ［J］. 中国石油和化工产业观察，2022（3）：59.

[33]　李清，蒋美芬 . 煤制乙二醇生产工艺技术进展及技术经济分析 ［J］. 上海化工，2019，41（3）：23-31.

[34]　周敬林，王煊，吴艳，等 . 焦炉气制乙二醇工艺技术方案优化和经济性分析 ［J］. 化学工程，2018，46（11）：74-78.

[35]　刘安花，刘泰安，牛丽慧，等 . 国内电石炉尾气净化与综合利用研究进展 ［J］. 广州化工，2014，42（14）：15-16.

[36]　朱冬梅，廖桂蓉 . 绿色原料碳酸二甲酯的合成与应用研究进展 ［J］. 山东化工，2022，51（13）：73-75.

[37]　翟林峰，史铁钧 . 绿色化学和一氧化碳的综合利用 ［J］. 化工科技市场，2003（7）：9-11.

[38]　赵浩岩，路嫔 . 甲醇和二氧化碳直接合成碳酸二甲酯的研究进展 ［J］. 黑龙江科技信息，2015（4）：47.

第 7 章
氯碱副产气、氯酸钠副产气

氯碱行业是利用电解饱和食盐水制取烧碱（NaOH）和氯气（Cl_2），副产氢气（H_2），并以此为原料生产一系列基础性化工产品或原料的行业。氯碱行业主要指标包括烧碱和聚氯乙烯（PVC）的产能与产量，近五年来我国氯碱行业经济运行稳步增长，烧碱产能维持在 $4200 \times 10^4 \sim 4600 \times 10^4 \, t/a$，烧碱产量为全球第一，占比达到 40% 以上；聚氯乙烯产能在 $2400 \times 10^4 \sim 2800 \times 10^4 \, t/a$，且产量整体在较高水平上，但增长率有所回落[1]。氯酸钠行业同样利用电解精制盐水生产氯酸钠和副产氢气。相比烧碱，氯酸钠产能相对较低，全球氯酸钠产能在 $400 \times 10^4 \sim 500 \times 10^4 \, t/a$，国内产能约为 $100 \times 10^4 \, t/a$[2]，国内氯酸钠产能还会稳步增长。

近年来，氯碱行业和氯酸钠行业的单位能源和资源消耗持续降低。副产气净化提纯技术的利用，可有效地控制污染物排放，降低单位能耗，提升企业经济效益。由于电力是氯碱行业的主要能源供应，占烧碱成本的 60% 以上，电价的变动对企业运营成本影响显著。在碳排放方面，主要集中在电和蒸汽等能源消耗的间接碳排放，其中烧碱和聚氯乙烯的间接碳排放总量约占石油和化工行业二氧化碳排放量的 3%[3]。

7.1 氯碱副产气、氯酸钠副产气的特点及现状

在氯碱产业链中，氯碱的基础原料包括工业盐、石灰石、兰炭（或焦炭）和其他助剂，主要产品有烧碱、聚氯乙烯、盐酸、氯气和氢气等。我国烧碱生产主要采用离子膜电解法制烧碱工艺，国内烧碱主要应用于下游的氧化铝、化工、造纸、纺织化纤、医药和水处理等领域，其中氧化铝占比 31%。电石生产乙炔，并与氯化氢合成聚氯乙烯，占比 86%，生产的聚氯乙烯树脂主要应用于管材管件、型材门窗、地板和薄膜等领域。聚氯乙烯糊树脂用作生产手套、人造革等的原料。氯酸钠下游产品主要集中在纸浆与亚氯酸钠、高氯酸钾和水处理等领域。氯碱工业产业链见图 7-1。

国内氯碱产能分布主要集中在西北、华北和华东 3 个地区，占到全国总产能的 80%。

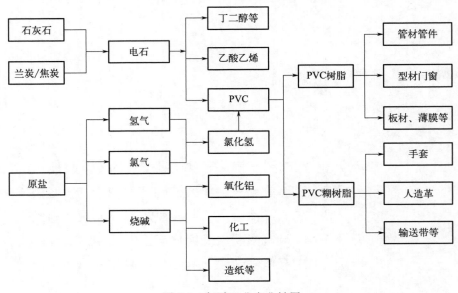

图 7-1 氯碱工业产业链图

西北地区依托煤炭等资源优势，配套生产 PVC 系列产品，生产有成本优势。

7.1.1　氯碱副产气、氯酸钠副产气的种类与特点

烧碱生产中，电解精盐水分别产生氯气和氢气，反应式如下：

$$2NaCl+2H_2O \xrightarrow{电解} 2NaOH+Cl_2\uparrow+H_2\uparrow$$

工业盐电解生产烧碱的工艺流程见图 7-2。烧碱工艺中，副产氢气净化后，大部分用于合成氯化氢和生产盐酸，氯化氢主要用于合成氯乙烯，生产聚氯乙烯。电石乙炔法聚氯乙烯生产工艺流程见图 7-3。烧碱副产气主要包括副产氢气、氯乙烯精馏尾气、含氯尾气和氯化氢尾气等。

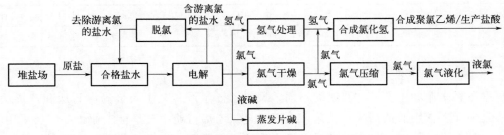

图 7-2　工业盐电解生产烧碱的工艺流程图

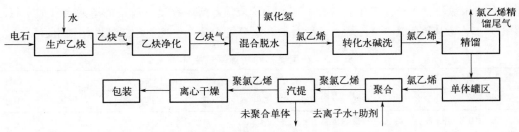

图 7-3　电石乙炔法聚氯乙烯生产工艺流程图

氯酸钠生产也是通过特制精盐水电解，同时副产氢气，反应式如下：

$$NaCl+3H_2O \xrightarrow{电解} NaClO_3+3H_2\uparrow$$

工业盐电解生产氯酸钠的工艺流程见图 7-4。电解产生的副产氢气含有少量水分、氧气和氯气等杂质组分，需要净化处理。

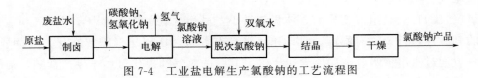

图 7-4　工业盐电解生产氯酸钠的工艺流程图

7.1.1.1　富氢副产气

由图 7-2 和图 7-4 可知，工业盐电解过程会副产氢气。烧碱副产氢气净化后与氯气合成氯化氢和生产盐酸，氢气也可用于其他化学品生产，还有一部分用于代替燃气，也有少部分排空。

烧碱生产中，工业盐电解副产氢气含量一般大于 94%，其中含有少量的氧气、氮气、

一氧化碳、二氧化碳以及水分等杂质，加压冷凝脱除大部分水后，典型组成见表 7-1。

表 7-1　典型烧碱生产的副产氢气组成表

组成	H_2	O_2	N_2	CO	CO_2	Cl_2	H_2O	合计
$\varphi/\%$	94.0~99.0	0~1.5	0~0.5	0~0.05	0~0.1	0~0.05	饱和	100

工业盐电解生产氯酸钠工艺中产品单一，副产氢气也少有产品配套需要，多是简单净化后用作燃料，替代天然气或煤炭，也有对外销售或排空。

电解法生产氯酸钠产生的副产氢气含量一般大于 92%，杂质中氧含量较高，典型组成见表 7-2。

表 7-2　典型氯酸钠副产氢气组成表

组成	H_2	O_2	N_2	CO	CO_2	Cl_2	H_2O	合计
$\varphi/\%$	92.0~98.0	0~4.0	0~0.05	0~0.01	0~1.0	0~0.05	饱和	100

7.1.1.2　氯乙烯精馏尾气

根据原料来源和生产工艺路线的不同，聚氯乙烯生产工艺主要分为电石法和乙烯法[2]。乙烯法是国际上常用的清洁生产工艺，电石法是氯乙烯行业中最早被工业化和广泛采用的生产技术，具有设备简单、投资低及耗电量大等特点。我国"富煤、贫油、少气"的能源结构决定了以煤炭为基础原料的电石法聚氯乙烯生产工艺在国内占主导地位，占比近 77%。

电石法聚氯乙烯生产工艺中，氯化氢与乙炔合成氯乙烯，在氯乙烯精馏单元会释放出氯乙烯精馏尾气，尾气中含有氢、氯乙烯、乙炔、氮和水分等组分。典型氯乙烯精馏尾气组成见表 7-3。

表 7-3　典型氯乙烯精馏尾气组成表

组成	H_2	C_2H_3Cl	C_2H_2	N_2	其余	H_2O	合计
$\varphi/\%$	40~70	8~20	5~15	2~10	0~4	饱和	100

注：其余组分包括氧气、氯化氢和低碳烃等。

7.1.1.3　含氯尾气

含氯尾气是指生产液氯、合成氯化氢等过程的释放气，主要包括耗氯装置生产过程尾气、氯气液化尾气、设备液氯泄压尾气、泵机液氯密封尾气、液氯装置开停车尾气和液氯包装尾气等[4]，其主要成分是氯气和氯化氢，来源于氯碱装置和耗氯装置。氯碱生产的氯气通过净化后，一部分用于与氢气合成氯化氢，剩余部分深冷液化成液氯对外销售，工艺中会产生含氯尾气。

含氯尾气的特点是组成变化大、体积流量小。尽管含氯尾气流量小，但氯气和氯化氢具有强烈的刺激性，且氯气有剧毒，对人和环境都有危害，所以尾气需要净化，并回收利用。工业上一般通过水溶液吸收法脱除含氯尾气，其中的氯气和氯化氢用于生产盐酸，氯气也用于生产次氯酸钠等产品。

7.1.2　氯碱副产气、氯酸钠副产气现状

近年来，全球烧碱行业总产能不断缩小，新增产能主要集中在中国、印度等发展中国家。亚洲地区是全球烧碱产能最集中的地区，产能接近全球的 60%。我国是世界烧碱产能最

大的国家，产能占全球的 45％。2021 年国内烧碱企业有 158 家，产能和产量分别为 $4508 \times 10^4 t$ 和 $3891 \times 10^4 t$；PVC 企业有 71 家，产能达到 $2713 \times 10^4 t$，产量约为 $2130 \times 10^4 t$[1]。由于上下游价格波动和产品需求的影响以及行业能耗和环保的要求，近几年国内烧碱和 PVC 产能的增长率有所回落，但产量整体上在高位运行。

7.1.2.1　副产氢气现状

工业盐电解生产烧碱、氯酸钠时，副产氢气是重要的化工原料，也可以作为纯氢外售。据统计，2020 年国内氯碱行业副产氢气量 $91 \times 10^4 t$，氢气自用率可达 83％，其余氢气直接对外销售（约 14％）和排空（约 3％）[3]。2021 年我国烧碱产量为 $3891 \times 10^4 t$，按每吨烧碱副产氢气量约 $280 m^3$（25kg）计[5-6]，副产氢气约 $109 \times 10^8 m^3$（约 $97.3 \times 10^4 t$）。企业自用氢气主要是生产氯化氢、盐酸、双氧水等化学品，也包括作为替代燃气的燃料。通过估算，烧碱副产气中作为原料的氢气量占 50％~60％[5]，而作为燃料、外售和排空的氢气为 40％~50％，即 2020 年以来，烧碱行业每年有 40×10^4~$50 \times 10^4 t$ 氢气可以进一步纯化，作为燃料电池用氢。

近几年，国内工业盐电解生产氯酸钠产量有所增长。2020 年国内产量 $85 \times 10^4 t$，2021 年约 $90 \times 10^4 t$，按氯酸钾副产氢气 $630 m^3/t$ 计[7]，2021 年氯酸钠副产氢气约 $5.1 \times 10^4 t$（约 $5.7 \times 10^8 m^3$），主要用作燃料和外销，也有一些排空。

7.1.2.2　氯乙烯尾气现状

近年来，我国聚乙烯产量稳步增长，2021 年国内聚氯乙烯产量约为 $2130 \times 10^4 t$[1]。按照 1t 聚氯乙烯副产气约 $62 m^3$ 计[8]，2021 年共计氯乙烯精馏尾气 $13.2 \times 10^8 m^3$，其中按氢气体积分数 60％计，氢气约为 $7.9 \times 10^8 m^3$（$7.1 \times 10^4 t$）。按国内乙炔法占比 77％计，且氯乙烯与乙炔合计体积含量为 25％，则氯乙烯尾气中氯乙烯和乙炔约为 $2.5 \times 10^8 m^3$，氯乙烯精馏尾气回收的社会效益和经济效益显著。

氯碱工业中涉及的富含一氧化碳的电石炉尾气回收利用，在第 6 章已阐述。本章主要介绍氯碱副产气中氢气纯化、聚氯乙烯尾气中有效组分（氯乙烯和乙炔气）浓缩回收和氢气提纯。

7.2　氯碱副产气、氯酸钠副产气利用的关键技术

氯碱副产气主要包括副产氢气、氯乙烯精馏尾气和含氯尾气，不同副产气中有效组分的种类和含量不同，所含杂质组分也不同。副产气中有效组分的资源化利用需要通过一系列净化处理和分离提纯工序，其共性关键技术包括净化技术和分离提纯技术。

7.2.1　净化技术

由图 7-2 可知，工业盐电解生产液碱的同时，生产出氯气、副产氢气。氯气净化过程需要干燥和去除粉尘等杂质，一部分与净化后的氢气合成氯化氢，另一部分通过深冷液化生产液氯并对外销售。氯碱装置中产氯工序、液化氯气工序以及生产氯化氢、盐酸和次氯酸钠等耗氯工序都会产生含氯尾气，其中包括含氯气尾气和盐酸尾气。

含氯尾气吸收处理工艺主要有生产液氯法、合成盐酸法、水吸收法、碱液吸收法、亚硫酸钠吸收法和氯化亚铁吸收法等，而拥有甲烷氯化物和四氯乙烯生产装置的企业采用的是四

氯化碳低温吸收，再用碱液中和，使尾气中氯气得到有效回收利用[4,9]。碱液吸收法是处理含氯尾气的主要方法，在碱液吸收过程中，多用氢氧化钠、碳酸钠或氢氧化钙等碱性水溶液或浆液吸收，可使废气中的氯有效地变为次氯酸盐副产品。由于碱性溶液吸收法氯气净化效率高且反应速度快，所用设备和工艺流程简单，碱液价格相对较低，在国内外得到了广泛的工业应用。但是，碱性溶液吸收法运行费用较高，生成的次氯酸盐需要转化为工业产品，否则排放会产生二次污染。

氯碱、氯酸钠的副产氢气，含有碱液、氧气、氮气、一氧化碳、二氧化碳、氯气与氯离子和水汽等杂质组分，根据气体净化目标要求，整个净化过程包括脱氯、脱氧、冷却和脱水等工序。脱氧一般采用钯催化剂，使副产气中氧与氢反应生成水，脱氧后气体需通过冷却器、干燥器脱除水分。

7.2.2　分离技术

氯碱行业生产烧碱和氯气时副产氢含量90％以上的氢气，同时配套生产聚氯乙烯，释放出含有氢、氯乙烯和乙炔的氯乙烯精馏尾气。另外，工业盐电解生产氯酸钠时，可副产氢气。这些有效组分含有不同杂质组分，详见表7-1～表7-3，其回收利用前首先需要进行净化处理，再进行规模化的分离提纯。

7.2.2.1　富氢副产气的分离提氢技术

氢气提纯一般采用变压吸附法、变温吸附法、膜分离法或深冷分离法。对于氯碱行业，从表7-1和表7-2可知，副产氢气中氢含量高，一般体积分数大于90％，加压冷凝脱水后氢含量可达到95％以上，其他杂质组分含量在不同企业中有较大差别，需要有针对性地提供净化、分离提纯一体化工艺。

工业盐电解生产氯酸钠工艺中副产氢气的提纯工艺流程见图7-5，多步脱氯（含水洗）、脱水、催化脱氧冷却后，可以作为工业氢气外售或输送给用户。作为氢燃料电池用氢气，还需要进入氢气纯化单元，该单元可以选用变温吸附工艺或变压吸附工艺，这要根据副产氢气中杂质组分种类及其含量来确定。氯碱副产氢气提纯工艺与此类似，但具体工艺需要参考杂质组分特点来确定。

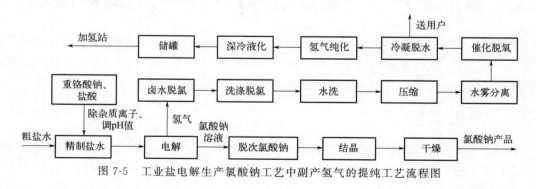

图 7-5　工业盐电解生产氯酸钠工艺中副产氢气的提纯工艺流程图

7.2.2.2　氯乙烯精馏尾气氯乙烯、乙炔回收技术

国内聚氯乙烯生产从电石法开始，后引进乙烯氧化法生产聚氯乙烯技术。从表7-3可知，电石法聚氯乙烯精馏尾气中含有40％～70％氢气、13％～35％氯乙烯和乙炔。尾气中

氯乙烯回收主要方法包括活性炭吸附法、膜分离法和变压吸附法，3 种方法有不同特点，在不同时期发挥了积极作用[9]。不同氯乙烯精馏尾气回收方法的技术特点见表 7-4。

表 7-4　不同氯乙烯精馏尾气回收方法的技术特点比较表

项目	变压吸附法	膜分离法	活性炭吸附法
装置投资	较高	较高	较低
氯乙烯回收率/%	≥99.9	约 90	约 80
净化气指标	≤5mg/m³（氯乙烯）[10] ≤10mg/m³（乙炔）[10]	0.1%～2.0%	1.0%～2.0%
排放气达标情况	符合	不符合	不符合
装置操作弹性	大	小	小
吸附剂、膜寿命/a	15	2～3	约 1
控制系统	全自动	自动化程度较低	手动
操作能耗	低	低	高
运行费用	低	高	高

从表 7-4 可知，最早使用的活性炭吸附法投资少、见效快，但吸附后需采用蒸汽热吹解吸对活性炭进行再生，所用活性炭容易粉化。该法具有活性炭更换周期短、能耗大、回收率低等缺点，而且废气排放指标远远高于国标，不符合现在环保和节能减排要求。膜分离法开始应用于 20 世纪 90 年代，氯乙烯的回收率和脱除效果较活性炭吸附法有明显提升，但不能浓缩回收乙炔，废气中氯乙烯和乙炔排放两项指标也达不到国家标准（GB 15581—2016）的要求[10]。

21 世纪初，随着国内环保要求的升级，变压吸附法开始应用于氯乙烯尾气中氯乙烯和乙炔的回收[11-12]。电石法聚氯乙烯精馏尾气综合回收工艺流程见图 7-6[13]，由图 7-6 可知，采用变压吸附工艺可将氯乙烯精馏尾气中氯乙烯、乙炔吸附在吸附剂上，氢气等轻组分从吸附床层的塔顶输出，并输送至变压吸附提氢装置进一步提纯氢气。吸附饱和后，吸附床层采用减压、抽真空等方法使其再生，回收的氯乙烯、乙炔组分再经加压输送至氯乙烯合成工段，氯乙烯回收率达到 99.9% 以上。同时，从变压吸附回收装置输送出的富氢气体，经过变压吸附制氢装置提纯后，氢气可循环返回合成氯化氢，而解吸的废气符合国家环保排放标准。

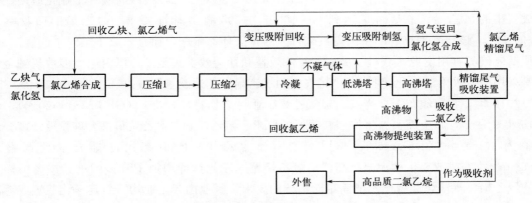

图 7-6　电石法聚氯乙烯精馏尾气综合回收工艺流程图[13]

目前，变压吸附技术已在聚氯乙烯企业推广应用，可达到国家环保排放要求，同时实现氯乙烯精馏尾气中氯乙烯、乙炔和氢气的有效回收利用。

7.3　氯乙烯精馏尾气回收氯乙烯、乙炔和氢气

氯乙烯精馏尾气是指在 PVC 生产过程中精馏等单元释放且经尾气冷凝器回收大部分氯乙烯后还含有部分氯乙烯、乙炔等组分的不凝性气体，其中氢气、氯乙烯（C_2H_3Cl）和乙炔为主要组分，氯乙烯是无色、有乙醚香味的有毒气体。

在氯乙烯的精馏过程中，不凝的惰性气体需不断地从系统中排空，虽然排空前气体被冷凝到 $-25 \sim -20$℃，但因氯乙烯和乙炔的分压所限，排放尾气中仍有含有部分氯乙烯和乙炔，需要通过吸附分离回收这部分有效组分，再返回生产系统中，同时，还需进一步回收尾气中的氢气。

随着国家环保要求的提高，各氯碱企业在氯乙烯合成过程中逐渐使用低汞或无汞的新型催化剂，由于新型催化剂的反应选择性有所降低，精馏尾气中的氯乙烯和乙炔含量普遍升高。受各氯碱企业使用的催化剂不同的影响，氯乙烯精馏尾气的组成也有所区别，典型组成如表 7-5 所示。

表 7-5　典型氯乙烯精馏尾气组成

组分	H_2	C_2H_3Cl	C_2H_2	N_2	O_2	其余	合计
$\varphi/\%$	45~70	8~15	10~25	10~15	0.1~0.5	1~3	100

7.3.1　氯乙烯尾气回收技术的发展

1996 年，我国颁布了《大气污染物综合排放标准》（GB 16297—1996），其中氯乙烯的最高允许排放浓度为 $36mg/m^3$，包含乙炔的非甲烷总烃的最高允许排放浓度为 $120mg/m^3$[14]。早期治理氯乙烯尾气的方法主要包括活性炭吸附法、膜分离法等[11]，但在实际实施过程中，这些方法很难将氯乙烯尾气净化至满足国标排放要求，而且无法将氯乙烯尾气中的有用资源回收利用。

2002 年，西南化工研究设计院开始进行变压吸附技术净化回收氯乙烯尾气的研究，并于 2004 年在山西太原化工股份有限公司的 10×10^4 t PVC/a 二期技改时实现工业化应用，其排放气中的氯乙烯、乙炔含量达到 GB 16297—1996 排放标准要求，氯乙烯的回收率≥99.9%[12]。该技术不仅解决了国内氯碱行业的一大环保难题，而且回收了尾气中的氯乙烯、乙炔及氢气等有用资源，获得了极好的经济效益和社会效益。至今，国内绝大多数氯碱企业都是采用变压吸附法净化回收 PVC 尾气中的氯乙烯、乙炔及氢气。

2016 年，我国颁布了《烧碱、聚氯乙烯工业污染物排放标准》（GB 15581—2016），自 2016 年 9 月 1 日起全面实施。按照新国标的要求，氯乙烯和二氯乙烷最高允许排放浓度分别调整为 $10mg/m^3$ 和 $5mg/m^3$、非甲烷总烃（含乙炔）的最高允许排放浓度调整为 $50mg/m^3$[10]。排放要求的大幅提高，给氯乙烯尾气净化达标增加了许多困难。按老国标设计的氯乙烯尾气净化装置已不能满足新国标的要求，行业内各企业均需新建净化装置或对旧装置进行改造。氯碱、氯乙烯企业的大气排放主要指标见表 7-6。

表 7-6　氯碱、氯乙烯企业的大气排放主要指标表[10]

组成	C_2H_3Cl	$C_2H_4Cl_2$	非甲烷总烃	Cl_2	HCl	SO_2	NO_x
排放极限/(mg/m^3)	10	5	50	5	20	100	200
污染源	氯乙烯合成、聚氯乙烯制备和干燥	氯乙烯合成	氯乙烯合成、聚氯乙烯制备和干燥	电解、氯氢处理	氯化氢合成、氯乙烯合成、焚烧炉	固碱炉、焚烧炉	固碱炉、焚烧炉

注：非甲烷总烃以碳计。

7.3.2　典型氯乙烯精馏尾气回收工艺

由于 PVC 尾气中含有较高浓度的氢气，回收氯乙烯、乙炔气体后，排放气中的氢气得到提浓，为避免造成资源浪费，通常在净化回收氯乙烯、乙炔的工序（PSA-1）后，增设一段变压吸附提氢（PSA-2）工序，可获得纯度更高的氢气。在 2016 年新国标发布以前，典型的氯乙烯精馏尾气 PSA 回收工艺包括氯乙烯、乙炔回收工序（PSA-1）和氢气提纯工序（PSA-2）。在新国标发布以后，需要在氢气提纯工序之后增加一段深度净化工序（PSA-3），其工艺流程见图 7-7。

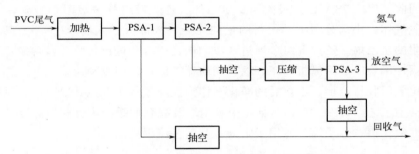

图 7-7　典型氯乙烯精馏尾气回收工艺流程图

在执行老国标时，PSA-2 的解吸气即为放空气，而执行新国标后，由于新国标的要求更加严格，故将 PSA-2 的抽空解吸气再次压缩后，进入 PSA-3 深度净化，最终获得满足新国标的放空气。PSA-3 深度净化装置的操作压力一般为 0.4～0.5MPa，其抽空解吸气与 PSA-1 净化装置的抽空解吸气一起，返回前工段回收利用。

变压吸附回收氯乙烯、乙炔装置（PSA-1）一般采用五塔抽真空工艺（5-1-3/V），主要包括 5 个吸附塔及配套的换热器、缓冲罐、真空泵和鼓风机等设备，吸附塔内分别装有活性氧化铝、活性炭、硅胶和分子筛等专用吸附剂，其工艺流程见图 7-8。

PSA-1 工艺（5-1-3/V）步序见表 7-7（以 A 塔为例）。

表 7-7　PSA-1 工艺（5-1-3/V）步序表

步骤	1	2	3	4	5	6	7	8	9	10
时间/s	160	40	40	40	40	240	40	40	40	120
A 塔	A	E1D	E2D	E3D	D	V	E3R	E2R	E1R	FR

主要工艺步骤：吸附（A）、均压降（EnD）、逆放（D）、抽真空（V）、均压升（EnR）和最终充压（FR）。原料气在一定工艺条件下（压力约为 0.55MPa、温度约为−25℃）进入

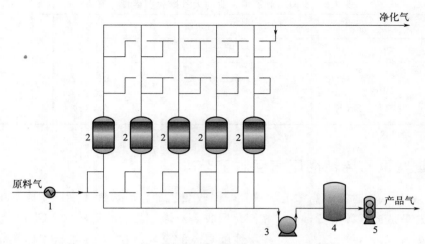

图 7-8　五塔 PSA 回收氯乙烯精馏尾气工艺流程图

1—换热器；2—吸附塔；3—真空泵；4—缓冲罐；5—鼓风机

本系统，首先经换热器将原料气升温至 20～40℃，经流量计计量后进入由 5 个吸附塔组成的变压吸附回收工序（PSA-1）。吸附时，氯乙烯、乙炔等组分被吸附剂吸附，并在吸附塔塔顶输出富氢气体，小部分用于其他塔的逆向充压，大部分进入后续 PSA-2 工序。吸附剂床层中被吸附的氯乙烯、乙炔等组分通过逆放和抽真空步骤进行解吸，富含氯乙烯和乙炔的解吸气经过缓冲罐稳压后经风机加压，返回到前端工序加以回收利用。

氯乙烯尾气回收氯乙烯、乙炔后的净化气作为提纯氢气工序（PSA-2）的原料气，该工序采用四塔抽空工艺（4-1-2/V），包括 4 个吸附塔及配套的缓冲罐、阀门等设备，吸附塔内分别装有活性氧化铝、分子筛等专用吸附剂，其工艺流程见图 7-9。

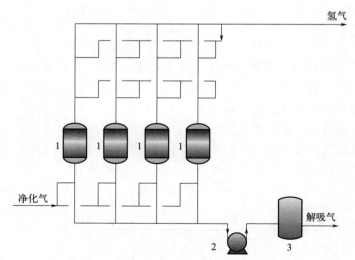

图 7-9　四塔 PSA（4-1-2/V）提纯氢气工艺流程图

1—吸附塔；2—真空泵；3—缓冲罐

PSA-2 工艺（4-1-2/V）步序见表 7-8（以 A 塔为例）。

表 7-8　PSA-2 工艺（4-1-2/V）步序表

步骤	1	2	3	4	5	6	7	8
时间/s	120	30	30	30	120	30	30	90
A塔	A	E1D	E2D	D	V	E2R	E1R	FR

主要工艺步骤：吸附（A）、均压降（EnD）、逆放（D）、抽真空（V）、均压升（EnR）和最终充压（FR）。前端回收工序得到的净化气进入由 4 个吸附塔组成的变压吸附提纯氢气工序，吸附时，净化气中的氮气及少量氯乙烯、乙炔等组分被吸附剂吸附，并在吸附塔顶获得产品氢气。吸附剂床层中被吸附的氮气、氯乙烯和乙炔等组分通过逆放和抽真空步骤进行解吸，含有氮气、氯乙烯和乙炔的解吸气经过缓冲罐稳压后，再经压缩机加压输送到变压吸附深度净化工序（PSA-3），PSA-3 的塔顶放空气达到国家最新排放标准。

变压吸附深度净化工序（PSA-3）的设备配置及运行时序与变压吸附回收氯乙烯、乙炔工序相似，区别在于吸附塔数量一般为 4 个，且其中装填的吸附材料以能控制排放气中氯乙烯和乙炔精度的专用吸附剂为主。

此外，由于新国标对排放气的要求极为严格，除工艺上须解决的问题之外，如何准确测定排放气中微量的氯乙烯和非甲烷总烃（主要为乙炔）的含量，是一个难点。根据 GB 15581—2016 的要求，大气污染物中氯乙烯浓度的测定采用以下两项标准方法：《固定污染源排气中氯乙烯的测定　气相色谱法》（HJ/T 34）和《环境空气　挥发性有机物的测定　罐采样/气相色谱-质谱法》（HJ 759）[1]；大气污染物中非甲烷总烃（以碳计）浓度的测定采用《固定污染源排气中非甲烷总烃的测定　气相色谱法》（HJ/T 38）[2]。

上述标准方法详细规定了排气管采样、样品保存与运输、样品分析与数据处理、所需仪器设备与试剂材料和标准气浓度范围等。但是，由于各聚氯乙烯企业的分析条件有限，实际分析过程中，往往会遇到很多问题，包括分析数据波动范围极大、分析数据重复性差及分析数据不符合工艺规律等，若不具备在线分析条件，在采用人工取样分析时，需要注意以下事项[15]：

① 必须使用干净的玻璃针筒取样，且该针筒不能与其他针筒混用；

② 取样前，取样针筒必须用样品气反复置换至少 3 次；

③ 取样管线尽量短，建议取样管线长度小于 20cm，取样管线材质必须使用聚四氟乙烯；

④ 取样时，须避免环境中高浓度氯乙烯和乙炔的干扰，例如排放气取样口离原料气、产品气取样口的距离必须大于 2m；

⑤ 使用气相色谱分析时，同一台气相色谱仪不能分析氯乙烯含量（体积分数）高于 10×10^{-6} 的其他样品，以免排放气分析结果不准；

⑥ 气体标准样品中的氯乙烯含量（体积分数）不能大于 30×10^{-6}。

---

❶　现已更新为《环境空气　65 种挥发性有机物的测定　罐采样/气相色谱-质谱法》（HJ 759—2023）。
❷　现已更新为《固定污染源废气　总烃、甲烷和非甲烷总烃的测定　气相色谱法》（HJ 38—2017）。

7.3.3　氯乙烯精馏尾气资源化利用的经济评价

以年产 $30×10^4$ t 的聚氯乙烯装置为例，其尾气排放量约为 $1800m^3/h$，尾气中含有 62% 氢气、11% 氯乙烯、15% 乙炔，按装置每年运行 $8000h$ 估算，进行经济评价如下。

7.3.3.1　年回收氯乙烯的经济价值

氯乙烯的整体回收率 $\geqslant99.9\%$，此处按 99.9% 计算。

$$全年氯乙烯回收量=\frac{1800×11\%×8000×99.9\%×62.5}{22.4×1000}≈4415(t)$$

氯乙烯价格按 6000 元/t[16] 计算，则全年回收氯乙烯的经济价值为 $2649×10^4$ 元。

7.3.3.2　年回收乙炔的经济价值

乙炔的整体回收率 $\leqslant99.9\%$，此处按 99.9% 计算。

$$全年乙炔回收量=1800×15\%×8000×99.9\%=215.78×10^4(m^3)$$

1t 电石的标准发气量按 $300m^3$ 计，每年可节约电石 $7193t$，电石价格按 3000 元/t 计算，每年可节约电石成本 $2157.9×10^4$ 元。

7.3.3.3　年回收氢气的经济价值

氢气的总回收率按 80% 计算，则

$$全年氢气回收量=1800×62\%×8000×80\%=714.24×10^4(m^3)$$

从氯乙烯尾气中回收的氢气，纯度为 99.9%，一般返回至氯化氢合成单元回收利用。该氢气价格按 1 元/m³ 计算，则全年回收氢气的经济价值为 $714.24×10^4$ 元。

7.3.3.4　PSA 回收装置的投资及操作成本

一套年产 $30×10^4$ t 聚氯乙烯装置配套的 PVC 尾气回收装置，其投资成本约 $1800×10^4$ 元，操作费用主要为电耗和人工成本。

1h 电耗约 $180kW·h$，以年运行 $8000h$、0.5 元/(kW·h) 计算，一年电力成本约 $72×10^4$ 元。人工成本以 5000 元/月计算，4 人一年合计 $24×10^4$ 元。

通过上述经济评估，全年回收的有效组分创收约 $5521×10^4$ 元，装置投资 $1800×10^4$ 元，全年操作费用约 $96×10^4$ 元，不到半年即可收回投资成本，经济效益和社会效益均十分显著。

7.4　副产气中氢气的纯化与工业应用

烧碱生产过程中副产的大部分氢气主要用于氯化氢合成、双氧水生产、燃气燃烧和有机化学品合成等。除去企业维持生产的氢气，包括作为燃料和工业外售的氢气量占 40%～50%，据估算，氯碱行业和氯酸钠行业每年有 $40×10^4$～$50×10^4$ t 氢气可以用于发展氢能产业。

氯碱副产氢气中含有少量氧气、氮气和微量氯气等杂质，且含饱和水。在饱和水环境下，氯气会腐蚀管道和设备，含氧又增加爆炸风险，所以，副产氢气一般需碱洗和水洗脱氯、脱氧和脱水等净化工序，对外销售需满足《氢气　第 1 部分　工业氢》（GB/T 3634.1—2006）；若未达到《氢气　第 2 部分　纯氢、高纯氢和超纯氢》（GB/T 3634.2—2011）、《电子工业用气

体　氢》(GB/T 16942—2009) 或《质子交换膜燃料电池汽车用燃料　氢气》(GB/T 37244—2018) 的要求，则副产氢还需进一步纯化。

7.4.1　氯碱副产氢气的纯化

目前，变压吸附提纯技术多用于石油炼化和煤化工行业的氢气提纯，这两个行业的氢气用量大，达数万立方米每时，甚至数十万立方米每时。与之相比，氯碱行业副产氢气量较小，一般为数千立方米每时。以年产 32×10^4 t 烧碱为例，其副产氢气量约 8960×10^4 m^3/a，按年生产 8000h 计，单位时间氢气量为 11200m^3/h。考虑到烧碱企业一般配套聚氯乙烯生产装置，烧碱企业约有 50% 的氢气用于聚氯乙烯生产所需的氯化氢合成和盐酸生产，因此实际用作燃料、对外销售和放空的氢气总量约 50%，即 5600m^3/h，这部分氢气可以进一步提纯回收。

7.4.1.1　氯碱副产气的氢气纯化工艺

氯碱副产气中的氢气含量一般在 90% 以上，同时含有大量水分，从电解槽出来的氢气压力低，仅 2kPa 左右，其作为氢气纯化的原料气需要加压至 0.08~0.12MPa，换热冷却脱除大部分水分。冷却脱水后的原料气经压缩机多级加压至 2.5MPa 后进入脱氯器，脱除原料气中微量的氯气和氯化物，再进入脱氧器，在钯催化剂的作用下，氧和氢反应生成水从而脱除氧气，脱氧后富氢气进入冷却器降温，再进入变压吸附（PSA）提氢工序提纯氢气。整个氢气纯化工艺流程见图 7-10。

图 7-10　氯碱副产气提纯氢气工艺流程图

变压吸附提氢工艺采用多塔工艺，根据处理原料气气量大小确定吸附塔塔数和工艺流程，整个工艺经历吸附、多次均压、顺放、逆放和冲洗等操作过程。原料气自下而上进入正处于吸附状态的吸附塔中，吸附塔中装有不同量的活性氧化铝、硅胶、分子筛等吸附剂，原料气中水分、二氧化碳、一氧化碳和氮气等杂质组分依次被吸附，氢气从塔顶输出，其体积分数≥99.99%，满足纯氢、高纯氢以及燃料电池用氢的要求。整个变压吸附氢气纯化工艺由计算机自动控制，多个吸附塔交替循环运行。

7.4.1.2　典型工程应用

以某化工企业氯碱副产氢气提纯生产 1300m^3/h 高纯氢为例，采用四塔 PSA 冲洗解吸工艺，工艺流程见图 7-11。

PSA 提氢工艺（4-1-2）步序见表 7-9（以 A 塔为例）。

表 7-9　PSA 提氢工艺（4-1-2）步序表

步骤	1	2	3	4	5	6	7	8
时间/s	120	30	30	30	120	30	30	90
A 塔	A	E1D	E2D	D	PP	E2R	E1R	FR

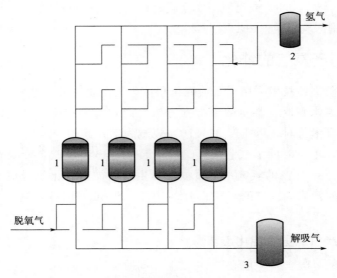

图 7-11 四塔 PSA 提纯氢气工艺（4-1-2）流程图
1—吸附塔；2—产品气缓冲罐；3—解吸气缓冲罐

主要工艺步骤：吸附（A）、均压降（E_nD）、逆放（D）、冲洗（PP）、均压升（E_nR）和最终充压（FR）。氯碱富氢原料气加压、脱氯、脱氧冷却后进入由 4 个吸附塔组成的变压吸附提纯氢气工序，吸附压力为 2.4MPa，通过吸附和冲洗等循环步骤脱除其中微量氮气、一氧化碳、二氧化碳和水分等杂质组分，连续输出体积分数为 99.99％的产品氢气，满足燃料电池用氢要求。同时，解吸气输入燃气管线。烧碱副产气 1300m³/h 高纯氢提纯工艺的物料平衡见表 7-10。

表 7-10 烧碱副产气 1300m³/h 高纯氢提纯工艺的物料平衡表

项目		原料气	原料气增压后	产品氢气	解吸气
组分及含量	$\varphi(H_2)$/%	95.82	99.62	99.99	97.14
	$\varphi(O_2)$/%	0.02	0.02	*	—
	$\varphi(N_2)$/%	0.02	0.02	* *	0.10
	$\varphi(CO)$/%	0.01	0.01	—	0.08
	$\varphi(CO_2)$/%	0.04	0.04	—	0.33
	$\varphi(Cl_2)$/%	0.01	0.01	—	0.08
	$\varphi(H_2O)$/%	4.09	0.28	* * *	2.28
	合计/%	100	100	100	100
温度/℃		20~40	20~40	20~40	20~40
压力/MPa		0.002	2.5	2.4	≥0.02
流量/(m³/h)		1556.2	1496.7	1312.2	184.2

注：* 表示 5×10^{-6}；* * 表示 9×10^{-5}；* * * 表示 5×10^{-6}；—表示未检测出。

7.4.2　氯酸钠副产氢气的纯化

氯酸钠电解法生产过程中有大量氢含量高达 90％以上的尾气产生，杂质包括氧、氯和水等，其中氧含量最高可达 4％，接近氢-氧的爆炸极限（95.0％～5.0％）[17]。在实际脱氧净化中，通过在进入脱氧器前混合脱氧后含大量水分的氢气，降低氯酸钠尾气的氧浓度后再进行催化脱氧，从而降低其爆炸危险性。

7.4.2.1　氯酸钠副产氢气的纯化工艺

氯酸钠富产氢气的提纯，首先要净化处理。整个净化工艺包括：尾气多级碱洗粗脱氯，脱除绝大部分氯气；再进行精脱氯，脱除残余的氯气和氯离子，达到 $\varphi(Cl_2) \leqslant 1 \times 10^{-6}$，甚至更低；脱氯后，再进行脱氧，确保净化后的氢气提纯、输送及运输的安全。经脱氯脱氧后的氢气，可通过 TSA 干燥后直接使用，也可以进一步采用变压吸附（PSA）纯化单元，使 $\varphi(H_2) \geqslant 99.999\%$，或满足燃料电池用氢要求。氯酸钠尾气中氢气提纯工艺流程见图 7-12。

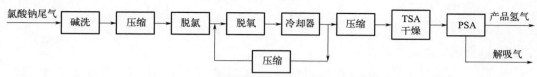

图 7-12　氯酸钠尾气中氢气提纯工艺流程图

7.4.2.2　典型工程应用

经碱洗后的氯酸钠尾气（2900m³/h）作为原料气经加压至 0.08MPa 后，进入脱氯器脱除微量的氯，再进入装有钯催化剂的脱氧器。由于原料气中氧含量较高，脱氧气经冷却器降温后部分返回脱氧器入口与脱氯后的原料气混合，以降低脱氧器入口的氧含量。脱氧后的原料气进一步增压，再通过 TSA 装置脱水得到体积分数＞98％的氢气，之后进入 PSA 精制得到合格的燃料电池氢。

TSA 干燥净化装置由干燥塔（A/B 塔）、预干燥塔（C 塔）、气液分离器、冷却器、加热器和四通程控阀等组成，干燥塔中装有一定量的活性氧化铝和分子筛吸附剂。每台干燥塔经过吸附、热再生、冷却后完成一个循环。再生气为进入预干燥塔脱水后的粗氢气的一部分，分离出液态水后，再与粗氢气混合进入干燥器。TSA 干燥工艺流程如图 7-13 所示[18]。

氢气脱氧后，在 TSA 干燥工序中吸附脱除水分得到干燥的工业氢，少部分脱氧氢气进入预干燥塔脱水干燥，再经加热器升温后对干燥塔进行加热再生。氢气提纯 TSA 干燥工艺步序见表 7-11。

表 7-11　氢气提纯 TSA 干燥工艺步序表

步骤	1	2	3	4
A 塔	A		H	C
B 塔	H	C	A	
C 塔	C	H	C	H
时间/min	240	240	240	240

注：A 表示吸附；H 表示加热再生；C 表示冷吹。

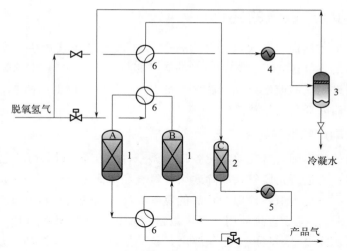

图 7-13　TSA 干燥工艺流程图

1—干燥塔；2—预干燥塔；3—气液分离器；4—冷却器；5—加热器；6—四通程控阀

以 A 塔为例描述氢气干燥工艺：

① 吸附（A）。脱氧后的氢气在 0.8MPa、40℃条件下自上而下进入等压 TSA 装置的 A 塔，氢气中的水分被吸附剂吸附，干燥的氢气从 A 塔底部输出。

② 加热再生（H）。少部分原料氢气经流量调节阀分流进入预干燥塔脱水，经加热器升温后对 A 塔进行加热再生；再生废气经冷却器冷却至常温后，再经气液分离器分离液态水，与原料氢气一起进入 B 塔吸附。

③ 冷吹（C）。经预干燥 C 塔脱水的少部分原料氢气进入 A 塔对其进行冷吹，从 A 塔出来的冷吹废气经加热器升温后对 C 塔进行加热再生，C 塔流出的再生废气经冷却器降温而后经气液分离器分离出液态水后，与原料氢气一起进入 B 塔吸附。

主干燥塔和预干燥塔交替循环工作，干燥氢气连续输出，干燥塔切换时间为 8h。之后进入图 7-12 所示的 PSA 精制单元，得到合格的产品氢气。

通过 TSA 干燥后，脱氧氢气进入四塔 PSA 提氢装置，工艺流程类似图 7-11，PSA 工艺流程见表 7-9 中步序。2900m³/h 氯酸钠尾气高纯氢提纯工艺的物料平衡见表 7-12。

表 7-12　2900m³/h 氯酸钠尾气高纯氢提纯工艺的物料平衡表

项目		原料气	脱氧干燥后气体	产品氢气
组分及含量	$\varphi(H_2)/\%$	88.00	98.86	99.9996
	$\varphi(O_2)/\%$	3.70	—	0.0001
	$\varphi(CO_2)/\%$	0.93	1.14	0.0001
	$\varphi(H_2O)/\%$	7.37	0.00	0.0002
	合计/%	100	100	100
温度/℃		20~40	20~40	20~40
压力/MPa		0.001	0.80	0.70
流量/(m³/h)		2900.00	2364.40	1986.80

7.5 副产氢气资源化利用与碳减排的展望

在实际生产过程中，氯碱行业释放出不同的工业尾气，主要包括富氢尾气和氯乙烯精馏尾气，氯酸钠副产气主要为富氢尾气，其中含氯尾气、二氧化碳废气等均得到了有效控制。目前，氯乙烯精馏尾气可通过变压吸附技术实现氯乙烯、乙炔提浓返回系统利用，氢气提纯后进入氯化氢合成塔，废气符合环保排放要求。近年来，企业和科研机构对氯碱和氯酸钠副产氢气资源化利用进行了有益尝试，也取得了一些技术成果。

7.5.1 发展规模化的氢能产业

氢气是重要的化工原料，也是公认的二次清洁能源，在全球"碳中和""碳达峰"背景下，开发氢能达成共识。据相关报道，2020 年国内氢气产量达到 3300×10^4 t，工业副产气氢气量约 1070×10^4 t[8]，我国氢气产量正稳步增长，氢能开发正在提速，氢能汽车已在走向市场。

目前，烧碱年产量稳定在 3900×10^4 t 左右，副产氢气量达到 97×10^4 t，氯酸钠产量近 90×10^4 t，副产氢气量约 5×10^4 t，两者氢气量之和约占国内氢气产量的 3%，占工业副产氢气量近 10%。副产氢气浓度高，杂质组分少，规模化产氢成本在 1.4 元/m³ 左右[6]，是目前作为氢能的灰氢中最好的选择之一。随着 2020 年 11 月国家《新能源汽车产业发展规划（2021—2035 年）》公布，工业副产氢气及可再生能源制氢技术应用已有初步成效。

近年来，国内氯碱行业有 20 余家企业生产燃料电池用氢，产能达到 4.1×10^4 t/a，有企业已形成 9000m³/h（以 0.64×10^4 t/a、8000h/a 计）高纯氢产能[19]。如上述估算，整个产业近 45×10^4 t/a 氢气产量可用于氢能产业。按车用氢能终端售价不超过 35 元/kg 计，副产氢的氢能每年产值近 160×10^8 元，其中氯碱行业占比约 90%。若按每年生产液氢 41×10^4 t、每个加氢站 200kg/d 计，每年可提供超过 5600 个加氢站用氢。因此，氯碱行业和氯酸钠行业可成为近期加氢站的低成本重要氢源，对我国能源产业转型有积极的促进作用。

7.5.2 副产氢气与一氧化碳合成有机化学品

由图 7-6 可知，电石是电石法聚氯乙烯生产的主要原料。以电石法生产聚氯乙烯，所涉及的主要反应如下：

$$CaCO_3 \xrightarrow{\text{煅烧}} CaO + CO_2 \uparrow$$

$$CaO + 3C \xrightarrow{\text{高温、隔离氧气}} CaC_2 + CO \uparrow$$

$$CaC_2 + 2H_2O \xrightarrow{\text{常温、常压}} C_2H_2 \uparrow + Ca(OH)_2$$

$$C_2H_2 + HCl \xrightarrow{\text{催化剂，}<180℃} CH_2=CHCl$$

理论上，生产 1t 聚氯乙烯，需要 0.416t 乙炔、1.270t 电石（按优等品电石含 80.6% CaC_2 计[13]）、1.222t 氧化钙（按电石约含 10% CaO 计[13]）、2.182t 碳酸钙，同时，2.182t 碳酸钙煅烧释放出 0.960t 二氧化碳，生产 1.270t 电石会释放出 0.556t 一氧化碳。

上述反应中，电石与水反应生产乙炔时，会释放出富含一氧化碳（约为 80%）的电石炉尾气。净化后一氧化碳与氯碱或氯酸钠的副产氢气相结合，生产甲醇、二甲醚等清洁能源产品和其他有机化工产品[20]。一氧化碳与氢气在催化剂、高温等条件下，合成甲醇，反应如下：

$$CO + 2H_2 \xrightarrow{\text{催化剂、高温}} CH_3OH$$

2021 年国内聚氯乙烯产量约为 $2130 \times 10^4 t$，电石法产量占比 77%，约 $1640 \times 10^4 t$，如前所核算，生产 1t 聚氯乙烯，所需电石生产中会排放 0.556t 一氧化碳，则 2021 年电石法生产过程释放出的电石炉尾气中约有 $912 \times 10^4 t$ 一氧化碳。若电石生产过程中反应产生的一氧化碳全部转化为甲醇等有机化学品，理论上需要氢气量约为 $130 \times 10^4 t$，可生产甲醇 $1041 \times 10^4 t$。

在实际生产中，有些电石企业不生产烧碱和聚氯乙烯，其氢气可以来自氯酸钠企业[20-21]。

7.5.3 实现二氧化碳化学利用与碳减排

目前，我国二氧化碳排放量接近全球总排放量的 30%，我们要力争在 2030 年前实现"碳达峰"、2060 年前实现"碳中和"，国内碳减排技术和路径正在寻求突破。2020 年石化和化工行业碳排放总量为 $13.78 \times 10^8 t$，且每年呈增长趋势[22]，2020 年我国氯碱行业主要产品烧碱和聚氯乙烯的间接碳排放总量约占石油和化工行业碳排放总量的 3%，可测算出 2020 年氯碱行业间接碳排放总量达到 $4000 \times 10^4 t$。

我国聚氯乙烯生产主要采用电石法，电石生产所需的氧化钙是由碳酸钙矿煅烧而成的，煅烧同时释放出大量二氧化碳。生产 1t 聚氯乙烯，会释放出 0.96t 二氧化碳，综合考虑整个生产流程，电石法生产 1t 聚氯乙烯直接碳排放约 1.1t 二氧化碳。2021 年按电石法生产聚氯乙烯约 $1640 \times 10^4 t$，电石法生产聚氯乙烯直接碳排放总量达到 $1800 \times 10^4 t$ 二氧化碳。

目前，有些氯碱企业正在探讨电石法聚氯乙烯二氧化碳减排与综合利用，包括生产碳酸钠、碳酸钙等，但这些还不能有效解决大量二氧化碳排放的现实问题。对于二氧化碳与氢气催化合成甲醇，需要利用氯碱企业副产氢气，因地制宜地利用企业生产的氢气资源，探索氢气与二氧化碳合成甲醇、甲酸和甲酸甲酯等有机产品的方法。合成甲醇是二氧化碳资源化利用的有效途径，也是目前的研究开发热点[23]。国内中国科学院大连化物所、中国科学院上海高等研究院、西南化工研究设计院等进行了积极的尝试，其中西南化工研究设计院与鲁西化工集团成功通过了 5000t/a 两段式低能耗二氧化碳加氢制甲醇中试装置验收，二氧化碳总转化率大于 98%、甲醇总选择性大于 98%。

按照氯碱行业中电石法聚氯乙烯生产直接释放的 $1800 \times 10^4 t/a$ 二氧化碳计算，理论上需要氢气量约 $246 \times 10^4 t/a$，可生产甲醇 $1309 \times 10^4 t/a$（按下面的反应式计算）。对于氯碱行业，副产氢气不足以满足电石法电石生产过程中排放的二氧化碳生产甲醇等有机化学品的原料氢气量，但可以满足部分碳减排及二氧化碳资源化利用的要求。

$$CO_2 + 3H_2 \xrightarrow{\text{催化剂，高温}} CH_3OH + H_2O$$

氯碱、氯酸钠行业是高能耗、高污染的基础化工行业，其中在能耗方面，电能消耗达到 60% 以上，水和煤炭资源消耗占 20% 左右[3]，所以电价波动对氯碱行业效益影响明显。另外，2021 年 11 月，发布的《高耗能行业重点领域能效标杆水平和基准水平（2021 年版）》，提出了包括煤制甲醇、煤制烯烃、烧碱、纯碱和电石等 14 个化工重点领域能效标杆水平和基准水平，技术升级、节能降耗及减碳提效等势在必行。

综上所述，氯碱行业、氯酸钠行业副产高浓度氢气是其行业突出的特点，要实现规模化的氢能产业化，实现电石炉尾气中一氧化碳、电石生产中二氧化碳转化为高附加值有机化学品，实现行业碳减排和节能降耗的绿色低碳发展，行业副产气资源化利用是其最有效措施之一。

参 考 文 献

[1] 张培超. 2021 年中国氯碱行业经济运行分析及 2022 年展望 [J]. 中国氯碱，2022，58（2）：1-5.

[2] 邵军，左敏，赵辉. 氯碱企业延伸进入氯酸盐行业的可行性及发展前景分析 [J]. 中国氯碱，2023，59（1）：28-33.

[3] 张文雷. 中国氯碱行业碳排放现状及碳减排实施路径 [J]. 中国氯碱，2022，58（1）：1-3.

[4] 王亮，邱永劼. 含氯尾气的资源化利用 [J]. 氯碱工业，2017，53（8）：16-18.

[5] 苗军，郭卫军. 氢能的生产工艺及经济性分析 [J]. 能源化工，2020，41（6）：6-10.

[6] 刘思明，石乐. 碳中和背景下工业副产氢气能源化利用前景浅析 [J]. 中国煤炭，2021，47（6）：53-56.

[7] 高桂芳，刘永博，沈振峰. 氯酸钠生产中氢气综合利用平衡计算及效益分析 [J]. 盐业与化工，2016，45（8）：52-54.

[8] 陈健，姬存民，卜令兵. 碳中和背景下工业副产气制氢技术研究与应用 [J]. 化工进展，2022，41（3）：1479-1486.

[9] 方度，蒋兰荪，吴正德，等. 氯碱工艺学 [M]. 北京：化学工业出版社，1990.

[10] 环境保护部，国家质量监督检验检疫总局. 烧碱、聚氯乙烯工业污染物排放标准：GB 15581—2016 [S]. 北京：中国标准出版社，2016.

[11] 郜豫川，赵俊田. 变压吸附气体分离技术的新应用 [J]. 化工进展，2005（1）：76-78.

[12] 陶北平，张杰，杨宁. 变压吸附（PSA）技术净化回收氯乙烯尾气的应用 [J]. 聚氯乙烯，2005（5）：39-42.

[13] 杨秀玲，白生军，岳欣. 氯乙烯精馏尾气处理绿色新工艺 [J]. 聚氯乙烯，2021，49（5）：37-41.

[14] 国家环境保护局，国家技术监督局. 大气污染物综合排放标准：GB 16297—1996 [S]. 北京：中国标准出版社，1996.

[15] 李旭，潘锋，李友，等. 新国标下的氯乙烯尾气净化难点及解决方法 [J]. 聚氯乙烯，2020，48（1）：39-41.

[16] 《聚氯乙烯》编辑部. 2021 年 6 月 EDC/VCM 进出口数据统计 [J]. 聚氯乙烯，2021，49（8）：47.

[17] 郑石子，颜才南，胡志宏，等. 聚氯乙烯生产与操作 [M]. 北京：化学工业出版社，2008：90-93，142，207-211，323-336.

[18] 陈健. 吸附分离工艺与工程 [M]. 北京：科学出版社，2022：304.

[19] 李龙辉，李娟，刘涛，等. 氯碱副产氢的发展和应用 [J]. 中国氯碱，2022，58（9）：11-14.

[20] 彭奕，罗橙，孙炳，等. 利用电石炉尾气生产甲醇和二甲醚 [J]. 化工设计，2014，24（6）：13-14.

[21] 冉聪慧，彭奕，王小勤，等. 以电石炉尾气和氯酸钠尾气及其他含氢气源为原料制甲醇和二甲醚的方法：CN102516028B [P]. 2014-06-11.

[22] 张真，张凡，云祉婷. 绿氢在石化和化工行业的减碳经济性分析 [J]. 化工进展：1-10 [2023-12-15]，DOI：10.16085/j. issn. 1000-6613. 2023-0871.

[23] 淡玄玄，陈占江，周佳，等. 氯碱工业废气二氧化碳资源化利用研究现状 [J]. 中国氯碱，2022，58（2）：30-32.

第 8 章
沼气、填埋气、煤层气

8.1 沼气、填埋气、煤层气的组成特点及利用现状

8.1.1 沼气、填埋气、煤层气的组成特点

8.1.1.1 沼气的组成特点

沼气是微生物在厌氧条件下发生消化作用分解有机质产生的一种复杂的混合气体，常产生于污水处理站、沼气发酵池、化粪池等设施中。

沼气的主要组分是甲烷，其余为二氧化碳、氮气、氧气、氢气、硫化氢，以及微量的磷化物、氨、有机硫和其他成分等，具体组成与厌氧菌的种类、有机物的来源及发酵条件等因素密切相关。沼气的典型组成见表 8-1。

表 8-1 沼气的典型组成表

组成	CH_4	CO_2	N_2	H_2	O_2	H_2S	H_2O	合计
$\varphi/\%$	50.0~70.0	30.0~40.0	0~5.0	≤1.0	≤0.4	0.1~0.3	饱和	100

沼气的热值与柴油、汽油的热值相当，高于大部分固体化石燃料[1]，与其他可燃气体相比，沼气具有抗爆性良好和燃烧产物清洁等特点[2]。由于沼气中含有微量的卤化物、硅氧烷及其他复杂的有机大分子物质，直接燃烧时容易产生多氯二苯并二噁英（PCDD）、多氯二苯并呋喃（PCDF）等致癌物。因此在利用沼气之前须预先脱除这些杂质。

8.1.1.2 填埋气的组成特点

垃圾填埋气是由城市生活垃圾进行厌氧发酵产生的含甲烷、二氧化碳等的混合气，其组成与沼气类似。由于城市垃圾的来源广泛，成分复杂，垃圾填埋气除二氧化碳、甲烷、氮气和氧气等主要成分外，还含有微量的硫、氨、高碳烃、重金属（汞、铅、砷和矾等），以及氟利昂、油雾、苯系物、醛、酮等，组成极为复杂，微量杂质种类超过 140 种[3]。垃圾填埋气的典型组成见表 8-2。

表 8-2 垃圾填埋气的典型组成表

组成	CH_4	CO_2	N_2	O_2	H_2S	H_2O	合计
$\varphi/\%$	50.0~60.0	32.0~40.0	2.0~12.0	0.5~2.0	0.1~0.3	饱和	100
组成	C_{6+}	NH_3	H_2S	有机氯	有机硫	有机氟	重金属
含量/(mg/m³)	100~500	200~1000	20~100	20~50	10~20	1~20	0.2~0.8

8.1.1.3 煤层气的组成特点

煤层气是在煤的生成过程中伴生、共生的矿产气体资源，是赋存在煤层中以甲烷为主要成分、以吸附在煤基质颗粒表面为主，并部分游离于煤空隙中或溶解于煤层水中的烃类气体，俗称"瓦斯"。煤层气无色、无味、无臭，属于易燃易爆气体，达到一定浓度时，会使人缺氧窒息，是对煤矿安全构成重大威胁的气体。煤层气爆炸（即瓦斯爆炸）是矿井的主要灾害之一。

由于煤层气开采方式的不同，得到的煤层气中甲烷的浓度也会显著不同，开采方式主要分为3类。第一类是通过地面钻井直接开采，得到的煤层气中甲烷浓度普遍大于90%，这种方式开采的煤层气量占煤层气总量的1%左右。第二类是通过井下煤层气抽采系统和地面输气系统开采，得到的煤层气中甲烷浓度在3%~80%，剩余的组分为空气中氮氧等组分，这样开采得到的煤层气又称"煤矿瓦斯"，开采量占煤层气总量的15%左右，其典型组成见表8-3[4]。第三类是为了保障煤矿开采安全而通过煤矿通风排出的煤层气，得到的煤层气中甲烷含量一般低于0.75%，称为"风排瓦斯"。煤层气中除甲烷、二氧化碳、氮气和氧气外，还可能含有微量碳二以上的烃类、氢气以及惰性气体。

表 8-3 煤层气的典型组成表

组成	CH_4	O_2	N_2	CO_2	H_2O	合计
$\varphi/\%$	30~80	3~12	16~60	1~5	饱和	100

8.1.2　沼气、填埋气、煤层气的利用现状

8.1.2.1　沼气的利用现状

在我国，沼气的来源主要有：农业有机废物处理、大型养殖场有机污染物处理和市政污水处理过程厌氧发酵。其中市政污水沼气多用于污水处理厂自用燃料补给或自发电供给，沼气规模化利用主要依托于农业废弃物和养殖行业。沼气原料多因地制宜地采取当地来源最广的物资，发酵方法有湿式也有干式，以湿式为主，产气规模从每小时几百立方米到几万立方米不等。

沼气的主要成分是甲烷，是热值高且二氧化碳排放量少的燃料。因此，过去农村地区自建沼气池的主要目的是解决燃料短缺问题，沼渣和沼液还可做有机肥料。目前农村沼气装置多以村镇或大型合作社为基本单位集中处理，提取其中的甲烷加以利用。此外，沼气还可以在大棚供热、沼气照明和粮食干燥等农用方面发挥作用。

沼气的另一项重要用途是发电。目前有多种动力设备可使用沼气发电，如燃气轮机、锅炉和内燃机组等，在发电的同时也可利用余热供暖。现代化的沼气工厂自身运行还需要消耗一些电力，沼气发电厂的电量在自给的同时会有剩余，可向邻近居民区和企业供电。

我国是天然气进口和消费大国，2022年我国天然气表观消费量达到$3663 \times 10^8 \, m^3$左右，进口量约$1410 \times 10^8 \, m^3$（约$10925 \times 10^4 \, t$）。人们越来越认识到开发沼气利用升级项目部分替代天然气的重要性。我国人口众多，有机废弃物总量巨大，若能将有机废弃物完全实现资源化利用，必将获得巨大的生态效益及经济效益[5]。自2016年以来国家在政策层面对生物质天然气产业加快扶持，在这种指导思想下，沼气提纯作车用燃气、沼气加工进入天然气管网及沼气作燃料电池能源等领域成为当前研究的热点[6]，并已在部分地区实现了工业化。由于近年来国家对于"碳达峰""碳中和"的全面部署和对温室气体减排的要求，这些项目展现出了良好的经营情况，其市场前景广阔。

8.1.2.2　填埋气的利用现状

垃圾填埋气的产气量与历年的填埋量、垃圾成分、含水量和可降解有机垃圾的类型有关，目前学术上有不少模型可用于估算[7]。产气量与填埋时间的关系大致呈正态分布，故

目前垃圾填埋气收集利用装置的原料来源是已经填埋一定年限的垃圾所产的填埋气。

由于垃圾填埋气富含有毒有害及温室气体，直接排空会对环境持续造成危害，同时会造成资源浪费，所以需要回收利用其中的甲烷气体。

目前对垃圾填埋气的处理和利用，主要有两种方式：燃烧发电和回收甲烷。其中燃烧发电附加值较低；回收甲烷是近些年的新技术，将回收的填埋气经压缩、净化后再采用变压吸附法或膜分离法将甲烷提浓到高浓度，去煤气工厂或直接进入城市燃气管网[8]，附加值较高。

8.1.2.3　煤层气利用现状

全球埋深浅于 2000m 的煤层气资源约为 $240 \times 10^{12} m^3$，是常规天然气探明储量的两倍多。我国煤层气资源量约 $36.8 \times 10^{12} m^3$，其中可采资源量约 $10 \times 10^{12} m^3$。

我国煤层气开发利用受技术滞后、科技投入低和政府扶持不够等因素的影响，发展较缓慢。但随着国家补贴政策的实施和各种问题的改善，以及对煤层气开发的环境价值认识的加深，近几年煤层气的产能建设和实际产量不断提升，2022 年我国煤层气产量达到 $115.5 \times 10^8 m^3$。

煤层气可以用作民用燃料、工业燃料、发电燃料、汽车燃料和重要的化工原料，用途非常广泛。根据《煤层气（煤矿瓦斯）利用导则》（GB/T 28754—2012），按煤层气产品中甲烷含量的不同，可将煤层气产品划分为 4 个等级，不同等级的煤层气参考用途及推荐利用率见表 8-4。

表 8-4　不同等级的煤层气参考用途及推荐利用率表

级别	甲烷含量(体积分数)/%	参考用途	利用率
一级	≥90	可优先考虑用于工业原料、车用燃料、工业及民用燃料等	利用率不宜小于 80%
二级	≥50~90	可优先考虑用于工业原料、工业及民用燃料、发电等	利用率不宜小于 60%
三级	≥30~50	可考虑用于工业及民用燃料、发电等	利用率不宜小于 40%
四级①	<30	在保证安全的基础上，可考虑用于发电等	鼓励利用

① 不包含风排瓦斯（甲烷含量不超过 0.75%）。

一、二、三级的煤层气可用作工业原料、燃料以及用于发电等，但我国煤矿每年都会有大量低浓度煤层气（甲烷浓度<30%）和风排瓦斯（甲烷浓度<0.75%）未得到有效利用。因此，研发低浓度煤层气的提纯技术，以及推广低浓度煤层气发电机组和超低浓度煤层气应用系统是非常重要的。低浓度煤层气的有效利用尤其是矿井风排瓦斯的综合治理和利用，可以最大限度地利用资源，减少资源浪费和环境污染。

开发利用煤层气不但可以变废为宝，保障煤矿的安全生产，产生一定的经济效益，还可以在一定程度上改善我国的能源结构，增加洁净的气体能源，弥补我国常规天然气供给量的不足。更为重要的是，开发利用煤层气可以有效减排温室气体、改善大气环境。从长远来看，煤层气利用应从推进科技进步和市场化开发着手，逐步探索各类煤层气资源开发的技术、工艺和装备，突破科技瓶颈，同时培育并建立有效的煤层气市场化开发机制，加快煤层气能源有效供给，为保障能源安全和保护环境作出贡献。

8.2　沼气、填埋气、煤层气利用关键技术

8.2.1　净化技术

沼气、填埋气以及煤层气中除了主要组分甲烷外，还含有二氧化碳、硫化氢和水蒸气，沼气和填埋气中含有重烃、重金属等杂质，煤层气中含有氧气和氮气。在分离提纯甲烷之前，要对原料气进行净化，以满足分离工艺和相关设备对原料气的要求。

8.2.1.1　脱硫

沼气和填埋气中含硫，每立方米硫含量从数十毫克到数千毫克不等，且以硫化氢为主。硫化氢会腐蚀管道、设备，影响后续的催化剂使用效果和寿命，燃烧时还会产生二氧化硫，污染环境，因此在提纯甲烷之前需要先脱硫。目前工业上常用的脱硫方式主要有干法脱硫、湿法脱硫和生物法脱硫等。

干法脱硫采用一次性的脱硫剂与硫化氢发生化学反应，操作简单，但需要定期更换脱硫剂，运行费用较高，适合原料气中硫含量少、装置规模小的场合。

湿法脱硫主要采用 PDS 法将硫化氢反应为硫单质，工艺流程较长，适合原料气中硫含量高、装置规模大的场合。

生物法脱硫是利用脱硫细菌在合适的温度、pH 值等条件下，直接或间接将硫化氢氧化为单质硫，适合原料气中硫含量高、装置规模较小的场合。

8.2.1.2　脱重组分和脱水

原料气中的重组分如 C_{10+}、重金属、硅氧烷和氯化物等会影响变压吸附装置吸附剂的寿命，原料气中的水会造成发电机组及附件的腐蚀。因此，在变压吸附（PSA）之前需要脱除重组分，在发电之前需要脱水。

脱除重组分和脱水都可以采用冷冻法和变温吸附（TSA）法。冷冻法是用低温介质将填埋气中的高沸点组分温度降低，使其冷凝液化，最后作为废液排出；TSA 法则是在常温下吸附，将高沸点组分吸附在吸附剂上，再使用后续变压吸附工序的解吸气对其进行加热再生，使高沸点组分富集在再生废气里。

冷冻法和 TSA 法可单独使用，也可联合使用。冷冻法工艺有废液，TSA 法有废气，在脱除重组分的同时，两种工艺都可以同时脱除原料气中的大部分水。在脱水时为了避免温度过低导致结冰，需要控制压力露点约 5℃。在 0.6MPa 下操作时，使用冷冻法，水含量只能降低到相当于常压露点 -20℃，而 TSA 法则可以达到常压露点低于 -60℃，甚至更低。

8.2.1.3　脱氧

目前开采的煤层气主要以井下抽采为主，抽采过程中混入大量空气，氧气体积分数为 8%～20%，导致爆炸危险性增大，从而限制了其加工利用与压力管输，阻碍煤层气大规模利用[8]。《煤矿安全规程》中也明确规定：当煤层气中甲烷浓度小于 30% 时，易发生爆炸危险，不得进行直接利用。

在常温常压下，甲烷在空气中的爆炸极限为 5%～15%，且随着压力的增加爆炸范围迅速扩大。另外，氧气含量也影响甲烷的爆炸极限。在空气或富氮空气氛围中，根据 Coward

爆炸三角形，当氧气体积分数低于 12％时，甲烷混合气即不具有爆炸性。在煤层气富集甲烷过程中，可能处于富氧状态，研究显示[9-10]，氧气对甲烷爆炸下限影响可忽略，对爆炸上限影响显著，甲烷爆炸上限浓度（体积分数，下同）最高达 48.6％。因此，在煤层气富集利用前，将氧气脱除到较低水平将有助于煤层气提浓和实现工艺本质安全。

目前煤层气脱氧的方法主要有燃烧法、变压吸附法、低温深冷分离法和膜分离法。

燃烧法又分为催化燃烧法和非催化燃烧法。催化燃烧法利用催化剂的催化作用，降低氧化反应所需的温度，煤层气中的甲烷与氧气反应生成水和二氧化碳，从而达到脱除氧气的目的；非催化燃烧法主要基于半焦、焦炭和煤等含碳原料直接与煤层气中的氧气发生燃烧反应生成二氧化碳和一氧化碳。催化燃烧法脱氧技术成熟，由于脱氧过程会消耗甲烷，因此不适合低浓度煤层气脱氧；非催化燃烧法脱氧过程甲烷损失小，适合低浓度煤层气的脱氧，但该技术仍不成熟。

变压吸附脱氧、低温深冷分离法脱氧以及膜分离法脱氧一般会与甲烷的浓缩耦合或同时进行。变压吸附脱氧过程中氧气和甲烷的浓度在吸附床层内波动和变化，会使得甲烷穿透爆炸区间；低温精馏过程中，塔顶塔板处存在安全隐患；膜分离法在脱氧的同时，由于甲烷与氧气的分子直径接近，脱氧时甲烷的损失比较大[11]。

8.2.2 分离技术

沼气、填埋气和煤层气最有价值的组分都是甲烷，利用方向是经过净化分离提纯甲烷产品或者进一步液化为 LNG 产品。提纯甲烷常用的分离方法主要有变压吸附法、膜分离法和深冷分离法或两种方法的耦合法。

8.2.2.1 变压吸附法

变压吸附方法是利用不同气体组分在吸附剂上吸附容量的不同或者吸附速率的不同，在高压下吸附并在低压下解吸，从而实现不同气体组分的分离。变压吸附方法具有分离效率高、原料适应性强、产品纯度高、装置规模灵活等特点。

净化后的沼气和填埋气主要杂质组分是二氧化碳，吸附剂对二氧化碳和甲烷的分离系数较大，较容易实现甲烷的浓缩。因此，变压吸附技术广泛应用于沼气、填埋气分离[12]，并能够得到满足标准《天然气》（GB 17820—2018）质量要求的甲烷产品。采用真空再生的变压吸附工艺，吸附压力为 0.5～0.6MPa，在产品满足天然气标准时，甲烷的回收率可以达到 90％～92％，采用多段耦合工艺，甲烷回收率可以达到 98％以上。

煤层气的主要组成是甲烷和空气的混合气，为了装置的运行安全，可以先通过净化工序脱除煤层气中的氧气后再通过变压吸附装置提浓。但当煤层气含氧气浓度很高时，通过燃烧法来脱氧经济性差，需要直接通过变压吸附装置分离脱除氮气和氧气。由于分离过程中的吸附塔内可能存在甲烷进入爆炸区间，因此在装置设计时需要充分考虑如何消除装置运行可能产生的静电，这就要求装置内的设备和管道都须经过内部表面处理，减少静电荷的生成。另外还需要在设备内和装置中加入大量的静电泄放设施，消除静电荷的大量积聚。在选择吸附剂时，也应考虑使用防静电类的吸附剂或具有一定阻燃性能的吸附剂。流程设计时出于安全考虑还应设置发生异常工况时的气体泄放和阻火设施。

8.2.2.2 膜分离法

膜分离法也是主要的气体分离方法之一，其原理是根据膜具有对不同组分的选择分离功能，以气体在膜两侧的分压差为推动力，通过溶解、扩散等步骤来实现不同组分的分离、浓缩和纯化。膜分离法具有操作简单、占地面积小等特点。

采用膜分离法分离沼气和填埋气时，二氧化碳是快气，甲烷是慢气，故甲烷是高压的非渗透相，而二氧化碳和水主要是在低压侧的渗透相。氧气的渗透速率处于二氧化碳和甲烷之间，故有一部分氧气可以被分离掉。膜分离法用于沼气分离甲烷有大量应用实例，采用多级膜分离循环工艺，甲烷的回收率可以达到98%。由于垃圾填埋气的杂质过于复杂，还没有关于膜分离法用于垃圾填埋气处理的相关报道。

现有膜对煤层气中甲烷与氮气的分离系数低，只能将煤层气中的甲烷提浓，无法达到提纯的目的，要得到较高纯度的甲烷产品需要将膜分离技术与其他分离技术耦合，通过工艺组合实现分离目的。

8.2.2.3 深冷分离法

深冷分离法是传统的气体分离方法，其原理是利用气体中各组分的沸点不同，在低温下采用精馏的方法将各组分分离。深冷分离法的优点是可以得到高纯度和高回收率的产品，且工艺成熟，但装置投资大、能耗高且操作要求高，原料气的预处理系统复杂且精度要求高，设备繁杂且只适用于大规模处理。当对产品纯度和回收率要求高时可采用深冷分离法，在要求不高的情况下可考虑使用变压吸附等其他工艺。

由于沼气和填埋气中主要杂质是二氧化碳，无法直接采用深冷分离法分离，可以在脱除二氧化碳和水后，再用深冷分离法将甲烷分离并液化，从而得到高附加值的 LNG 产品。

煤层气可以采用深冷分离法实现甲烷与氮气和氧气的分离，但在分离过程中甲烷浓度可能会穿越爆炸极限，故混合气体在净化、压缩和液化分离过程中都存在一定的安全隐患。可以在深冷分离前通过净化或吸附分离脱除煤层气中的氧气，再用深冷分离法将甲烷与氮气分离，得到液化天然气。由于我国开采的煤层气甲烷浓度较低，含氧气量大，先脱氧再深冷分离的技术路线不适合分离低浓度煤层气。

8.2.2.4 变压吸附法、膜分离法和深冷分离法比较

变压吸附法、膜分离法和深冷分离法是3种常用的气体分离方法，每种方法都有各自的特点和使用范围，对于沼气、填埋气和煤层气3种分离方法的应用特点比较见表8-5。

表 8-5 3 种分离方法的应用特点比较表

分离方法	变压吸附法	膜分离法	深冷分离法
适用气源	沼气、填埋气、煤层气	沼气、煤层气	煤层气
适用规模	大小均可	小	大
产品纯度	高	低	高
产品回收率	高	低	高
占地	大	小	大
预处理	简单	简单	复杂
动力设备	压缩机、真空泵	压缩机	压缩机
能耗	低	低	高
操作压力	低	高	高
关键技术国产化水平	完全国产	膜需进口	完全国产

8.3 沼气、填埋气提浓制天然气工业应用

8.3.1 典型工艺流程

沼气和填埋气除了原料物质的来源、发酵条件和设备及最终气体的组成略有差异外，本质上并无大的差别，这一特点决定了沼气和填埋气提浓制取天然气的工艺流程具有明显的相似性。

沼气、填埋气中富含天然气的主要成分甲烷，近年来，科研人员已不再局限于沼气发电和供热，而是将沼气深度净化和提纯后制成生物天然气（BNG），用于取代管道天然气或用作车载燃料，或者用作化工厂生产原料。沼气在国家能源结构中扮演越来越重要的角色。

在我国，以农业沼气或垃圾填埋气为原料生产的生物天然气，通常以《天然气》（GB 17820—2018）（注：绝大多数要求满足二类气标准）或《车用压缩天然气》（GB 18047—2017）等作为质量依据。这两个国家标准中各项参数的技术指标对比见表 8-6。

表 8-6 天然气标准对比表

项目	GB 17820—2018	GB 18047—2017	说明
$\varphi(CH_4)/\%$	未规定	未规定	
$\varphi(CO_2)/\%$	≤4.0	≤3.0	
$\varphi(O_2)/\%$	未规定	≤0.5	
H_2S 含量/(mg/m³)	≤20	≤15	
总硫含量/(mg/m³)	≤100	≤100	
水露点/℃	未规定	比最低环境温度低 5℃	压力不大于 25MPa 环境最低温度不低于−13℃
高位发热量/(MJ/m³)	≥31.4	≥31.4	

注：高位发热量使用的标准参比条件是 101.325kPa、20℃，高位发热量以干基计。

从表 8-6 可知，生产生物天然气需要脱硫脱碳，还需要脱除对生产过程有害的杂质（如水、卤素和硅氧烷等），部分要求更高的项目还可能涉及脱氧。由于沼气和填埋气原料来源的多样性和发酵过程的复杂性，除了主成分甲烷、二氧化碳、氮气、氧气、一氧化碳、硫化氢和水外，还含有上百种其他微量杂质[13]。如果不对这些杂质进行脱除，不仅产品生物甲烷气的质量不合格，同时沼气的直接燃烧产物会严重污染环境，甚至会产生强致癌物。因此，对于沼气、填埋气提浓制生物天然气的工艺技术来说，提高沼气热值的同时需要对各类杂质进行分级脱除。沼气、填埋气制天然气的工艺流程如图 8-1 所示。

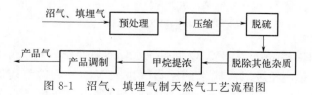

图 8-1 沼气、填埋气制天然气工艺流程图

原料气经预处理分离水分后进入压缩工序压缩，在压缩工序将原料气压缩至分离甲烷需要的压力后，经脱硫和脱除其他杂质工序，将原料气中的硫和高沸点物质脱除，净化后的原

料气在甲烷提浓工序将二氧化碳脱除，得到的粗产品经充氮、加臭和混匀等调制处理后得到天然气产品。

8.3.2   工业应用实例

8.3.2.1   香港中华煤气垃圾填埋气项目

为了有效地处理城市垃圾，拓宽燃料能源的来源渠道，香港特区政府投资在新界建设一座现代化垃圾填埋场，每日最大垃圾处理量超过 2300t，高峰时垃圾填埋气产量 20000m³/h，由远东环保科技发展有限公司实际运营和管理。填埋气净化及提纯装置由西南化工研究设计院提供，其工艺流程如图 8-2 所示[3]。

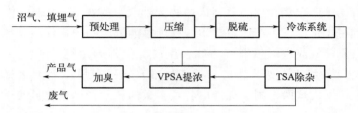

图 8-2   香港中华煤气垃圾填埋气净化回收甲烷工艺流程图[3]

垃圾填埋气经预冷和水分离后，进入压缩机升压至约 0.6MPa，经过复合脱硫单元脱除硫化氢和部分有机硫后送入冷冻系统，脱除油雾、粉尘和高沸点卤化物等。净化后的气体复热后进入 TSA 预处理系统，脱除高沸点有机物。经 TSA 处理后的净化气，达到真空解吸的变压吸附（VPSA）系统对重组分杂质的要求。净化气经 VPSA 系统脱除大部分二氧化碳后得到浓缩甲烷，从 VPSA 吸附塔的顶部出口获得生物天然气，添加微量四氢噻吩（THT）赋臭后送入城市燃气管网。VPSA 系统的脱附尾气作为 TSA 预处理系统的再生气，再生废气进入闭式火炬完全燃烧并无害化处理后排空，该装置于 2007 年建成。

8.3.2.2   欧洲某污水处理厂提浓甲烷气项目

西欧是最早进行生活垃圾和污水环保化处理的地区之一，20 世纪 70 年代已经开始对沼气或填埋气的利用进行系统研究。某污水处理厂沼气提纯制取 CNG 项目[14] 工艺流程如图 8-3 所示。

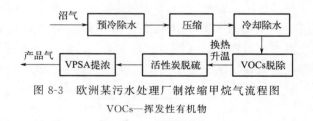

图 8-3   欧洲某污水处理厂制浓缩甲烷气流程图

VOCs—挥发性有机物

首先将 2.5kPa 的沼气预冷至 25℃以下粗脱水，然后经螺杆式压缩机加压到 0.8MPa 左右，再进入精脱水单元，经过二次脱水的原料气进入 VOCs 和硅氧烷脱除容器，而后气体被升温至 50℃进二级脱硫反应器，通过化学反应使沼气中硫化氢转化为单质硫并附着在活性炭上予以脱除，最后进入由 5 塔组成的 VPSA 浓缩单元，原料气中绝大部分二氧化碳被脱除。VPSA 单元出口的净化天然气中甲烷体积分数可达 97%以上，VPSA 解吸气在系统内部稳压和均值化后送往废气燃烧炉，热能可给沼气提纯装置用热单元供热。

该装置日处理 72000m³ 沼气，生产的最终产品供车用 CNG 充装使用，在减少污染的同时，将资源利用最大化。

8.3.2.3　内蒙古中广核兴安盟生物质能源项目

内蒙古中广核兴安盟生物质能源项目位于内蒙古自治区东北部，以秸秆、养殖场粪污为主要原料生产生物质天然气，并副产有机肥料。日产生物天然气 3.4×10^4 m³，可用作车用 CNG 和城镇居民燃料。其工艺流程如图 8-4 所示。

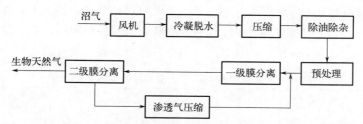

图 8-4　内蒙古中广核兴安盟生物质能源生产天然气项目工艺流程图

原料沼气经风机加压到数十千帕，通过冷凝初步脱水，然后经沼气压缩机压缩至更高压力，脱油除杂后送入膜分离工段。在气体进入膜组件之前，先要经过除液滴、除尘和升温等预处理步骤，以保证膜组件的使用寿命。装置采用带回流的两级膜分离工艺，甲烷回收率达到 97% 以上，膜分离后产品气中甲烷的体积分数大于 97%，二氧化碳体积分数小于 3%。

8.4　煤层气工业应用

8.4.1　典型工艺流程

煤层气生产天然气的典型工艺流程如图 8-5 所示。低压煤层气经压缩工序压缩后进入净化工序，根据浓缩甲烷工序对原料气要求的不同，净化工序采用不同的净化方法，在净化工序主要脱除二氧化碳、硫化氢、氧气以及水等。净化后的煤层气在浓缩工序中将甲烷提浓，甲烷浓缩方法包括变压吸附法、深冷分离法以及膜分离法，根据煤层气中甲烷含量的不同，变压吸附法和膜分离法均可以选择单级和多级，脱氧也可以与提浓甲烷同时进行，浓缩后的甲烷可以进一步通过深冷液化和精馏工艺得到液化天然气产品。根据煤层气组成以及浓缩甲烷工艺的不同，在压缩之前可以设置初步的净化工序。

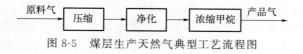

图 8-5　煤层生产天然气典型工艺流程图

8.4.2　煤层气工业应用实例

8.4.2.1　某低浓度瓦斯浓缩工业实验装置

安徽淮南某公司于 2011 年建成并投产了一套低浓度瓦斯浓缩工业实验装置[15]，此装置产品可作为地方民用燃气管网补充气源使用，工艺流程如图 8-6 所示。

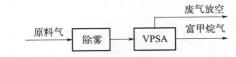

图 8-6　某低浓度瓦斯浓缩工业实验装置工艺流程图

原料瓦斯气首先经过细水雾安全输送系统送入 VPSA 提浓装置原料气缓冲罐，原料气经缓冲后进入吸附塔，甲烷被吸附剂吸附，氮气和氧气等杂质未被吸附并由吸附塔顶流出后高点放空，被吸附的甲烷通过抽真空解吸后作为产品气送至甲烷储气罐。VPSA 装置采用六塔抽真空再生变压吸附工艺，同一时间有两台处于进料吸附状态，每台吸附塔在一个运行周期内都会经历吸附、均压降压、抽真空解吸、均压升压和最终升压等步骤。装置的运行数据见表 8-7。

表 8-7　某低浓度瓦斯浓缩工业实验装置运行数据表

工艺	真空解吸的变压吸附法（VPSA）	工艺	真空解吸的变压吸附法（VPSA）
进气量/(m³/h)	5000	进气 $\varphi(CH_4)$/%	10～29
产气量/(m³/h)	≥1800	产品 $\varphi(CH_4)$/%	≥30
进气压力/kPa	12	CH_4 回收率/%	≥90
产品压力/kPa	约10		

出于装置安全考虑，所有管道的设计压力均为 2.5MPa，设备设计压力为 1.6MPa。除了按照规范设置防静电措施，还在吸附塔内设置了铁丝网。同时，所有焊接采用承插焊，所有阀门采用黄铜密封材料，所有仪表采用本安结构。

8.4.2.2　某煤层气液化制 LNG 装置

山西某公司 2008 年建成投产日产液化煤层气能力达 $85\times10^4\,m^3$ 的煤层气液化制 LNG 装置，工艺流程如图 8-7 所示。

图 8-7　山西某公司煤层气液化制 LNG 装置工艺流程图

原料煤层气先进入净化塔净化，通过含量为 15％左右的乙醇胺水溶液喷淋净化脱除二氧化碳和硫化氢等酸性气体，然后通过水吸收罐去除煤层气夹带的雾沫。净化后的煤层气经压缩机加压至 0.3MPa，通过冷冻水冷却分离去除大部分水，然后进入由 3 个分子筛干燥器组成的干燥系统进行精脱水。干燥后的煤层气通过布袋除尘去除分子筛粉尘，然后与低温氮气进行换热，气态煤层气转变为气液混合态，经分离器得到产品 LNG 后送出装置。

8.5　沼气、填埋气、煤层气利用展望

沼气、填埋气和煤层气都富含甲烷，其氢碳比高，是很好的清洁燃料。因此，沼气、填埋气和煤层气主要的应用方向都是直接利用热值，提纯甲烷是近年大量推广的利用方向，而

延伸制取其他高附加值产品，则是下一步的发展方向。

沼气和填埋气规模一般较小，经净化浓缩后可以得到纯度较高的甲烷，提纯后的甲烷可以进一步进行烃类转化制氢，得到氢气产品，即沼气和填埋气可以用作分布式制氢的原料。比如精对苯二甲酸（PTA）的生产需要少量氢气，以往这类工厂都采用甲醇裂解制氢或天然气转化制氢，而 PTA 配套的污水处理厂副产沼气，于是近些年有工厂利用该副产沼气，采用蒸汽重整制氢技术生产氢气。

煤层气的特点是气量大，可作为重要的甲烷来源，高浓度煤层气可以直接利用，低浓度煤层气可浓缩后再利用。煤层气可用来生产气态天然气、液态天然气或者用作生产氢气及化工产品的原料。我国可利用的煤层气大部分是含空气的低浓度煤层气，25℃常压下甲烷的爆炸极限是 5％～15％，而且爆炸上限受压力的影响，在煤层气浓缩甲烷的过程中，无论是变压吸附工艺还是深冷分离工艺，甲烷浓度都会穿越爆炸极限，不能保证装置的本质安全。因此，尽管有不同工艺的低浓度煤层气浓缩利用示范装置投用，但低浓度煤层气利用并没有被大面积推广。因此，未来煤层气开发利用研究的方向主要是安全高效的脱氧技术、爆炸机理以及对安全规范的深层次理解与突破。

参 考 文 献

[1]　田倩倩. 面向沼气净化的聚酰胺薄膜正/反选择性机制调控 [D]. 郑州：郑州大学，2021.

[2]　冉毅，蔡萍，黄家鹄，等. 国内外沼气提纯生物天然气技术研究及应用 [J]. 中国沼气，2016，34（5）：61-66.

[3]　李克兵. 从垃圾填埋气中净化回收甲烷的工艺及其工业化应用 [J]. 天然气化工（C1 化学与化工），2009，34（1）：51-53.

[4]　张高博. 煤层气提浓耦合工艺及优化 [D]. 广州：华南理工大学，2013.

[5]　孙振锋. 沼气工程装备研究应用现状与展望 [J]. 中国沼气，2018，36（4）：66-69.

[6]　包海军. 我国沼气提纯技术及生物天然气产业发展情况 [J]. 中国沼气，2021，39（1）：54-58.

[7]　段国栋，侯鹏，窦利珍，等. 含氧煤层气脱氧技术研究进展及评述 [J]. 天然气化工（C1 化学与化工），2019，44（5）：123-130.

[8]　康永尚，王金，姜杉钰，等. 量化指标在煤层气开发潜力定量评价中的应用 [J]. 石油学报，2017，38（6）：677-686.

[9]　吴剑峰，孙兆虎，公茂琼. 从含氧煤层气中安全分离提纯甲烷的工艺方法 [J]. 天然气工业，2009，29（2）：113-116.

[10]　李永玲，刘应书，杨雄，等. 等比例变压吸附法富集低浓度煤层气的安全性分析 [J]. 煤炭学报，2012，37（5）：804-809.

[11]　张进华，刘书贤，秦强，等. 煤层气脱氧技术研究进展 [J]. 洁净煤技术，2021，27（5）：115-123.

[12]　郑建川，张崇海，冯良兴，等. 一种垃圾填埋气处理新工艺的应用 [J]. 天然气化工（C1 化学与化工），2019，44（6）：76-78.

[13]　黄晓文，吴三达. 关于生活垃圾填埋场填埋气的估算与抽取 [J]. 环境卫生工程，2007，15（1）：41-44.

[14]　高晓林. 欧洲 PSA 技术工艺流程及设备系统分析 [J]. 中国高新科技，2019（21）：96-99.

[15]　张增平，葛敏. 淮南矿区低浓瓦斯浓缩技术运用与实践 [J]. 中国煤层气，2011，8（4）：35-38.

第 9 章
甲醇弛放气、合成氨弛放气、丙烷脱氢尾气

　　我国的工业排放气种类多且排放量大，尤其是炼油、化工和焦化等主要工业副产气中大多含有 H_2，且部分副产气 H_2 含量较高。在化工富氢排放气中，氢气占比较大的有焦炉煤气、炼厂气、氯碱尾气、甲醇弛放气、合成氨弛放气和丙烷脱氢尾气等[1]。

　　焦炉煤气、炼厂气及氯碱尾气排放量大，有关研究和技术开发均较早，因此这部分排放气的综合利用已经在国内非常普遍，利用效率也较高。但甲醇弛放气、合成氨弛放气和丙烷脱氢尾气因排放量较小而长期被忽视，目前大部分仍直接作为燃料低效使用。随着国内甲醇、液氨和丙烯产能不断提高，市场竞争加剧，甲醇弛放气、合成氨弛放气及丙烷脱氢尾气的综合资源化利用变得越来越重要[2]。通过提升技术水平、节能降耗，有效回收利用排放气中的 H_2、CO 等有效组分，可大大提高资源利用效率和经济效益，优化企业产业结构和增强企业市场竞争力，同时可很大程度上减少大气污染和改善环境质量，实现节能减排，推动企业绿色可持续发展。尤其是采用目前成熟先进的气体分离技术，获取低成本的纯氢或高纯氢，也为氢能源的发展提供有力支撑和强大助力。

9.1　排放气的种类及特点

　　甲醇弛放气、合成氨弛放气和丙烷脱氢尾气均是富含 H_2 组分的排放气，通常 H_2 含量都在 60% 以上，由于其不同的工艺路线和生成条件，H_2 含量又各有区别，因此在综合资源化利用工艺上也具有不同的特点。

9.1.1　甲醇弛放气

　　合成甲醇的原料可用煤、焦炉煤气、天然气等，这些原料先经过反应转化为富含 H_2 和 CO 且 H_2 和 CO 具有一定比值的合成气，合成气再经过加压催化合成甲醇。甲醇合成工艺流程如图 9-1 所示。

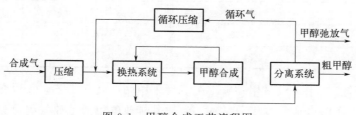

图 9-1　甲醇合成工艺流程图

　　甲醇弛放气是来自甲醇合成系统的循环气放空气，其组成与合成系统的工艺参数及进入甲醇合成系统的合成气组分有关。排放甲醇弛放气主要是为了控制进入甲醇合成反应器的惰性气体含量，甲醇弛放气排放量降低，则进入甲醇合成反应器的惰性气体含量增高，会降低 CO、CO_2 和 H_2 的有效分压，降低转化率，增加压缩系统的电耗；甲醇弛放气排放量升高，则进入甲醇合成反应器的惰性气体含量降低，但是会导致有效气体的损失。工业上一般对甲醇弛放气排放量采用下式计算[3]。

$$V_{排放} = V_{合成} \, c_{合成} / c_{排放}$$

式中　$V_{排放}$——甲醇弛放气的体积流量，m^3/h；

$V_{合成}$——合成气的体积流量，m^3/h；

$c_{排放}$——甲醇弛放气中惰性气体的摩尔分数，%；

$c_{合成}$——合成气中惰性气体的摩尔分数，%。

目前工业生产中，由于合成甲醇的原料不同，导致甲醇合成气中惰性气体的浓度不一样，甲醇弛放气的排放量也不一样。甲醇弛放气排放量一般占到甲醇合成气量的10%～20%。有效利用甲醇弛放气中的CO、CO_2和H_2，是一件具有经济效益和环保效益的事情。

9.1.1.1　典型组成

煤制甲醇工艺中由于煤气化工艺有多种，如固定床气化、流化床气化、水煤浆气流床、气流床煤气化和干粉气流床气化技术等。不同的气化工艺会导致后续排放的甲醇弛放气组分不同，大型煤制甲醇工艺中有代表性的水煤浆气化制甲醇和干粉气流床气化制甲醇工艺中甲醇弛放气组分分别见表9-1和表9-2。

表 9-1　水煤浆气化制甲醇工艺中甲醇弛放气组分表

项目	数值	项目	数值
$\varphi(CO)/\%$	7.19	$\varphi(Ar)/\%$	0.04
$\varphi(CO_2)/\%$	2.18	$\varphi(CH_3OH)/\%$	0.57
$\varphi(H_2)/\%$	79.83	$\varphi(H_2O)/\%$	0.04
$\varphi(CH_4)/\%$	2.04	$\varphi(HCOOCH_3)/\%$	0.00
$\varphi(N_2)/\%$	8.11	合计/%	100.00

表 9-2　干粉气流床气化制甲醇工艺中甲醇弛放气组分表

项目	数值	项目	数值
$\varphi(CO)/\%$	2.38	$\varphi(Ar)/\%$	0.01
$\varphi(CO_2)/\%$	3.57	$\varphi(CH_3OH)/\%$	0.39
$\varphi(H_2)/\%$	68.23	$\varphi(H_2O)/\%$	0.03
$\varphi(CH_4)/\%$	0.50	$\varphi(HCOOCH_3)/\%$	0.00
$\varphi(N_2)/\%$	24.89	合计/%	100.00

天然气制甲醇工艺中一般采用补碳工艺或者采用两段转化工艺，其甲醇合成气的组分与焦炉煤气制甲醇的甲醇合成气的组分基本一致，其排放的甲醇弛放气组分见表9-3。

表 9-3　焦炉煤气/天然气制甲醇工艺中甲醇弛放气组分表

项目	数值	项目	数值
$\varphi(CO)/\%$	1.79	$\varphi(Ar)/\%$	0.04
$\varphi(CO_2)/\%$	2.46	$\varphi(CH_3OH)/\%$	0.57
$\varphi(H_2)/\%$	79.60	$\varphi(H_2O)/\%$	0.04
$\varphi(CH_4)/\%$	3.74	$\varphi(HCOOCH_3)/\%$	0.00
$\varphi(N_2)/\%$	11.76	合计/%	100.00

9.1.1.2　排放及分布

甲醇合成是以合成气（主要成分为 H_2、CO 和 CO_2）为原料，在温度 200～290℃、压力 4.0～10.0MPa、铜基催化剂作用下，生成甲醇的过程，其主要化学反应式如下：

$$CO + 2H_2 \Longleftrightarrow CH_3OH + 90.64kJ/mol$$

$$CO_2 + 3H_2 \Longleftrightarrow CH_3OH + H_2O + 48.02kJ/mol$$

以上反应均为放热反应，所以在反应器中必须不断移走反应生成热，以防止床层温度过高而使催化剂烧结，失去活性。

由于上述反应的单程转化率相对较低，反应后的气体经冷凝分离出液相产物后，大部分未反应气体继续循环使用，仅将少量气体排放，以控制系统中惰性气体的含量，所排放的气体即为甲醇弛放气。

甲醇是最简单的脂肪醇，是重要的化工基础原料和清洁液体燃料，广泛应用于有机合成、燃料、医药、农药、涂料、交通和国防等工业中。21 世纪以来，由于经济的快速发展，甲醇一方面作为有机化工的原料，如用于制备甲醛、乙酸和二甲醚等，另一方面作为清洁液体燃料的替代品得到了大量的推广应用，从而使得甲醇作为煤化工的主要产品也得到快速发展，生产能力直线上升，生产技术水平不断提高。据中国氮肥工业协会统计，2022 年我国甲醇产能达到 10041×10^4 t/a，突破 1×10^8 t 大关，甲醇产量约为 8022.5×10^4 t，其中煤制甲醇产量约占总产量的 84.7%，焦炉煤气制甲醇产量约占总产量的 9.1%，天然气制甲醇产量约占总量的 6.2%，甲醇弛放气年排放量约为 750×10^8 m^3。

2015～2022 年我国甲醇产量情况如图 9-2 所示。

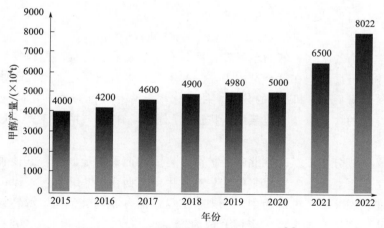

图 9-2　2015～2022 年我国甲醇产量图[4]

9.1.2　合成氨弛放气

合成氨原料主要有固体原料、液体原料及气体原料，其分别为煤炭、重油和烃类化工厂尾气等。各种原料经过复杂的转化、变换和脱碳等工艺后得到 H_2，经过和 N_2 按一定比例混合后得到合成氨的原料气，然后加压催化生产合成氨产品。

合成氨生产基本工艺流程如图 9-3 所示。

在合成氨生产中，为了维持循环气中惰性气体的平衡，必须从合成系统的循环气中排出一部分富集了惰性气体的循环气，此部分气体称为合成氨弛放气。

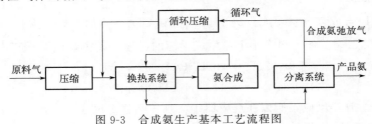

图 9-3　合成氨生产基本工艺流程图

9.1.2.1　典型组成

不同原料生产合成氨工艺中，其进入氨合成塔的原料气中氢气与氮气按 $n(\text{H}_2):n(\text{N}_2) \approx$ 1:3 的比例调配，其余惰性组分因原料气净化工艺的不同而不同，进而产生的弛放气组分也有些差别。合成氨弛放气典型组成如表 9-4 所示。

表 9-4　合成氨弛放气典型组成表

项目	数值	项目	数值
$\varphi(\text{NH}_3)/\%$	2~30	$\varphi(\text{H}_2)/\%$	50~60
$\varphi(\text{CH}_4)/\%$	0.1~17	$\varphi(\text{N}_2)/\%$	16~20
$\varphi(\text{Ar})/\%$	0.1~8	合计/%	100

9.1.2.2　排放及分布

氨合成是以 N_2 和 H_2 为原料，在 360~400℃、10~30MPa、铁基氨合成催化剂的作用下反应生成氨的过程，其反应式如下：

$$\text{N}_2 + 3\text{H}_2 \Longrightarrow 2\text{NH}_3 + 92.4\text{kJ/mol}$$

由于受化学平衡的限制，氨的单程转化率只有 1/3 左右。为提高原料气利用率，就必须让未反应的气体进行循环。在循环过程中，一些不参与氨合成反应的惰性气体（如 CH_4 等）会逐渐积累，从而降低 H_2 和 N_2 的分压，使转化率下降。因此，要不定时地排放一部分循环气来降低惰性气的含量。氨合成系统内排放出的富集了惰性气的氢氮气，被称为合成氨弛放气。

我国合成氨产能分布广泛。除北京、上海、青海和西藏等地区外，其他省（自治区、直辖市）合成氨生产企业较多，主要集中在华东、中南、西南、华北地区，以山东、河南、山西、四川、河北、湖北和江苏等为主。未来合成氨产能分布趋势是向资源转移，特别是向煤炭资源转移。从年产量变化来看，全国合成氨产量也一直在快速增长，2022 年我国合成氨产量约为 5210×10^4 t，合成氨弛放气年排放约 130×10^8 m³。

2018~2022 年我国合成氨产量情况如图 9-4 所示。

9.1.3　丙烷脱氢尾气

丙烷脱氢（propane dehydrogenation，PDH）是国内外生产丙烯的主要技术之一。目前全球丙烷脱氢工艺有多种，工业上采用较多的是 UOP 公司的 Oleflex 工艺和 ABB Lummus Global 公司的 Catofin 工艺，国内的丙烷脱氢装置也是以这两种工艺技术为主的。丙烷脱氢装置基本工艺流程如图 9-5 所示。

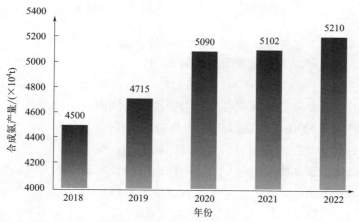

图 9-4　2018～2022 年我国合成氨产量图（数据来源于卓创咨讯网 2023 年 4 月统计数据）

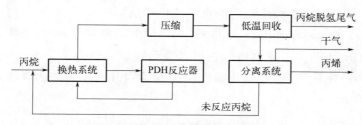

图 9-5　丙烷脱氢装置基本工艺流程图

丙烷脱氢尾气来自丙烷脱氢反应后经冷箱分离后得到的放空气，其组成主要与 PDH 反应系统的工艺参数有关。排放的丙烷脱氢尾气主要是丙烷脱氢反应中生成的等物质的量的 H_2 及少量副反应得到的 CO、CH_4 等，尾气中 H_2 含量一般大于 80%，同时以每吨丙烯产量计，排放气量达到约 500m^3。合理有效地利用丙烷脱氢尾气中的 H_2，是实现副产气资源综合利用的重要突破点，也是提升企业综合经济效益的重要举措。

9.1.3.1　典型组成

丙烷脱氢工艺采用丙烷或 $C_3 \sim C_5$ 烷烃作为原料，采用不同的催化剂及对应的 PDH 反应器，无论是工业化成熟的 Oleflex 工艺或 Catofin 工艺，还是发展中的 Star 工艺、流化催化脱氢（FCDh）工艺及新型丙烷脱氢（ADHO）工艺[5]，虽然丙烷脱氢工艺不同，选择的催化剂及 PDH 反应器各异，但整体丙烷脱氢转化率和选择性较高，丙烷脱氢副反应占比及引入系统的惰性气体的浓度均较小。因此不同丙烷脱氢技术产生的放空气组分虽稍有差别，但基本相似，典型丙烷脱氢尾气组分见表 9-5[6]。

表 9-5　典型丙烷脱氢尾气典型组成表

项目	数值	项目	数值
$\varphi(H_2)$/%	87.9	$\varphi(C_2H_4)$/%	0.3
$\varphi(N_2)$/%	1.5	$\varphi(C_2H_6)$/%	0.8
$\varphi(CO)$/%	1.8	$\varphi(C_3H_6)$/%	1.6
$\varphi(CO_2)$/%	0.1	$\varphi(C_3H_8)$/%	1.2
$\varphi(CH_4)$/%	4.8	合计/%	100.0

9.1.3.2　排放及分布

丙烷脱氢是以丙烷为原料，在温度 $500 \sim 680℃$、压力 $0.05 \sim 0.10MPa$、铂或铬基催化剂作用下生成丙烯的过程，主要化学反应式如下：

$$C_3H_8 \Longleftrightarrow C_3H_6 + H_2 - 124.35kJ/mol$$

该反应为可逆吸热反应，从反应可见在生产丙烯的同时，会产生等物质的量的 H_2。由于催化反应过程中还伴随有其他副反应，尾气中除了 H_2 外，还混有乙烷、乙烯、CO 和 CH_4 等组分，可通过分离技术得到高纯度的 H_2 副产品。

丙烯作为重要化工基础原料之一，近年来国内丙烯及其下游衍生产品的消费量持续保持增长，而丙烷脱氢技术流程简单、投资和运营成本低、建设周期短，且可副产大量的 H_2 资源。截止到 2022 年，我国已建成投运丙烷脱氢装置 23 套，具体分布和产能见表 9-6，大多位于东部沿海地区，合计年产能为 $1173 \times 10^4 t$，整体开工率约 69%，实际产量约 $810 \times 10^4 t$，其中具有代表性且较为稳定的生产企业实际产量见图 9-6。近两年内可建成的项目据不完全统计约有 28 套，总年产能约 $1688 \times 10^4 t$。同时国内尚有近 30 个项目正处于规划阶段，估计产能 $2100 \times 10^4 t$。可见国内丙烷脱氢项目投资热情高涨，正处于快速增长阶段，丙烷脱氢可使丙烯产能从目前国内总产能的 16% 快速提升到 30% 以上，丙烷脱氢尾气产量也将突破 $100 \times 10^8 m^3/a$。

表 9-6　国内丙烷脱氢现有产能统计表[7]

生产企业	丙烷脱氢工艺技术	装置状态	丙烯产能/($\times 10^4 t$)
渤海化工	Catofin	在产	60
斯尔邦石化	Oleflex	在产	70
齐翔腾达	Catofin	在产	70
鑫泰石化	Catofin	在产	30
远东科技	ADHO	在产	15
烟台万华	Oleflex	在产	75
河北海伟	Catofin	在产	50
浙江三圆	Oleflex	在产	45
宁波海越	Catofin	在产	60
天弘化学	Oleflex	在产	45
卫星石化(一期)	Oleflex	在产	45
卫星石化(二期)	Oleflex	在产	45
巨正源(一期)	Catofin	在产	60
美得石化(一期)	Oleflex	在产	66
浙江华泓	Oleflex	在产	45
浙江石化(一期)	Oleflex	在产	60
东华能源(张家港)	Oleflex	在产	60
宁波东华能源(一期)	Oleflex	在产	66
宁波东华能源(二期)	Oleflex	在产	66
山东金能	Catofin	在产	90

续表

生产企业	丙烷脱氢工艺技术	装置状态	丙烯产能/(×10⁴ t)
安庆泰发	Catofin	在产	20
宁夏润丰	Catofin	在产	30
合计			1173

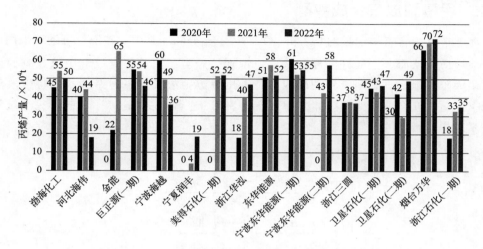

图 9-6　2020～2022 年国内主要 PDH 厂家丙烯产量图

（数据来源于金联创能源网 2023 年 4 月统计数据）

浙江石化 2020 年 7 月投产，金能/宁夏润丰 2021 年 7 月投产

9.2　甲醇弛放气利用

9.2.1　甲醇弛放气制氢

甲醇弛放气中 H_2 的回收，目前通常采用的方法有膜分离工艺、变压吸附（PSA）工艺两种。膜分离氢回收系统占地面积小、运行费用低、投资成本低，但回收的 H_2 纯度较低，压力损失较大，膜芯件更换成本较高；变压吸附氢回收系统产品 H_2 纯度高、操作简单、压力损失小，但变压吸附装置阀门切换频繁，一次投资费用稍高。

膜分离工艺一般用于以煤为原料的甲醇合成工艺中，渗透气（富 H_2）加压后返回合成系统，提高甲醇产量。膜分离提氢工艺流程如图 9-7 所示。

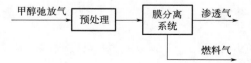

图 9-7　甲醇弛放气膜分离提氢工艺流程图

变压吸附工艺一般用于以烃类为原料的甲醇合成工艺中，高纯 H_2 输送到下游工艺单元或者直接作为 H_2 能源使用。变压吸附提氢工艺流程如图 9-8 所示。

图 9-8　甲醇弛放气变压吸附提氢工艺流程图

9.2.2　甲醇弛放气合成甲醇

甲醇弛放气中含有一定量的 CO 和 CO_2，为了充分利用其中的碳源，可继续采用甲醇弛放气合成甲醇，从而产生较好的经济效益，特别是烃类制甲醇等合成气中氢过剩的生产工艺，可最大限度地回收利用宝贵的碳成分。采用甲醇弛放气制甲醇专利技术将弛放气中的 CO 和 CO_2 进一步合成甲醇[8]，增加甲醇产量，其工艺流程见图 9-9[9]。据不完全统计，应用此技术来提能增效的工厂见表 9-7。

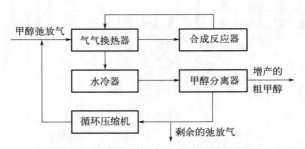

图 9-9　甲醇弛放气合成甲醇工艺流程图

表 9-7　甲醇弛放气合成甲醇工业应用业绩表

序号	生产厂家及规模	弛放气量/(m^3/h)	副产甲醇量/(t/a)	投产时间
1	金牛旭阳焦炉气年产 $20×10^4$ t 甲醇	15000	10000	2011 年
2	徐州腾达焦炉气年产 $15×10^4$ t 甲醇	12000	8000	2013 年
3	徐州伟天焦炉气年产 $15×10^4$ t 甲醇	12000	8000	2013 年
4	山东盛隆年产 $30×10^4$ t 甲醇	20000	15000	2015 年
5	山东恒信科技年产 $15×10^4$ t 甲醇	12000	8000	2020 年
6	新疆拜城众泰年产 $20×10^4$ t 甲醇	15000	10000	2021 年

以某公司 $20×10^4$ t 焦炉煤气制甲醇装置，配套建设一套弛放气制甲醇装置为例，装置整体投资约 $2100×10^4$ 元，甲醇增产约 $1.2×10^4$ t/a，并副产蒸汽 2400t/a，实现年销售收入约 $3400×10^4$ 元，年净利润约 $1010×10^4$ 元，投资回收期仅约 2 年，具有较好的经济效益。

9.2.3　甲醇弛放气合成氨

氨合成原料气主要为 N_2 和 H_2。甲醇弛放气中 H_2 含量很高，可作为合成氨的原料 H_2 来源。甲醇弛放气采用变压吸附工艺提纯制取高纯 H_2，与高纯 N_2 制取合成氨，成本低，经济效益高。一般甲醇装置都配置空分系统，同时副产气中 N_2 也能得到有效利用。

甲醇弛放气合成液氨工艺流程见图 9-10。

2010 年河北旭阳焦化有限公司率先采用西南化工研究设计院设计的此工艺路线产出液

氨产品后，此工艺技术陆续在全国各类甲醇厂广泛使用，工业生产规模不完全统计如表 9-8 所示。

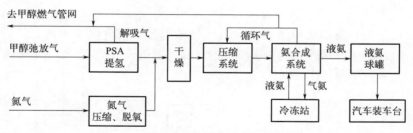

图 9-10　甲醇弛放气合成液氨工艺流程图

表 9-8　甲醇弛放气制液氨工业生产规模表

序号	生产厂家	甲醇弛放气制液氨规模/($\times 10^4$ t/a)
1	河北旭阳焦化有限公司	10
2	河南中鸿集团煤化有限公司	5
3	山西新绛县中信焦化厂	3.5
4	唐山佳华煤化工有限公司	5
5	临汾万鑫达焦化有限责任公司	6
6	河北华丰煤化电力有限公司	5
7	山东济宁盛发焦化有限公司	5
8	宏源煤焦化工有限公司	3.5
9	徐州龙兴泰能源科技有限公司	10
10	内蒙古蒙西矿业有限公司	5

以某公司 20×10^4 t/a 焦炉煤气制甲醇装置，配套建设一套弛放气制合成氨装置为例，装置整体投资约 5000×10^4 元，增产合成氨约 4×10^4 t/a，并副产蒸汽 38000t/a，实现年销售收入约 1.6×10^8 元，年净利润约 3810×10^4 元，投资回收期仅 1～2 年，具有较好的经济效益。

9.3　合成氨弛放气利用

9.3.1　合成氨弛放气制氢技术

合成氨弛放气中含有较高含量的 H_2，若将弛放气中的 H_2 加以回收利用，再返回系统作为合成氨的原料气，可增产合成氨 2%～5%，这是合成氨厂主要的节能措施之一，能显著提高合成氨企业的产能及经济效益[10]。

合成氨弛放气中 H_2 的回收，目前通常采用的方法有膜分离工艺、变压吸附工艺和深冷低温分离工艺 3 种。3 种工艺各有特点：膜分离氢回收系统占地面积小，节省能源，对弛放气净化度要求不高，但回收的 H_2 纯度只有 90%[11]；变压吸附氢回收系统产品 H_2 纯度高，可达 99.99%以上，操作易实现自动化，可利用弛放气压力，不必增加能耗；深冷低温分离适用于氢含量很低的尾气，但流程以及操作和管理上都很复杂，且压缩和冷却的能耗很高。

9.3.1.1　膜分离提氢

膜分离法提氢是利用渗透膜选择性分离气体的机理从混合气中分离氢，以高分子膜为界，使特定的气体产生分压差，能引起气体的迁移并通过高分子膜。膜分离提氢工艺流程如图 9-11 所示。

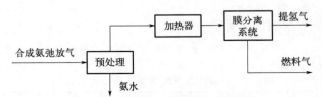

图 9-11　合成氨弛放气膜分离提氢工艺流程图

合成氨弛放气先经过预处理后进入膜分离系统进行分离。由于各种气体在膜中的渗透速度不同，且膜两边存在作为渗透推动力的压差，所以 H_2 比 CO_2 及 CH_4 等分子通过膜的速度快得多，从而达到分离的目的。

早在 20 世纪 80 年代，各大、中型合成氨厂就引进了美国的普里森膜分离装置，用于合成氨弛放气氢的回收。投产后经济效益显著提高：增产氨 3%～4%，吨氨能耗下降 500MJ。20 世纪 90 年代国产膜原件取代进口膜原件，合成氨弛放气膜分离提氢技术在行业中得到广泛应用，均取得了显著的经济和社会效益。

9.3.1.2　变压吸附提氢

变压吸附法利用吸附剂在不同压力下吸附容量的不同来实现其分离的目的，变压吸附提氢工艺流程如图 9-12 所示。

图 9-12　合成氨弛放气 PSA 提氢工艺流程图

变压吸附提氢技术在合成氨弛放气提氢中应用广泛，且效果显著。变压吸附技术提取的 H_2 纯度可达 99.99% 以上。根据 H_2 纯度的要求，提取的 H_2 可作为合成氨原料返回系统，也可作为商品 H_2 外卖，还可以用于加氢产品（如双氧水、硬化油、甲醇和山梨醇等）的生产，获得良好的经济效益。

9.3.1.3　深冷低温分离提氢

深冷低温分离法是利用合成氨弛放气中氢和其他组分之间的沸点相差较大的特点，达到将 H_2 与其余组分分离的目的。深冷低温分离提氢工艺流程如图 9-13 所示。

深冷法回收 H_2 的工艺流程包括 3 个部分，即弛放气预处理、弛放气的最终净化及低温冷凝分离。弛放气进入深冷分离前必须脱除氨和水分，然后通过分子筛干燥。通过分子筛后的气体进入冷箱，在铝制板翅式换热器中的尾气和产品气进行对流冷却交换，温度下降到 -190℃ 左右，在此温度下，杂质（CH_4 等）冷凝下来，并在分离器中被除去，最终分离得

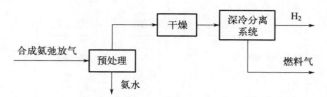

图 9-13　合成氨弛放气深冷低温分离提氢工艺流程图

到纯度为 90% 左右的 H_2[12]。

　　深冷分离技术是一种比较传统的成熟技术，该技术已在部分合成氨厂投入使用。但由于操作、管理复杂，停车后开车时间长，且在气量不足、压力较低情况下操作困难，故未能广泛推广。

9.3.2　典型案例

　　以某合成氨厂为例，其弛放气经氨回收后的气量为 $500 m^3/h$，组成见表 9-9。

表 9-9　某厂合成氨弛放气组成表

项目	数值	项目	数值
$\varphi(H_2)/\%$	55	$\varphi(Ar)/\%$	2
$\varphi(N_2)/\%$	20	$\varphi(NH_3)/\%$	10×10^{-4}
$\varphi(CH_4)/\%$	22		

　　该厂采用变压吸附法对此弛放气进行回收后返回氨合成系统，每天可回收的 H_2 量约为 $4900 m^3$，每天折合成氨约为 2.5t。按液氨 3000 元/t 计算，年销售收入增加 247.5×10^4 元，而变压吸附提氢装置的投入费用不到 100×10^4 元，且装置运行中基本无额外能耗，不到半年即可收回投资成本。

9.4　丙烷脱氢尾气利用

　　丙烷脱氢尾气中含有较高含量的 H_2，将尾气中的氢加以回收利用，得到高纯度的 H_2 作为产品或下游用氢产品的原料，能显著提高丙烯加工企业的经济效益，同时也可优化企业的产业结构，延伸产品链，增强企业市场抗风险能力。

　　丙烷脱氢尾气制氢基于其氢含量高、排放压力低的特点，当前最经济合理和应用成熟的即为 PSA 工艺技术[13]。根据应用中选择的吸附剂不同，其对混合气体的吸附也存在一定的差异。在利用丙烷脱氢尾气进行 H_2 提纯时，可采用活性炭或分子筛，但分子筛的综合性能更加优越。

　　一般丙烷脱氢尾气根据不同丙烷脱氢工艺排放压力有所不同，可根据实际工况设置尾气压缩机，经压缩后的尾气进入 PSA 吸附塔。经 PSA 吸附塔提纯后的 H_2 再经过脱氧干燥系统进一步脱除微量氧、微量水后作为产品 H_2 送出。其工艺流程如图 9-14 所示。

　　根据某公司 $60 \times 10^4 t/a$ 丙烷脱氢尾气制丙烯项目配套工程，建设一套 $28000 m^3/h$ 的变压吸附提氢装置，项目产品 H_2 为纯度大于 99.999% 的燃料电池用氢（高纯氢），能满足大

图 9-14　丙烷脱氢尾气提氢工艺流程图

部分高端加工业对 H_2 的要求。H_2 产品其一为工业 H_2 产品（约 27000 m^3/h），通过管道输送至下游用氢企业，其二为燃料电池氢（1000 m^3/h），通过压缩充装至长管拖车，销售给周边用氢企业或加气站。

整个装置主要包括原料气压缩、变压吸附提氢、H_2 干燥、解吸气压缩和 H_2 充装系统及公辅配套。具体项目综合技术经济指标如表 9-10 所示。

表 9-10　某公司 $60×10^4$ t/a PDH 配套 PSA 装置主要综合技术经济指标表

指标名称		数值	备注
生产规模	PSA 装置	28000 m^3/h	以产品 H_2 计
产品方案	H_2	28000 m^3/h	纯度＞99.999%
主要原材料消耗	PDH 尾气	36900 m^3/h	干基
经济指标	项目总投资	8340 万元	
	年均销售收入	30240 万元	生产期平均
	年平均总成本	12344 万元	生产期平均
	年均利润总额	16347 万元	生产期平均
	财务内部收益率	73.24%	税前
	静态投资回收期	2.85 年	税前，含 1 年建设期

从表 9-10 可见，本项目具有非常好的经济效益。同时通过本项目的实施，公司的产业结构得到了优化，大大提高了市场竞争力，可为周边地区约 60 座 1000kg/d 的加氢站提供燃料电池 H_2，大力保障和加速了地区燃料电池 H_2 行业的发展。

9.5　排放气利用展望

甲醇弛放气、合成氨弛放气和丙烷脱氢尾气中均富含 H_2 组分，是工业生产中重要的 H_2 资源。H_2 作为一种重要的化工原料，也是主要的二次能源。工业生产氢的方式很多，在常见的电解水制氢、煤炭气化制氢、重油及天然气水蒸气催化转化制氢和工业尾气提氢等工艺中，工业尾气提氢成本相对较低，具有非常明显的成本优势和市场竞争力[14]。同时随着 H_2 资源变得越来越宝贵，除了通过煤、石油和天然气等能源直接转化，或通过风、太阳能等可再生资源电解水获得 H_2 外，富氢排放气通过提纯技术得到低成本 H_2 变得越来越重要，最大限度回收利用 H_2 组分将是非常重要的课题[15]。

9.5.1　富氢排放气耦合多级高效利用

在当前"双碳"目标背景下，我国石油化工生产路径向"绿色化工"与"循环化工"发展已成为唯一选择。同时随着节能减排与环保政策从严，企业节能环保意识和精细化管理水平提高，绝大多数企业都对化工生产过程中的排放气有回收综合利用的需求和规划。针对排放气的特点，耦合多种工艺技术高效利用排放气逐渐得到开发和推广[16]。

(1) 甲醇弛放气提氢联产 LNG 技术

甲醇弛放气中除主要含 H_2 组分外，还有少量的 CO、CO_2 和 CH_4。弛放气首先经过甲烷化装置，将其中的 CO、CO_2 全部反应生成 CH_4，这样经甲烷化后的弛放气主要组分只有 H_2、CH_4 和 N_2。再通过深冷分离得到 LNG 产品，深冷的富氢尾气再经过 PSA 净化提纯技术得到纯 H_2。此耦合联产技术在甲醇合成气原料气中含少量 CH_4 时更有经济优势[17]。

(2) 甲醇弛放气膜分离＋PSA 提氢技术

甲醇弛放气除富含 H_2 组分外，还有一个重要特点就是排放压力高，通常低压合成也在 3.5MPa 以上，高压合成时排放压力达 8.0MPa。目前国内虽然西南化工研究设计院具有 6.0MPa 变压吸附工艺技术和工业化装置，但在超过 6.0MPa 的高压下采用变压吸附法时仍需减压进行操作，吸附相需要降低到常压进行解吸，如果吸附相另有其他需要在高压下的用途时，直接采用变压吸附法的压力损失较大，并不经济[18]。此时可采用膜分离＋变压吸附耦合工艺实现优势互补，达到降低压力损失、优化整体工艺的目的。高压弛放气先采用膜分离进行气体分离，非渗透侧得到的高压气体可返回反应系统循环，渗透侧提浓降压后的富氢尾气再经 PSA 分离提纯。此技术随着合成甲醇装置规模越来越大，反应压力也随之越来越高，弛放气排放压力也变大，耦合技术应用将有良好的前景。

(3) 合成氨弛放气提氢联产 LNG 技术

合成氨弛放气中除主要含 H_2 组分外，还有较高含量的 CH_4，将弛放气洗氨并回收液氨，经过干燥净化后通过深冷分离得到 LNG 产品，深冷的富氢尾气再经过 PSA 净化提纯技术得到纯 H_2，H_2 可循环作为原料气使用或作为产品外供[19]。此耦合技术将弛放气中有效碳、氢原子都进行了资源回收和利用，在大型化合成氨装置或有联产液氨的装置中可实现最大限度的分子有效利用。

(4) 丙烷脱氢尾气转化提氢技术

丙烷脱氢尾气中除主要含 H_2 组分外，其他主要为 CH_4 和多碳烃，为了能尽可能回收利用其中 H、C 资源，可先采用烃类转化＋变换工艺将碳烃全部转化为 H_2，再经 PSA 分离提纯 H_2[20]。由于目前丙烷脱氢尾气 PSA 提氢后的解吸气可直接用作丙烷脱氢反应的燃料，因此耦合研究意义不大，但随着丙烷脱氢技术的成熟和进步，也有应用的可能。

9.5.2 富氢排放气大型化开发和应用

随着甲醇、合成氨及丙烯的需求和产能的不断提升，甲醇装置、合成氨装置和丙烷脱氢装置的生产规模也变得越来越大，相应排放气量也随之增大，排放气综合利用装置需要大型化工业装置与之配套。

为了满足甲醇弛放气、合成氨弛放气和丙烷脱氢尾气处理规模不断提升发展的要求，大型化变压吸附分离技术及装置需进一步研发和提升。在各种工业应用的推动下，从 20 世纪 60 年代国外实现 PSA 规模化生产后，我国在 80 年代开始自研技术的工业化应用。经过 40 多年的不断技术开发和工程实践，处理量已从每小时数千立方米逐步拓展到数十万立方米。实现变压吸附分离装置的大型化，对 PSA 工艺技术、智能化控制技术和关键设备大型化后的可靠性等诸多方面都提出了更高的要求，需要在加快技术研究的同时，突破设备制造瓶颈、核心程控阀大口径加工难题等[21]。同时在大型化研究和发展过程中，应不断提升变压吸附分离装置运行的可靠性和稳定性，满足我国当前和今后主流的百万吨级合成甲醇、合成氨及丙烯装置配套制氢装置长周期稳定运行的需要。

随着氢能被写入国家能源法和"十四五"发展规划，目前在绿氢成本太高、推广难度大的现实情况下，大力推进工业富氢排放气的氢能化利用和大型化，通过提升工业副产氢在能源领域的应用比例，显著提升工业副产氢的经济价值。同时，通过氢能的发展，逐步对化工、钢铁等行业进行改造，助力传统高碳行业转型升级，将在实现"双碳"目标中作出突出的贡献。

参 考 文 献

[1] 陈健，姬存民，卜令兵. 碳中和背景下工业副产气制氢技术研究与应用 [J]. 化工进展，2022，41（3）：1479-1486.

[2] 杨明，任万峰，谭浩磊，等. 合成氨弛放气的资源利用技术与应用 [J]. 氮肥与合成气，2019，47（2）：1-3.

[3] 冯元琦. 甲醇生产操作问答 [M]. 北京：化学工业出版社，2008.

[4] 全国煤化工信息总站. 2022 年我国甲醇产能、产量以及进口情况 [Z]. 煤化工，2023，126.

[5] 周巍. 丙烷脱氢制丙烯技术浅析 [J]. 石油化工设计，2013，30（3）：36-38.

[6] 胡志彦. 丙烷脱氢反应气的分离方案研究 [J]. 石油化工，2017，46（9）：1174-1178.

[7] 黄格省，丁文娟，王红秋，等. 丙烷脱氢制丙烯发展现状与前景分析 [J]. 油气与新能源，2022，34（2）：8-13，19.

[8] 蹇守华，黄维柱，杨先忠，等. 一种利用甲醇弛放气生产甲醇的装置：CN202509006U [P]. 2012-10-31.

[9] 蹇守华，余红，杨先忠，等. 利用甲醇弛放气生产甲醇专利技术的应用 [J]. 天然气化工（C1 化学与化工），2013，38（6）：48-50.

[10] 黄长胜，吴萍. 氨合成尾气中氨及氢的回收 [J]. 中氮肥，2004（5）：33-34.

[11] 吴贵兵. 合成氨驰放气氢气回收改造运行分析 [J]. 化工设计通讯，2022，48（5）：1-3.

[12] DAIMER P. 合成氨驰放气的分离 [J]. 深冷技术，1975（S2）：39-41.

[13] 郭万冬，张瑜. PSA 技术在丙烷脱氢尾气精制氢气过程中的应用 [J]. 天津化工，2019，33（2）：27-28，43.

[14] 王大军，金鑫，孙世珍，等. 工业排放气资源化利用技术开发进展 [J]. 化工进展，2012，31（S1）：438-440.

[15] 陈健，王啸. 工业排放气资源化利用研究及工程开发 [J]. 天然气化工（C1 化学与化工），2020，45（2）：121-128.

[16] 颜鑫，舒均杰，孔渝华. 新型联醇工艺与节能 [M]. 北京：化学工业出版社，2009.

[17] 徐广才. 甲醇合成弛放气回收利用 [J]. 氮肥与合成气，2019，47（3）：16-17，26.

[18] 陈健. 吸附分离工艺与工程 [M]. 北京：科学出版社，2022.

[19] 张全明. 合成氨尾气全回收-实现生产的清洁化 [J]. 中氮肥，2021（3）：45-48.

[20] 张凯鹏. 富氢气体回收优化对策 [J]. 能源化工，2020，41（6）：21-24.

[21] 李庆勋，刘晓彤，刘克峰，等. 大规模工业制氢工艺技术及其经济性比较 [J]. 天然气化工（C1 化学与化工），2015，40（1）：78-82.

第10章
含硫工业尾气

自然界中的硫元素含量低但分布广，一部分以硫单质形式存在于火山口或地壳岩层中，另一部分以硫化物、硫酸盐形式存在，主要存在于化石燃料、金属矿物、石膏、蛋白质等中。在工业中，钢铁、焦化、陶瓷、火电等行业在生产运行中会排放出含硫尾气。我国天然硫矿匮乏，高品质的含硫化学品一直处于供不应求的状态。含硫尾气资源化利用一定程度上可增加含硫化学品的供应，主要方式包括将含硫尾气净化副产物回收利用，用于化肥、建材等行业，也包括将尾气中的含硫化合物回收，制硫黄、硫酸及各种含硫化学品。含硫工业尾气净化及资源化利用技术路线如图 10-1 所示。

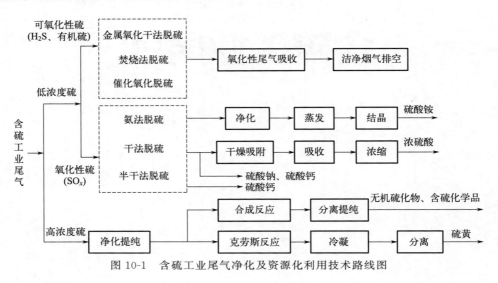

图 10-1　含硫工业尾气净化及资源化利用技术路线图

10.1　含硫工业排放气现状及特点

含硫工业尾气主要分为氧化性含硫尾气（主要含 SO_x）和可氧化性含硫尾气（主要含 H_2S 和有机硫），其中氧化性含硫尾气占绝大部分[1]。氧化性含硫尾气主要集中在火电、冶金、有色金属、陶瓷和水泥等行业的排放烟气中。含 H_2S 及有机硫的可氧化性含硫尾气主要集中在天然气、石化、焦化和煤化工等行业的排放气中，如干熄焦焦化的排放气和煤制甲醇、煤制合成氨、煤制天然气等装置中低温甲醇洗尾气洗涤塔的排放气。

2011 年以前，我国 SO_2 排放量已连续多年超过 2000 万吨，导致酸雨和空气污染严重，但随着我国烟气排放治理的加强，SO_2 排放量逐年下降。根据《中国生态环境统计年报（2021）》，2021 年全国废气中 SO_2 排放量为 $274.8×10^4 t$，其中工业源 SO_2 排放为 $209.7×10^4 t$，占比为 76.3%，且电力、热力、非金属矿物制品、黑色冶金、化工、有色冶炼和石油加工炼焦 6 个行业占工业源排放量的 80% 以上。

含硫工业尾气根据硫的含量可大致分为两类：含微量硫工业尾气（体积分数 10^{-6}～10^{-4}）以及高浓度含硫工业尾气（体积分数 10^{-4} 及以上）。含微量硫工业尾气无法进行硫资源化利用，往往需要净化脱除，通常须脱除至 10^{-6} 量级，有的甚至须脱除至 10^{-9} 量级，如甲醇合成以及天然气合成原料气净化。高浓度含硫工业尾气因硫浓度高，可通过氧化还原制备成单质硫产品，实现含硫工业尾气的资源化利用，如天然气硫回收。

10.2　含硫工业尾气净化

含微量硫工业尾气净化脱除技术多达几十种，针对含硫工业尾气的不同类型，净化技术差异明显。氧化性含硫工业尾气主要包含 SO_2 和 SO_3，按照过程是否加水可主要分为湿法、半干法和干法三类。湿法脱硫技术应用广泛，技术成熟可靠，但烟气排放有白烟，脱硫效率相对较低，生成物亚硫酸钙和硫酸钙的溶解度较小，极易在脱硫塔内及管道内发生结垢、堵塞现象。半干法和干法脱硫技术脱硫效率高，烟气排放可达到超低排放标准，且无白烟。可氧化性含硫工业尾气主要是含 H_2S 及有机硫的废气，其净化技术主要有焚烧法和催化氧化法。氧化性含硫工业尾气净化技术对比如表 10-1 所示。

表 10-1　氧化性含硫工业尾气净化技术对比表

净化技术名称	湿法脱硫技术	半干法脱硫技术	干法脱硫技术
技术效果	脱硫效率超过 90%	脱硫率可超过 85%	脱硫率超过 90%
技术原理	氢氧化钙和氨溶液对 SO_2 进行吸收	碳酸氢钠或氢氧化钙悬浮液与 SO_x 接触反应	固体脱硫剂吸收或吸附 SO_2
技术优点	工艺简单、装置阻力小、自动化程度高等，可实现废气超低排放，不产生二次污染	技术成熟、系统可靠、工艺流程简单、耗水量少、占地面积小	生产操作连续性较好、硫酸浓度低

10.2.1　含硫工业尾气净化技术

10.2.1.1　湿法烟气脱硫技术

湿法烟气脱硫技术主要以碱性溶液对烟气进行洗涤，吸收烟气中的酸性气体 SO_2。湿法脱硫技术中较成熟的工艺主要包括石灰石/石膏法、镁法、海水吸收法、氨法等[1]，下文以石灰石/石膏法和氨法技术为例进行介绍。

(1) 石灰石/石膏法脱硫

石灰石/石膏法是以石灰石或石灰浆液作为吸收剂，对烟气中的 SO_2 进行吸收，生成的亚硫酸钙经过空气氧化为硫酸钙，结晶后生成石膏。石灰石/石膏法的反应如下：

$$2CaCO_3 + 2SO_2 + H_2O \longrightarrow 2CaSO_3 \cdot 0.5H_2O + 2CO_2 \uparrow$$
$$2CaO + 2SO_2 + H_2O \longrightarrow 2CaSO_3 \cdot 0.5H_2O$$
$$2CaSO_3 \cdot 0.5H_2O + O_2 + 3H_2O \longrightarrow 2CaSO_4 \cdot 2H_2O$$

石灰石/石膏法烟气脱硫工艺流程如图 10-2 所示。石灰石或石灰经过研磨制成石灰浆液，通入吸收塔中，通过循环喷淋与逆流的 SO_2 反应生成亚硫酸钙。反应后的产物在重力作用下落入吸收浆液中，塔底鼓入空气，将亚硫酸钙强制氧化成二水硫酸钙，结晶析出后作为副产物回收利用。pH 值对吸收效率的影响较大，运行过程中持续补充石灰石浆液，以保持 pH 值在 5~7 范围内。为进一步降低运行成本，可选用电石渣等碱性废渣代替石灰石或石灰作为吸收剂[2]。

石灰石/石膏法脱硫工艺简单、原料易得、运行成本低，脱硫效率一般高于 95%，是目前国内外应用最广泛的烟气脱硫技术。脱硫副产物石膏的纯度可达90%[3]，可用于建筑材料等领域。其主要问题在于设备的结垢腐蚀较严重、工艺耗水量大、占地面积大以及脱硫石膏的资源化利用率较低。

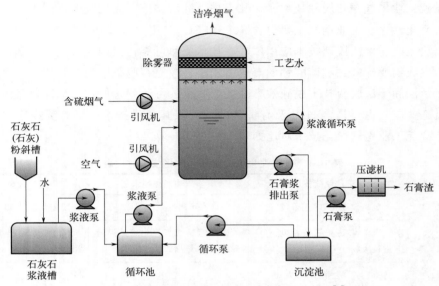

图 10-2　石灰石-石膏法烟气脱硫工艺流程图[2]

（2）氨法脱硫

氨法脱硫技术以氨水作为脱硫剂，对烟气中的 SO_2 进行洗涤和吸收，生成的硫酸铵副产品具有高附加值，可用于生产化肥。氨法脱硫系统主要由脱硫洗涤单元、氨贮存单元和硫酸铵处理单元组成，其核心设备是脱硫洗涤塔。

氨法脱硫技术反应如下：

$$2NH_3 + SO_2 + H_2O \longrightarrow (NH_4)_2SO_3$$
$$(NH_4)_2SO_3 + SO_2 + H_2O \longrightarrow 2NH_4HSO_3$$
$$NH_4HSO_3 + NH_3 \longrightarrow (NH_4)_2SO_3$$
$$2(NH_4)_2SO_3 + O_2 \longrightarrow 2(NH_4)_2SO_4$$

常见的湿式氨法脱硫装置工艺流程如图 10-3 所示。除尘后的烟气进入脱硫塔，经过逆流喷淋和增湿降温后，与氨水逆流接触反应，脱除 SO_2，生成亚硫酸铵。脱硫塔内吸收液设有多个循环以提高脱硫效率。氧化风机持续向脱硫塔内提供空气，使亚硫酸铵氧化生成硫酸铵，并经过净化、蒸发等工序形成结晶硫酸铵产品。

氨法脱硫技术目前存在的主要问题包括氨逃逸、气溶胶二次污染、脱硫烟气拖尾、设备腐蚀以及硫酸铵副产物的品质低等[4-5]。

石灰石/石膏法与氨法的技术对比见表 10-2。

表 10-2　石灰石/石膏法与氨法的技术对比表[6]

项目	石灰石/石膏法	氨法
脱硫效率	95%以上	95.0%～99.5%
占地面积	大	较小

续表

项目	石灰石/石膏法	氨法
副产物及其资源化利用	石膏,少部分用于建材行业,大部分废弃	硫酸铵,制氮肥
处理成本	较低	较高
适用范围	不限	不限
二次污染	废水	气溶胶

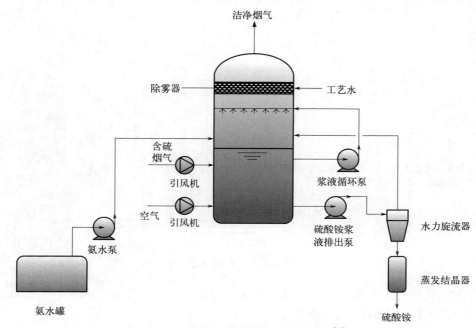

图 10-3 某氨法脱硫装置工艺流程图[2]

10.2.1.2 半干法烟气脱硫技术

半干法烟气脱硫技术是结合湿法和干法脱硫技术的部分优点而形成的脱硫技术,主要有喷雾法、循环流化床法、新一代半干法(novel integrated desulfurization,NID)、烟道喷射法等。目前应用较为广泛的主要有旋转喷雾干燥脱硫工艺和循环流化床烟气脱硫(circulating fluidized bed flue gas desulfurization,CFB-FGD)工艺以及由烟气循环流化床工艺改进的 NID 法。

(1) 旋转喷雾干燥脱硫

旋转喷雾干燥(rotary spray drying adsorption,SDA)脱硫技术以生石灰(CaO)为吸收剂,生石灰消化后制成的熟石灰浆液经雾化器变成雾滴与含硫尾气反应脱硫。烟气中的 HF、HCl 等酸性气体也可被吸收。旋转喷雾干燥法的反应如下:

$$CaO + H_2O \longrightarrow Ca(OH)_2$$
$$CaO + SO_2 \longrightarrow CaSO_3$$
$$CaO + SO_3 \longrightarrow CaSO_4$$
$$CaO + 2HCl \longrightarrow CaCl_2 + H_2O$$
$$CaO + 2HF \longrightarrow CaF_2 + H_2O$$
$$2CaSO_3 + O_2 \longrightarrow 2CaSO_4$$

旋转喷雾干燥脱硫工艺流程如图 10-4 所示。将生石灰消化后的熟石灰浆液用泵打入吸收塔顶部的旋转喷雾器，雾化成直径约 $50\mu m$ 的雾滴。热烟气进入吸收塔与雾滴接触，烟气中的 SO_2、SO_3 以及其他酸性成分与碱性雾滴发生反应，同时雾滴中的水分挥发，成为干燥的脱硫副产物。少量脱硫副产物直接从塔底排出，大部分与脱硫烟气一起进入除尘器，经过气力或机械输送回吸收塔，净化后的烟气经过烟囱排放。脱硫副产物可以返回系统循环制浆以提高脱硫效率。

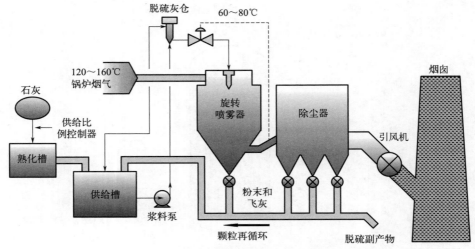

图 10-4　旋转喷雾干燥脱硫工艺流程图

旋转喷雾干燥脱硫法具有工艺简单、投资低等优点，适用于中低硫煤，在钙硫摩尔比（Ca/S）为 1.5∶1 时，脱硫效率可达 70%～80%[7]。

（2）循环流化床烟气脱硫

循环流化床烟气脱硫工艺由吸收剂制备装置、吸收塔、脱硫灰再循环装置、除尘器及控制系统等部分组成。该工艺一般采用干态的熟石灰粉[Ca(OH)$_2$]作为吸收剂，也可采用其他对 SO_2 有反应吸收能力的干粉或浆液作为吸收剂，如碳酸氢钠。钙基 CFB-FGD 工艺反应如下：

$$SO_2 + H_2O \longrightarrow H_2SO_3$$
$$Ca(OH)_2 + SO_2 \longrightarrow CaSO_3 + H_2O$$
$$CaSO_3(l) \longrightarrow CaSO_3(s)$$
$$2CaSO_3 + O_2 \longrightarrow 2CaSO_4$$
$$CaSO_4(l) \longrightarrow CaSO_4(s)$$

半干法脱硫受限于反应条件，需要石灰粉过量来实现对硫氧化物的完全脱除，因此反应后吸收塔中还有未反应的脱硫剂。通过循环的方式，实现对脱硫剂的有效利用，最大限度降低 Ca/S 值，是半干法脱硫技术的发展方向。

典型的循环流化床半干法脱硫工艺流程如图 10-5 所示。未经处理的烟气由吸收塔底进入，与加入的脱硫剂、循环脱硫灰混合，实现预脱硫和 HCl、HF 的脱除。烟气继续向上经过吸收塔下部的文丘里装置，气体流速加快，进入吸收塔内部，在此处气固两相形成湍流，剧烈碰撞，形成循环流化床（4～6m/s）。同时，塔顶结构加强了未完全反应的脱硫絮状物向下部的返回，使床体内 Ca/S 值大幅升高（可高达 50：1），SO_2 被充分吸收，生成 $CaSO_3$ 和 $CaSO_4$。脱硫烟气从吸收塔顶侧向排出，在除尘器中进行气固分离，被分离出来的脱硫灰返回吸收塔。

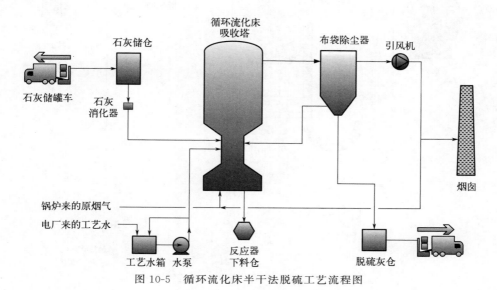

图 10-5　循环流化床半干法脱硫工艺流程图

半干法脱硫效率的影响因素主要有 Ca/S 值、绝热饱和温度、增湿水量、循环倍率等。通过控制增湿水量，可实现对出口烟气温度的调节，出口烟气温度应控制在高于烟气的绝热饱和温度 20℃左右。在此温度下，SO_2 与 $Ca(OH)_2$ 的反应为可瞬间完成的离子型反应，同时脱硫烟气无须加热即可排放，且设备无须防腐[8]。

（3）增湿灰循环脱硫

增湿灰循环脱硫技术是由 ALSTOM 公司在循环流化床工艺基础上改进形成的新一代半干法脱硫（NID）技术，循环工艺最大程度上利用了未完全反应的脱硫灰。增湿灰循环脱硫技术采用生石灰（CaO）为吸收剂，规避了传统半干法技术使用的制浆或喷水工艺而带来的黏结、堵塞等弊端，并具有占地面积小、反应器造价低等优点，脱硫效率可达 95%。增湿灰循环流化床脱硫工艺流程如图 10-6 所示。

反应器设计成 J 形烟道，烟气流速设计为 15~18m/s，反应时间控制在 1~2s[5]。烟气在反应器中与增湿的吸收剂混合，在合适的流场下，混合粒子表面水分瞬间蒸发，温度下降、湿度增加，形成良好的脱硫反应条件。烟气与固体颗粒发生剧烈的碰撞摩擦，反应生成 $CaSO_3$ 和 $CaSO_4$。反应后携带大量固体颗粒的烟气，经过除尘器进行气固分离，分离出的循环灰被输送到增湿消化器集成混合器的一体化设备中。在此处新鲜 CaO 被实时消化为 $Ca(OH)_2$，并与循环灰充分混合、加湿。与上述两种半干法工艺不同，增湿灰循环脱硫工艺的增湿消化过程是将水均匀分散在固体颗粒表面，使含水率达到 5%。此含水率下循环灰粒子的流动性好，可避免 CFB-FGD 工艺中的黏壁问题。混合增湿后循环脱硫灰再次循环进入反应器，循环倍率达到 100 以上。反应后的烟气温度在露点以上 20℃，可直接通过烟囱排出，不需要再次加热。

增湿灰循环脱硫工艺采用模块化设计，每个反应器可处理 $30 \times 10^4 \sim 50 \times 10^4 m^3/h$ 的烟

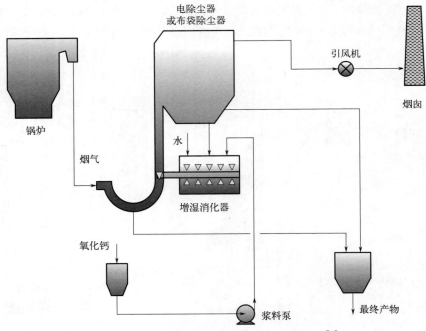

图 10-6　增湿灰循环流化床脱硫工艺流程图[9]

气，当烟气流量超过上限时，可采用多个模块组合[8]。

三种半干法烟气脱硫技术对比见表 10-3[7-8]。

表 10-3　半干法烟气脱硫技术对比表

项目	旋转喷雾干燥法	烟气循环流化床	
		CFB-FGD	NID
适用范围	小机组、中低硫煤	中小机组、中低硫煤	中小机组、中低硫煤
增湿方式	制浆	喷水	增湿消化一体
脱硫效率	70%～80%	90%以上	90%以上
多模块化	无	无	有
副产品的成熟商业利用	无	无	无

10.2.1.3　干法脱硫技术

干法脱硫技术按照脱硫的原理可分为吸附型干法脱硫技术和吸收型干法脱硫技术。

（1）吸附型干法脱硫技术

吸附型干法脱硫技术是利用活性炭的高比表面积及发达的孔隙结构对 SO_2 及 SO_3 进行吸附脱除，然后通过氧化水洗制备稀硫酸，是一种硫资源可循环利用技术。

活性炭的吸附脱硫机理如下：

a. 吸附阶段

$$SO_2(g) \longrightarrow SO_2(*)$$

b. 氧化阶段

$$O_2(g) \longrightarrow 2O(*)$$

$$H_2O(g) \longrightarrow H_2O(*)$$

c. 水合阶段

$$SO_2(*) + O(*) \longrightarrow SO_3(*)$$

d. 稀释再生

$$SO_3(*) + H_2O(*) \longrightarrow H_2SO_4(*)$$
$$H_2SO_4(*) + nH_2O(*) \longrightarrow H_2SO_4 \cdot nH_2O(*)$$

式中，* 表示静态吸附。

活性炭吸附脱硫主要采用固定床和移动床工艺，活性炭再生方法主要有水洗再生法、热气再生法及两种结合的方法。

① 固定床吸附脱硫技术　活性炭固定床吸附脱硫工艺流程如图 10-7 所示，该工艺为变温吸附脱硫工艺，脱硫塔中装填吸附剂，脱硫塔采用一开一再生，烟气经过一级或者多级冷凝后降低至 120℃以下进入脱硫塔脱除 SO_x（SO_2 和 SO_3），当 1 号脱硫塔吸附饱和后开启 2 号脱硫塔，先利用换热水或者蒸汽对 1 号脱硫塔进行洗涤脱酸，脱酸后再用热空气进行干燥再生实现脱硫塔的连续运行，副产硫酸浓度可达 10%～20%[10]，可用于除锈、制备石膏及制备磷铵，也可用于浓缩制浓硫酸。

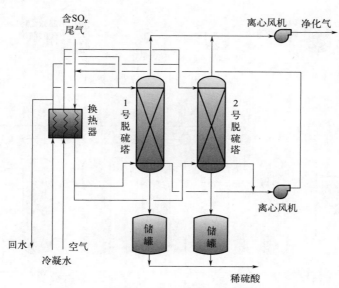

图 10-7　活性炭固定床吸附脱硫工艺流程图

目前市场具有代表性的固定床吸附脱硫技术主要有德国 Lurgi 法、日本日立-东电法及日本化研法。不同固定床吸附脱硫方法对比如表 10-4 所示，德国 Lurgi 法工艺流程如图 10-8 所示，日本日立-东电法工艺流程如图 10-9 所示。

表 10-4　不同固定床吸附脱硫方法的对比表[11]

项目	德国 Lurgi 法	日本日立-东电法	日本化研法
SO_2 脱除效率	≥90%	≥80%	≥80%
优点	工序简单、热能利用效率高	水耗低、制得的硫酸浓度高、生产操作连续性较好	操作连续性较好、操作灵活、设备紧凑、占地面积小、洗涤液分布均匀

续表

项目	德国 Lurgi 法	日本日立-东电法	日本化研法
缺点	水耗大、硫酸浓度低、处理规模小	工艺复杂、占地面积大、设备投资大	硫酸浓度低
应用	适用于小规模、低浓度的含 SO_x 烟气处理	适用于大规模、高浓度的含 SO_x 烟气处理	适用于出口浓度波动较大的工况

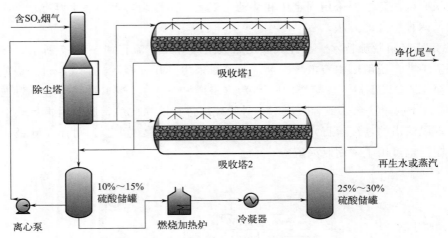

图 10-8　德国 Lurgi 法工艺流程图

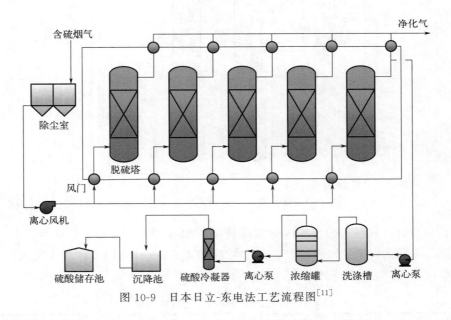

图 10-9　日本日立-东电法工艺流程图[11]

② 移动床吸附脱硫技术　移动床脱硫工艺中，吸附剂靠自身重力自上而下连续运动，与烟气逆流接触，吸附 SO_x 的活性炭经下端卸料口排出至洗涤槽中再生，再生后由顶部加入脱硫塔中进行吸附脱硫，如此循环进行。该法工艺流程相对简单，采用塔外再生减少了脱硫塔的数量，还可根据吸附剂的使用情况随时更换或者添加吸附剂，保证脱硫系统正常运行。与固定床相比，移动床工艺更加灵活、脱硫效率更高、脱硫塔设备投资更小、占地面积

更小，吸附过程中无须加水，属于干法脱硫。但是，该法的活性炭磨耗较高，在使用过程中需要不断添加新鲜活性炭以达到脱硫效果。同时，塔外再生用水量大，制备得到的酸浓度不高，利用价值低。其工艺流程如图 10-10 所示。

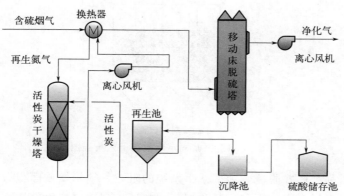

图 10-10　移动床活性炭吸附脱硫法工艺流程图[11]

活性炭吸附脱硫实现了烟气中硫化物的循环利用，通过改性特种活性炭可以实现脱硫脱硝一体化[12]，该工艺操作简单、能耗低，但其仍存在设备投资大、占地面积大、脱硫剂损耗大、稀硫酸利用价值低、再生废水易造成二次污染等缺点。因此，仍然需要耐高温、吸脱附效率更高的活性炭[10]。

（2）吸收型干法脱硫技术

吸收型干法脱硫技术主要是钠基干法和钙基干法，这两种方法分别以碳酸氢钠或氢氧化钙为吸收剂脱除烟气中的 SO_x。吸收型干法脱硫技术具有无设备腐蚀，无污水和废酸，过程无明显温降，二次污染小，无结垢、堵塞，可靠性高，投资费用低，占地面积小，集脱硫除尘于一体的特点，与湿法、半干法钙基脱硫工艺对比见表 10-5。吸收型干法脱硫技术存在吸收剂利用率相对较低，废旧脱硫剂处理困难的问题。

表 10-5　不同钙基脱硫工艺对比表

对比项目	湿法	半干法	钙基干法脱硫技术
脱硫效率	≥95%	最高达 85%	≥90%
Ca/S 值	1.1~1.2	1.2~2.0	<1.4
占地面积	大	小	小
成本	投资大、运行费用低、耗水量大	投资少、运行费用低、有废水	投资少、运行费用较高、无废水
设备腐蚀	有，须防腐	有，须防腐	无
系统磨损	大	大	小
烟气温降	50℃，尾气白烟	20℃，尾气白烟	3~5℃，无白烟
二次污染	有	有	无
废物	石膏	脱硫渣，无法综合利用	脱硫剂，回收利用
压降	<1.2kPa	3~4kPa	0.8kPa

脱硫剂的性能及脱硫工艺的设计选型是决定整个脱硫工艺是否能够达到超低排放要求的关键。目前干法钙基脱硫主要有固定床和移动床两种工艺，其中移动床的应用较广。

① 干法钙基脱硫固定床工艺   图 10-11 为钙基固定床脱硫工艺流程图。

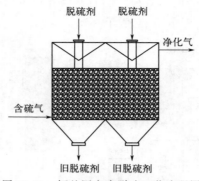

图 10-11   钙基固定床脱硫工艺流程图

固定床脱硫俗称卧塔式脱硫，为了减小系统的阻力，须将横截面积做大以匹配相应的处理烟气量，因此需要增大占地面积。脱硫剂一次装填，到固定期限整体更换，设备简单，工艺操作简单，适用于气量低、浓度低的气源，目前主要用于钢铁厂（如河北唐山钢铁厂、河北津西钢铁集团、山西新金山钢特钢等）高炉煤气发电尾气处理、陶瓷厂（如河北邯郸惠达卫浴厂、河北唐山梦牌卫浴厂等）尾气处理等。

表 10-6 为河北津西钢铁 80MW 高炉气发电尾气固定床脱硫塔的主要设计参数，该塔由8 个独立的长 5m×宽 5m×高 8m 的小脱硫塔组成，每个小塔之间可以相互隔断，利于脱硫剂的更换。钙脱硫塔设计的脱硫剂装填量偏小，导致其运行空速偏高，达到 1100～1200h^{-1}，远高于一般固定床脱硫塔 400h^{-1} 的设计，导致其脱硫剂使用效率偏低。脱硫塔在建成开车后，其脱硫剂最长使用时间不超过 120h。后期使用了西南化工研究设计院自主研发的 CNTS-06 型低温烟气脱硫剂，其脱硫剂运行时间超 780h。

表 10-6   河北津西钢铁 80MW 高炉气发电尾气参数表

项目	数值	备注
脱硫入口烟气量/(m^3/h)	450000	设计值
脱硫剂装填体积/m^3	400	设计值
脱硫入口烟气温度/℃	110～130	
脱硫入口 SO$_2$ 浓度/(mg/m^3)	150～260	设计值为 300mg/m^3
$\varphi(O_2)$/%	5～8	

图 10-12 为河北津西钢铁 80MW 高炉气发电尾气固定床脱硫塔的开车运行效果图。由图可知，开车初期由于在更换 CNTS-06 烟气脱硫剂，出口 SO$_2$ 浓度值一直呈下降趋势，更换完成后出口值始终低于河北省超低排放指标 35mg/m^3，总运行时间超 780h，合格运行时间超 720h，达到了验收标准。该套装置的成功运行，也创造了国内首个高空速固定床脱硫工艺，也是西南化工研究设计院的 CNTS-06 型低温烟气脱硫剂在国内固定床工艺的首次使用，在此工艺条件下的穿透硫容达到 20% 以上。

② 干法钙基脱硫移动床工艺   干法钙基脱硫工艺操作简单，连续自动化程度高，工艺流程如图 10-13 所示。首先经大包卸料站将脱硫剂拆袋装入脱硫剂进料仓，按照一定速度加入振动筛，筛选出的催化剂经进料皮带传送机输送至进料斗提机，然后经进料斗提机输送至

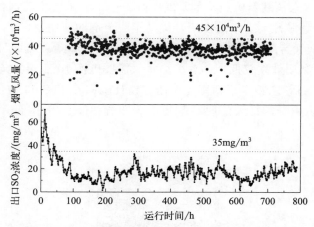

图 10-12　河北津西钢铁 80MW 高炉气发电尾气固定床脱硫塔的开车运行效果图

脱硫反应塔,脱硫剂在反应塔中利用自身重力自上而下按照一定速度缓慢移动,进行催化剂的更换。使用后的脱硫剂经出料斗提机直接输出到出料仓,再经车辆运输至大包卸料站与新鲜催化剂按照一定比例混合,实现了钙基脱硫剂的充分利用[13]。

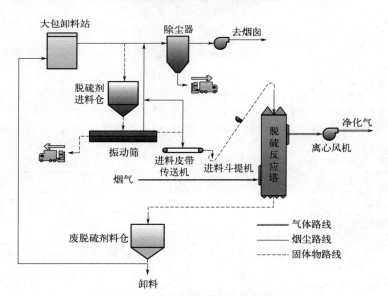

图 10-13　干法钙基脱硫工艺流程图

　　干法钙基移动床工艺具有占地面积小、阻力小、可以实现脱硫剂的在线连续更换、脱硫剂的使用效率更高、运行成本更低等优点,可根据出入口 SO_2 浓度的变化来调节脱硫剂的添加量,但工艺流程更为复杂,设备更加复杂。移动床相较于固定床工艺应用更广,目前主要用于钢铁厂高炉煤气发电尾气(如河北太行钢铁集团有限公司、山东莱芜钢铁集团有限公司)、干熄焦尾气(如河南利源煤业有限公司、山西焦化、河北九江焦化等)、湿熄焦尾气(如陕西陕焦化工、陕西黄陵煤化工等)、陶瓷尾气(如重庆唯美陶瓷等)脱硫处理。

　　陕西陕焦 2 号干熄焦是典型的高空速移动工艺,工艺流程如图 10-14 所示,其运行参数如表 10-7 所示。脱硫塔为方形移动床脱硫塔,设计的四个移动床料仓,采用中间进气两侧出气的工艺，1 仓和 4 仓填装新鲜脱硫剂，2 仓和 3 仓装填循环脱硫剂，新鲜脱硫剂仓使用后的脱硫剂可导入循环脱硫剂仓继续使用，提高了脱硫剂的使用效率。该工艺的设计空速达到了 $600h^{-1}$，导致烟气与脱硫剂的接触时间较短，在冬季时入口温度低至 150℃，在开车运行后该塔的脱硫剂利用效率较低，冬季平均每天需要更换 10t 以上脱硫剂才能控制住出口脱硫指标。2022 年 1 月该塔换上了西南化工研究设计院的 CNTS-06 型低温烟气脱硫剂，其脱硫出口值低于 $30mg/m^3$，每天的脱硫剂更换量低至 3t，有效降低了企业的脱硫剂使用成本。

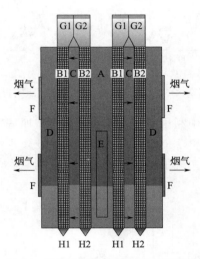

图 10-14 陕西陕焦脱硫塔床层工艺流程图

A—烟气混合室；B1—新鲜脱硫剂床层；B2—循环脱硫剂床层；C—烟气均布室；D—气体缓冲室；E—烟气进口；F—烟气出口；G1—新鲜脱硫剂进料仓；G2—循环脱硫剂进料仓；H1——次旧脱硫剂卸料口；H2—循环旧脱硫剂卸料口

表 10-7 陕西陕焦 2 号干熄焦尾气脱硫塔运行参数表

项目	数值	备注
脱硫入口烟气量/(m³/h)	210000	设计值
设计空速/h⁻¹	600	
脱硫剂装填体积/m³	350	设计值
脱硫入口烟气温度/℃	150～230	
脱硫入口 SO₂ 浓度/(mg/m³)	200	
$\varphi(O_2)$/%	5～8	
脱硫出口 SO₂ 浓度/(mg/m³)	<30	
脱硫剂床层高度/m	12	
脱硫剂床层厚度/m	0.9	

③ 干法钙基脱硫剂　钙基脱硫剂脱硫效率较低，这主要是由于 $CaSO_4$ 的摩尔体积（$52.16\times10^{-6}m^3/mol$）比 $Ca(OH)_2$ 的摩尔体积（$33.1\times10^{-6}m^3/mol$）大，随着脱硫反应的进行，表面孔道被 $CaSO_4$ 堵塞，阻碍了 SO_x 继续与内部的活性组分发生反应，从而导致失活。

钙基脱硫剂脱硫反应如下：

$$CaO + CO_2(g) \longrightarrow CaCO_3$$

$$CaO + H_2O(g) \longrightarrow Ca(OH)_2$$

$$SO_2(g) + H_2O(g) \longrightarrow H_2SO_3$$

$$CaCO_3 + SO_2(g) \longrightarrow CaSO_3 + CO_2(g)$$

$$H_2SO_3 + Ca(OH)_2 \longrightarrow CaSO_3 + 2H_2O(g)$$

$$Ca(OH)_2 + SO_2(g) + H_2O(g) \longrightarrow CaSO_3 + 2H_2O(g)$$

$$2CaSO_3 + O_2(g) \longrightarrow 2CaSO_4$$

用于干法移动床及固定床的钙基脱硫剂本身的晶粒尺寸、比表面积、孔隙率、表面电性等微观结构以及脱硫剂的强度直接决定了脱硫剂的性能好坏。目前主要通过以下方式来调节脱硫剂的性能。

a. 增加脱硫剂孔容。通过添加特殊助剂可改善脱硫剂的孔道结构，提高反应过程中硫化物的扩散速率，提高脱硫剂的使用效率。主要通过以下两种方法来改善脱硫剂的孔道结构：制备过程中添加水合无机盐（如水合碳酸钠、水合硫酸钠等），再通过高温加热使其失去水分子，达到丰富孔道结构的目的；在成型过程中添加高岭土、氧化铝等吸水率较高的物料，增加成型用水，达到失水富孔的目的。

b. 增加脱硫剂表面碱性。钙基脱硫剂主要以氢氧化钙及碳酸钙为活性组分，在反应过程中脱硫剂碱性逐渐降低，导致对酸性硫化物吸附性能下降，所以在制备过程中添加强碱物质有助于提高脱硫剂的吸收效率。常用氢氧化钠等强碱作为表面碱性增强剂。

c. 提高脱硫剂的强度。常用钙基脱硫剂的形状主要以柱状和梅花状为主，在加料和卸料过程中会造成摩擦甚至挤压导致脱硫剂粉化，缩短其物理使用寿命。主要通过以下三种方式来改善脱硫剂的强度：

原料预处理：在成型之前对原料进行预处理。选用高比表面积的氢氧化钙粉末，提高原料的细度（通常磨粉至 200 目以下），减小颗粒之间的空隙，增加颗粒之间的接触面积，使其结合更加紧密。

添加成型助剂：通过添加粉煤灰、煤矸石粉等物质可以使得成型烘干后的脱硫剂强度更高，且易于塑形。粉煤灰、煤矸石粉等飞粉在成型过程中易与氢氧化钙反应生成凝胶，增加脱硫剂的黏性，通过 200～300℃的高温焙烧起到增加强度的作用。同时粉煤灰及煤矸石粉中还含有镁、铁等少量的金属元素，有助于提高脱硫性能。

蒸汽养护：脱硫剂制备过程中主要是通过形成氢氧化钙结晶水合凝胶，从而达到增加黏度的目的，蒸汽养护是为了防止在脱硫剂固化烘干过程中失水过快导致凝胶粉末化。

目前烟气干法脱硫主要用于 200～500℃之间的工况，且温度越高烟气中 CO_2 对 SO_2 的竞争吸附就越小，脱硫效果越好。随着国内节能减排要求的进一步提升，国内目前的脱硫温度趋于干法低温化，温度较低时 CO_2 对 SO_2 的竞争吸附更加明显，造成脱硫剂失活较快，因此需要研究适用于低温的脱硫剂（例如干熄焦尾气脱硫，出口温度可低至 20℃）。西南化工研究设计院是国内首家开发出低温脱硫剂的研究单位[14-17]，以高比表面积活性氢氧化钙为原料，添加电石渣、粉煤灰、煤矸石等废渣，通过添加特殊助剂及成型剂，在低温条件下硫容可达 30％以上，占据着国内近一半的低温脱硫剂市场。

10.2.1.4　金属氧化物干法脱硫技术

含 H_2S 及有机硫的工业排放尾气主要集中在天然气、石化、焦化、煤化工等行业，如干熄焦焦化的排放气和煤制甲醇、煤制合成氨、煤制天然气等装置中低温甲醇洗尾气洗涤塔的排放气，相关尾气质量浓度如表 10-8 所示。

表 10-8　合成塔入口合成气硫化物质量浓度表　　　　　　　　　单位：mg/m^3

项目	H_2S	COS	总硫
甲醇合成气	<0.06	<0.04	<0.10

低温甲醇洗出口增设净化气常温脱硫槽工艺流程如图 10-15 所示，精脱硫槽安装在经变换气冷却器复热后的净化气出口管线上，进入脱硫槽的净化气温度为 20～30℃，可将净化气中的硫质量浓度降至 0.02mg/m^3。

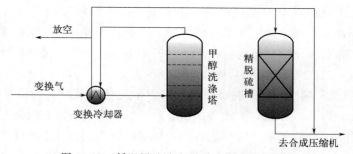

图 10-15　低温甲醇洗出口脱硫槽工艺流程图

采用干法脱硫技术脱除气体中的 H_2S、COS 等硫化物，在化工生产中应用广泛。干法脱硫按使用温度分为高温脱硫、中温脱硫、低温脱硫及常温脱硫。高温脱硫及中温脱硫技术成熟、硫容高、脱硫效果好，特别是对有机硫脱除效果好，但需要额外增加热源，运行费用较高。常温脱硫运行费用低，对无机硫脱除效果较好，但硫容偏低，有机硫脱除效果差。目前主要应用的金属氧化物包括氧化铁（Fe_2O_3）、氧化锌（ZnO）以及氧化铜（CuO）等，金属氧化物吸附脱除 H_2S 的机理如下：

$$RO_x + xH_2S \longrightarrow RS_x + xH_2O$$

不同金属氧化物脱硫的优缺点如表 10-9 所示。

表 10-9　不同金属氧化物脱硫的优缺点

吸附剂	优点	缺点
氧化铁	Fe_2O_3 具有高硫容、廉价易得、再生便捷等优势，其脱硫工艺能耗较低、工艺简单、脱硫能力较强，所以 Fe_2O_3 被广泛应用于硫化氢脱除	脱硫精度低、容易粉化、再生过程中易于烧结
氧化锌	ZnO 对有机硫和无机硫均有较好的脱除效果，多应用于精细脱硫	ZnO 在 450℃以上的环境中并不稳定，降低吸附剂脱硫能力
氧化铜	氧化铜可作为常温脱硫剂的唯一组分，在 25～30℃条件下脱硫精度高，硫容为 10%～15%	比表面积小，严重限制与硫化氢接触反应，而且会生成硫化铜覆盖在氧化铜的表面，阻止反应进一步发生

脱硫材料能够达到深度脱硫的要求，在多种气体环境下仍然能够展现出对 H_2S 良好的

吸附性和选择性。然而，不同的吸附剂或脱硫方法都或多或少地会存在一些不足，主要集中在吸附剂的吸附容量不足、吸附剂再生较为困难等。针对这些不足，采取形貌调控、复合改性修饰以及元素掺杂负载等改性手段能够有效提升吸附剂的使用寿命以及再生能力，这也将是今后研究工作的重心。西南化工研究设计院研制的 CNTS-11 型精脱硫剂是以氧化锌为活性组分，添加特殊助剂的精脱硫催化剂。该脱硫剂适用于合成气、天然气、炼厂气等气体的深度净化。

10.2.1.5　焚烧法脱硫技术

焚烧法脱硫技术是通过燃烧氧化作用和高温分解作用将可氧化性含硫废气（SVOCs）中的 H_2S 及有机硫转化生成二氧化硫，再通过尾气吸收装置从而实现硫的去除。一般石油工业产生的可氧化性含硫废气，如硫醇、硫醚等有机硫和 H_2S，都可用焚烧法处理[18-19]。

（1）直接燃烧法

直接燃烧法是把废气中可燃有害组分当作燃料直接燃烧的方法，该方法只适用于净化含可燃有害组分浓度较高的废气或燃烧时热值较高的废气[20]。早期石油工厂所产生的有机废气通常排放到燃烧器直接燃烧，不仅浪费资源，而且造成大气污染，近年来已较少使用[21]。

（2）蓄热燃烧法

最早的蓄热焚烧炉（regenerative thermal oxidizer，RTO）出现在 20 世纪 70 年代的美国加利福尼亚州。发展至今，RTO 已是一种技术成熟、应用广泛的含硫工业尾气处理装置，其适用于处理大风量、低浓度（$0.1 \sim 12.0 g/m^3$）的废气。RTO 可在达到 99% 去除和破坏效率（destruction and removal efficiency，DRE）的基础上，实现 95% 以上的热能回收效率（thermal recovery efficiency，TRE）。

蓄热式热氧化器的工作原理是：废气经预热室吸热升温后，进入燃烧室高温焚烧（升温到 800℃），使有机物氧化成氧化物和水，再经过另一个蓄热室蓄存热量后排放，蓄存的热量用于预热新进入的有机废气，经过周期性地改变气流方向，从而保持炉膛温度的稳定（见图 10-16）[22-23]。

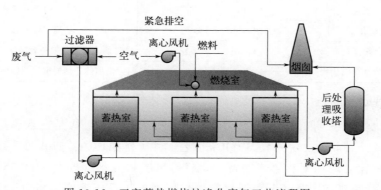

图 10-16　三室蓄热燃烧炉净化废气工艺流程图

早期的 RTO 仅有两个蓄热室，由于对含有 SVOCs（含硫挥发有机物）的废气净化效率的要求日益提高，目前两室 RTO 已经逐渐被淘汰，目前市场上以三室 RTO 和旋转式 RTO 为主。其中旋转式 RTO 一般含有 12 个蓄热室，占地面积小，净化效率高，是现阶段较为先进的热力燃烧设备[24]。

10.2.1.6　催化氧化脱硫技术

催化氧化法是在有氧环境条件下，SVOCs 在催化剂上得到充分燃烧，生成 CO_2、H_2O 和 SO_2，再通过尾气吸收装置，实现 SVOCs 的彻底消除[25]。催化燃烧工艺的关键是高效、稳定、节能的催化剂，怎样开发高效催化剂以降低挥发性有机物的催化燃烧温度是迫切需要解决的问题。

(1) 催化机理

目前研究提出的催化氧化机理可总结为 Langmuir-Hinshelwood 机理、Eley-Ridea 机理和 Mars-van Krevelen 机理，如表 10-10 所示[23-24]。

表 10-10　催化氧化机理对比

Langmuir-Hinshelwood 机理	Eley-Ridea 机理	Mars-van Krevelen 机理
氧自由基与 SVOCs 分子发生反应，生成 CO_2、SO_2 和 H_2O 从催化剂表面脱附，属于多相催化	氧自由基进入气相与 SVOCs 分子反应生成 CO_2、SO_2 和 H_2O	SVOCs 分子与催化剂中金属氧化物的晶格氧发生氧化还原反应，生成 CO_2、SO_2 和 H_2O

(2) 催化剂

活性组分一般是金属或金属氧化物。主要有铂、钯和钌等贵金属，贵金属催化剂在低温下处理 VOCs 时具有高催化活性，不容易被 P 元素污染，但会因 S 元素的存在而中毒，而且比较昂贵，容易烧结，在含硫、氯 VOCs 中易中毒限制了其使用[26-28]。Mn 基、Cu 基、Fe 基等非贵金属催化剂的低温催化效率虽然低于贵金属催化剂，但仍具有较好的催化性能，且在价格、催化稳定性、抗中毒、寿命等方面具有明显优势，仍被广泛使用[29-30]。催化剂的分类和优缺点见表 10-11。

表 10-11　催化剂的分类和优缺点

催化剂	元素	优缺点
贵金属	Ru、Pd、Pt 等	活性高、高温烧结、价格昂贵
非贵金属	Fe、Co、Ni 等	活性低、价格低
过渡金属氧化物	CuO、MnO_2、Fe_2O_3 等	热稳定性好、选择性高
金属复合氧化物催化剂	Cu-Mn、Cu-Co 等	一定条件下催化剂的效果好、节约成本、简单易得
稀土元素掺杂的复合氧化物	CeO_2 等	增加催化剂的抗烧结能力、提高储氧能力

(3) 蓄热式催化燃烧

蓄热式催化燃烧（regenerative catalytic oxidation，RCO）法是在蓄热式热力燃烧法基础上发展形成的一种新的燃烧处理 SVOCs 工艺，其工作原理和蓄热式热力燃烧法相似。这种技术结合了催化燃烧和蓄热燃烧的特点，将蓄热层和催化层放置一起，对进入反应区的 SVOCs 气体进行预热，同时又由于催化剂的作用降低了反应温度。相对于 RTO 法，RCO 法具有更大的热效率以及环境和经济效益，通过多年的发展，这种技术已经相对成熟并商业化，广泛应用于印刷、包装、化工、制药等行业的 SVOCs 处理[30]。

表 10-12 总结了蓄热焚烧炉技术的优缺点和应用现状。通过比较与分析可以发现，RTO 具有运行稳定、技术成熟、节约能源的优势，已成为应用最广泛的工业废气 SVOCs 处理装置。旋转式 RTO 是目前较为先进的焚烧炉，它对旋转换向阀稳定性和密闭性的要求比较

高。RCO 凭借处理效率高、运行温度低、燃料消耗少等优点而广受关注，但目前催化剂在工业环境中的适应性和稳定性差，只能处理组分简单的 SVOCs 废气。

表 10-12　蓄热焚烧炉技术的优缺点及应用现状

处理装置	优点	缺点	应用现状
双蓄热室 RTO	DRE 和 TRE 高、节约能源、无二次污染、运行稳定、技术成熟	阀门切换时存在 SVOCs 泄漏和压力波动问题	广泛用于涂料、印刷、汽车制造、金属铸造、石油化工、医药化工等行业的大流量、低浓度有机废气处理
三蓄热室 RTO		装置占地面积大、阀门切换过程存在压力波动	
旋转式 RTO	DRE 和 TRE 高、装置体积小、自动化程度高、运行能耗低	装置结构复杂、对旋转换向阀的性能要求高	
RCO	DRE 和 TRE 高、运行温度低、燃料消耗少、装置启动快、占地面积小	只能处理简单的 SVOCs 废气、催化剂的适应性和稳定性差、催化剂的投资和维护成本高	目前已应用于简单的 SVOCs 废气处理中，大部分催化剂仍处于实验室研究阶段

10.2.1.7　新型脱硫技术

目前除了上述已经广泛应用的含硫工业排放气脱硫技术外，国内外研究者还开发出一些新型脱硫技术。因此，本节重点介绍了等离子体脱硫技术和离子液体循环脱硫技术等新型脱硫技术，以及处于研究阶段的光催化氧化脱硫技术[31]。

（1）等离子体脱硫技术

等离子体净化技术作为一种排放气净化新技术，可以同时脱除 NO_x 和 SO_x 等多种污染物[32]，本小节只介绍了等离子体技术在排放气脱硫方面的应用。等离子体脱硫技术具有操作简单、脱除效率高、适用性广等优点，但是其运行能耗及成本较高[33]。等离子体脱硫技术是含硫排放气中的 H_2O 和 O_2 与高能电子发生碰撞，并被激活、电离或解离，产生 $\cdot O$、$\cdot OH$、$\cdot HO_2$ 等强氧化性物种，自由基将 SO_2 氧化成 SO_3，SO_3 可进一步与水和外供的 NH_3 反应生成硫酸铵微粒，微粒用布袋收集器或静电除尘器收集，获得可作为肥料的硫酸铵副产品，同时达到净化排放气的目的[34]。

获得高能电子的方式有电子束法和脉冲电晕法诱导等离子体过程。电子束法获得的高能电子是通过电子束辐照产生的，而脉冲电晕法是在反应器放电两极加上脉冲电源产生的高压脉冲电，在强电场的作用下产生高能电子。两种脱硫技术的基本原理和工艺流程一致，相应的技术比较如表 10-13 所示。

表 10-13　电子束法和脉冲电晕法技术对比[35]

脱硫技术	电子能量	优点	缺点	能量损耗
脉冲电晕法	$5 \sim 20eV$	脱硫效率高达 98%、操作时间短、设备装置简单	脉冲电源成本高、能量利用率低	高
电子束法	$500 \sim 800keV$	快速反应时间内以高能量处理大量污染物	电子加速器价格昂贵、X 射线危害性大	较高

反应条件是直接影响 SO_2 脱除效率的主要因素，包括 NH_3 加入计量比、排放气入口温度、含水量等参数。以电子束法脱硫为例，随着电子束吸收剂量增加，SO_2 脱除效率明显

增加，同时增加排放气含水量和 NH_3 加入量也有利于 SO_2 脱除，而排放气入口温度过高则不利于 SO_2 脱除。在电子束吸收剂量为 8.8kGy、NH_3 加入计量比为 0.9、含水量为 11.75％（体积分数）、温度为 60℃ 时，SO_2 脱除效率达到 98％。就脉冲电晕法脱硫技术而言，除了反应条件，放电参数和结构等影响放电空间电场强度的关键因素也会影响 SO_2 脱除效果。放电电压和功率增加、放电区域长度延长时，会产生更多的高能电子，增加了反应物的碰撞频率，提高了脱除效率。不同高能电子获得方式需要不同的反应堆结构，与之匹配的反应器结构参数对 SO_2 脱除效率有显著影响。等离子体脱硫工艺流程见图 10-17。整个等离子体脱硫系统包括排放气预处理系统、供氨系统、高能离子发生器、副产物收集装置及测控系统。进入脱硫系统的工业排放气先在除尘装置中去除所含杂质颗粒。工业排放气温度一般在 150～160℃，进入反应器前，气体温度和湿度须处于反应器的最佳工作范围，去除杂质颗粒后的工艺气体进入急冷塔，实现气体湿度和温度调节。气体继续进入高能电子发生器，气体中的 H_2O、O_2 与高能电子反应产生高氧化活性物种，SO_2 被氧化成 SO_3，同时与供氨装置添加的 NH_3 反应生成硫酸铵副产物。硫酸铵微粒随气体离开高能电子发生器后，被静电除尘器捕集，进入副产物收集装置，脱硫后的排放气直接通过烟囱排出。

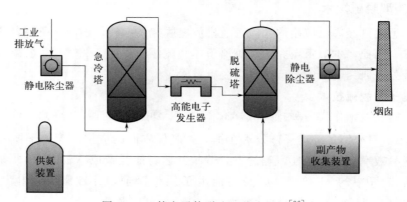

图 10-17　等离子体脱硫工艺流程图[36]

　　脉冲电晕和电子束法等离子体技术能够实现同时脱硫脱硝，但是由于一些亟须解决的问题还未处理，所以未实现规模化应用。电子束法等离子体技术可以从以下方面进行优化：①提高系统运行可靠性；②研发大功率电子加速器；③研究脱除效率的影响因素和工艺条件的优化。脉冲电晕等离子体技术应着重解决电源可靠性问题、副产物粘连以及高能电子发生器与反应器之间的匹配等问题。

（2）离子液体循环脱硫技术

　　离子液体循环脱硫技术是利用离子液体吸收工业排放气中的 SO_2，并经过解吸生产硫酸、硫黄和 SO_2 等化工产品，同时离子液体得到了循环再生。离子液体是一种新型绿色功能化材料，100℃ 液态的熔融盐，主要由有机阳离子和无机阴离子组成。阳离子和阴离子间的相互作用力为库仑力，其大小随着离子半径增大而减小。离子液体中的阴、阳离子半径较大的，离子间的库仑力较小，其熔点接近室温，又称为室温离子液体。离子液体种类繁多，根据阳离子的不同，常见的离子液体有季铵盐类、季磷盐类、胍盐类、咪唑类、吡啶类、噻唑类、三氮唑类、吡咯啉类等。目前应用于工业排放气脱硫领域的离子液体主要是季铵盐类离子液体、醇胺类离子液体、胍盐类离子液体和咪唑类离子液体。

离子液体循环脱硫过程中涉及的反应如下：

$$SO_2 + H_2O \Longrightarrow H^+ + HSO_3^-$$

$$R + H^+ \Longrightarrow RH^+$$

离子液体吸收 SO_2：　　$SO_2 + H_2O + R \Longrightarrow RH^+ + HSO_3^-$

式中，R 表示离子液体。离子液体吸收 SO_2 的反应方程式为可逆反应，在 $20 \sim 50℃$ 的低温下离子液体吸收 SO_2，反应向右进行，在 $80 \sim 150℃$ 的温度下，反应向左进行，吸收 SO_2 的离子液体会解吸出 SO_2，从而实现 SO_2 的脱除和离子液体的再生。

工业排放气离子液体脱硫技术主要采用以离子液体为主要成分的抗氧化剂、腐蚀剂和活化剂作为添加剂，吸收排放气中的 SO_2。离子液体循环脱硫工艺流程如图 10-18 所示。工业排放气温度一般在 $150 \sim 160℃$。含硫的工业排放气经水洗塔冷却除尘后，进入吸收塔中。在吸收塔内，排放气与新鲜离子液体（贫液）逆流接触，脱除 SO_2 的气体直接通过烟囱排空。吸收 SO_2 的离子液体（富液）经换热器加热后送入再生塔进行 SO_2 解吸，解吸后的离子液体进入再沸器进行二次解吸，得到的贫液进入吸收塔实现循环利用，离子液体消耗占总循环量的 $8\% \sim 11\%$。蒸汽对再沸器进行间接加热，保证塔底温度在 $105 \sim 110℃$。解吸出的 SO_2 经冷凝器降温至 $40℃$，分离得到高纯气体，进行回收利用。

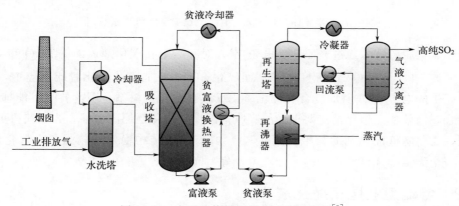

图 10-18　离子液体循环脱硫工艺流程图[9]

离子液体循环脱硫技术相比传统的脱硫工艺，存在显著优势。离子液体对 SO_2 的吸收容量大，最高可达 $60g/L$，能够通过调节离子液体含量和流量提高脱硫效率，最高可达 99.5% 以上。该技术应用于处理含硫量（15%）较高的工业排放气时，其脱硫效率高且稳定。离子液体物理化学性质稳定，在使用过程中损耗极低。离子液体可循环使用并生产出高附加值的产品，用作硫化工下游产品的优良原料。相比其他工艺，该技术更加环保，在脱除 SO_2 后不会产生 NH_3、CO_2 等污染物。离子液体脱硫技术已实现工业应用。如攀钢集团 2007 年将离子液体脱硫技术应用于 $173.6m^2$ 烧结机烟气脱硫装置，该装置平均脱硫效率超过 99%，出口烟气平均浓度为 $28mg/m^3$，年产浓硫酸 3×10^4 余吨。山东兖州矿业集团国宏化工有限责任公司将离子液体脱硫技术应用于 $50 \times 10^4 t/a$ 煤制甲醇装置克劳斯硫回收系统的尾气治理，可将含 $10000mg/m^3$ 的 SO_2 尾气净化至满足排放标准。

（3）光催化氧化脱硫技术

光催化氧化脱硫技术具有催化剂活性高、反应条件温和、能耗低、绿色环保等优点，应用潜力巨大。如图 10-19 所示，光催化氧化反应一般分为三步：①在能量大于或等于带隙的光照下，半导体催化剂表面产生电子-空穴对；②电子和空穴迁移到催化剂表面；③催化剂表面的光生电子转移到表面吸附的电子受体上，光生空穴从表面吸附的电子供体上获得电子，得失电子后的电子受体和电子供体最终参与特定的还原或氧化反应，迁移至催化剂表面的光生电子和光生空穴可能会发生复合，影响催化剂的光催化剂性能。

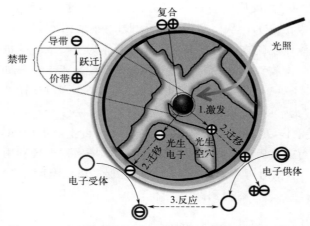

图 10-19　半导体催化剂光催化氧化反应基本机理示意图

光催化氧化脱硫技术通过光照产生电子-空穴对，吸附在催化剂表面的 H_2O 和 O_2 产生氧化性很强的 $\cdot OH$、$\cdot O_2^-$、$\cdot HO_2$，从而氧化 SO_2。在光催化氧化脱硫反应中，半导体催化剂内产生的电子-空穴对的复合与催化氧化反应存在竞争关系，因此要尽可能抑制电子-空穴对复合。高效的光催化性能要求光的吸收范围广，氧化还原能力强。为了获得更大的光吸收范围，需要降低催化剂的禁带宽度。TiO_2 具有化学结构稳定性较强、光催化活性高、成本低、安全无毒等优良特性，是一种环境友好型光催化剂。

10.2.2　含硫工业尾气净化展望

经过多年持续研究，国内企业逐步掌握具有自主知识产权的脱硫技术，在 SO_2 减排方面取得了显著成效。目前，钙法脱硫工艺应用的装置超过 60%，是最为成熟的烟气脱硫技术。该技术会产生大量的脱硫石膏工业废渣，其综合利用率不超过 10%，会造成二次污染，且占用土地资源，同时硫资源也未得到利用。如果能将脱硫石膏综合利用，变废为宝，就能解决钙法脱硫产生的环保问题，否则只能限制现有的钙法脱硫技术，推广氨法脱硫或其他先进技术。相比钙法脱硫技术，氨法脱硫技术能充分利用硫资源生产附加值高、市场需求大的硫酸铵产品。但是氨法脱硫技术存在氨逃逸、气溶胶现象和硫酸铵结晶难等问题，可以通过加强运行管理和严格控制指标参数解决。同时，企业可以考虑采用工业废氨水作为脱硫剂，降低成本，优化生态环境，所以采用工业废弃物或廉价脱硫剂吸收 SO_2 会成为湿法脱硫技术的发展趋势。针对半干法脱硫技术，除了脱硫机理和影响因素外，主要研究其工艺优化，如降低循环流化床半干法脱硫吸收塔运行压损，降低旋转喷雾干燥半干法脱硫中旋转雾化器的磨损。建议未来半干法脱硫技术应与排放气特点和系统运行特性相结合，加强新型高效反应塔技术、反应原料深度利用技术研究，以降低系统运行成本。吸附法脱硫技术存在吸附材料硫容小、脱除效率有限、吸附材料再生损耗大等问题。针对该技术，建议开发硫容高、稳定性好的吸附材料，同时，能吸附多种污染物的新型吸附材料是未来排放气治理和利用的方向。光催化氧化脱硫技术是一种需要光激活催化剂加速化学反应的过程。作为一种高级氧化工艺，光催化氧化脱硫技术应用潜力巨大，但存在脱硫速度慢、催化剂用量大、催化剂使用寿命短等问题。未来需要开发出可工业化应用的光源，研究成本更低、性能优异的光催化氧化催化剂，进一步探索光催化脱除机理。

10.3　含硫工业尾气资源化利用

含硫工业尾气中的硫主要以 SO_2 和 H_2S 的形式存在。为避免含硫工业尾气中 SO_2 和 H_2S 对人体和环境产生危害，需要进行脱硫处理。硫本身也是重要的化工原料，若尾气中硫含量较高，可将硫加以回收，重新应用于硫化工中。这不仅能有效处理排放气，还能实现硫资源化利用，降低生产成本。目前硫化工原料主要有硫黄和硫化合物，硫利用技术主要为硫黄生产技术和合成化学品技术。

10.3.1　硫黄生产技术

硫黄即单质硫，常温下呈黄色粉末状，硫黄分子由数个硫原子构成，在不同状态下有着多种同素异形体。硫黄是一种重要的化工原料，它既可以被氧化，也可以被还原。硫黄可用于氧化制硫酸，还原制有机硫，广泛应用于橡胶、烟花爆竹、燃料、化肥和农药等领域中，有着极高的利用价值。目前硫黄主要有两种来源：一种来源为大自然的硫黄矿，火山喷发会形成天然的硫黄矿，将硫黄矿分离提纯后即可得到硫黄，但我国的硫黄矿资源匮乏，杂质较多不易分离，因此硫黄高度依赖于进口；另一种来源为工业脱硫，将工业排放气中的硫通过脱硫技术固定提纯后获得硫黄资源。含硫工业尾气中硫的存在形式不同，脱硫制取硫黄的方式也不同，SO_2 为还原制备，H_2S 为氧化制备。

10.3.1.1　SO_2 还原制取硫黄

SO_2 是一种极性分子，能够被强还原剂直接还原为零价的硫单质，或者还原为 -2 价的 H_2S 再与 SO_2 反应生成单质硫。直接还原法的还原剂多为还原性较强的气体，如 H_2、CO、NH_3 和 CH_4 等。此外，SO_2 也能与硫化物等弱还原剂反应，间接还原生成硫黄[34]。间接还原法的还原剂多用硫化钙、硫化钠等金属硫化物。不同 SO_2 回收方法之间的对比如表 10-14 所示。

表 10-14　不同 SO_2 回收方法的对比

还原方法	还原剂	副产物	硫回收率	SO_2 转化率	优点	缺点
直接还原法	H_2	无	可达 98%	90% 以上	反应温度低、过程简单、副产物少	H_2 来源较少、储运困难
	CO	COS	90% 以上	85%~95%	CO 来源广泛、反应温度低、硫回收率高	易受粉尘、H_2O、O_2 等干扰
	NH_3	H_2、H_2S、N_2	约 85%	可达 100%	转化率高、副产物可循环使用	反应温度高、氨气来源较少

续表

还原方法	还原剂	副产物	硫回收率	SO₂转化率	优点	缺点
直接还原法	CH_4	H_2S、COS、CS_2、CO、H_2	90%以上	90%	原料易得、成本较低	副反应较多、原料利用率低
间接还原法	CaS	$CaSO_4$	80%以上	约80%	副产物可循环使用	硫回收率和硫转化率均较低
	Na_2S	Na_2SO_4	95%以上	可达99%	可吸收不同浓度的SO_2、副产物可再生为还原剂	需要还原气还原副产物、过程较复杂

图 10-20 为氢气直接还原高浓度二氧化硫回收硫黄的工艺流程图，主要包括热反应器、加热装置、催化反应装置和冷凝装置。其反应为：

$$SO_2 + 2H_2 \longrightarrow S + 2H_2O$$

$$SO_2 + 3H_2 \longrightarrow H_2S + 2H_2O$$

$$2H_2S + SO_2 \longrightarrow 3S + 2H_2O$$

反应将含有 H_2S、SO_2、H_2 和 H_2O 的尾气送入热反应装置，该装置排出的气体中主要含有 H_2 以及未反应的 H_2S 和 SO_2，将这些气体再送入三台克劳斯催化反应器中反应，最后冷凝得到硫黄产物，通过四步催化反应，该工艺的硫回收率可达98%。该工艺的反应温度较低，为 160～190℃。

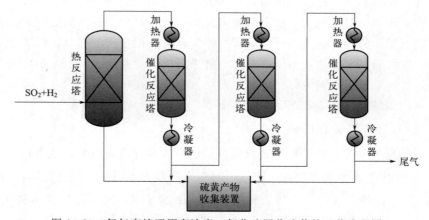

图 10-20   氢气直接还原高浓度二氧化硫回收硫黄的工艺流程图

硫化钠间接还原烟气脱硫工艺流程如图 10-21 所示。其反应为：

$$8SO_2 + 4Na_2S \longrightarrow 8S + 4Na_2SO_4$$

$$4Na_2SO_4 + 16CO \longrightarrow 4Na_2S + 16CO_2$$

与前面直接还原法相比，该工艺主要包含 SO_2 还原和 Na_2S 再生两个步骤。烟气中的 SO_2 在吸收装置中被水反复吸收，进入还原装置与 Na_2S 溶液反应，过滤分离得到粗硫黄和 Na_2SO_4 溶液。粗硫黄经离心洗涤干燥纯化为精硫黄，Na_2SO_4 溶液经反复结晶后与还原气反应生成 Na_2S，Na_2S 经富集后返回系统循环使用。该工艺在最佳条件下，SO_2 的吸收率可达99.8%，回收率可达99%以上，精硫黄纯度可达97.9%，硫化钠再生率可达99%以上。

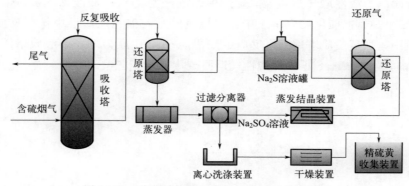

图 10-21　硫化钠间接还原烟气脱硫工艺流程图

Na_2SO_4 也可以用煤炭进行还原，用氯化铵做催化剂，最佳还原条件为：Na_2SO_4 与 C 的物质的量之比为 4∶1，焙烧温度为 800℃，焙烧时间为 9min。此时，Na_2SO_4 的还原率能够达到 99.0%。

SO_2 还原制备硫黄有许多方法，不同方法有着不同的优点和局限性，通过开发新型催化剂和优化工业反应条件能够提高含硫工业尾气中 SO_2 的转化效率，降低 SO_2 对人体和环境的损害，将回收工业硫黄用于化工生产当中十分必要[37]。

10.3.1.2　H_2S 氧化制取硫黄

H_2S 是一种还原性较强的气体，其氧化制硫黄的机理为氧气分子夺走其两个氢原子，生成水和硫单质。目前应用较为广泛的 H_2S 脱硫方法为克劳斯法，此外还有选择氧化法、湿法催化氧化法等方法[38]。

克劳斯法是 1883 年英国化学家克劳斯提出，1938 年德国法本公司改良的制硫黄工艺，距今已有 100 多年历史[39]。克劳斯法的基本原理是将部分 H_2S 氧化为 SO_2，SO_2 再与剩下的 H_2S 反应生成单质硫和水，可表示为：

$$2H_2S+3O_2 \longrightarrow 2SO_2+2H_2O$$
$$2H_2S+SO_2 \longrightarrow 3S+2H_2O$$

克劳斯法硫黄回收工艺操作简单，反应稳定可控，可以实现高硫转化效率，可通过调整装置以适应不同浓度的 H_2S，成本较低，是目前 H_2S 回收制硫黄最常用的方法。传统的克劳斯法为直接燃烧法，即将含 H_2S 气体全部进行燃烧，约 1/3 的 H_2S 氧化为 SO_2，并与剩下约 2/3 的 H_2S 在催化剂作用下反应生成硫黄。

为了提高硫转化率，研究者在传统克劳斯工艺的基础上应用低温技术，在硫露点以下的温度进行操作，使产生的硫黄凝结，反应向有利于提高硫黄转化率的方向移动。有研究者将传统克劳斯工艺中的空气改为专用氧气，在加速 H_2S 燃烧转化的同时，过量的氧气也使得 H_2S 的转化率提高，从而增加了硫黄的产率。

近年来有研究者提出了超优克劳斯工艺[40]，该工艺在最后一级反应器中加入大量的加氢还原催化剂，通过加氢还原进一步提高 H_2S 的转化率。该工艺使硫黄转化过程变得更加可控，硫黄的回收率可以高达 99.5%。

克劳斯硫黄回收工艺流程如图 10-22 所示，包括热力焚烧、催化反应和尾气处理三个阶段。热力焚烧阶段为酸性尾气在高温焚烧炉中燃烧，生成 SO_2 和液态硫黄，燃烧后的气体主要含有 H_2S 和 SO_2；催化反应阶段中，燃烧尾气进入催化反应塔中循环反应生成硫黄；尾气处理阶段中，加氢反应塔用于将反应中残留的 SO_2 还原为 H_2S，吸收塔用于吸收尾气中的 H_2S，并将吸收的 H_2S 再生为酸性气返回硫黄回收工艺继续回收，尾气焚烧炉用于处理未反应的 H_2。

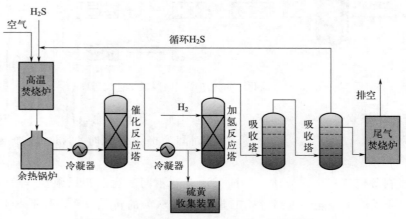

图 10-22　克劳斯法硫黄回收的工艺流程图

某工厂的一种克劳斯工艺的工作条件如表 10-15 所示[41]。

表 10-15　某工厂一种克劳斯工艺的工作条件

项目	数值
酸性气成分(体积分数)/%	C_2H_6(1.37)，CH_4(2.05)，CO_2(6.46)，H_2O(6.24)，H_2S(77.57)，H_2(3.60)，NH_3(0.47)，C_3H_8(1.93)，CO(0.31)
酸性气流量/(kg/h)	4230.5
酸性气温度/K	398
φ(空气)/%	H_2O(9.70)，N_2(71.38)，O_2(18.92)
空气流量/(kg/h)	8907.1
空气温度/K	318
运行压力/kPa	159

选择氧化法主要应用于低浓度的 H_2S 气体转化，其主要原理是将克劳斯反应的两个步骤分开，通过单独控制 H_2S 氧化为 SO_2 和硫黄的生成步骤，去除掉克劳斯燃烧反应器，拓展了 H_2S 氧化制硫黄在低 H_2S 浓度下的应用。选择氧化法能够处理不同来源的低浓度 H_2S 气体，但可能较难控制逆反应过程，从而使硫单质被氧化为 SO_2。湿法催化氧化法是将 H_2S 气体液相吸收，再利用金属离子为催化剂将 H_2S 直接氧化为硫单质[42]，例如 Fe^{3+} 的催化机理可表示为：

$$2Fe^{3+}+H_2S \longrightarrow 2Fe^{2+}+S+2H^+$$

$$4Fe^{2+}+4H^++O_2 \longrightarrow 4Fe^{3+}+2H_2O$$

总反应：
$$2H_2S+O_2 \longrightarrow 2H_2O+2S$$

该方法采用铁螯合物作为催化剂，在溶液中被 H_2S 还原，在空气中被氧化再生，所有反应都在室温下进行，对 H_2S 的去除效率高达 99.9%。

H_2S 氧化制硫黄在工业中已有许多成功的应用案例，也有许多学者在改进 H_2S 转化率和降低转化成本等方面进行了研究，在未来的工业生产中，实现 H_2S 和 SO_2 的高效率、低成本的回收，对我国的生态和经济建设都有着重要意义。

10.3.2　合成化学品技术

含硫化学品是一类重要的工业原料，在许多化工生产领域都有着重要的应用。我国天然硫矿匮乏，高品质的含硫化学品一直处于供不应求的状态，需要从国外进口。在石油、化工、农药、化肥和橡胶等工业生产过程中会排出含有 H_2S 的气体，如果能合理地回收 H_2S 并加工成各种含硫化学品，对于工业生产的污染治理和解决硫化学品紧缺都有着重要意义。目前发展和应用前景较大的 H_2S 下游含硫化合物主要为无机硫化物、硫醇、硫醚、硫酚、硫代酰胺、含硫杂环化合物和有机二硫化物等[43-44]。

10.3.2.1　无机硫化物

无机硫化物包含正盐、酸式盐和多硫化物，是硫负离子与金属阳离子形成的盐类，其中硫化钠、硫氢化钠和硫化锌在 H_2S 产品中有着广泛的应用。

硫化钠是一种常用的无机硫化物，广泛应用于燃料、制革、电池、造纸等行业中，其本身是重要的有机中间体和工业原料，拥有巨大的市场价值。目前常用的 H_2S 制 Na_2S 的方法为氢氧化钠吸收法[45]，该方法需要将 H_2S 提纯后使用 NaOH 溶液负压吸收，得到的 Na_2S 吸收液再进行浓缩、成型，得到 Na_2S 成品。该方法较为简单，且排放的废气废渣较少。

硫氢化钠应用于染料、化肥、人造纤维等领域中，其制备方法主要为硫化钠溶液吸收法。氢氧化钠溶液先吸收 H_2S 生成 Na_2S，在 Na_2S 接近饱和后与 H_2S 反应生成 NaHS 至饱和。反应表示为：

$$H_2S + 2NaOH \longrightarrow Na_2S + 2H_2O$$
$$Na_2S + H_2S \longrightarrow 2NaHS$$

图 10-23 为用 NaOH 吸收 H_2S 制备 NaHS 的工艺流程图，吸收罐中装有 NaOH 碱液，H_2S 进入缓冲罐缓冲后进入吸收罐中被 NaOH 碱液吸收，产品罐中为 NaHS 溶液。图中的三个吸收罐可以通过串联和并联的方式连接，打开阀1和阀3、关闭阀2和阀4为串联，关闭阀1和阀3、打开阀2和阀4为并联。一般酸性气浓度偏高，三个罐串联操作，酸性气浓度正常，三个罐并联操作，该工艺操作灵活方便，简单安全污染小。

硫化锌主要用作分析试剂、涂料、油漆、荧光粉等，其具有优良的荧光效应和电致发光

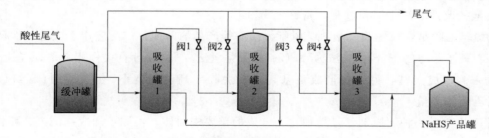

图 10-23　氢氧化钠吸收法制备硫氢化钠工艺流程图

性，有着独特的光电效应，是一种重要的化工原料。ZnS 主要靠沉淀法合成，以乙酸锌、硫酸锌等作为锌源，硫化氢、硫化钠、硫代硫酸钠等作为硫源来制备。

10.3.2.2　硫醇

硫醇是指包含巯基官能团的非芳香化合物，可用于制药、杀菌等领域中。烷基硫醇可通过烯烃与 H_2S 高温催化反应制成，催化剂多为路易斯酸、分子筛、过渡金属硫化物等。

甲硫醇是一种重要的有机合成原料，主要用于添加剂、医药、农药等领域中。甲硫醇的 H_2S 制法为甲醇-硫化氢气相合成法，该方法以 H_2S 和甲醇为原料，催化剂为改性的钨酸钾浸渍的活性 γ-氧化铝，在 280～450℃、0.25～0.74MPa 的条件下反应，发生的反应和副反应为：

$$H_2S + CH_3OH \longrightarrow CH_3SH + H_2O$$
$$H_2S + 2CH_3OH \longrightarrow (CH_3)_2S + 2H_2O$$

甲醇转化率可达 90%，甲硫醇的收率可达 98%。该方法在国外已被广泛应用，工业生产过程中排出的 H_2S 与气相甲醇反应能实现年产几万吨甲硫醇，其工艺流程如图 10-24 所示，甲醇和 H_2S 进入反应塔中催化反应，冷凝后的甲醇精制后返回反应塔中，大量未反应的 H_2S 和富硫醇相经吸收塔、解吸塔和脱气塔分离，H_2S 循环至反应塔中，其余组分进入蒸馏塔，塔顶为甲硫醇成品，塔底为二甲硫醚、乙硫醚等副产物。

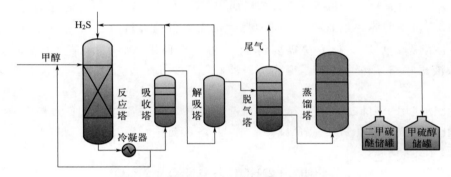

图 10-24　甲醇-硫化氢气相合成法工艺流程图

乙硫醇是一种重要的农药中间体，能够合成有机磷农药和除草剂，在有机合成中也有着广泛应用。乙硫醇可以采用乙醇法制备，以固体酸为催化剂，使乙醇与 H_2S 反应生成乙硫醇，但该反应温度高、收率低且伴有许多副反应，目前应用极少。乙烯-硫化氢法合成乙硫醇是一种比较理想的方法，该方法将 H_2S 与乙烯直接气相反应，其反应为：

$$CH_2 = CH_2 + H_2S \longrightarrow CH_3 - CH_2 - SH$$

副反应会产生乙硫醚。该方法原子利用率高，副产物较少，常用催化剂为铬酸盐、钼酸盐和钨酸盐改性的氧化铝和过渡金属硫化物。

2-巯基乙醇是合成橡胶、塑料、树脂、油漆等产品的助剂，广泛应用于农药、医药等行业中。2-巯基乙醇的 H_2S 合成法为环氧乙烷-硫化氢法[46]，H_2S 直接作用在氧原子上开环，含氧的一侧形成羟基，另一侧形成巯基，该方法收率高、污染小，过量的 H_2S 可以提高 2-巯基乙醇的产量。

巯基乙酸是一种还原剂，是精细化工合成的重要中间体，可用于加成、消去、环化等反应中，巯基乙酸作为原料广泛应用于医药、材料、皮革等行业中。巯基乙酸可通过 H_2S 与氯乙酸在高温高压下反应制得，H_2S 直接取代氯乙酸中的氯原子为巯基，生成 HCl，在碱性条件下其收率可达 96%。

10.3.2.3 硫醚

硫醚是具有 R_1—S—R_2 结构的有机化合物，S 原子使得其 α-碳容易形成正负离子和自由基，硫醚多为有机合成原料，用于农药、燃料等领域中。

二甲硫醚是一种易燃易氧化的有机物，广泛用于食品香料、农药、有机合成等多个领域中。H_2S 制二甲硫醚的反应为 H_2S 制甲硫醇的副反应，即 H_2S 上的两个氢原子与甲醇中的羟基缩合，通过使用不同的催化剂能够调控反应向生成甲硫醇或二甲硫醚的方向进行，制二甲硫醚的催化剂多为氧化铝改性材料、沸石催化剂和分子筛等[47]。

聚苯硫醚耐热、耐腐蚀、刚性高，是重要的工程塑料，广泛应用于机械、汽车、航天等领域中。聚苯硫醚采用 H_2S、NaOH 和对二氯苯制备，S 原子取代对二氯苯两边的 Cl 原子，形成由 S 原子连接苯环的聚合物。

10.3.2.4 硫酚

硫酚是酚类的酚羟基中的 O 被 S 取代的有机物，其易被强氧化剂氧化为磺酸。苯硫酚是最简单的硫酚，可以应用于医药、农药、高分子材料、有机合成等领域中。苯硫酚的合成主要为氯苯法，其原理较简单，H_2S 直接取代氯苯上的氯原子，形成酚巯基，该方法在高温下直接反应，工艺简单、成本低，有着较大的应用价值。该合成工艺的反应过程如下：

硫化氢与氯化苯合成硫酚的工艺流程如图 10-25 所示。H_2S 和氯化苯经预热后进入反应

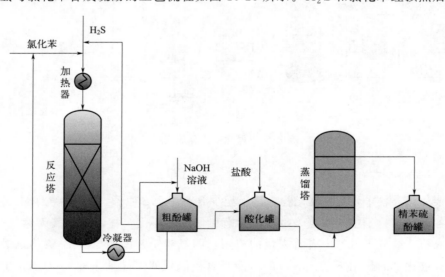

图 10-25　硫化氢与氯化苯合成苯硫酚的工艺流程图

塔中进行反应，反应温度为 400～500℃时的产物中包含 H_2S、氯化苯和苯硫酚，冷凝分离出 H_2S 回收至原料继续反应，向粗苯硫酚中加入 NaOH 反应为溶于水的硫酚钠，分离出氯化苯回收至原料继续反应，硫酚钠酸化后再生成不溶于水的苯硫酚，与水分离后经过蒸馏就可以获得纯度较高的苯硫酚产物。

10.3.2.5　硫代酰胺

硫代酰胺中最基本的是硫脲，硫脲是将尿素中的 O 原子用 S 原子代替的有机物，是一种基础化工原料，用于合成药物、合成染料、橡胶硫化等领域中。硫脲的制备主要为硫化氢-氰氨化钙法[48]，硫化氢-氰氨化钙法是将 H_2S 气体用 $Ca(OH)_2$ 溶液吸收形成 $Ca(HS)_2$ 溶液，再与 $CaCN_2$ 反应合成硫脲的方法。工艺改进后采用 $CaCN_2$ 直接吸收 H_2S 的方法合成硫脲，缩短工艺流程，降低成本，产品产率提高到 70%且质量提高。该过程中各反应如下：

总反应： $H_2S+CaCN_2+2H_2O \longrightarrow CS(NH_2)_2+Ca(OH)_2$

反应(1)： $CaCN_2+2H_2S \longrightarrow Ca(HS)_2+H_2CN_2$

反应(2)： $Ca(HS)_2+2CaCN_2+6H_2O \longrightarrow 2CS(NH_2)_2+3Ca(OH)_2$

反应(3)： $H_2CN_2+H_2S \longrightarrow CS(NH_2)_2$

该方法的工艺流程如图 10-26 所示。在吸收塔中进行一次投料，石灰氮粉末与水混合，边搅拌边通入 H_2S 尾气，在低温下吸收 H_2S[反应(1)]。温度升高，$CaCN_2$ 的分解损失增加较快，所以可在低温下吸收。待吸收完全后，将产物迅速放入已经加热的反应塔中，反应塔的温度需在 60℃以上，进行二次投料开始合成硫脲，为避免 $CaCN_2$ 的分解，反应温度需保持在 85～90℃，反应结束后 85℃保温 1.5～2.0h[反应(2)]。此外，生成物 H_2CN_2 也可以与 H_2S 反应生成硫脲[反应(3)]。生成的硫脲溶液趁热过滤，滤饼为石灰氮渣，经过多次洗涤回收母液，滤液冷却结晶后离心得到硫脲结晶。

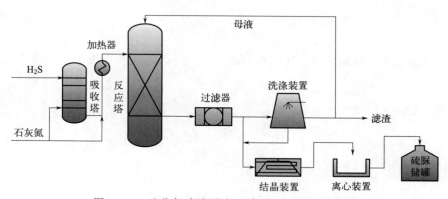

图 10-26　硫化氢-氰氨化钙法合成硫脲工艺流程图

10.3.2.6　含硫杂环化合物

含硫杂环化合物中含有环状结构，环上至少含有一个 S 原子，包括脂杂环和芳杂环，广泛存在于各种药物分子中。四氢噻吩是一种饱和含硫杂环化合物，是煤气天然气的加臭剂，在医药、农药、高分子材料中有着大量的应用。四氢噻吩常用四氢呋喃-硫化氢法制备，在高温常压和催化剂的作用下，H_2S 中的 S 原子直接取代四氢呋喃中的 O 原子，生成四氢噻吩。该方法流程简单、收率高，是去除 H_2S、生产四氢噻吩的理想方法。

10.3.2.7　有机二硫化物

有机二硫化物中含有二硫键（—S—S—），S 的价态为 −1 价，自然界存在较少。二甲基二硫的结构为二硫键两侧各连接一个甲基，即将二甲硫醚中的 S 原子换成二硫键，它可用于石油加氢脱硫、生产杀虫剂或用作香料等。二甲基二硫可由甲醇硫化法制得，以甲醇、H_2S 和硫黄为原料，采用沸石、氧化铝等作为催化剂，副产物甲硫醇和硫醚也可反复利用。

我国硫化工原料匮乏，许多硫化学品依赖进口，通过回收工业生产过程排放尾气中的 H_2S 制得各种硫化学品，不但避免了含硫废气对人体和环境产生危害，而且缓解了工业上对硫化学品的需求压力，做到了绿色化学和绿色生产，对个人、企业、社会和国家都具有积极意义。

10.3.3　含硫工业尾气资源化利用展望

传统的脱硫技术在一定程度上能满足工业气体排放标准，但硫资源不能得到充分利用。因此，可资源化脱硫技术的发展显得尤为重要。离子液体独特的物理化学性质使其在脱硫和硫资源利用上具有很大优势。离子液体的气液传质阻力大、黏度大和价格高等特点限制了其大规模工业化应用，若能将这些自身弊端克服，离子液体脱硫技术将成为工业排放气脱硫市场中最具有潜力的技术。SO_2 还原制取硫黄过程，利用甲烷和煤气作为还原气体符合我国的国情，但是还原过程中不可避免会产生 CS_2 等副产物，可开发新型煤气还原 SO_2 催化剂，提高煤气还原 SO_2 制硫黄的效率。H_2S 氧化制取硫黄的克劳斯工艺是国内各大炼油加工和天然气净化过程中回收硫黄最主要的方式。为了提高硫黄回收的水平和尾气中 SO_2 的浓度，对克劳斯工艺进行改进是必要的，从技术经济角度出发，最关键的一点是开发性能优异的硫黄回收催化剂。发展各种硫合成化学品技术，充分利用工业副产气中的硫资源，有助于解决我国硫化工原料匮乏的问题。

参 考 文 献

[1] Lunt R R，Cunic J D. 烟气脱硫技术简明手册［M］. 侯娜，马艳秋，译. 北京：中国石化出版社，2016.

[2] 齐亚兵，唐承卓，贾宏磊. 工业烟气湿法脱硫技术的发展现状及研究新进展［J］. 材料导报，2022，36（S1）：88-96.

[3] Le D P，Ji W S，Kim J G，et al. Effect of antimony on the corrosion behavior of low-alloy steel for flue gas desulfurization system［J］. Corrosion Science，2008，50（4）：1198-1204.

[4] 韩微，张国平. 氨法脱硫烟气拖尾的成因分析及解决思路［J］. 云南化工，2022，49（1）：117-121.

[5] 屈战成. 烟气氨法脱硫技术的综合优势及存在问题分析及对策［J］. 硫酸工业，2022（2）：1-4，50.

[6] 崔名双，周建明，张鑫，等. 燃煤工业锅炉烟气脱硫技术及经济性分析［J］. 洁净煤技术，2019，25（5）：131-137.

[7] 王小明. 干法及半干法脱硫技术［J］. 电力科技与环保，2018，34（1）：45-48.

[8] 李路明，王凯峰. CFB-FGD 与 NID 半干法技术的工艺比较［J］. 锅炉制造，2022（4）：26-28.

[9] 马力，朱利民. NID 半干法烟气脱硫技术及工程应用［J］. 工程建设与设计，2004（08）：17-19.

[10] 黄昆明，李江荣，李立松，等. 炭法烟气脱硫技术的应用现状及展望［C］//2013火电厂污染物净化与节能技术研讨会论文集，2013：236-239.

[11] 张守玉，曹晏，朱廷钰，等. 活性炭（焦）脱除烟道气中二氧化硫工艺［J］. 煤炭转化，1999（03）：28-34.

[12] 谢新苹，蒋剑春，孙康，等. 脱硫脱硝用活性炭研究进展［J］. 生物质化学工程，2012，46（1）：45-50.

[13] 张明胜，苏敏，张新波，等. 一种用于干法烟气脱硫的移动床装置及工艺：CN114272744A［P］. 2022-04-05.

[14] 苏敏，赵丹，张明胜，等. 一种烟气脱硫脱硝除 CO 一体化新材料及其制备和应用：CN110813072B［P］. 2021-01-26.

[15] 胡洧冰，苏敏，张明胜，等. 一种干法低温脱硫脱硝一体化催化吸收剂及其制备和应用：CN110327774B［P］.

2020-11-24.

[16] 苏敏，赵丹，张新波，等．一种可再生干法烟气脱硫剂及其制备方法和应用：CN108722168B [P]．2020-10-02.

[17] 苏敏，张明胜，赵丹，等．一种低温干法烟气脱硫剂及其制法和应用：CN109603459B [P]．2020-09-01.

[18] 赵会兵．热力燃烧法在处理有机废液和有机废气中的应用 [J]．山东化工，2020，49（9）：245-247.

[19] 李志刚．关于工业有机废气的治理技术探讨 [J]．皮革制作与环保科技，2021，2（16）：124-125.

[20] 曹秋伟，陈彦霞，张艳玲，等．燃烧法处理有机废气的探讨 [J]．科技视界，2012（27）：356-357.

[21] 关丽萍．挥发性有机物（VOCs）末端控制技术实践与发展综述 [J]．现代化工，2018，38（9）：64-67.

[22] 帅启凡，董小平，陆建刚，等．蓄热燃烧法处理工业 VOCs 废气的研究进展 [J]．环境科学与技术，2021，44（1）：134-140.

[23] 杨林．浅析蓄热式氧化炉技术应用 [J]．上海化工，2022，47（4）：33-37.

[24] 李建，潘龙君，李建伟．有机废气（VOCs）旋转蓄热式氧化炉技术 [J]．一重技术，2019（1）：59-62，30.

[25] 汪涵，郭桂悦，周玉莹，等．挥发性有机废气治理技术的现状与进展 [J]．化工进展，2009，28（10）：1833-1841.

[26] Zhang Z X，Jiang Z，Shangguan W F. Low-temperature catalysis for VOCs removal in technology and application：A state-of-the-art review [J]. Catalysis Today，2016，264：270-278.

[27] Yang C T，Miao G，Pi Y H，et al. Abatement of various types of VOCs by adsorption/catalytic oxidation：A review [J]. Chemical Engineering Journal，2019，370：1128-1153.

[28] 高寒，董艳春，周术元．贵金属催化剂催化燃烧挥发性有机物（VOCs）的研究进展 [J]．环境工程，2019，37（3）：136-141.

[29] 赵倩，葛云丽，纪娜，等．催化氧化技术在可挥发性有机物处理的研究 [J]．化学进展，2016，28（12）：1847-1859.

[30] 胡明亮，方宽现，黄薇，等．催化燃烧技术处理 VOCs 的研究进展 [J]．环保科技，2022，28（3）：60-64.

[31] 苑贺楠，何广湘，孔令通，等．工厂燃煤烟气脱硫技术进展 [J]．工业催化，2019，27（9）：8-11.

[32] 姚淑美，王保伟．燃煤烟气同时脱硫脱硝技术进展 [J]．化学工业与工程，2020，37（3）：1-9.

[33] Cheng G，Zhang C. Desulfurization and denitrification technologies of coal-fired flue gas [J]. Polish Journal of Environmental Studies，2018，27：481-489.

[34] 夏诗杨，马文鑫，米俊锋，等．低温等离子体脱硫技术研究进展 [J]．科技导报，2022，40（12）：66-72.

[35] 齐亚兵，唐承卓，贾宏磊．工业烟气湿法脱硫技术的发展现状及研究新进展 [J]．材料导报，2022，36（S1）：88-96.

[36] 陈欢哲，何海霞，万亚萌，等．燃煤烟气脱硫技术研究进展 [J]．无机盐工业，2019，51（5）：6-11.

[37] 葛亭亭．铁基催化剂催化煤气还原冶金烟气 SO_2 制备硫黄研究 [D]．北京：中国矿业大学（北京），2019.

[38] 张珂，李晓玲，常丽萍，等．硫化氢资源化技术研究进展 [J]．现代化工，2022，42（2）：72-77，83.

[39] 王军．克劳斯法硫黄回收技术探究 [J]．燃料与化工，2020，51（4）：48-51.

[40] 许清鑫．克劳斯法硫黄回收工艺技术探讨 [J]．化工管理，2020（27）：98-99.

[41] 田芳勇，黄山，朱军，等．基于燃烧机理对克劳斯工艺燃烧参数的优化 [J]．天然气化工（C1化学与化工），2021，46（6）：109-115.

[42] Liu F，Yu J，Qazi A B，et al. Metal-based ionic liquids in oxidative desulfurization：A critical review [J]. Environmental Science & Technology，2021，55（3）：1419-1435.

[43] 张宏，李望，赵和平，等．以废气中的硫化氢开发含硫化学品的研究进展 [J]．化工进展，2017，36（10）：3832-3849.

[44] 田立秋，张怀有，孙伟．利用副产硫化氢发展精细有机硫化工产品的分析 [J]．煤化工，2015，43（5）：20-23.

[45] 戴承志，武鹤婷．中国硫化碱产业的发展与展望 [J]．无机盐工业，2014，46（8）：1-5.

[46] 田勇，刘传玉，王文彬，等．2-巯基乙醇的合成与应用进展 [J]．黑龙江科学，2011，2（3）：35-37，47.

[47] 关莉莉，汪颖，吴佳，等．一种二甲基硫醚的制备方法：CN104761475A [P]．2015-07-08.

[48] 毕慧峰，万海，刘丽．以炼厂硫化氢为原料生产硫脲的试验及可能性研究 [J]．当代化工，2010，39（3）：332-335.

第11章
烟道气、发酵气等富二氧化碳气

我国 CO_2 排放主要集中在电力和热力的生成与供应、石油加工、炼焦及核燃料加工、黑色金属冶炼、非金属矿物制造业、化学原料及化学品制造业等行业，其中电力和热力的生成和供应排放的 CO_2 占比超过 40%。富 CO_2 气主要产生于化石能源、生物质和含碳矿物的利用过程中，例如烟道气、发酵气和白灰窑尾气等[1]。针对 CO_2 的来源不同，需采用不同技术将烟道气、发酵气等富 CO_2 排放气中的 CO_2 捕集，通过解吸、压缩、纯化等工艺步骤实现富 CO_2 工业排放气的资源化利用。富 CO_2 气捕集分离与资源化利用技术路线如图 11-1 所示。

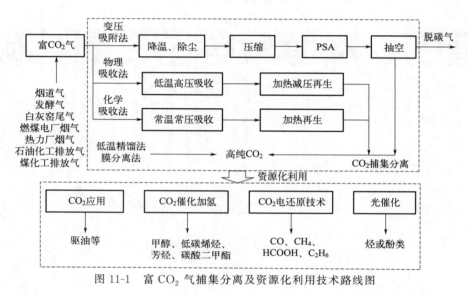

图 11-1   富 CO_2 气捕集分离及资源化利用技术路线图

11.1   富二氧化碳气体排放现状及特点

根据国际能源署的报告，2021 年全球排放二氧化碳 $363 \times 10^8 t$，其中我国排放 $119 \times 10^8 t$，占世界的 30% 以上。燃煤电厂和热力厂排放烟气中 CO_2 含量约为 13%，石油化工和煤化工的低温甲醇洗排放气中 CO_2 含量大于 90%。此外，酿酒产生的发酵气和生石灰的生产过程也会产生大量的富 CO_2 排放气。

燃煤电厂或锅炉的烟气中主要含有 N_2、CO_2、O_2、CO、NO_2、SO_2、水汽、粉尘颗粒物以及极微量的汞及其化合物等，其中粉尘颗粒物主要由 SiO_2、Al_2O_3、Fe_2O_3、CaO 和 MgO 组成，具体见表 11-1 和表 11-2。

表 11-1   燃煤电厂烟气的主要组成表

组分	N_2	CO_2	O_2	H_2O
$\varphi / \%$	$70 \sim 76$	$13 \sim 15$	$5 \sim 7$	$6 \sim 8$

表 11-2   燃煤电厂烟气的杂质含量表

组分	NO_x	SO_x	CO	颗粒物	汞及其化合物
含量/(mg/m³)	$\leqslant 50$	$\leqslant 30$	$\leqslant 200$	$\leqslant 10$	0.03

钢厂高炉气是高炉炼铁生产过程中产生的气体，主要成分有 H_2、CO_2、CO 和 N_2，具体见表 11-3。

表 11-3　钢厂高炉气的主要组成表

组分	H_2	CO_2	CO	N_2	CH_4
$\varphi/\%$	1.5～3	9～12	25～30	≤10	0.2～0.5

沼气的主要成分是甲烷，其主要特性与天然气相似，且由于含有少量硫化氢，略带臭味，同时含有较多的 CO_2，具体见表 11-4。

表 11-4　沼气的主要组成表

组分	CH_4	CO_2	N_2	H_2	O_2	H_2S
$\varphi/\%$	50～80	20～40	0～5	0～1	0～0.5	0～3

垃圾填埋气是垃圾中有机物降解产生的气体，成分复杂，主要成分为 CH_4、CO_2、N_2、O_2、CO 及 NH_3[2]，具体见表 11-5。

表 11-5　垃圾填埋气的主要组成表

组分	CH_4	CO_2	N_2	O_2	CO	NH_3
$\varphi/\%$	40～50	32～40	2～4	2～4	0.4～0.6	1～3

发酵法生产啤酒、白酒和酒精时，常采用甘蔗、甜菜等糖类作物和谷物、小麦等粮食作物来发酵酿造。在发酵过程中，副产大量 CO_2 排放气，其中 CO_2 含量为 90%～99%，此外还含有少量醛类、醇类、有机酸和微量 H_2S 等杂质。

纯碱、炼钢和建筑材料等产业，均要用到质量要求各不相同的石灰。在石灰窑内煅烧石灰石，即可得到石灰，并释放富含 CO_2 的石灰窑气，石灰窑气的组成见表 11-6。

表 11-6　石灰窑气的主要组成表

组分	CO_2	N_2	O_2+CO	COS	H_2S
$\varphi/\%$	30～40	60～70	0.5～2	微量	微量

11.2　二氧化碳捕集技术

根据分离提纯机理的不同，常用的 CO_2 分离提纯方法主要有化学吸收法、物理吸收法、变压吸附法、膜分离法和低温精馏法等。根据是否有溶剂，可以分为湿法捕集技术和干法捕集技术。按照气体中 CO_2 的浓度、杂质的种类及精制后产品的用途等，选择最优捕集提纯技术。下文按照分离提纯机理的不同，对几种方法进行了简述，其中重点介绍了化学吸收法和变压吸附法。

11.2.1　物理吸收法

物理吸收法利用液体作为溶剂，吸收气源中的 CO_2。吸收过程不涉及化学反应，受温度和压力影响明显，吸收剂性能也直接影响吸收效果，一般选用气体溶解度大、毒性和腐蚀性较小的液体。常用的物理吸收法有低温甲醇洗法、加压水洗法、碳酸丙烯酯法、聚乙二醇二甲醚法、N-甲基吡咯烷酮法等。工艺上总体可分为冷法和热法，煤化工行业常见的低温甲醇洗法是冷法的典型代表，国内南化集团设计院开发以聚乙二醇二甲醚（NHD）为主要组分的吸收剂是热法典型代表。

低温甲醇洗法利用了低温甲醇对 CO_2 良好的选择吸收性，在低温、高压下吸收 CO_2 形成富液，然后再通过减压、加热的方式，在低压、高温下再生成贫液并循环使用，并解吸获得 CO_2 产品。低温甲醇洗对酸性气体的净化能力强，具有良好的混合气体选择性，在脱除酸性气体的同时能富集一氧化碳和氢气，而且溶剂甲醇化学稳定性和热稳定性优越，价格便宜，所以低温甲醇洗碳捕集法广泛应用于煤化工行业，包括煤制甲醇、煤制合成氨、煤制天然气、煤制油、煤制氢等领域[3]。早期低温甲醇洗技术主要靠国外引进，随后国内相关高校开展了这方面的研究，其中大连理工大学对多个企业的低温甲醇装置运行进行分析，提出一些改进建议，并开发出低温甲醇洗工艺软件包，已经在国内多套装置中得到应用[4]。低温甲醇洗脱碳效果显著，但是能耗较高，而且系统在低温高压下运行，对设备要求高，投资大，这也是低温甲醇洗需要改进的方面。

聚乙二醇二甲醚溶剂用于吸收 CO_2 最早是由美国的联合化学公司开发的专利技术，称为 Selexol 法，南化集团经过研究和模型实验，开发了以聚乙二醇二甲醚为主要组分的聚醚类净化剂，命名为 NHD，在合成氨厂和甲醇厂都有实际应用。NHD 可以选择性地脱除二氧化碳和硫化氢等酸性气体，低温高压同样有利于增强吸收效果。

物理溶剂吸收法的工艺流程中需要制冷、加压和再生等设备，流程相对复杂，且溶剂在循环过程中不可避免地会被损耗，使得该方法能耗较高。开发高效吸收剂，优化工艺流程，降低整体能耗是 CO_2 物理溶剂吸收法的努力方向。

11.2.2 膜分离法

膜分离法是利用各种气体在不同膜材料中渗透速率的差异来实现气体组分的有效分离。渗透速率相对较快的气体透过膜后富集于膜的渗透侧，而渗透速率相对较慢的气体则富集于膜的滞留侧，从而使得混合气体分离。该方法具有操作简单、占地面积小、能耗低等优点，现已被应用于石油、天然气、化工、冶炼等领域，包括空气分离、天然气脱碳、天然气提氦、氢气回收、有机废气处理等[5]。

膜分离的核心是膜材料，目前气体分离膜材料主要有三类：高分子材料、无机物材料和金属膜材料。其中高分子材料主要用于分离酸性气体，典型的材料主要是聚酰亚胺和聚砜类材料。自从美国 Monsantto 公司将研制的聚砜中空纤维膜应用于合成氨弛放气提氢，膜分离技术开始受到关注。上海吴泾化工有限公司、山西原平化学工业集团有限责任公司、黑化集团有限公司早期都采用膜分离技术从合成氨弛放气中提纯氢气，降低了生产成本[6]。

炼厂中原油加氢精制需要大量氢气，同时工艺过程中又会产生富氢尾气，膜分离技术同样可用于此类尾气的氢气提纯，回收后可作原料气使用。中国石化镇海炼油化工股份有限公司利用膜分离技术辅助制氢装置回收氢气，回收氢气纯度为 91.4%，回收率达到 87.36%[7]。齐鲁石油化工公司胜利炼油厂利用膜分离技术对炼厂富氢瓦斯气中的氢气进行回收，回收氢气纯度为 87%，回收率约 86%[8]。中国石油长庆石化公司采用膜分离技术对柴油加氢低分气、连续重整气和柴油加氢酸性气中的氢气进行回收，回收氢气纯度为 96%，氢气回收率约 87.5%[9]。中国石化武汉分公司采用膜分离技术对催化裂化干气中的氢气进行分离提纯，产品氢气纯度为 70% 以上，氢气的回收率高于 75%[10]。

甲醇弛放气中具有相当可观的氢气量，同样可用膜分离技术实现氢气回收，达到节能降耗的目的。哈尔滨气化厂采用膜分离技术，将弛放气中的氢气（体积分数）从 58% 提高到了 75% 以上[11]。中海石油建滔化工有限公司采用柏美亚（中国）有限公司的膜分离技术，建成了一套膜分离回收氢气的装置，投用后整体氢气回收率提高了 9%[12]。

除此之外，膜分离技术还可应用于焦炉煤气和水煤气制氢等场景，对氢气进行分离提纯。当单一膜分离技术无法达到分离要求时，还能与其他碳捕集技术如变压吸附法联合，形成耦合分离提纯工艺，进一步对二氧化碳进行捕集。

11.2.3　低温精馏法

低温精馏法利用不同组分沸点不同，实现气体的分离提纯。在低温下，各组分由于其饱和蒸气压的不同而实现相变，从而对气体中的 CO_2 进行分离。精馏塔内装有填料，均匀分布有塔中部落下的液体 CO_2 和塔底部蒸发的低沸点物质。低温精馏法一般在 $1.5 \sim 2.5MPa$、$-40 \sim -20℃$ 下操作。该方法回收的 CO_2 纯度达到 99.00%～99.99%。

常见的单塔精馏主要工艺路线为：提浓后的 CO_2 气体先经过预冷器降温，随后进入蒸发冷凝器中，被来自冰机的冷媒冷凝至液态，然后进入精馏塔提纯，获得工业级、食品级甚至电子级的液体 CO_2。西南化工研究设计院拥有这方面的成熟专利技术，并且已有多套 CO_2 液化提纯的工业业绩，装置运行情况良好。除此之外，还有一种双塔精馏提纯制取食品级液体 CO_2 的工艺，该工艺具有两个精馏塔，分别脱除重组分与轻组分，最终得到 99.999% 以上纯度的食品级 CO_2 产品。河南心连心深冷能源股份有限公司拥有该工艺的发明专利，也有相关的应用实例。张立群等[13] 对分级液化精馏提纯 CO_2 的工艺进行了模拟计算，结果表明，分级液化精馏和分级制冷，在 CO_2 回收装置中明显降低各项能耗指标，综合节能达到 5%～10%，该技术已在多套新建项目中推广使用。

11.2.4　化学吸收法

11.2.4.1　简介

化学吸收法是利用 CO_2 与碱性物质反应的原理进行吸收分离的方法，包括醇胺法、热碳酸钾溶液（BV）法、FT-1 气标法等，其中醇胺法主要包含一乙醇胺（MEA）法和 N-甲基二乙醇胺（MDEA）法等。

一乙醇胺（MEA）法是以碱性化学溶剂 MEA 为吸收剂，其在常温、常压下对 CO_2 具有良好的选择吸收性，可生成不稳定盐，然后再通过加热的方式使其再生循环使用，最后高温解吸获得 CO_2 产品。采用 MEA 法回收烟道气中的 CO_2 具有投资少、回收率高、成本低、装置运行稳定及建设周期短等优点。胺吸收法分离 CO_2 的工艺流程如图 11-2 所示。其他新型吸收剂有离子液体吸收剂、复合吸收剂、无水吸收剂和相变吸收剂等。

自 20 世纪 80 年代以来，化学吸收法捕集 CO_2 过程能耗从应用传统吸收剂的 $4.1GJ/t$ 降至应用新型吸收剂的 $2.6GJ/t$，CO_2 捕集能耗下降了 30% 以上。尽管如此，化学吸收法捕集 CO_2 过程中过高的能耗依然是制约其发展的主要因素。化学吸收法捕集 CO_2 过程中能耗过高的原因在于，CO_2 解吸过程采用加热解吸的方式使吸收剂再生，该方式造成了 CO_2

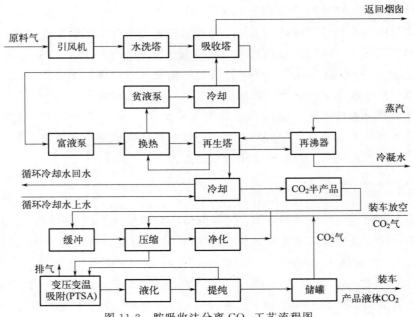

图 11-2　胺吸收法分离 CO_2 工艺流程图

解吸能耗巨大，占化学吸收法捕集 CO_2 总能耗的 80％以上。

MDEA 法与 MEA 法相似，以 MDEA（主要为甲基二乙醇胺）为溶剂与原料气中的酸性气发生化学反应，可同时脱除 CO_2 和 H_2S。目前，MDEA 配方溶液脱碳工艺已广泛应用于天然气净化中。

11.2.4.2　典型的工程应用

（1）天然气净化

天然气作为一种清洁燃料，其开发和利用已在全球受到普遍关注。截至 2015 年底，我国常规天然气地质资源量 $90.3 \times 10^{12} m^3$，可采资源量 $50.1 \times 10^{12} m^3$，但其中近三分之一含有 CO_2 等酸性气体[14]。酸性气体不仅会导致开采、处理和储运过程中设备和管道的腐蚀，还会对环境造成严重影响。在我国，天然气已被列为清洁能源优先发展，同时，环境保护方面的相关法规对天然气产品中酸性组分含量的限制也日趋严格。商品天然气和液化天然气工厂预处理气质要求如表 11-7 和表 11-8 所示。因此，开发天然气资源、大力发展天然气净化工艺势在必行[15-16]。

表 11-7　商品天然气的气质技术要求表

项目	一类	二类	三类
高位发热量/(MJ/m³)		>31.4	
总硫(以硫计)/(mg/m³)	≤100	≤200	≤460
硫化氢/(mg/m³)	≤6	≤20	≤460
$\varphi(CO_2)/\%$		≤3.0	
水露点/℃	在天然气交接点的压力和温度条件下，天然气的水露点应比最低环境温度低5℃		

注：1. 本标准中气体体积的标准参比条件是 101.325kPa，20℃。

2. 本标准实施之前建立的天然气输送管道，在天然气交接点的压力和温度条件下，天然气中应无游离水（指天然气经机械分离设备分不出游离水）。

表 11-8　液化天然气工厂预处理气质要求表

杂质组分	含量极限	限制依据
$\varphi(H_2O)$	$<0.1\times10^{-6}$	A
$\varphi(CO_2)$	$(50\sim100)\times10^{-6}$	B
$\varphi(H_2S)$	4×10^{-6}	C
$\varphi(COS)$	$<0.5\times10^{-6}$	C
硫化物总量/(mg/m³)	$10\sim50$	C
汞含量/(μg/m³)	<0.01	A
φ(芳香族化合物)	$(1\sim10)\times10^{-6}$	A 或 B

注：A 为无限制生产下的累积允许值；B 为溶解度限值；C 为产品规格限值。

化学吸收法是最常用的天然气脱碳的方法，美国 Union Pacific 公司设计使用 35%（质量分数）的二乙醇胺（DEA）水溶液处理 $100\times10^4\,m^3/d$ 的原料气，原料气中 CO_2 的摩尔分数为 2.91%[17]；长庆油田在国内首先引用 MDEA＋DEA 来脱除天然气中的 CO_2 和少量 H_2S[18]；在珠海天然气液化项目中，中国海洋石油集团有限公司采用 MDEA＋DEA 混合胺水溶液脱碳，其中 MDEA 的质量分数为 35%，DEA 的质量分数为 10%，吸收压力为 4.5MPa，净化气中 CO_2 浓度降至 50×10^{-6} 以下[19]。物理-化学吸收剂是物理溶剂、化学溶剂和水按一定比例组成的混合物，其兼具物理吸收和化学吸收的特性，一般适用于含碳量较高的原料气和净化度要求较高的工况。目前常用工艺方法有 Sulfinol 法（砜胺法）和 Optisol 法。其中，砜胺法的吸收溶剂为环丁砜与二异丙醇胺（DIPA）水溶液或环丁砜与 MDEA 水溶液；Optisol 法吸收剂由胺、有机溶剂和水组成。美国 Pyoto 天然气处理装置利用环丁砜和 DIPA 水溶液处理含二氧化碳为 18% 的天然气，得到的净化气含二氧化碳仅 2.0%；荷兰 Emmen 天然气净化厂脱硫装置采用环丁砜和 MDEA 水溶液处理含二氧化碳为 4.25% 的原料气。

（2）合成氨脱碳

活化 MDEA 是 20 世纪 70 年代初巴斯夫（BASF）公司开发的一种以甲基二乙醇胺水溶液为基础的脱 CO_2 新工艺，近 30 年来，这种溶剂体系已被成功地应用于许多工业装置。MDEA 对 CO_2 有特殊的溶解性，所以工艺过程能耗较低。

具体流程为变换气进入二氧化碳吸收塔下段，大量的二氧化碳在此段被 MDEA 半贫液吸收，剩余二氧化碳在上段用 MDEA 贫液吸收。出吸收塔的工艺气二氧化碳含量小于 1000×10^{-6}。在吸收塔底部输出的吸收了二氧化碳的富液，经半贫液泵透平回收能量后，降压到 0.7MPa 送到中压解吸塔，在此解吸出大部分氢气和少量的二氧化碳，解吸气从塔顶引出，作为燃料送到蒸汽转化炉。出中压塔的溶液进入低压解吸塔，利用来自再生塔的二氧化碳气体气提溶液中的二氧化碳，出低压塔的二氧化碳经冷却分离后作为产品外送。从低压解吸塔出来的未完全再生的 MDEA 半贫液分为两部分：一部分作为主要脱二氧化碳溶剂，送入吸收塔循环脱碳；另一部分送再生塔再生后，以贫液的形式输送至吸收塔顶部吸收 CO_2。

（3）烟道气 CO_2 捕集

燃煤电站锅炉烟气经过除尘、脱硝、脱硫后，进入预处理单元，脱硫烟气经预处理降温（12% CO_2，40℃），从吸收塔底部进入，在吸收塔内与吸收剂发生反应后，从塔顶排出，之后进入水洗塔，回收部分挥发的吸收剂。弱碱性的吸收剂溶液从吸收塔塔顶喷淋，在吸收

塔内与烟气中的 CO_2 反应，生成氨基甲酸盐或者碳酸氢盐等产物。富液由塔底排出，经贫富液换热器升温后，进入再生塔（120℃）顶部，自上而下喷淋，CO_2 反应产物（氨基甲酸盐或碳酸氢盐）在再生塔内受热分解释放 CO_2，再生气（CO_2、H_2O）随再生塔内加热产生的水蒸气抽提，从塔顶排出，经冷凝分离 CO_2，回收的水送回再生塔。再生过程所需热量由再生塔塔底的再沸器提供，再沸器的热量来源于电厂低压缸抽蒸汽。再生后的吸收剂由再生塔塔底排出，经贫富液换热器、贫液冷却器冷却后进入吸收塔循环吸收 CO_2。目前已工业化的项目都面临着 CO_2 捕集能耗高的难题。

MEA（20%～30%）被认为是第一代吸收剂，并被众多研究者作为标准溶剂进行对比。早期（2009～2014 年）国内外已开展 MEA 吸收剂的工业装置碳捕集试验，如加拿大边界大坝项目运行的 $100 \times 10^4 t/a$ 碳捕集装置，华能在上海石洞口的 $12 \times 10^4 t/a$ 碳捕集装置，以及美国蒙斯德碳捕集技术中心的 $2.5 \times 10^4 \sim 7.4 \times 10^4 t/a$ 碳捕集项目。

第二代技术为混合胺吸收剂，目前正处于工业示范阶段。典型的吸收剂有如欧盟 CASTOR 项目开发的 CESAR-1、日本 MHI 开发的 KS-1、澳大利亚 CSIRO 开发的吸收剂、Shell Cansolv 开发的 DC 系列以及国内中石化南化院提出的 MA 吸收剂等。典型的混合胺吸收剂是以吸收容量大、再生能耗低的三级胺和空间位阻胺（如 AMP、MDEA）为主胺，一、二级胺（如 MEA、DEA 和 PZ 等）作为添加剂，来提高 CO_2 吸收速率。由于吸收剂黏度随有机胺浓度增加而升高，黏度升高将导致换热器的换热系数迅速下降，某些腐蚀性强的胺浓度增加会加剧管道腐蚀，因此混合胺吸收剂的总胺浓度一般控制在 30%～40%。

欧盟 CESAR 项目在丹麦 Esbjerg 燃煤烟气捕集装置（8000t/a）上测试了 CESAR-1 吸收剂（25% AMP/15% PZ），在 CO_2 捕集率为 90% 条件下，2-氨基-2-甲基-1-丙醇/对二氮己环（AMP/PZ）混合胺的再生能耗比 30% MEA 低 14%。CSIRO 在 Loy Yang A 电厂的 CO_2 捕集装置上测试了 25% AMP/5% PZ，在 CO_2 捕集率 85% 的条件下，混合胺的再生能耗仅比 30% MEA 低 4%。美国 Petra Nova 项目在运行的 $140 \times 10^4 t/a$ 工业装置使用的是日本 MHI 开发的 KS-1 混合胺吸收剂。美国能源部的 FEED 项目以 5mol/L PZ 为吸收剂设计化学吸收工艺，将用于 Denver 的 Mustang 天然气电站烟气 CO_2 捕集。我国"十三五"规划启动的重点研发专项项目"用于 CO_2 捕集的高性能吸收剂/吸附材料及技术"开发基于混合胺等吸收剂的低能耗 CO_2 化学吸收技术，已于 2021 年在陕西国华锦界电厂进行 $15 \times 10^4 t/a$ 规模的工业示范。

11.2.5　变压吸附法

11.2.5.1　简介

变压吸附法是以吸附剂（多孔固体物质）内部表面对气体分子的物理吸附为基础，利用吸附剂易吸附高沸点组分、不易吸附低沸点组分和高压下吸附量增加、低压下吸附量减少的特性，使原料气在高压下通过吸附床层，比 CO_2 沸点低的组分不易吸附而通过吸附床层，从而使 CO_2 与其他组分分离，同时 CO_2 得到浓缩。

变压吸附法操作简单，自动化程度高，可全自动操作；吸附为物理过程，比较环保；降压即可解吸再生，再生的能耗低；装置开停车方便，投料到生产合格产品通常在 1h 内。

变压吸附分离提浓 CO_2 技术从 20 世纪 80 年代开始研发并实现了工业化应用，形成了变压吸附法从混合气中提取二氧化碳、分级提浓二氧化碳等系列专利成果。通过变压吸附技术可以从工业排放气中捕集获得纯度在 90％～98.5％的二氧化碳，再进行分离提纯可以得到食品级液体二氧化碳产品。

由于原料气中 CO_2 含量的差异，变压吸附分离提浓 CO_2 工艺采用的工艺路线也有所不同，但最终目的都是获得 90％以上的高浓度 CO_2，有利于后序的低温精馏提纯工艺，并达到降低整个装置单位能耗的目的。提浓 CO_2 主要工艺与对应的原料气 CO_2 含量见表 11-9。

表 11-9　提浓 CO_2 主要工艺与对应的原料气 CO_2 含量表

提浓 CO_2 工艺	两段 PSA＋低温精馏提纯	一段 PSA＋低温精馏提纯	低温精馏提纯
$\varphi(CO_2)$/％	10～20	20～80	80～99.5

依据不同的原料气组分，变压吸附提浓 CO_2 工艺可分为一段抽空工艺和两段抽空工艺。通常，原料气压力较高、二氧化碳含量也较高时，采用一段抽空工艺；而原料气压力较低、CO_2 含量也较低时，可以采用两段抽空工艺，逐级提浓 CO_2。

11.2.5.2　一段抽空工艺

对于二氧化碳含量高的工业排放气（CO_2 体积分数 20％～80％），可采用一段法变压吸附装置回收 CO_2。典型的一段法变压吸附提纯 CO_2 流程见图 11-3。

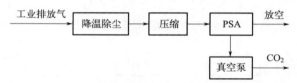

图 11-3　一段法变压吸附提纯 CO_2 流程图

常用的抽真空再生变压吸附提浓二氧化碳工艺流程包括以下步骤：吸附步骤（A）、压力均衡降步骤（EnD）、逆向放压（或顺放）步骤（D/PP）、抽真空步骤（V）、压力均衡升步骤（EnR）、最终充压步骤（FR），工艺流程步序见表 11-10（以 A 塔为例）。

表 11-10　工艺流程步序表

步骤	1	2	3	4	5	6
A 塔	A	EnD	D/PP	V	EnR	FR

工业排放气经过降温、除尘等预处理步骤以及压缩升压至变压吸附装置所需压力后，进入变压吸附装置。原料气进入处于工作状态的吸附塔，自下而上穿过吸附塔中的吸附剂，二氧化碳作为吸附相被吸附剂吸附，其余组分（如 H_2、N_2、O_2、CH_4 和 CO 等）作为脱碳气排出变压吸附装置。

完成吸附步骤的吸附塔通过压力均衡降步骤逐渐降低塔中的压力，然后通过逆放（或顺放）进一步降低床层压力，最后采用抽真空的方式，对吸附塔进一步降压再生，同时解吸得到浓度较高的二氧化碳气体。

变压吸附提浓二氧化碳装置常用的真空泵有无油往复式真空泵和水环式真空泵两种，当产品二氧化碳气量较小时通常采用无油往复式真空泵，当产品二氧化碳气量较大时可采用水环式真空泵。装置中泵的数量较少，操作简单，占地小。但使用水环式真空泵会使产品二氧化碳含有饱和水,因此管道及阀门通常采用不锈钢材质,会增加后工段的投资及能耗。一段法变压吸附提纯二氧化碳工艺流程见图11-4。

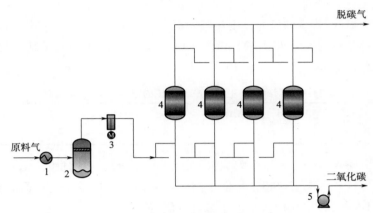

图 11-4   一段法变压吸附提纯 CO_2 工艺流程图

1—冷却、除尘;2—水分离器;3—压缩机;4—吸附塔;5—真空泵

11.2.5.3   两段抽空工艺

当工业排放气的二氧化碳含量较低(二氧化碳体积分数≤20%)时,宜采用两段法变压吸附装置。低二氧化碳含量工业排放气变压吸附回收装置的典型流程如图11-5所示。

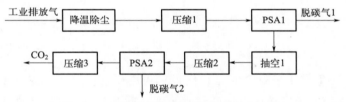

图 11-5   两段法变压吸附提纯 CO_2 流程图

工业排放气根据实际需要,经过降温、除尘等预处理后再压缩升压至变压吸附所需压力,进入一段 PSA 浓缩原料气中吸收的 CO_2,工艺步序类似上面的一段抽空工艺,轻组分在塔顶富集后作为一段脱碳气排出。从第一段变压吸附的低压端(解吸气)可获得纯度相对较高的富二氧化碳气(CO_2 体积分数 30%~50%)。富二氧化碳气再次经压缩提高压力至第二段变压吸附工作所需压力,进入第二段变压吸附,两段吸附塔再生步骤获得含量大于90%的二氧化碳气。两段法变压吸附提纯 CO_2 工艺流程见图11-6。

本流程的技术特点:采用多段变压吸附流程,可以对低二氧化碳含量的工业排放气进行逐级提浓,降低了压缩能耗。

11.2.5.4   组合工艺

为了运输和使用方便,工业上一般都把二氧化碳制成液体或固体产品。理论上,只要二氧化碳达到临界温度 31.04℃以下,在特定压力下即可液化,且压力越高液化温度也越高。由于不同二氧化碳原料气中杂质的种类和含量不同,会在二氧化碳液化时部分冷凝,从而对二氧化碳产品质量产生巨大影响。液体二氧化碳的生产其实就是净化和液化的过程,不同的低温精馏二氧化碳生产工艺本质差别就是净化技术的不同。《食品安全国家标准 食品添加

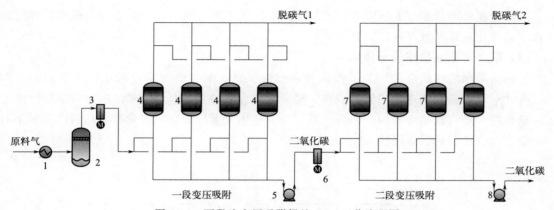

图 11-6　两段法变压吸附提纯 CO_2 工艺流程图

1—冷却、除尘；2—水分离器；3,6—压缩机；4,7—吸附塔；5,8—真空泵

剂　二氧化碳》（GB 1886.228—2016）中的理化指标见表 11-11。

表 11-11　食品添加剂标准中理化指标的要求表

项目		指标		
		气态二氧化碳	液态二氧化碳	固态二氧化碳
二氧化碳（CO_2）含量，φ/%	$\geqslant$	99.9	99.9	—
水分/($\mu L/L$)	$\leqslant$	20	20	—
氧（O_2）/($\mu L/L$)	$\leqslant$	30	30	—
一氧化碳[①]（CO）/($\mu L/L$)	$\leqslant$	10	10	—
油脂/(mg/kg)	$\leqslant$	—	5	13
蒸发残渣/(mg/kg)	$\leqslant$	—	10	25
一氧化氮[②]（NO）/($\mu L/L$)	$\leqslant$		2.5	
二氧化氮[③]（NO_2）/($\mu L/L$)	$\leqslant$		2.5	
二氧化硫（SO_2）/($\mu L/L$)	$\leqslant$		1.0	
总硫[④]（除 SO_2 外，以 S 计）/($\mu L/L$)	$\leqslant$		0.1	
总挥发烃[⑤]（以 CH_4 计）/($\mu L/L$)	$\leqslant$		50（其中非甲烷烃$\leqslant$20）	
苯（C_6H_6）/($\mu L/L$)	$\leqslant$		0.02	
甲醇（CH_3OH）/($\mu L/L$)	$\leqslant$		10	
乙醛（CH_3CHO）/($\mu L/L$)	$\leqslant$		0.2	
环氧乙烷[⑥]（CH_2CH_2O）/($\mu L/L$)	$\leqslant$		1.0	
氯乙烯（CH_2CHCl）/($\mu L/L$)	$\leqslant$		0.3	
氨（NH_3）/($\mu L/L$)	$\leqslant$		2.5	
氰化氢[⑦]（HCN）/($\mu L/L$)	$\leqslant$		0.5	

① 以乙烯催化氧化、酒精发酵工艺副产的原料气生产的二氧化碳不检测该指标。
② 以乙烯催化氧化工艺副产的原料气生产的二氧化碳不检测该指标。
③ 以乙烯催化氧化工艺副产的原料气生产的二氧化碳不检测该指标。
④ 当总硫测定结果不超过 0.1$\mu L/L$ 时，不进行总硫（除 SO_2 外，以 S 计）及二氧化硫（SO_2）项目的测定。
⑤ 当总挥发性烃（以 CH_4 计）测定结果不超过 20$\mu L/L$ 时，不进行非甲烷烃项目的测定。
⑥ 仅乙烯催化氧化工艺副产的原料气生产的二氧化碳检测该指标。
⑦ 仅煤气化工艺副产的原料气生产的二氧化碳检测该指标。

其他净化分离技术与变压吸附技术集成的新工艺主要有两种：一是吸附与低温精馏组合法；二是催化氧化与低温精馏组合法。

（1）吸附与低温精馏组合法

吸附与低温精馏组合法综合了吸附和精馏的优点，配合使用特定的选择性很强的吸附剂，有针对性地脱除沸点比二氧化碳高、精馏无法分离的杂质，然后将二氧化碳进行低温液化精馏提纯，除去剩余的轻组分杂质。该方法不适用于重组分杂质含量较多的情况。吸附与低温精馏组合法制食品级液体 CO_2 工艺流程见图 11-7。

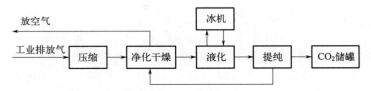

图 11-7   吸附与低温精馏组合法制食品级液体 CO_2 工艺流程图

（2）催化氧化与低温精馏组合法

催化氧化与低温精馏组合法利用了催化氧化原理，在贵金属催化剂和一定的温度条件下，原料气中的微量可燃性杂质与氧发生氧化而加以脱除，特别是沸点比二氧化碳高的有毒有害杂质，如烃类、醛类、醇类等有机物，氧化后产物是水和二氧化碳。氧化反应比较彻底，为彻底除去这些杂质提供了技术保证，再结合使用脱硫技术和低温精馏技术，产品质量可以达到很高的水平。该方法产品质量好，品质稳定，是目前生产液体二氧化碳最可靠的方法。催化氧化与低温精馏组合法制食品级液体 CO_2 工艺流程见图 11-8。

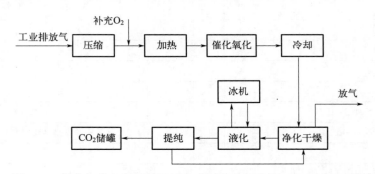

图 11-8   催化氧化与低温精馏组合法制食品级液体 CO_2 工艺流程图

一般情况下，可采用吸附与低温精馏组合法生产食品级液体 CO_2。当二氧化碳中含有烯烃、含氧有机物时，通过直接净化难以脱除干净，在后续液化过程中易溶于液体二氧化碳中而无法脱除，此时就可选择催化氧化和低温精馏组合法生产高纯液体二氧化碳产品。

11.2.5.5   典型的工程应用

（1）食品级二氧化碳提纯技术的应用

某燃煤电厂超低排放烟道气采用两段 PSA 与液化提纯相结合的方法提纯二氧化碳，得到食品级液体二氧化碳，产品二氧化碳体积分数＞99.99%。烟道气主要组分及条件见表 11-12，产品气主要指标见表 11-13，工艺流程如图 11-9 所示。

表 11-12　原料烟道气主要指标

项目	参数	项目	参数
$\varphi(N_2)/\%$	73.0	NO_x 含量$/(mg/m^3)$	<35
$\varphi(CO_2)/\%$	13.7	灰分$/(mg/m^3)$	<5
$\varphi(O_2)/\%$	5.8	压力/Pa	$-90\sim0$
$\varphi(H_2O)/\%$	7.4	温度/℃	$46\sim48$
SO_2 含量$/(mg/m^3)$	<30	流量$/(m^3/h)$	约 2275

表 11-13　产品气主要指标

项目	参数	项目	参数
$\varphi(CO_2)/\%$	>99.99	产品压力/MPa	约 2.0
产品温度/℃	−18	产品流量$/(kg/h)$	545

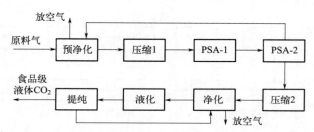

图 11-9　烟道气两段法生产食品级液体 CO_2 工艺流程图

该工艺各工段主要简述如下：

① 预净化与净化　预净化与净化分别除去原料气中的水分、微量硫及其他杂质。净化单元后气体中要求水露点约−60℃，总硫体积分数≤0.1×10^{-6}。

② PSA-1　采用 VPSA 工艺，目的是实现二氧化碳与氧、氮等轻组分的分离，初步将二氧化碳含量浓缩至30%～50%。

③ PSA-2　采用 VPSA 工艺，继续脱除轻组分，将二氧化碳含量浓缩至90%以上。

④ 液化　该工段通过制冷机组提供的冷量将气相二氧化碳冷凝为液相，制冷介质为液氨，通过制冷机组循环使用。

⑤ 提纯　液化后的液体二氧化碳进入提纯塔，液体二氧化碳中氧气、氮气等不凝组分被除去，从提纯塔底部得到食品级液体二氧化碳产品，送至产品储罐，供充瓶或装槽车。

（2）电子级二氧化碳提纯技术的应用

从酒精发酵气中回收二氧化碳制电子级二氧化碳，原料气组成如表 11-14 所示。

表 11-14　酒精发酵原料气的组成

项目	指标	项目	指标
水溶液外观	无色无浑浊	$\varphi(乙酸乙酯)/\%$	18×10^{-4}
$\varphi(CO_2)/\%$	99.66	$\varphi(丁醇)/\%$	1.9×10^{-4}
$\varphi(N_2)/\%$	0.22	$\varphi(氯乙烯)/\%$	—
$\varphi(O_2)/\%$	0.066	$\varphi(氧化乙烯)/\%$	—
$\varphi(CO)/\%$	—	总挥发性含氧有机物	—

续表

项目	指标	项目	指标
$\varphi(NO)/\%$	—	$\varphi(COS)/\%$	—
$\varphi(NO_2)/\%$	—	$\varphi(CS_2)/\%$	—
$\varphi(PH_3)/\%$	—	$\varphi(H_2S)/\%$	0.5×10^{-4}
$\varphi(总挥发烃)(CH_4\ 计)/\%$	0.096	$\varphi(甲硫醇)/\%$	0.11×10^{-4}
$\varphi(芳烃)(C_6H_6\ 计)/\%$	—	$\varphi(乙硫醇)/\%$	0.10×10^{-4}
压力/kPa	7	温度/℃	40

采用两段 PTSA 法（变压变温吸附法）与液化提纯联合工艺，得到高纯液体二氧化碳，产品二氧化碳体积分数＞99.999%，产品质量满足电子级产品的使用要求。

工艺流程如图 11-10 所示。

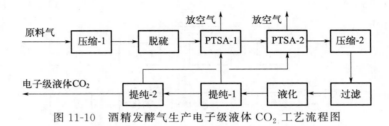

图 11-10　酒精发酵气生产电子级液体 CO_2 工艺流程图

该工艺各工段主要简述如下：

① 压缩　原料气经压缩机压缩升压后，进入脱硫工段。

② 脱硫　精脱除去原料气中的微量硫，脱硫后要求气体中总硫体积分数≤1.0×10^{-6}。

③ PTSA-1　采用 PTSA 工艺，变压变温吸附原理，目的是除去气源中的水分、重烃、苯等杂质，吸附剂再生温度为 170℃。

④ PTSA-2　当生产电子级液体二氧化碳时，仅用 PTSA-1 无法达到要求，PTSA-1 净化后的气体中还存在微量水分、金属离子等杂质，需要深度吸附脱除。PTSA-2 也采用变压变温吸附原理，但所用的吸附剂与 PTSA-1 的不同，PTSA-2 工段的吸附剂再生温度为 280～320℃。

⑤ 过滤　经过压缩后的净化二氧化碳气进入过滤工段，过滤采用高精度过滤器，颗粒过滤精度达 0.003μm，除去气体中含有的微量颗粒杂质。

⑥ 液化　该工段通过冷媒使压缩后的二氧化碳气相被冷凝为液相。冷媒为液氨、氟利昂、乙烯等，通过制冷机组循环使用。

⑦ 提纯-1　液化后的液体二氧化碳进入提纯塔-1，去除液体二氧化碳中的氢气、氮气等不凝组分，从提纯塔底部得到食品级液体产品二氧化碳。

⑧ 提纯-2　电子级液体二氧化碳产品的杂质含量要求更低，如一氧化碳体积分数，食品级要求≤10×10^{-6}，电子级要求≤0.5×10^{-6}，所以本工段对来自提纯-1 的液体二氧化碳进一步提纯，得到电子级液体二氧化碳。

二氧化碳分离提纯的方法有很多，各有不同的特点。根据各方法的实际应用情况分析，物理和化学吸收法均存在设备一次投资大、再生过程能耗高、循环容积损失大、操作费用昂贵等缺点。膜分离法则需要较高的压力差，对于大规模的工业排放气处理来说，能耗较大，且工业排放气组分复杂，容易造成膜本体损坏，其对工业排放气的预处理要求极高。变压吸附法在处理工业排放气时，不需要过高的压差，吸附剂再生过程所需能耗低于吸收法，且吸附剂对排放气中其他化学组分的耐受性高于膜分离法。综上所述，采用变压吸附法回收工业排放气中的二氧化碳具有更好的技术和经济可行性。

11.3 二氧化碳利用技术

11.3.1 化学品合成技术

二氧化碳在自然界中储量丰富，可作为合成各种重要化学品的碳源。以二氧化碳为原料，将其直接转化为高附加值的化学品，不仅可以实现碳减排，还能减轻对传统化石能源的依赖。

11.3.1.1 化学合成技术

CO_2 分子中存在两个 Π_3^4 的离域 π 键，$C=O$ 键能为 $806kJ/mol$，C 原子为最高 $+4$ 价，具有化学惰性（$\Delta_f G^{\ominus} = -396kJ/mol$），表明 CO_2 转化是一个需要较高活化能的动力学过程。CO_2 化学合成往往需要高能物质（H_2）及催化剂的参与，H_2 参与的反应又称作 CO_2 加氢技术。目前，可通过化学合成技术合成的高附加值化学品有甲醇、低碳烯烃、芳烃、碳酸二甲酯等。

（1）二氧化碳加氢合成甲醇技术

甲醇是一种非常重要的化工原料，具有易储存及运输的特点，被广泛应用于烯烃、芳烃及其他含氧化合物的生产领域。同时，甲醇是国际公认的清洁、高效、低碳液体燃料，其能源属性也日益凸显。CO_2 加氢合成甲醇被认为是仅次于石油和天然气制甲醇的经济方式，耦合太阳能、风能等可再生能源，是"液态阳光"和"甲醇经济"等循环经济的重要环节。以 CO_2 加氢合成甲醇为基础，整个过程上下游的技术路线如图 11-11 所示。

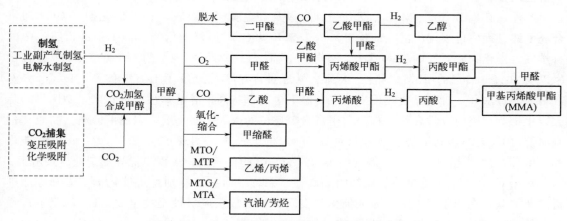

图 11-11 CO_2 加氢合成甲醇上下游技术路线图

MTO—甲醇制烯烃；MTP—甲醇制丙烯；MTG—甲醇制汽油；MTA—甲醇制芳烃

CO_2 加氢合成甲醇技术尚处于工业示范阶段，未实现大规模应用。20 世纪 80 年代初，丹麦 Topsøe 与德国 Lurgi 公司先后完成了 CO_2 加氢合成甲醇的中试。冰岛 CRI 公司开发了二氧化碳加氢制甲醇（ETL）绿色甲醇工艺技术，应用该技术的装置在 2012 年建成，可实现年产甲醇 4000t，CO_2 回收量为 5600t/a，催化剂采用 Cu-Zn-Al 体系，成为在国际上具有较大影响力的工业应用示范装置。2020 年，中国海洋石油富岛有限公司、中国科学院上海高等研究院和中国成达工程有限公司合作建成了 5000t/a 的 CO_2 加氢合成甲醇工业示范装置，使用的催化剂为新型纳米复合氧化物铜基催化剂。2023 年，西南化工研究设计院与鲁西化工集团合作开发并建成了国内最大的全流程低能耗 CO_2 加氢制甲醇中试装置，在相对较低的压力与温度条件下，二氧化碳的单程转化率超过 70%，总转化率不低于 98%，甲醇总选择性大于 98%，粗醇中乙醇含量（体积分数）小于 200×10^{-6}。

　　CO_2 加氢制甲醇为气态分子数减少的放热反应，主要涉及三个过程：CO_2 合成甲醇反应，逆水煤气变换反应（reverse water-gas shift，RWGS），CO 加氢制甲醇反应。其反应式如下：

$$CO_2 + 3H_2 \rightleftharpoons CH_3OH + H_2O$$
$$CO_2 + H_2 \rightleftharpoons CO + H_2O$$
$$CO + 2H_2 \rightleftharpoons CH_3OH$$

　　低温、高压有利于反应的进行。由于 CO_2 为惰性分子，受反应动力学限制，通常需要较高的反应温度来帮助 CO_2 分子活化。典型的工业甲醇合成中，反应温度为 200～300℃，压力为 5～10MPa，催化剂体系为 Cu-ZnO-Al_2O_3[20]。

　　催化剂是 CO_2 加氢合成甲醇的关键，国际上主流的 CO_2 加氢制甲醇催化剂主要由 Cu、ZnO 以及其他氧化物载体（Al_2O_3、SiO_2、ZrO_2、Ga_2O_3 和 CeO_2 等）构成，Cu 为催化剂提供活性位点，ZnO 提供氧空位和电子对，二者的协同作用共同构筑了活性中心。CO_2 合成甲醇的过程中会生成大量的水，水极易诱发 Cu 催化剂活性物种晶粒长大，导致催化剂活性损失。改变催化剂组成以及制备方法是提高其活性的有效方法，向 Cu-ZnO-Al_2O_3 体系中引入适量 MgO 对催化剂的高温稳定性有利，加入 ZrO_2 可提高催化剂的疏水性，同时提高活性组分的分散性，增大比表面积，对催化剂的低温活性有利[21]。

　　此外，新型 In_2O_3、MoS_2、ZnO-ZrO_2 以及贵金属（Pt、Pd）体系催化剂在 CO_2 加氢合成甲醇过程中也表现出潜在的优势，为未来开发 CO_2 加氢催化剂开辟了新的道路。中国科学院大连化物所开发的 ZnO-ZrO_2 催化剂在 315～320℃下实现了约 10% 的 CO_2 单程转化率以及 86%～91% 的甲醇选择性。天津大学通过理论模拟开发了 In_2O_3 体系，In_2O_3 表面有很强的疏水性，有利于气相反应，在高温下也能保持高甲醇选择性。近年来，中国科学院大连化物所与厦门大学合作，首次利用富含硫空位的 MoS_2 催化剂，实现了低温、高效、长寿命催化 CO_2 加氢制甲醇。该催化剂在 180℃ 的低温下，实现了 12.5% 的 CO_2 单程转化率，甲醇选择性达 94.3%，并展现出了超过 3000h 的稳定性，表现出优异的工业应用潜力。

　　对于 CO_2 加氢合成甲醇催化剂的基础性、系统性研究，特别是将催化剂配方和性能进行广泛关联，在原子尺度深入研究催化剂表面甲醇合成反应机理至关重要。H_2 的制备过程是制约 CO_2 加氢合成甲醇技术发展的另一个关键因素，该工艺的经济性一定程度上取决于氢源的成本，在未来可再生能源（太阳能、风能等）技术大规模发展后，可解决氢源问题。

（2）二氧化碳加氢合成低碳烯烃技术

　　低碳烯烃（乙烯、丙烯、丁烯）是有机材料合成的最重要和最基本的化工原料。该产品的生产长期以来依赖石油与煤化工路线，市场严重供不应求，制氢技术的快速发展为 CO_2

加氢合成低碳烯烃（coal to olefin，CTO）提供了可能性。将 CO_2 转化为高附加值的低碳烯烃具有十分重要的意义，这是缓解化石能源消耗及温室效应的有效方法之一。目前 CTO 技术按照所使用的催化剂类型，主要分为费-托合成路线和氧化物/分子筛双功能催化路线。

费-托合成（Fischer-Tropsch synthesis，FTS）路线要经历两个反应：RWGS 反应和连续的 FTS 反应。

RWGS 反应 $$CO_2 + H_2 \longrightarrow CO + H_2O$$

FTS 反应 $$2nCO + (4n+1)H_2 \longrightarrow C_nH_{2n} + C_nH_{2n+2} + 2nH_2O$$

Fe 基催化剂是 FTS 过程中常用的催化剂，在 CO_2 加氢反应中同样也表现出优异的性能，因此也被用作 CTO 技术首选的催化剂。目前大多数 CTO 催化剂是基于 FTS 催化剂改性设计的，如将 Fe、Co 和 Ni 等金属负载在 SiO_2、γ-Al_2O_3、TiO_2、碳材料等载体上制备的催化剂[22-23]。由于 CO_2 吸附速率相对较慢，加氢过程中表现吸附的中间物种容易过度加氢生成 CH_4，且 FTS 过程产物分布受限于 Anderson-Schulz-Flory（ASF）模型，降低 CH_4 的生成以及提高某一烯烃物种的选择性是费-托合成路线研究的重点。

CO_2 加氢制低碳烯烃的另一条路线是氧化物/分子筛（oxide-zeolite）双功能催化路线。具有酸性的分子筛可以将甲醇转化为烃类（methanol to hydrocarbon，MTH），该过程具有很高的单一产物的选择性以及甲醇转化率。通过将合成甲醇过程与 MTH 过程耦合到一起，采用双功能催化剂，经过甲醇或其他含氧中间体过程可进一步得到低碳烯烃，对双功能催化剂精准调控，可实现 CO_2 高选择性加氢合成目标烃类化合物。例如具有尖晶石结构的 Zn_2GaO_4 与 SAPO-34 分子筛组成的双功能催化剂，可选择性地将 CO_2 转化为 $C_2 \sim C_4$ 烯烃。其中，Zn_2GaO_4 表面的氧空位起到活化 CO_2 的作用，生成甲醇中间体；SAPO-34 分子筛负责随后的 C—C 键偶联并进一步转化为 $C_2 \sim C_4$ 烯烃[24]。

双功能催化剂的提出为利用 CO_2 制取高值化学品的研究提供了新的思路，如将纳米结构与反应工程相结合，在微纳尺度实施分子筛介观结构催化剂的设计与构建，可控构筑多级孔分子筛及多功能催化剂，有望进一步实现 C—O 键高效活化与 C—C 键精准偶联。

（3）二氧化碳加氢合成芳烃技术

芳烃是化工、材料和医药等领域重要的原料之一，全球年消费量约为 14×10^8 t，并且继续以每年 2%～6% 的速度增长[25]。利用芳烃可合成众多的聚合物材料，例如聚苯乙烯、苯酚树脂、尼龙以及聚对苯二甲酸乙二醇酯树脂等。传统的芳烃合成主要是基于煤制甲醇的甲醇制芳烃（methanol to aromatics，MTA）以及石脑油裂解路径，均要依赖化石能源。利用可再生能源 H_2 将 CO_2 转化为具有高附加值的芳烃，使 CO_2 以聚合物材料的形式储存起来，既可实现 CO_2 资源化利用，又可起到 CO_2 减排作用，具有重要的现实意义。如前所述的 CTO 过程中所使用的氧化物/分子筛耦合催化剂策略，同样适用于 CO_2 加氢合成芳烃，常用的氧化物有 Fe 基催化剂、尖晶石类（$ZnAlO_x$、$ZnFeO_x$、$ZnZrO$）。典型的 Fe_3O_4/HZSM-5 分子筛催化剂 CO_2 加氢合成芳烃要经历 RWGS、FTS、异构化和加氢、芳构化等过程，反应路线如图 11-12 所示。

分子筛是一种具有规整孔道结构的材料，根据结构类型划分，已知的分子筛类型达到了 252 种。分子筛的酸性和孔隙结构对烃类产物的分布与催化剂的稳定性起着至关重要的作用。ZSM-5 分子筛的孔道直径（0.54nm×0.56nm，0.52nm×0.58nm）与苯及其衍生物分子的动力学直径相近。独特的三维孔结构一方面起到了择型催化的空间限制作用，提高了目

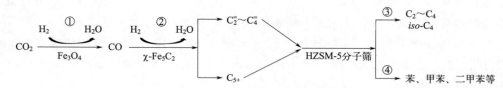

图 11-12 Fe_3O_4/HZSM-5 分子筛催化剂体系上 CO_2 加氢合成芳烃反应路线图

①逆水煤气变化反应；②费-托合成；③异构化和加氢反应；④裂解、环化和脱氢反应

标产物的选择性；另一方面抑制了焦炭前驱体重质芳烃的生成，延长了催化剂的使用寿命。

由于动力学限制，MTA 反应通常在高温（≥400℃）下进行，CO_2 加氢制芳烃过程中的 RWGS 具有吸热性质，在较高的温度下可能与芳烃形成竞争。而且高温对甲醇的合成是不利的，会导致金属催化剂的烧结，加速催化剂失活，两步反应过程中存在最佳反应工艺条件不匹配的问题。

(4) 二氧化碳合成碳酸二甲酯技术

碳酸二甲酯（DMC）是重要的精细化工中间体，广泛应用于医药、农药、染料、润滑油添加剂、食品添加剂、电子化学品等的生产中。此外，由于其拥有分子含氧量高并具有良好的溶解性能的特点，常被用来替代甲基叔丁基醚作为燃料添加剂，提高燃油辛烷值。目前工业上生产 DMC 主要采用 CO 与环氧化物间接反应，得到的产物碳酸乙烯酯/碳酸丙烯酯再与甲醇交换。但是，该方法存在工艺烦琐、分离困难、成本高的问题。CO_2 与甲醇直接合成 DMC 是一种绿色合成方法，符合绿色化学的发展方向。CO_2 与甲醇催化合成 DMC 可分为直接法和间接法两种。

① 直接合成法　CO_2 与甲醇直接合成 DMC：

$$CO_2 + 2CH_3OH \longrightarrow CH_3O-\overset{\underset{\|}{O}}{C}-OCH_3 + H_2O$$

CO_2 与甲醇直接合成 DMC，在温度 0～800℃和压力 0～1MPa 下反应，ΔG 均为正值，反应的 K_p 值也很小，在 25℃时约为 7.0×10^{-5}。即使在 10MPa 的压力下，CO_2 在 25℃时的平衡转化率也只有 8%，说明由 CO_2 与甲醇直接合成 DMC 从热力学上是不可行的，需要选择合适的催化剂来实现。催化剂有：金属有机化合物 [$Bu_2Sn(OMe)_2$、$Mg(OMe)_2$ 等]、碱性催化剂（碱金属碳酸盐/磷酸盐、叔胺等弱有机碱）、ZrO_2 催化剂、负载型多相催化剂。

CO_2 与甲醇直接合成 DMC 是分子数减少的反应，增大压力有利于反应进行。随压力增加，DMC 产量随之增加，达到最大值后开始缓慢降低，压力为 6.5～7.0MPa 时，DMC 浓度达最大值。CO_2 与甲醇直接合成 DMC 为吸热反应，DMC 产率随温度升高而增加，在 80～100℃之间达最大值[26]，之后又开始降低。

② 间接合成法　间接合成法有碳酸酯酯交换法和尿素醇解法两种。

碳酸酯酯交换法：

$$R-\overset{\underset{O}{|}}{CH}-CH_2 + CO_2 \longrightarrow \begin{array}{c} R-CH-CH_2 \\ | \quad\quad | \\ O \quad\quad O \\ \backslash \;\;\; / \\ C \\ \| \\ O \end{array}$$

$$R-CH-CH_2 + 2CH_3OH \longrightarrow \begin{matrix} H_3C & CH_3 \\ O & O \\ C \\ O \end{matrix} + R-CH-CH_2$$

CO_2 首先和环氧乙烷/丙烷反应得到碳酸乙烯酯/碳酸丙烯酯，再经过与甲醇的酯交换反应生成 DMC，并且产物富含乙二醇。酯交换过程所用的催化剂一般为碱性化合物，碱金属氧化物（MgO、ZnO 等）和醇盐是最常见的一类催化剂，转化率较高[27]。

尿素醇解法：

$$CO_2 + 2NH_3 \longrightarrow H_2N-\overset{O}{\underset{}{C}}-NH_2 + H_2O$$

$$H_2N-\overset{O}{\underset{}{C}}-NH_2 + 2CH_3OH \longrightarrow CH_3O-\overset{O}{\underset{}{C}}-OCH_3 + 2NH_3$$

尿素醇解法首先利用气提法尿素生产工艺，使 CO_2 与 NH_3 合成尿素，之后尿素在适当的条件下发生醇解反应生成 DMC。该反应在热力学上是不能进行的反应（ΔG 在 100℃下为 +12.6kJ/mol），需要通过物理或化学手段促使反应的进行，如在反应体系中加入 BF_3，使总反应自由能变为负值，成为热力学上可进行的反应[28]。

11.3.1.2　电催化合成技术

利用可再生能源驱动电催化还原 CO_2 合成化学品和燃料，是清洁能源发展的有效途径之一。通过电催化 CO_2 还原技术（CO_2RR），可以实现 CO、CH_4、HCOOH 和 C_2H_6 等化学品的合成。CO_2 电催化还原反应在室温常压下进行，所需的电能可直接从太阳能、风能、地热能、潮汐能等可再生能源中获取，是一种将绿色能源转化为化学能的高效储能方式。

对 CO_2 进行活化，必须输入电子形式的能量，CO_2 分子是强电子受体，所以 CO_2 的电催化还原是理论可行的。CO_2RR 是一个涉及多质子耦合多电子转移的过程，通常包括 $2e^-$、$4e^-$、$6e^-$、$8e^-$、$10e^-$、$12e^-$、$14e^-$ 等反应路径，还原产物包括 $C_1 \sim C_3$ 等[29]。表 11-15 列出了部分 CO_2RR 产物在环境温度 25℃、标准大气压下，在中性水溶液中相对标准氢电极（SHE）的平衡电势[30]。鉴于 CO_2RR 反应的复杂性，电催化与电解质材料的选择对产物的种类起着至关重要的作用。

表 11-15　标准试验条件下电化学还原 CO_2 半反应的电极电位[30]

电化学半反应	电极电位（相对于 SHE）/V
$2H^+ + 2e^- \longrightarrow H_2$	−0.42
$CO_2 + 2H^+ + 2e^- \longrightarrow CO + H_2O$	−0.52
$CO_2 + 2H^+ + 2e^- \longrightarrow HCOOH$	−0.61
$CO_2 + 4H^+ + 4e^- \longrightarrow HCHO + H_2O$	−0.51
$CO_2 + 6H^+ + 6e^- \longrightarrow CH_3OH + H_2O$	−0.38
$CO_2 + 8H^+ + 8e^- \longrightarrow CH_4 + 2H_2O$	−0.24
$2CO_2 + 12H^+ + 12e^- \longrightarrow C_2H_4 + 4H_2O$	0.064
$2CO_2 + 12H^+ + 12e^- \longrightarrow C_2H_5OH + 3H_2O$	0.084

相比其他催化电极材料，Cu 基催化剂对气态烃产物有着突出的高选择性。Hori 等在 1985 年首先提出了 Cu 箔电极在 CO_2 电催化还原中产物 CH_4、C_2H_6 的法拉第效率相对较高，在电流密度为 $5mA/cm^2$ ［电位 $E=-1.8V$，相对于 SCE（饱和甘汞电极）］条件下，烃类产物的法拉第效率最高可达 60%[31]。但 Cu 箔/单晶的比表面积相对较小，在 CO_2 还原过程中易失活，限制了 Cu 基催化剂在电催化 CO_2 还原技术中的应用。通过调控 Cu 的粒度及形貌，增大催化剂的比表面积，对于提高其稳定性与 CO_2 转化活性有利；还可以对 Cu 电极进行物理、化学修饰，在材料表面附以官能团，元素掺杂，以提高 Cu 晶粒晶面选择性。此外，近几年发展的单原子 Ni、Co、Fe、Sn 催化剂及贵金属 Pt、Au 也表现出较高的电催化活性，具有一定的工业应用潜力。

电解质溶液会影响 CO_2RR 产物的选择性和法拉第效率。水溶性电解质材料、溶剂、pH 值显著影响转化率与产物的选择性。碳酸氢盐是常用的电解质，其他可以采用的电解质为有机溶剂、离子液体等。

通过电化学的方法将 CO_2 转化为高附加值的化学品，"变废为宝"是科技界持续攻关的重要问题。化学、物理、生物、材料等多学科交叉对于 CO_2 的高效利用至关重要。2022 年，我国科学家将电催化耦合生物合成，通过两步法将 CO_2 高效还原合成高浓度乙酸，进一步利用微生物合成葡萄糖和脂肪酸，为人工和半人工合成"粮食"提供了新的思路。

11.3.1.3　光催化合成技术

太阳能是一种清洁、无污染的可再生能源。光催化合成技术是通过半导体材料在太阳光照射下将 CO_2 转化为烃或醇类等化学原料的一种手段。1978 年 Halmann 首先利用 GaP 半导体光电极系统将 CO_2 转化为甲酸、甲醇和甲醛，开创了光催化还原 CO_2 为碳氢化合物的先河。半导体光催化还原 CO_2 机理如图 11-13 所示。

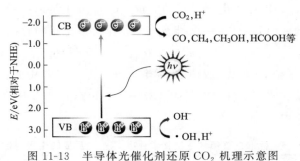

图 11-13　半导体光催化剂还原 CO_2 机理示意图

NHE——一般氢电极；CB—导带；VB—价带

在一定波长的光线（$h\nu \geqslant E_g$）的照射下，半导体材料价带上的电子被激发跃迁至导带，产生光生电子-空穴对；光生电子-空穴分离并迁移到光催化材料表面，电子与空穴分别参与氧化还原反应（CO_2 与光生电子和水中的 H^+ 发生反应），生成碳氢化合物。得到的还原产物与反应条件和催化剂材料有关。实现光催化还原 CO_2，须满足两个条件：光子能量须大于等于带隙；导带电位比表面电子受体电位更负，价带电位比表面电子供体电位更正[32]。

光催化材料是研究光催化还原 CO_2 合成碳氢化合物的核心。用于光催化的材料应满足以下几点：①能带间隙较窄，可见光波长范围的能量能被催化剂利用；②电子-空穴对分离后转移到催化剂表面的传输速度快；③催化剂表面对反应物与产物的吸附强度适中，既能保证反应物与催化剂有强的相互作用，又不妨碍产物的脱附。常见的光催化材料有 TiO_2、ABO_3 型钙钛矿、尖晶石型氧化物、金属有机骨架材料等。

11.3.2　采油应用

CO_2 驱油技术是把 CO_2 注入油层中提高油田采油率的技术。在 CO_2 与地层原油接触的初期，并不能形成混相，但在合适的压力、温度和原油组分条件下，CO_2 可以形成混相前缘。超临界流体将从原油中萃取出较重的碳氢化合物，并不断使驱替前缘的气体浓缩。于是，CO_2 和原油就变成混相的液体，形成单一液相，从而可以有效地将地层原油驱替到生产井[33]。

11.3.2.1　国内外注二氧化碳提高采收率发展简况

国际上 CO_2 驱油是一项比较成熟的技术。目前，世界上已有上百个注 CO_2 采油的试验项目或商业项目正在实施中，CO_2 驱油是最有发展前途的 EOR（提高采收率）方法之一。美国是世界上研究和实施 CO_2 驱油最早的国家，美国在 2018 年实施的二氧化碳驱油项目占全球的 80% 以上，注入 CO_2 为 $2000 \times 10^4 \sim 3000 \times 10^4 t/a$，提高采收率最高可达 30%[34]。俄罗斯、加拿大、挪威、匈牙利、克罗地亚、奥地利、法国和德国等也在开展相关的探索。由全球 CO_2 驱油项目分布（见表 11-16）可知，全球开展了大量的 CO_2 驱油项目，大部分以混相驱油为主。混相驱油降低了原油黏度和油气界面的影响，而非混相驱油则增加了界面张力对驱油的影响。整体而言，CO_2 驱油技术具有很好的应用前景。

表 11-16　全球 CO_2 驱油项目分布

国家	CO_2 驱油方式	项目数量	占比/%
美国	混相	113	82.48
	非混相	9	6.57
加拿大	混相	6	4.38
巴西	混相	2	1.46
	非混相	1	0.73
土耳其	非混相	1	0.73
特立尼达和多巴哥共和国	非混相	5	3.66

我国在 20 世纪 60 年代后期开始探索 CO_2 驱油技术，进入 21 世纪后加快了 CO_2 驱油与埋存技术的研究和试验的步伐，目前处于中小规模的矿场试验向扩大试验转变的阶段。1963 年，大庆油田首先开展了 CO_2 驱油提高采收率的研究。在大庆榆树林油田扶杨油层利用 CO_2 进行驱油试验，至 2013 年 9 月底，累计注入液态 CO_2 达 $11.06 \times 10^4 t$，累计产油量为 $5.53 \times 10^4 t$[35]。2022 年中国碳捕集、利用与封存（CCUS）矿场驱油项目已累计注入 CO_2 超过 $6.6 \times 10^6 t$。其中，中国石油天然气集团有限公司实现注入 CO_2 共 $4.5 \times 10^6 t$，累计增油量超 $1.0 \times 10^6 t$[36]。对国内 CO_2 驱油来说，目前还未形成规模效应，主要原因一是陆相油田原油石蜡、沥青质胶质含量高，最小混相压力高；二是陆相沉积，非均质严重；三是 CO_2 气源较缺乏。

国际能源机构评估认为，全球油气田使用 CO_2 驱油技术可增加逾 $350\times10^8\,t$ 的石油开采量，中国有超过百亿吨的石油地质储量，适合 CO_2 驱油，预计可增加 $7\times10^8\sim14\times10^8\,t$ 的产油量[37-38]。因而，CO_2 驱油在我国石油开采中有着巨大的应用前景。

11.3.2.2　二氧化碳驱油机理

CO_2 混相驱油的机理是将原油与 CO_2 溶解形成混相，体积膨胀，增大弹性性能。CO_2 驱替类型在美国主要是混相驱，其中混相驱项目数量和提高石油采收率产量远超非混相驱。

CO_2 非混相驱油是指当地层压力小于最小混相压力时的驱替，其机理是 CO_2 与原油互溶，伴随溶解气油比的增大，原油黏度降低，从而增大油水流度比，使原油体积膨胀，增大地层弹性性能和原油流动能力，有效降低油水两相的界面张力。

CO_2 非混相驱油和 CO_2 混相驱油的区别在于地层压力，如果地层压力比最小混相压力高，则可进行混相驱油。当压力比最小混相压力低时，可进行非混相驱油。除此之外，两种驱油方式的区别还体现在项目开始、项目规模、CO_2 循环利用、采油率提升潜力等方面（如表 11-17 所示）。

表 11-17　混相与非混相驱油区别

对比内容	混相驱油	非混相驱油
项目开始	水驱前后均可	水驱后
项目规模	小	大
采油	早期	晚期
CO_2 能否循环利用	否	能
采收率潜力提高程度	4%～5%	10%～18%
驱油机制复杂程度	高	低

11.3.2.3　二氧化碳驱防气窜、提高波及体积技术

CO_2 驱防气窜、提高波及体积技术注气的最大问题是黏性指进和密度差引起的重力分异作用，克服这一问题目前普遍采用的方法是水汽交替注入（water alternating gas，WAG）、注入泡沫剂、碳化水驱和增加黏度。

WAG 的作用机理是向地层中交替注入一定的水和 CO_2 段塞，通过降低水、气的相对渗透率来减小水、气的流度，改善其流度比，从而增大水或气体的波及效率。

CO_2 泡沫是加入一定量的发泡剂使得 CO_2 在复杂的地层中形成的泡沫体系，可通过增大 CO_2 的流动阻力，提高其波及体积。国外在 20 世纪 50 年代开始就对 CO_2 泡沫驱油提高采收率技术进行了研究，在 1956 年美国的 Fried 首先开始室内研究和现场试验应用，表明泡沫可降低气相相对渗透率，延迟气体突破并指出怎样利用泡沫来提高驱油效率。

碳化水驱是将 CO_2 在某温度、压力的条件下溶于水中，然后将其注入地层来驱油的方法。其机理为：在 CO_2 从水传到原油的过程中，CO_2 可使原油体积膨胀、黏度降低，并连通孤立油滴打破水锁效应，进而提高驱油效率。

增加 CO_2 相的黏度，如聚合物驱油可明显改善流度比，不仅可以增大平面波及效率，抑制 CO_2 黏性指进，还可以增大纵向波及效率，增大吸液厚度，最终提高采收率。

11.3.2.4　二氧化碳驱油技术存在的问题

(1) 井筒腐蚀问题

向井下注入 CO_2 会对管柱造成不可逆转的腐蚀伤害（如管柱穿孔、变形、断落等），导致生产效率降低。

(2) 重质组分沉积问题

在 CO_2 驱替过程中，由于轻质组分的抽提，且轻质组分更易于流动，导致固相沉积，进而影响储层的渗流能力和流体的可动用性。

(3) 气窜问题

气体在储层中的流动能力远远大于油、水，相较于注水开发，注气开发的井间干扰程度非常大，一旦出现气窜，很难继续提高采收率。

(4) 经济有效性问题

CO_2 驱油技术受气源和 CO_2 气体自身属性的限制，成本太高，难以通过经济性评价。油田大多远离城市，而大部分 CO_2 排放源靠近城市，高额的集输成本限制了 CO_2 驱油及封存技术的发展。

(5) 安全性问题

CO_2 注入地层后会使储层物性发生变化，从而产生一系列的连锁反应，导致不稳定因素增加。除此之外，CO_2 的腐蚀作用还可能会带来地震灾害。

11.4　二氧化碳捕集与利用展望

近年来，CCUS 技术受到越来越多的重视，众多研究单位投入了大量人力物力进行研究，投资了大量的工业示范项目，且示范项目的规模逐步扩大，总体发展势头良好。然而，绝大部分 CCUS 项目尚未实现商业化应用，未能建立相关的产业链集群，能耗过高，难以产生经济效益，极大地制约了碳捕集项目的发展。但随着研究的深入，可预期碳捕集的能耗可进一步降低，与生物质能、绿氢等负碳排放技术耦合，创新 CCUS 技术新发展路径，进而推动 CCUS 技术商业化，大大减少碳的排放。

参 考 文 献

[1] 陈健，王啸. 工业排放气资源化利用研究及工程开发 [J]. 天然气化工（C1 化学与化工），2020，45（2）：121-128.

[2] 李克兵. 从垃圾填埋气中净化回收甲烷的工艺及其工业化应用 [J]. 天然气化工（C1 化学与化工），2009，34（1）：51-53.

[3] 李大治. 低温甲醇洗技术及其在煤化工中的应用探讨 [J]. 山东化工，2022，51（7）：161-162，165.

[4] 王剑力. 低温甲醇洗气体净化工艺的应用 [J]. 石化技术，2021，28（9）：7-8.

[5] 易砖，朱国栋，刘洋，等. 膜分离在石油化工领域中的应用：现状、挑战及机遇 [J]. 水处理技术，2022，48（8）：7-13.

[6] 魏昕，丁黎明，郦和生，等. 膜法氢气分离技术及其在化工领域的应用进展 [J]. 石油化工，2021，50（5）：472-478.

[7] 叶华盛，吴弘. 气体膜分离制氢工艺在炼厂的工业应用 [C] //炼厂制氢、废氢回收与氢气管理学术交流会论文集，2008：9.

[8]　迟元龙．膜分离在制氢装置的应用［C］//炼厂制氢、废氢回收与氢气管理学术交流会论文集，2008：7.

[9]　王育林，陈志伟，吴科．长庆石化氢资源优化及富氢气体回收［J］．中外能源，2015，20（9）：95-99.

[10]　谢承志．用膜分离工艺提取催化裂化干气中的氢气［J］．炼油设计，1999（6）：26-28.

[11]　吴昌祥．气体膜分离技术在甲醇生产中的应用［J］．煤化工，2006（6）：26-27，31.

[12]　贾晓文．膜分离技术在甲醇驰放气氢回收中的应用［J］．化工设计通讯，2016，42（3）：6，10.

[13]　张立群，吕吉友．分级液化精馏在二氧化碳回收利用项目中的应用［J］．山东化工，2021，50（20）：251-253，255.

[14]　国家能源局石油天然气司，国务院发展研究中心资源与环境政策研究所，国土资源部油气资源战略研究中心．中国天然气发展报告（2017）［M］．北京：石油工业出版社，2017.

[15]　韩淑怡，王科，黄勇，等．醇胺法脱硫脱碳技术研究进展［J］．天然气与石油，2014，32（3）：19-22.

[16]　周明宇，梁俊奕，李建，等．我国天然气净化厂酸气处理技术新思考［J］．天然气与石油，2012，30（1）：32-35.

[17]　陈赓良，常宏岗．配方型溶剂的应用与气体净化工艺的发展动向［M］．北京：石油工业出版社，2009.

[18]　马晓红，于生，谢伟，等．高含二氧化碳天然气脱碳技术［J］．油气田地面工程，2012，31（4）：45-46.

[19]　曾树兵，陈文峰，郭洲，等．MDEA混合胺法脱碳在珠海天然气液化项目中的应用［J］．石油与天然气化工，2007，36（6）：485-487.

[20]　叶金胜，郝秋凤．CO_2加氢制甲醇催化剂专利技术综述［J］．河南科技，2022，41（12）：145-148.

[21]　许勇，汪仁．CO_2/H_2低压合成CH_3OH催化剂性能研究［J］．石油化工，1993，22（10）：655-659.

[22]　Weatherbee G D，Bartholomew C H. Hydrogenation of CO_2 on group Ⅷ metals：Ⅳ. Specific activities and selectivities of silica-supported Co，Fe，and Ru［J］. Journal of Catalysis，1984，87（2）：352-362.

[23]　Owen R E，Plucinski P，Mattia D，et al. Effect of support of Co-Na-Mo catalysts on the direct conversion of CO_2 to hydrocarbons［J］. Journal of CO_2 Utilization，2016，16：97-103.

[24]　Liu X L，Wang M H，Zhou C，et al. Selective transformation of carbon dioxide into lower olefins with a bifunctional catalyst composed of $ZnGa_2O_4$ and SAPO-34［J］. Chemical Communications，2018，54：140-143.

[25]　Niziolek A M，Onel O，Guzman Y A，et al. Biomass-based production of benzene，toluene，and xylenes via methanol：Process synthesis and deterministic global optimization［J］. Energy & Fuels，2016，30（6）：4970-4998.

[26]　Fang S，Fujimoto K. Direct synthesis of dimethyl carbonate from carbon dioxide and methanol catalyzed by base［J］. Applied Catalysis A：General，1996，142：1-3.

[27]　周丽，李忠，谢克昌．二氧化碳合成碳酸二甲酯的研究进展［J］．工业催化，2003（4）：44-48.

[28]　谢克昌，李忠．甲醇及其衍生物［M］．北京：化学工业出版社，2002.

[29]　Zhang W J，Hu Y，Ma L B，et al. Progress and perspective of electrocatalytic CO_2 reduction for renewable carbonaceous fuels and chemicals［J］. Advanced Science，2018，5（1）：1700275.

[30]　Cui H J，Guo Y B，Guo L M，et al. Heteroatom-doped carbon materials and their composites as electrocatalysts for CO_2 reduction［J］. Journal of Materials Chemistry A，2018，6（39）：18782-18793.

[31]　Hori Y，Kikuchi K，Suzuki S. Production of CO and CH_4 in electrochemical reduction of CO_2 at metal electrodes in aqueous hydrogencarbonate solution［J］. Chemistry Letters，1985（11）：1695-1698.

[32]　蓝奔月，史海峰．光催化CO_2转化为碳氢燃料体系的综述［J］．物理化学学报，2014，30（12）：2177-2196.

[33]　郑洲，马静，李根，等．二氧化碳驱油技术的现状与发展［J］．化工管理，2021（17）：197-198.

[34]　武杨青，翟亮，鲁守飞，等．碳中和背景下CO_2驱油技术研究进展［J］．山东化工，2023，52（1）：109-111.

[35]　汪艳勇．大庆榆树林油田扶杨油层CO_2驱油试验［J］．大庆石油地质与开发，2015，34（1）：136-139.

[36]　袁士义，马德胜，李军诗，等．二氧化碳捕集、驱油与埋存产业化进展及前景展望［J］．石油勘探与开发，2022，49（4）：828-834.

[37]　李嘉豪，王怀林，肖前华，等．全球CO_2驱油及封存技术发展现状［J］．重庆科技学院学报（自然科学版），2022，24（4）：103-108.

[38]　王高峰，秦积舜，黄春霞，等．低渗透油藏二氧化碳驱同步埋存量计算［J］．科学技术与工程，2019，19（27）：148-154.